Signale und Kommunikation

Verständliche Forschung

Signale und Kommunikation

Mechanismen des Informationsaustauschs in lebenden Systemen

Mit einer Einführung von John Dittami

Spektrum
AKADEMISCHER VERLAG

Inhaltsverzeichnis

Einführung

Von John Dittami

Es ist nicht leicht, den Begriff Kommunikation zu definieren. Jeder Mensch kann sich zwar etwas darunter vorstellen, aber kaum jemand wird in der Lage sein, erschöpfend darzulegen, was eigentlich damit gemeint ist. Verschiedene Fachrichtungen und sogar einzelne Vertreter innerhalb der jeweiligen Disziplinen weichen in ihrer phänomenologischen Beschreibung dieses Konzepts oft erheblich voneinander ab. Das vorliegende Buch will keinen umfassenden Überblick über sämtliche Aspekte von Kommunikation bieten, sondern aus biologischer Sicht einen Einblick in die Vielfalt dieses Phänomens geben. Es enthält eine Sammlung von Berichten, die ganz unterschiedliche Möglichkeiten, Anwendungsformen, Mechanismen und Probleme der Kommunikation zwischen Zellen, Tieren und Menschen darstellen. Für die Auswahl der Artikel (aus den letzten Jahrgängen von *Spektrum der Wissenschaft*) war die Auffassung maßgebend, daß Kommunikation vor allem eine biologische Tatsache und Notwendigkeit darstellt. Dies soll jedoch nicht heißen, daß dieser Ansatz der einzig mögliche oder sinnvolle ist, wenn man etwas über Kommunikation erfahren will.

In der Biologie versteht man unter Kommunikation bestimmte Formen der Übertragung von *Informationen* zwischen lebenden Einheiten. Ein solcher Informationsaustausch ist Grundlage aller Lebensgemeinschaften, angefangen von Zellverbänden bis hin zu sozialen Systemen im Tierreich. Wir sprechen immer dann von Kommunikation, wenn der Informationsübertragung ein Abkommen zwischen zwei biologischen Einheiten zugrunde liegt: Botschaften in Form von Signalen gehen von einem *Sender* aus und werden von einem *Empfänger* wahrgenommen. Bei der Übermittlung ist jedoch der bloße Empfang der Botschaft nicht das Wichtigste. Wesentlich ist vielmehr, daß im Empfänger nach Erhalt der Nachricht eine Veränderung stattfindet, die sich auf physiologischer Ebene oder im Verhalten ausdrückt und mit oder ohne Rückmeldung des Empfängers zum Sender ablaufen kann.

Kommunikation unterscheidet sich somit von Formen der Informationsübertragung, die nur eine einfache Reiz-Reaktion-Situation darstellen. Wenn wir beispielsweise einem Betrunkenen auf dem Gehweg ausweichen, reagieren wir zwar auf einen Reiz, doch wir kommunizieren nicht, da die Person kein spezifisches Signal auf uns richtet. Bei einer Kommunikation sind dagegen *Signale* beteiligt, die gleichzeitig ein Abkommen zwischen zwei Parteien wie auch die gezielte Natur der Botschaft widerspiegeln. Diese informationstragenden Signale sind von einem Sender an einen Empfänger gerichtet und an ihn angepaßt. Vielleicht haben Nick Davies und John Krebs Signale und Kommunikation am besten definiert, indem sie sagten: »Kommunikation ist ein Prozeß, in dem der Sender spezifisch aufgebaute Signale oder Verhaltensweisen anwendet, um das Verhalten (im weitesten Sinn) des Empfängers zu modifizieren.«

Die Beschaffenheit des Signals ist von großer Bedeutung. Es muß spezifisch aufgebaut sein, damit es den Empfänger beeinflussen kann. Ohne diese Abstimmung zwischen Signaleigenschaften und Empfängerbereitschaft wäre Kommunikation nicht möglich. Anders ausgedrückt, der Sender muß das Richtige sagen, und der Empfänger muß entsprechend ausgerüstet und bereit sein, um darauf reagieren zu können. Es gibt einige Grundregeln, die den Signalaufbau und die Signalwahl beeinflussen.

Eine erste Regel besagt, daß Entfernung und Lokalisierbarkeit des Empfängers die Art und Beschaffenheit der Signale des Senders bestimmen. Tiere setzen zum Beispiel verschiedene Typen von Signalen ein, um größere räumliche Distanzen zwischen Sender und Empfänger zu überwinden oder verstreute Empfänger zu lokalisieren. Für die optischen Signale ergibt sich als Konsequenz aus dieser Zielsetzung, daß die morphologischen Merkmale des Senders dazu neigen, auffällig zu werden. Außerdem kann der Sender sich noch durch spezielle Verhaltensweisen exponieren. Damit erhöht er seine Reichweite, aber gleichzeitig auch seine Kosten. Senden kann gefährlich sein, da möglicherweise Feinde auf den Sender aufmerksam werden. Anders als optische Signale können akustische Signale auch in unübersichtlichem Gelände zur Kommunikation eingesetzt werden. Ihre Reichweite läßt sich vor allem über Lautstärke und Tonlage regulieren. Beide Parameter werden allerdings sehr stark von ökologischen Bedingungen beeinflußt. So führt die Dämpfung der Signale durch die Vegetation beispielsweise dazu, daß Waldtiere bevorzugt tiefe und klare Töne zur Kommunikation verwenden. Unter den olfaktorischen Signalen gibt es flüchtige Duftstoffe, die Botschaften über große Entfernungen tragen und verschiedene, verstreute Empfänger leicht erreichen können; sie sind allerdings etwas problematisch, wenn der Sender damit lokalisiert werden soll. Mit festen Duftstoffen, die eine lange Halbwertszeit haben, lassen sich dagegen haltbare Markierungen anbringen und Spuren legen, die zwar erst in unbestimmter Zukunft (vielleicht durch Zufall) den Empfänger erreichen, ihm aber dann helfen, den Sender zu finden.

Im Tierreich bietet das Sexualverhalten eine Vielzahl von Beispielen für diese Signalangepaßtheit. So ist die Werbung um den Partner häufig durch auffällige morphologische und Verhaltensmerkmale geprägt. Bunte Farben kommen ebenso zum Einsatz wie laute Rufe und auffallende Bewegungen. Sobald sich Sender und Empfänger gefunden haben, verändern sich die Signale: Sie werden leiser, viele optische Signale entfallen, und manchmal setzen die Partner neue olfaktorische oder taktile Signale ein.

Parallelen hierzu gibt es im physiologischen Bereich auf dem Gebiet der Kommunikation zwischen Zellen. Wenn der Empfänger schwer zu lokalisieren ist – wenn etwa eine Drüse einem Gewebe in einem anderen Teil des Körpers etwas mitteilen soll –, können Botenstoffe (Hormone) in die Blutbahn ausgeschüttet werden, die dann alle Körperteile erreichen. Der Erfolg solcher Signale hängt allerdings von der chemischen Beschaffenheit der Botenstoffe ab. Moleküle wie die Steroide haben eine lange Lebenszeit und können deshalb von fast jeder Zelle empfangen werden und dort Reaktionen auslösen. Dagegen halten sich große Eiweißmoleküle (Proteine) nur kurze Zeit in der Blutbahn auf; sie besitzen daher eine beschränkte räumliche Reichweite und werden nur von spezifischen Geweben aufgenommen. Schließlich gibt es noch Fälle, in denen Sender und Empfänger direkte Wege der Signalübertragung, etwa spezielle Gefäßsysteme, entwickelt haben. Im einfachsten Fall werden Verbindungen zu benachbarten Zellen genutzt.

Nach einer zweiten Regel bestimmt der erforderliche Inhalt des Signals seine Form. Das heißt, was und wieviel der Sender sagen will und welche spezifischen Reaktionen er vom Empfänger erwartet, beeinflußt die Wahl des Signalkanals. Im Tierreich haben optische und akustische Signale den höchsten Informationsgehalt. Obwohl sie manchmal auch unspezifische Empfängerreaktionen auslösen, vermitteln sie doch gewöhnlich sehr detaillierte Informationen über den Ort, Zustand oder die Absichten eines Individuums. Die Spanne reicht von langen, komplizierten Signalen beim Balzverhalten oder bei Rivalitätskonflikten bis hin zu kurzen, einfachen Warnsignalen. Auf zellulärer Ebene besitzen verschiedene Botenstoffe unterschiedliche Inhaltskapazitäten. Es gibt hier „Generalisten", die ganz verschiedenen Empfängern einfache Botschaften sehr rasch mitteilen können. Ein Beispiel hierfür ist das Adrenalin, das in vielen Nervenzellen sowie in anderen Zellen und Geweben das Erregungsniveau erhöhen kann. Demgegenüber vermögen die „Spezialisten" nur bestimmte Zellen mit spezifischen Signalrezeptoren zu erreichen und dort gezielte Reaktionen auszulösen. Zu dieser Gruppe gehören beispielsweise die Tropine, die vom Gehirn aus die Drüsenaktivität steuern, oder komplexe Kohlenhydratmoleküle an Zellmembranen, die ein interzelluläres Erkennen ermöglichen.

Eine dritte Regel besagt, daß Signale oft über parallele Kanäle an den Empfänger geschickt werden. Im Tierreich benutzen Sender häufig gleichzeitig mehrere Kanäle – etwa optische, akustische und chemische –, um etwas mitzuteilen. Rangtiefe Tiere signalisieren beispielsweise ihre „Unterwerfung" durch die Körperhaltung, bestimmte Bewegungen und Lautäußerungen. Man könnte annehmen, daß für diesen Zweck ein einziges Signal genügen müßte, doch der Vorteil solcher „mehrfach kanalisierter" Signalgaben liegt auf der Hand: Sie können die Reaktionswahrscheinlichkeit des Empfängers erhöhen. Auch im physiologischen Bereich werden Empfängerreaktionen manchmal über mehrere Signalkanäle verstärkt. Beispielsweise reagieren unsere Nebennieren auf Außenreize mit einem erhöhten Erregungsniveau. Diesen Effekt können verschiedene Signalstoffe wie das Adrenalin, die Glucocorticoide und die Mineralcorticoide ausüben, und zwar auf ganz unterschiedliche Weise.

Nach einer weiteren Regel beeinflußt die Wahrnehmungsfähigkeit und -bereitschaft des Empfängers die Art des Signals. Kommunikation ist keine Einbahnstraße. Da jeder Form der Kommunikation als Selektionsprinzip zugrunde liegt, daß die beteiligten Individuen ein Maximum an Gewinn für sich selbst anstreben, ist ein Konflikt zwischen Sender und Empfänger praktisch vorprogrammiert. Er kann zu einem Vorteil für den Empfänger, den Sender oder vielleicht für beide führen. Im ersten Fall verhält sich der Sender altruistisch, im zweiten manipulativ; der dritte Fall stellt eine Lösung zum gegenseitigen Nutzen dar. Die Forschung der letzten zwanzig Jahre hat diese Situationen als „Betrügen oder Parasitieren", als „Manipulieren" und als „wechselseitigen Altruismus" bezeichnet.

Auf jeden Fall stellen manche Kommunikationssysteme instabile Gleichgewichte zwischen Sender und Empfänger dar. Jede Entwicklung, die dem Sender einen Vorteil verschafft, wird von einer Gegenentwicklung im Empfänger beantwortet. Eine Signalveränderung beim Sender kann dessen Effektivität erhöhen, doch entsteht im Empfänger als „Antwort" vielfach eine Empfangssperre oder Reaktionsresistenz. So kommt es zu einem regelrechten Wettstreit zwischen den Kommunikationspartnern. Verschiedene Analysen dieser Problematik haben gezeigt, daß häufig ein leichter Vorteil auf seiten des Senders liegt. Die Annahme, daß Kommunikation oft nur eine Form von Manipulation des Empfängers ist, scheint daher nicht zu weit hergeholt. Kommunikation kann als eine Art Wettrüsten betrachtet werden, bei dem der Sender im allgemeinen besser abschneidet als der Empfänger.

Einem weiteren Selektionsprinzip zufolge ist ein Organismus in evolutionärer Hinsicht erfolgreicher, wenn er die Vermehrung oder den Vorteil des eigenen Genoms fördert. Folglich ist die Kooperationsbereitschaft zwischen Familienmitgliedern oder nahen Verwandten oft größer – und ihre Kommunikationsfähigkeit vielleicht weniger konfliktbeladen – als zwischen Nichtverwandten. Dieser Punkt ist wichtig, wenn man Gesetzmäßigkeiten der Konfliktregelung zwischen Individuen im Tierreich erfassen will. „Kostspielige" Informationen werden am liebsten an Verwandte geschickt, die außerdem noch den Vorzug haben, die Empfänger mit der geringsten Empfangsresistenz zu sein.

Im Rahmen von Konfliktsituationen zwischen Sender und Empfänger entstanden im Laufe der Evolution zwangsläufig „Betrüger", die Signale verfälschen, um daraus einen Vorteil zu ziehen, oder die von einem Sender empfangene Information nicht zu dem von ihm vorgesehenen Zweck verwenden. Sowohl Sender als auch Empfänger können also Betrüger sein; sie müssen nicht einmal zur gleichen Art gehören. Zwischenartliche Betrüger bezeichnet man als Räuber oder Parasiten. Betrug und Parasitismus sind häufige und weitverbreitete Strategien in Kommunikationssystemen. Für manche Arten stellen sie die alleinige, unverzichtbare Existenzgrundlage dar, während bei anderen Arten Individuen durch den Einsatz solcher Kommunikationsstrategien ihre Erfolgschancen erhöhen.

Betrug ist nicht immer leicht als solcher zu erkennen. Eine häufige und raffinierte Form des Betrugs besteht zum Beispiel in der gleichzeitigen Anwendung mehrerer Signalkanäle. Dabei sind die Informationen, die durch die Nebenkanäle vermittelt werden, oft wichtiger als die angebliche Hauptinformation. Das heißt, der Sender bringt sein eigentliches Anliegen in verschleierter Form über Nebenkanäle ein, um den Empfänger um so wirkungsvoller zu überreden und zu einer Veränderung in seinem Sinne zu bewegen. Das Prinzip ist in der Werbebranche wohlbekannt: Mit einer anziehenden Person oder einer angenehmen Situation wird ein positiver Eindruck von einem Produkt vermittelt. Wir begegnen diesem Phänomen aber nicht nur täglich auf Plakatwänden und im Fernsehen, sondern auch in einer Vielzahl anderer Lebensbereiche. Die Taktik ist tief in den biologischen Kommunikationsstrategien von Lebewesen verwurzelt und daher fast allgegenwärtig.

Für parasitäre Lebensstrategien sind Signale ideale Werkzeuge, und Parasiten erweisen sich als höchst erfinderisch, wenn es darum geht, sie für eigene Zwecke einzusetzen. Manchmal überfallen sie Sender, deren (in anderem Kontext gegebene) Signale sie registriert haben; oft werden aber auch Empfänger durch falsche Signale von Parasiten ausgenutzt. In jedem Fall handelt es sich um eine Manipulation der Sender-Empfänger-Systeme von Wirten mit dem Ziel, dem Parasiten einen Fortpflanzungserfolg zu sichern. Nischen für parasitäre Strategien sind in allen Lebensbereichen vorhanden, vom interzellulären Niveau bis zu den komplexen Sozialstrukturen höherer Lebewesen.

Das vorliegende Buch stellt ein breites Spektrum biologischer Kommunikationsformen vor. Wie anfangs erwähnt, ist die biologische Betrachtungsweise nur eine von vielen möglichen Wegen, um sich mit Kommunikation auseinanderzusetzen. Aus psychologischer, linguistischer, medizinischer oder technischer Sicht ergäben sich ganz andere Aussagen und Schlußfolgerungen. Meiner Meinung nach ist Kommunikation jedoch ein biologisches Phänomen, selbst wenn sie im Bereich der Technik stattfindet. Ich denke daher, daß ein Verständnis der biologischen Grundlagen von Kommunikation viel zur Erhellung dieses komplexen Konzepts beitragen kann. Unter diesem Gesichtspunkt wurden die Beiträge des Buchs ausgewählt, und in diesem Zusammenhang sollten sie gesehen werden. Die einzelnen Artikel bieten Beispiele für Wege der Signalentstehung und -wahrnehmung auf jeweils unterschiedlicher Ebene, schildern das Wettrüsten zwischen Kommunikationspartnern und geben Einblick in die betrügerischen und parasitären Seiten von Kommunikation. Dies ist ein höchst spannendes und außerordentlich vielschichtiges Thema. Die hier angebotenen Streifzüge durch dieses weitläufige Gelände sollten den Leser anregen, darüber nachzudenken, was Kommunikation ist, wie sie funktioniert und wem sie nützt.

I.
Signalübertragung auf Zellebene

Wenn wir den Körper als eine Zusammensetzung verschiedener Zellarten und Organe betrachten, die in ihren Funktionen bis ins kleinste Detail voneinander abhängen, wird klar, wie wichtig die Informationsübertragung zwischen Zellen ist. Die zelluläre Kommunikation über spezifische Signale in Form chemischer Botenstoffe macht Leben überhaupt erst möglich. Die molekularen Boten stellen Kommunikationssysteme dar, die ähnlichen Gesetzmäßigkeiten, Zwängen und Problemen unterliegen wie die Mitteilungssysteme von Pflanzen- und Tiergesellschaften. Damit Kommunikation stattfinden kann, müssen Sender und Empfänger sehr genau aufeinander abgestimmt sein. In diesem Zusammenhang ist die Frage der Signalwahl interessant. Hier sind einerseits die chemischen Eigenschaften der Botenstoffe im Hinblick auf die zu erfüllenden Aufgaben, andererseits die räumlichen und funktionellen Beziehungen zwischen Sender und Empfänger von Bedeutung. Die in der Einführung dargestellte Auseinandersetzung zwischen Kommunikationspartnern, die zu Wettrüsten, Betrügen und Parasitismus führt, findet auch auf Zellebene statt, hat aber hier eine andere Betonung. Da die Zellen eines Körpers alle zur gleichen genetischen Einheit gehören, kann man kaum von Manipulation oder Altruismus sprechen. Andererseits besitzt ein sehr komplexes Kommunikationsnetzwerk zwangsläufig eine erhöhte Anfälligkeit gegenüber parasitären Kommunikationsformen.

Dieser erste Teil des Buchs beginnt mit einem Übersichtsartikel von Solomon Snyder, der eine Reihe von Grundprinzipien der interzellulären Kommunikation im Körper vorstellt. Er beschreibt direkte und indirekte, schnelle und langsame Übertragungswege, die Spezifität von Empfängern sowie die Vielseitigkeit mancher Botenstoffe, die mehrere Nachrichten übermitteln können. Es folgt eine ältere, aber beeindruckende Arbeit von Edward Rubenstein, in der allgemeine Störungen der zellulären Kommunikationssysteme dargestellt sind; sie umreißt außerdem Grundlagen von Wettrüsten, Betrug und Parasitismus auf Zellniveau. Was Kohlenhydrate mit Kommunikation zu tun haben, schildern Nathan Sharon und Halina Lis im nächsten Beitrag. Hier wird vor allem deutlich, wie wichtig die Spezifität der Rezeptoren für den Empfänger ist und in welchem Ausmaß solche Moleküle zu seiner Empfangsbereitschaft beitragen. Diese Kommunikationsstrukturen der Zelloberfläche vermitteln gewöhnlich „freundliche" Interaktionen zwischen Zellen, machen das System aber auch anfällig für manche Parasiten. Rezeptormoleküle erfüllen eine spannende Mischung von Funktionen: Sie dienen als Antennen, Wegweiser und Visitenkarten. Die beiden letzten Artikel befassen sich mit Mechanismen der Kommunikation auf intrazellulärem Niveau. Maurine Linder und Alfred Gilman erläutern die Schlüsselrolle von G-Proteinen bei zellulären Reaktionen auf Signale, die mit *second messenger*-Systemen verbunden sind. Manche Fragen im Zusammenhang mit spezifischen Signalen, wenig spezifischen Rezeptoren, aber gezielten Reaktionen lassen sich durch das Wechselspiel zwischen einzelnen Einheiten in solchen Systemen klären. Im abschließenden Beitrag beschreiben Andrew Murray und Marc Kirschner die molekulare Kommunikation während der Zellteilung. Hier spielen Proteinfaktoren, die in einer Art Wirkungskaskade bestimmte Zellteilungsschritte steuern, eine wichtige Rolle.

Zelluläre Kommunikationsprozesse unterstreichen, wie wichtig eine exakte Abstimmung zwischen Sender und Empfänger ist. Sie machen aber auch klar, daß Empfänger sehr unterschiedlich auf bestimmte Signale reagieren können. Wenn solche Entscheidungsprozesse bereits innerhalb der einzelnen Zelle stattfinden, so ist es nicht verwunderlich, daß auf fast allen anderen Kommunikationsebenen – von der interzellulären über die zwischenmenschliche bis zur weltpolitischen – die Empfänger ihre Antworten auf Sendersignale ebenfalls in gewissem Maße selbst bestimmen können und tatsächlich je nach Zweck variieren.

Signalübertragung zwischen Zellen

Zellen kommunizieren mittels chemischer Botenstoffe – direkt, und damit schneller, über Neurotransmitter und indirekt über Hormone. Zwischen beiden Informationssystemen bestehen allerdings fließende Übergänge.

Von Solomon H. Snyder

Ein Einzeller wie die Amöbe vermag sämtliche lebenserhaltenden Funktionen auszuüben. So kann eine solche Zelle Nährstoffe aus ihrer Umgebung aufnehmen, sich fortbewegen und mit Hilfe ihres Stoffwechsels sich mit Energie versorgen und neue zelluläre Moleküle synthetisieren.

In mehrzelligen Organismen hingegen ist die Situation beträchtlich komplexer. Die vielfältigen Aufgaben sind auf zahlreiche verschiedene Zellpopulationen, Gewebe und Organe verteilt, die eventuell weit voneinander entfernt liegen. Um all diese Funktionen zu koordinieren, muß es Mechanismen geben, welche die einzelnen Zellen oder Zellgruppen zur Kommunikation befähigen.

In den meisten höheren Organismen gibt es primär zwei Wege, Signale zwischen Zellen zu übertragen: über das Hormonsystem und über das Nervensystem. Bei beiden Systemen verständigen sich Zellen mit Hilfe von chemischen Botenstoffen. Der Hauptunterschied besteht darin, wie direkt sie Information austauschen.

Ein Neuron, eine Nervenzelle sendet einzelne Signale jeweils an eine spezifische Gruppe von Zielzellen: Muskelzellen, Drüsenzellen oder andere Nervenzellen (Bilder 2 und 6). Es übermittelt seine Botschaft, indem es eine chemische Substanz, Neurotransmitter genannt, an speziellen Stellen, den Synapsen, zur Zielzelle entläßt. Die Moleküle des Neurotransmitters binden sich an Rezeptoren (normalerweise Proteinmoleküle) auf der Oberfläche der nachgeschalteten Zelle und lösen dadurch in ihrer Membran und ihrem Innern chemische Veränderungen aus.

Hormone wirken gewöhnlich weniger direkt (Bild 3). Zwar gibt es die sogenannten autokrinen und parakrinen Mechanismen, bei denen ein Hormon entweder direkt die Zelle beeinflußt, die es freigesetzt hat, oder eine angrenzende Zelle (Bild 2). Doch läuft die übliche Form der hormonellen Kommunikation über das endokrine, also innersekretorische System: Eine Drüse setzt Hormone frei, diese wiederum wirken auf Zellen oder Organe irgendwo im Körper. Endokrine Drüsen haben keinen Ausführgang: Sie geben ihre Hormone an die Blutbahn ab. An jeder Zielzelle sitzen Rezeptoren, die nur die für sie vorgesehenen Hormonmoleküle binden. Sie greifen die Moleküle aus dem Blutstrom heraus und übermitteln das Signal in die Zelle.

Es gibt also bemerkenswerte Unterschiede zwischen neuronaler und hormoneller Kommunikation. Nervenzellen wirken über kurze Distanzen hinweg auf bestimmte Zellen oder Zellgruppen und ermöglichen so eine neuronale Kommunikation innerhalb von wenigen Millisekunden. Im Gegensatz dazu kann ein Hormon, das von einer bestimmten Drüse freigesetzt und mit dem Blutstrom verteilt wird, bei Zellen oder Organen nahezu überall im ganzen Körper Reaktionen auslösen. Mitunter dauert die hormonelle Kommunikation dann Stunden.

Allerdings sind diese beiden Systeme auf molekularer Ebene nicht so verschieden, wie man zunächst annehmen könnte. Beide haben dieselbe Arbeitsweise: Sie lassen spezielle Botenmoleküle in Kontakt mit spezifischen Rezeptoren der Zielzelle treten. Außerdem scheinen bestimmte Neurotransmitter ganz wie Hormone nur spezialisierten Kommunikationssystemen anzugehören und besondere Funktionen auszuüben.

Ein Bote – mehrere Botschaften

Vor kurzem zeigte sich, daß zwischen den beiden Hauptsystemen interzellulärer Kommunikation sogar eine noch engere Beziehung besteht: Viele Botenmoleküle werden gleicherweise in beiden Systemen verwendet (Bild 1). So wird Noradrenalin zum einen als Hormon von der Nebennierenrinde ausgeschüttet; es fördert die Herzkontraktionen, erweitert die Bronchien in der Lunge und stärkt die Kontraktionskraft der Arm- und Beinmuskulatur. Zum anderen ist Noradrenalin aber auch ein Neurotransmitter des sympathischen Nervensystems; dann verengt es die Blutgefäße und erhöht damit den Blutdruck.

Das gleiche Botenmolekül kann also im hormonellen System eine ganz andere

Bild 1: Vasopressin-Moleküle übertragen im hormonellen sowie im neuralen Kommunikationssystem Botschaften zwischen verschiedenen Zellen. Vasopressin wird als Hormon von Zellen im Hinterlappen der Hypophyse (der Hirnanhangdrüse) freigesetzt. Es steigert den Blutdruck durch Verengung der Blutgefäße und hemmt die Harnproduktion, indem es die Fähigkeit der Niere zur Rückresorption von Wasser steigert. Vasopressin ist aber auch ein Neurotransmitter, eine Substanz, die Botschaften von einer Nervenzelle zur anderen überträgt. In dieser Funktion läßt sich Vasopressin im Gehirn nachweisen, wo es vermutlich bei der Gedächtnisbildung eine Rolle spielt. In der vorliegenden Abbildung der Tripos Associates in St. Louis bedeuten die durchgehenden Linien Bindungen zwischen Atomen. Die gepunkteten Areale kennzeichnen die Moleküloberflächen. Die Farbe der Bindungen und Punkte zeigt, welche Atome in den einzelnen Regionen vorkommen: Weiß steht für Kohlenstoff oder Wasserstoff, Blau für Stickstoff, Rot für Sauerstoff, Orange für Phosphor und Gelb für Schwefel.

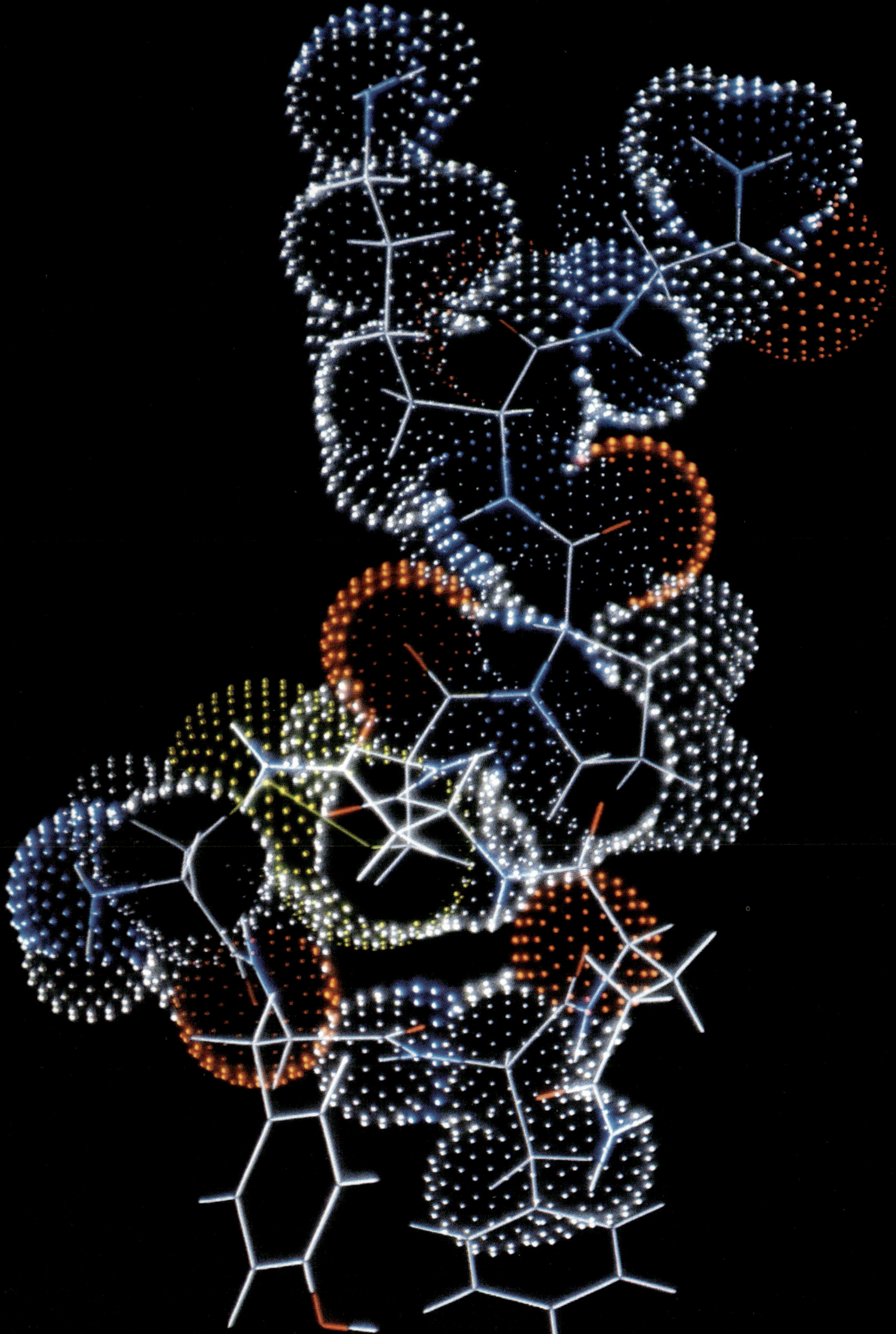

Botschaft übertragen als im Nervensystem. Offenbar sind bestimmte Moleküle besonders gute Medien dafür.

Die Steroidhormone

Hormonmoleküle lassen sich im allgemeinen einer von zwei chemischen Stoffklassen zuordnen: den Peptiden oder den Steroiden. Peptide bestehen wie Proteine aus aneinandergeketteten Aminosäuren, sind aber wesentlich kürzer. Die Steroidhormone sind große, vom Cholesterin abgeleitete Moleküle. Ihr Grundkörper besteht – wie beim Cholesterin – aus 17 Kohlenstoff-Atomen, die zu einem kompakten Viererringsystem miteinander verknüpft sind (Bild 4).

Kleine Unterschiede in den chemischen Gruppen, die an den Kohlenstoffringen hängen, bewirken die unterschiedlichen Funktionen der Hormone. Zu den wichtigsten Steroidhormonen des Menschen gehören die Glucocorticoide Cortisol und Corticosteron, die den Glucose-Metabolismus regulieren und eine breite Skala weiterer Stoffwechselfunktionen steuern, ferner die Mineralocorticoide wie das Aldosteron, die das Elektrolytgleichgewicht des Körpers beeinflussen, und schließlich die Sexualhormone, zu denen Progesteron, Testosteron und die Östrogene gehören.

Die weiblichen Sexualhormone (die Östrogene und das Progesteron) sind besser untersucht als die meisten anderen Hormone. An ihrem Beispiel läßt sich vorbildlich demonstrieren, wie Hormone synthetisiert, freigesetzt und reguliert werden. Östradiol, das wichtigste Östrogen, und Progesteron bereiten während des normalen Menstruationszyklus die Gebärmutter auf die Einnistung eines befruchteten Eies vor. Dabei wird die Schleimhaut aufgebaut und die Gebärmutter stärker durchblutet. Ein abrupter Abfall des Östradiol- und Progesteronspiegels löst dann die Menstruationsblutung aus.

Die Freisetzung der Sexualhormone wird – wie bei den meisten Hormonen – von anderen Hormonen und von sogenannten Releasing-Faktoren gesteuert, die aus zwei übergeordneten Organen, der Hypophyse (Hirnanhangdrüse) und dem Hypothalamus (einem Teil des Zwischenhirns, Bild 5) stammen. Allgemein veranlaßt der Hypothalamus eine peripher gelegene Drüse zur Ausschüttung eines Steroidhormons, indem er einen Releasing-Faktor (nach englisch *release*, freisetzen) abgibt. Dieser wirkt auf die Hypophyse, die ihrerseits andere Hormone freisetzt, auf die nun die peripheren Drüsen reagieren: Sie schütten Hormone aus, die schließlich auf die Zielzellen einwirken.

Bei den weiblichen Sexualhormonen ist der wichtigste vom Hypothalamus freigesetzte Faktor das Gonadotropin-Releasing-Hormon. Am Anfang des monatlichen Menstruationszyklus gibt der Hypothalamus – gesteuert von einem als Zeitgeber fungierenden Gehirnareal – das Gonadotropin-Releasing-Hormon ins Blut ab; es wird gelegentlich auch Luteinisierungshormon-Releasing-Hormon genannt. Dieses Hormon besetzt die Oberflächenrezeptoren von Hypophysenzellen, die ihrerseits nun Hormone freisetzen: das luteinisierende Hormon und das follikelstimulierende Hormon (Follitropin).

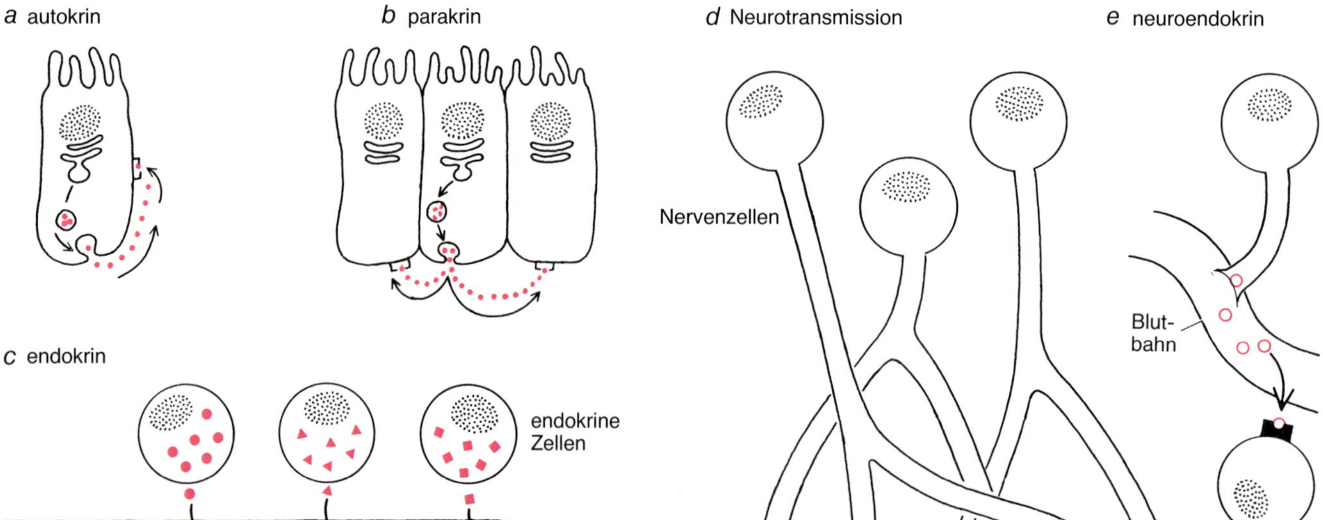

Bild 2: Der Kommunikationsmechanismus des Hormonsystems funktioniert im allgemeinen weniger direkt als der des Nervensystems. Zwar gibt es sogenannte autokrine Hormone (*a*), die auf die Zelle zurückwirken, die sie freigesetzt hat, und sogenannte parakrine Hormone (*b*) – sie wirken auf angrenzende Zellen; doch gehören die meisten Hormone zum endokrinen System, das Zellen oder Organe irgendwo im Körper beeinflußt. Endokrine Drüsen (*c*) schütten Hormonmoleküle in das Blut aus, von wo aus sie in Kontakt mit spezifischen Rezeptoren der Zielzellen gelangen. Der Rezeptor erkennt die für seine Zelle bestimmten Hormone und bindet sie. Nervenzellen (*d*) übermitteln Signale, indem sie Neurotransmitter unmittelbar an der spezifischen Zielzelle (Muskelzelle, Drüsenzelle oder Nervenzelle) freisetzen. Typisch für die Kommunikation zwischen Neuronen ist also, daß sie gezielt Botschaften über kurze Entfernungen weitergeben. Einige dieser Zellen jedoch spielen auch im Hormonsystem eine Rolle: Bei neuroendokrinen Vorgängen (*e*) sezernieren Nervenzellen Substanzen, die als Hormone wirken, direkt ins Blut.

Das follikelstimulierende und in Grenzen auch das luteinisierende Hormon regen im Eierstock das Wachstum eines Follikels an, eines bläschenartigen Gebildes, das die Eizelle umschließt. Dieser bildet aus Cholesterin Östradiol und gibt es ins Blut ab. Östradiol leitet den Aufbau der Gebärmutterschleimhaut ein. Einige Tage später setzt die Hypophyse eine gewisse Menge an luteinisierendem Hormon frei. Es verändert die Struktur des Eifollikels, führt zum Eisprung und wandelt ihn in den sogenannten Gelbkörper um.

Dieser synthetisiert weniger Östradiol und fängt an, aus Cholesterin Progesteron zu bilden. Das Hormon fördert die Durchblutung der Gebärmutter und bremst die Gebärmutterkontraktionen. Das Zusammenspiel von Östradiol und Progesteron hat damit die Gebärmutterschleimhaut für die Aufnahme eines befruchteten Eies vorbereitet.

Kurz nach dem Eisprung fängt die Hypophyse an, weniger luteinisierendes Hormon auszuschütten und veranlaßt schließlich den Gelbkörper, die Progesteronsynthese zu stoppen. Anschließend werden die Zellen, die die Gebärmutter auskleiden, abgestoßen, und die Menstruationsblutung beginnt.

Die Hormonmengen, die die verschiedenen Drüsen absondern, muß der Organismus während des Menstruationszyklus genau kontrollieren, damit ihre richtige Konzentration im Blut sichergestellt ist. Erreicht wird dies über ein sorgfältig abgestimmtes System von Rückkopplungsmechanismen (Bild 5). Zum Beispiel wirkt Östradiol, das in den Eierstöcken freigesetzt wird, nicht nur auf die Zielzellen in der Gebärmutter, sondern auch auf die Hypophysenzellen, die das follikelstimulierende Hormon ausschütten. Hier hindert es die Hypophyse daran, die Eierstöcke zu einer übergroßen Östradiolproduktion anzuregen. Außerdem wirkt Östradiol auch auf den Hypothalamus, wo es die Freisetzung des Gonadotropin-Releasing-Hormons blokkiert. Der Östradiolspiegel des Blutes bestimmt also, wieviel weiteres Östradiol ausgeschüttet wird. Vergleichbares geschieht zum Beispiel in einem Haus mit automatischer Temperaturregelung, in dem die Raumtemperatur die Wärmezufuhr bestimmt.

Es gibt für Östradiol noch eine weitere Rückkopplungsschleife. Wenn die Follikel in den Eierstöcken Östradiol produzieren, erzeugen sie auch eine als Inhibin bezeichnete Substanz. Sie hemmt in der Hypophyse die Produktion von follikelstimulierendem Hormon und im Hypothalamus die Erzeugung von Gonadotropin-Releasing-Hormon.

Andere Steroidhormone mit den unterschiedlichsten Funktionen sind ähnli-

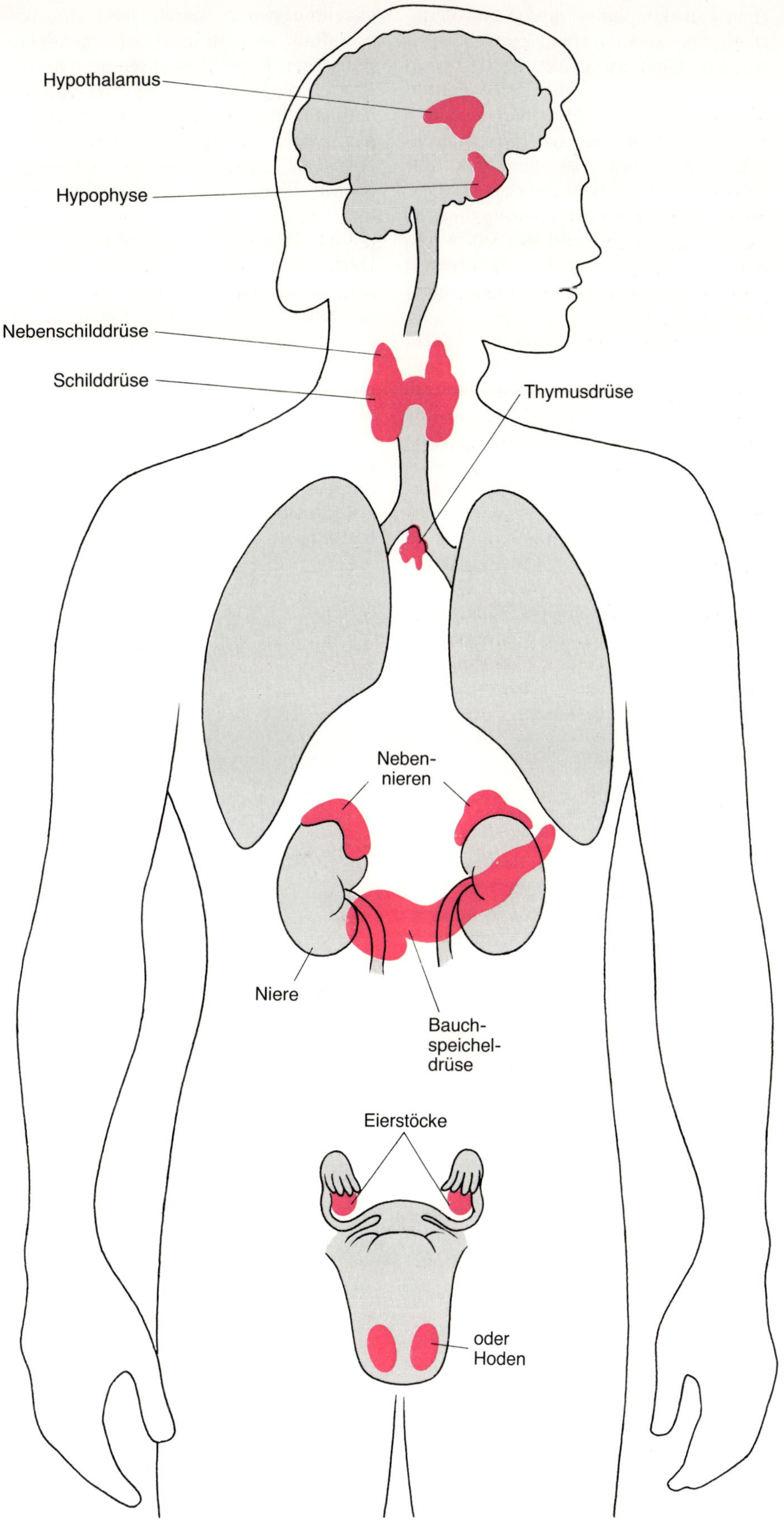

Bild 3: Das endokrine System besteht aus einer Anzahl verschiedener Drüsen und Kontrollzentren. Die endokrinen Drüsen werden alle durch die Hypophyse kontrolliert; sie ist gewissermaßen eine übergeordnete Steuerzentrale. Sie sondert Hormone ab, die andere Drüsen anregen, ihre eigenen Hormone zu synthetisieren und auszuschütten. Die Hypophyse wiederum wird vom Hypothalamus, einem bestimmten Teil des Zwischenhirns, kontrolliert: Releasing-Faktoren, die vom Hypothalamus freigesetzt werden, steuern die Ausschüttung von Hypophysenhormonen. Die hormonelle Kommunikation kann mitunter Stunden dauern. Wie die eingezeichneten Geschlechtsorgane zeigen, sind hier Mann und Frau in einer Person dargestellt.

chen Rückkopplungs- und Kontrollmechanismen unterworfen. Zum Beispiel werden Glucocorticoide wie Cortisol dann synthetisiert und ausgeschüttet, wenn entsprechende Hypothalamus- und Hypophysenhormone die Nebennierenrinde stimulieren. Östradiol wirkt nur auf wenige spezifische Zielorgane; Cortisol hingegen beeinflußt fast sämtliche Gewebe im Körper und löst Stoffwechselveränderungen aus, die den Organismus besser befähigen, mit anhaltendem Streß fertigzuwerden.

In den meisten Geweben verstärkt Cortisol die Aufnahme von Aminosäuren und die Synthese von Proteinen, in der Leber hingegen beschleunigt es die Umwandlung von Aminosäuren in Zukker. Die Nebennierenrinde wird von einem in der Hypophyse gebildeten Hormon, dem Corticotropin (oder auch adrenocorticotropes Hormon, abgekürzt ACTH), dazu angeregt, Cortisol zu bilden und auszuschütten. Wylie Vale vom Salk Institute for Biological Studies zeigte vor kurzem, daß die Sekretion von Corticotropin wiederum vom Hypothalamus aus über den sogenannten Corticotropin-Releasing-Faktor reguliert wird.

Die Peptidhormone

Die Releasing-Faktoren des Hypothalamus, die über die Hypophyse die Freisetzung von Steroidhormonen steuern, sind selbst keine Steroide. Sie gehören zu der anderen wichtigen chemischen Stoffklasse der Hormone, den Peptidhormonen.

Im Gegensatz zu den Steroidhormonen, die alle von demselben Molekül (Cholesterin) herrühren, stammt jedes Peptidhormon von einem spezifischen Vorläufermolekül ab: einer langen Aminosäurekette, die das Hormon ein- oder mehrfach zusätzlich zu anderen Peptidsequenzen enthält, die nichts mit dem Hormon zu tun haben. Dieses Vorläufermolekül – auch als Prohormon bezeichnet – wird von Enzymen gespalten, die so das Peptidhormon „freilegen". Zwar leitet sich jedes Peptidhormon von einem anderen Vorläufermoleküle ab, doch sind einige der bearbeitenden Enzyme gleichzeitig für verschiedene Systeme von Peptidhormonen zuständig.

Eines der wichtigsten Peptidhormone ist das Insulin, das spezifische Zellen der Bauchspeicheldrüse – die Beta-Zellen – synthetisieren. Insulin beeinflußt nahezu jede Körperzelle. Bekannt ist vor allem seine Eigenschaft, den Blutzuckergehalt zu senken, indem es die Zellen anregt, Glucose aufzunehmen. Zusätzlich erfüllt Insulin jedoch noch viele weitere Funktionen, von denen man einige nur andeutungsweise durchschaut. Insulin beeinflußt zum Beispiel auf irgendeine Weise den Fettstoffwechsel, so daß der Blutfettspiegel sinkt. So entwickeln Diabetiker, die ja an Insulinmangel leiden, häufig eine Arteriosklerose, bei der ganze Areale fettiger Ablagerungen (sogenannte Plaques) die Blutgefäße auskleiden.

Viele Peptidhormone sind im Magen-Darm-Trakt tätig. Ein Beispiel dafür ist Gastrin, das die Sekretion von Säure in den Magen fördert. Bei Patienten mit gastrin-produzierenden Tumoren entwikkeln sich durch überschüssige Säureproduktion oft böse Magengeschwüre. Ein weiteres Peptidhormon ist Somatostatin, das dem Gastrin entgegenwirkt, indem es die Säuresekretion bestimmter Zellgruppen des Mageninnern blockiert.

Cholecystokinin schließlich wird von bestimmten Zellen des Darmes an das Blut abgegeben. Von hier aus gelangt es zur Gallenblase, regt dort die Entleerung von Galle in den Darm an und fördert so die Verdauung. Cholecystokinin hat noch eine weitere Funktion: Es dient im Gehirn als Neurotransmitter.

Auch viele andere Peptidhormone weisen diese Doppelfunktion als Botenmolekül der hormonalen wie der neuralen Kommunikation auf. So ist das sogenannte vasoaktive Intestinal-Polypeptid zum einen ein Darmhormon, das die Darmbeweglichkeit steuert; zum andern fungiert es im Gehirn als Neurotransmitter. Die Enkephaline (Bild 7), zwei nur geringfügig voneinander verschiedene Peptide, wirken im Gehirn wie Opiate; im Darm dagegen regulieren sie als Hormone die Bewegung des Speisebreis durch den Verdauungstrakt, indem sie dessen rhythmische peristaltische Kontraktionen verändern.

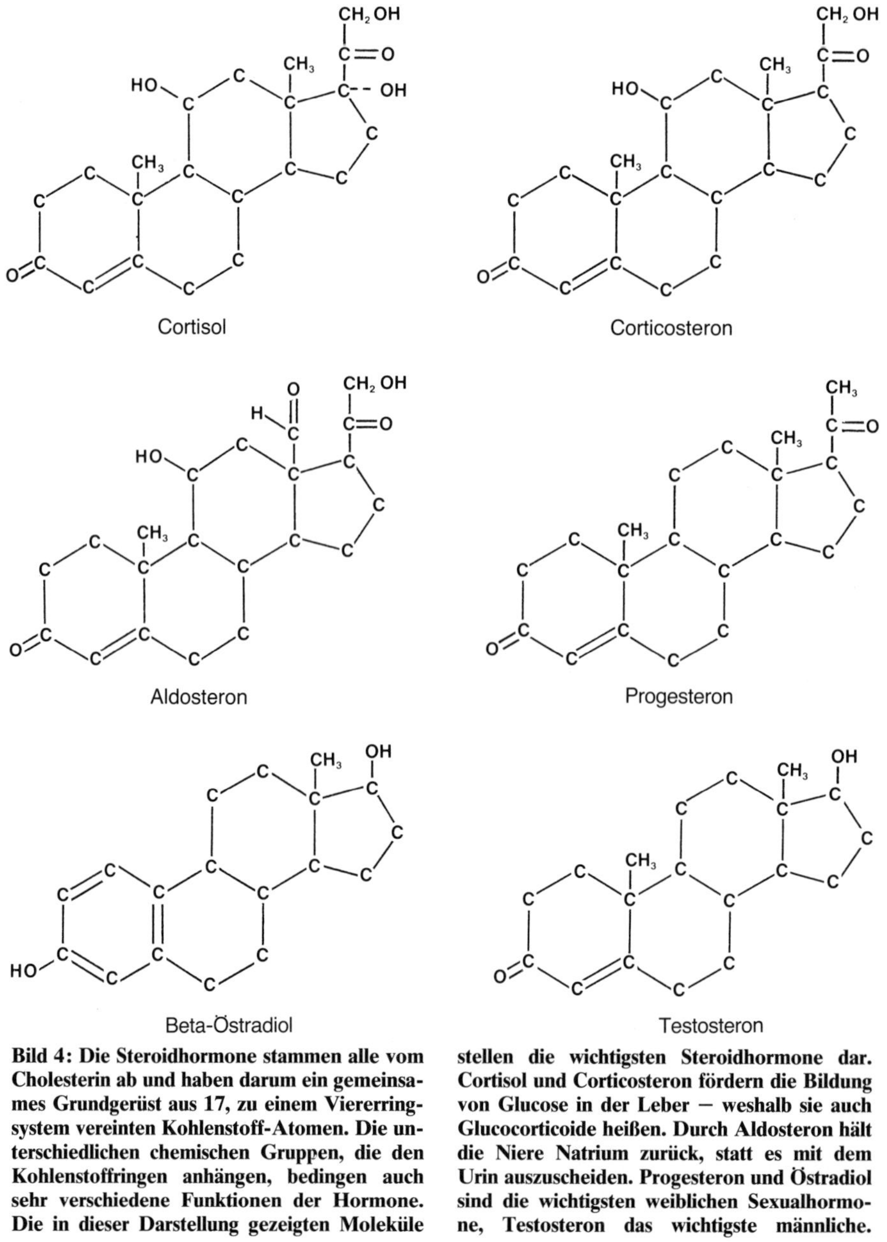

Bild 4: Die Steroidhormone stammen alle vom Cholesterin ab und haben darum ein gemeinsames Grundgerüst aus 17, zu einem Viererringsystem vereinten Kohlenstoff-Atomen. Die unterschiedlichen chemischen Gruppen, die den Kohlenstoffringen anhängen, bedingen auch sehr verschiedene Funktionen der Hormone. Die in dieser Darstellung gezeigten Moleküle stellen die wichtigsten Steroidhormone dar. Cortisol und Corticosteron fördern die Bildung von Glucose in der Leber – weshalb sie auch Glucocorticoide heißen. Durch Aldosteron hält die Niere Natrium zurück, statt es mit dem Urin auszuscheiden. Progesteron und Östradiol sind die wichtigsten weiblichen Sexualhormone, Testosteron das wichtigste männliche.

Bis zur Mitte der siebziger Jahre wußte man nicht, daß Peptide als Neurotransmitter fungieren können. Dagegen waren viele der Peptidhormone bereits bekannt. Die ersten identifizierten Neurotransmitter waren das Acetylcholin und die biogenen Amine, insbesondere die Monoamine, die sich aus einer Aminosäure ableiten und eine Amino-Gruppe aufweisen (Bild 8). Zu den Monoaminen gehören zum Beispiel die Catecholamine Dopamin, Noradrenalin und Adrenalin, die alle von der Aminosäure Tyrosin abstammen. Noradrenalin und Adrenalin sind Hormone sowie Neurotransmitter; sie werden vom Nebennierenmark gebildet und steigern die Herzfrequenz, den Blutdruck sowie die Freisetzung von Zuckerreserven aus der Leber ins Blut.

Die Funktion der Neurotransmitter

In den sechziger Jahren stellten zahlreiche Arbeitsgruppen fest, daß auch eine Anzahl unmodifizierter Aminosäuren in einigen Fällen als Neurotransmitter eingesetzt wird. Dazu gehört die Gamma-Aminobuttersäure, die nahezu ausschließlich als Neutrotransmitter dient. Andere als Neurotransmitter fungierende Aminosäuren wie Glutaminsäure, Asparaginsäure und Glycin sind auch Bestandteile von Proteinen.

Insgesamt gibt es nicht mehr als zehn Neurotransmitter, die Amine oder Aminosäuren sind – und das reicht nach dem klassischen Modell der Neurotransmitter-Funktion bereits mehr als aus. Nach diesem Modell nämlich dient ein Neurotransmitter als chemischer Schalter, der die angesprochene Nervenzelle veranlaßt, entweder zu „feuern" oder dies zu unterlassen. Träfe diese Vorstellung zu, so käme das Gehirn mit nur zwei Neurotransmittern aus, einem erregenden und einem hemmenden. Seit jedoch 1975 die Enkephaline als Neurotransmitter entdeckt wurden, die Opiatrezeptoren im Gehirn stimulieren, haben Forscher nahezu 50 weitere Neuropeptide isoliert. Welche Funktion haben sie?

Sorgfältige elektrophysiologische Untersuchungen zeigten, daß verschiedene Neurotransmitter viele unterschiedliche Effekte an Synapsen hervorrufen können. In der Membran einer nachgeschalteten Nervenzelle gibt es verschiedene Typen von Kanälen. Neurotransmitter können diese Kanäle öffnen oder schließen, so daß Ionen wie die von Chlor, Natrium, Kalium und Calcium die Membran der Nervenzelle zu passieren vermögen. Für jedes Ion scheinen viele Kanaltypen zu existieren, und je nach Kanal wird auch ein anderes Signal übermittelt. Neurotransmitter können dabei

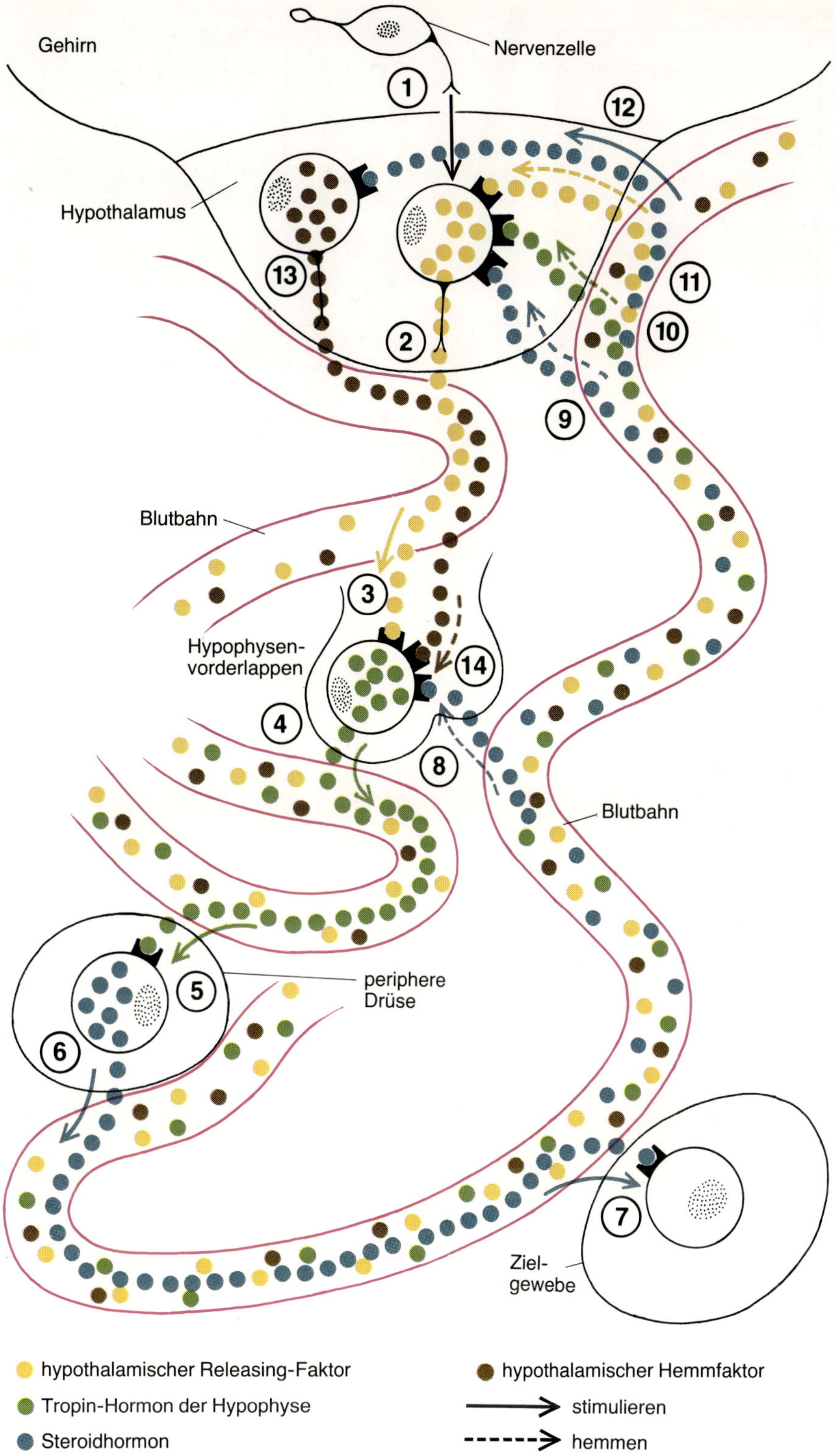

Bild 5: Rückkopplungs- und Kontrollmechanismen lösen die Ausschüttung von Steroidhormonen aus und gewährleisten die richtige Hormonkonzentration im Blut. Wird der Hypothalamus durch Gehirnnervenzellen stimuliert (1), gibt er einen Releasing-Faktor (für englisch *release*, freisetzen) (2) in das Blut ab. Spezialisierte Rezeptoren, die auf den Oberflächen bestimmter Hypophysenzellen (3) sitzen, binden einige Moleküle des Faktors, welche nun diese Zellen veranlassen, ein Tropin (beispielsweise Corticotropin oder Follitropin) auszuschütten (4). Dieses gelangt über den Blutstrom zu einer peripheren Drüse (5) und veranlaßt sie, beispielsweise ein Steroidhormon zu produzieren (6). Das Hormon beeinflußt jetzt seinerseits bestimmte Gewebe (7). Verschiedene Rückkopplungsschleifen halten die richtigen Hormonkonzentrationen im Blut aufrecht. So wirkt das Steroidhormon selbst auf die Hypophyse (8) zurück und hemmt die Produktion des entsprechenden Hypophysenhormons. Es beeinflußt auch den Hypothalamus und schränkt die Produktion des Releasing-Faktors ein (9). Das jeweilige Tropin-Hormon und der hypothalamische Freisetzungs-Faktor selbst drosseln ebenfalls die Produktion des Faktors im Hypothalamus (10 und 11). Weiterhin veranlassen die Steroidhormone (12) bestimmte Zellen im Hypothalamus, einen hypothalamischen Hemmfaktor zu produzieren (13), der die Ausschüttung des Hypophysenhormons einschränkt.

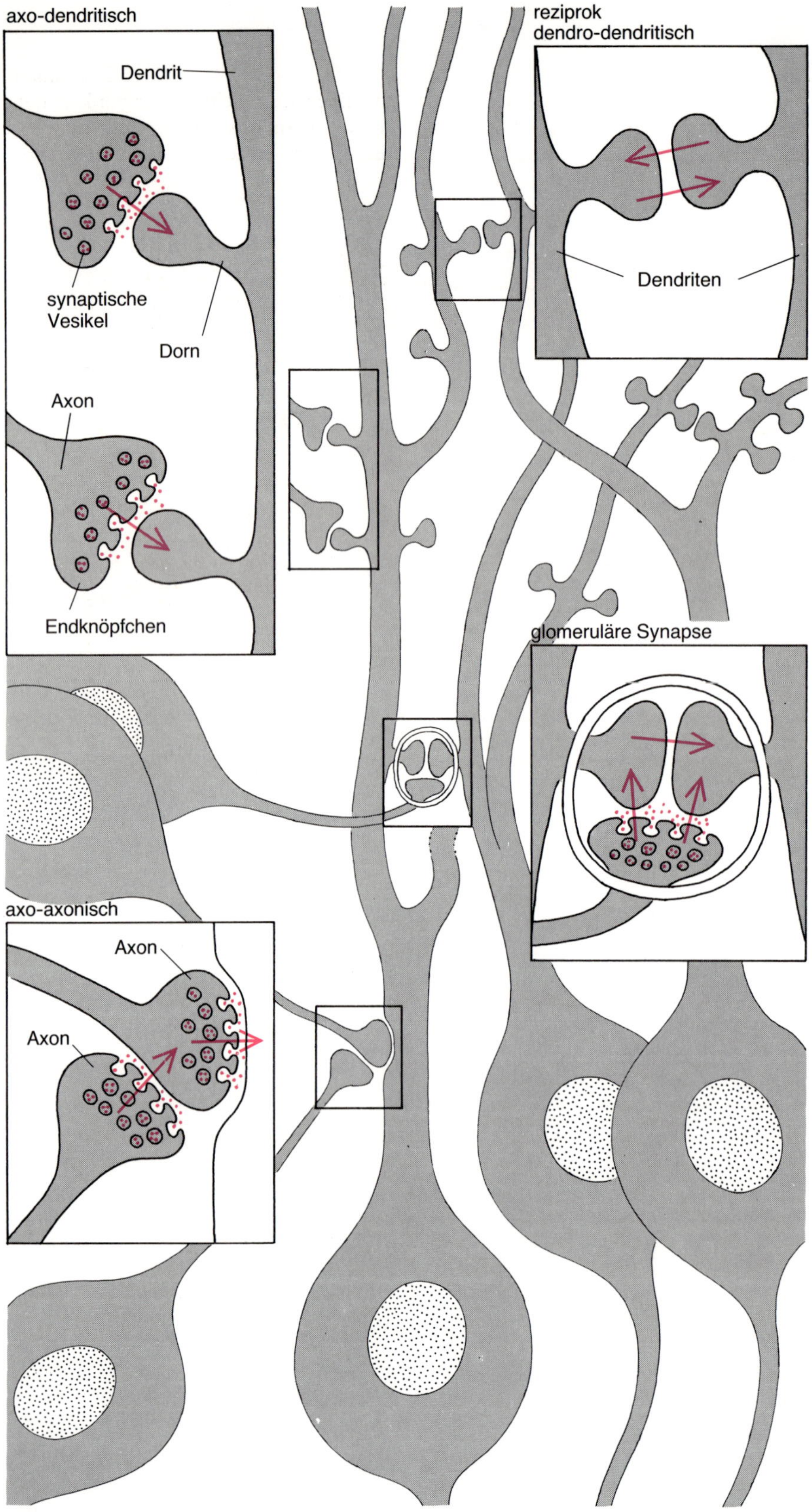

Bild 6: Bei der interzellulären Kommunikation von Neuronen wird das Signal über einen schmalen Spalt an der Synapse, der Schaltstelle zwischen Nervenendigung und Membranregion der nachgeschalteten Zelle übertragen. Bei der axo-dendritischen Synapse (*a*) setzen synaptische Vesikel in der langen Nervenfaser (Axon) eines Neurons einen Neurotransmitter nach außen frei, der die Rezeptoren auf einem Dendriten der benachbarten Nervenzelle besetzt. Diese kurzen Nervenzell-Fortsätze können auch über sogenannte dendro-dendritische Synapsen eine Botschaft übermitteln. In einer reziproken dendro-dendritischen Synapse (*b*) gibt jeder Dendrit Signale an einen zweiten Dendriten über jeweils eine separate Synapse weiter. Bei den axo-axonischen Synapsen (*c*) wird eine Botschaft von dem Axon einer Nervenzelle über das Axon einer zweiten an den Dendriten einer dritten Nervenzelle übermittelt. In einer glomerulären Synapse (*d*) gibt die Nervenendigung Informationen an die Dendriten von zwei anderen Nervenzellen weiter. Diese Dendriten können auch untereinander kommunizieren.

die Kanäle in verschiedener Weise beeinflussen.

Überdies kann sich ein einzelner Neurotransmitter, abhängig von der Art der Synapse, unterschiedlich auswirken. Wenn sich zum Beispiel der Neurotransmitter Acetylcholin an Muscarinrezeptoren bindet, die an den Synapsen zu den Muskelzellen der glatten Darmmuskulatur vorkommen, werden bestimmte Kanäle geschlossen, durch die normalerweise Kalium-Ionen aus der Zelle strömen. Dieser (noch nicht ganz verstandene) Wirkungsmechanismus verursacht eine langsam ansteigende Dauererregung des Muskels. Bindet sich Acetylcholin dagegen an die Nikotinrezeptoren der Synapsen zu Skelettmuskeln, öffnen sich Natriumkanäle, so daß die Muskeln spontan und schnell kontrahieren.

Durch die Entdeckung der Neuropeptide wurde nicht allein die Hypothese widerlegt, die Neurotransmitter übermittelten lediglich einfache „Ein"- oder „Aus"-Signale; vielmehr wurde nun auch die traditionelle Vorstellung revidiert, jede Nervenzelle könne nur einen Transmitter freisetzen. Im Jahre 1977 erkannte nämlich Thomas G. M. Hökfelt vom Karolinska-Institut in Stockholm, daß die Endigungen vieler, wenn nicht gar der meisten Nervenzellen zwei oder drei Botenstoffe enthalten, von denen einer immer ein Peptid ist. Offenbar arbeiten die Co-Transmitter in synergistischer Weise zusammen und können dadurch differenziertere Informationen übermitteln, als es mit einem einzelnen möglich wäre. Der Mechanismus dieser Kooperation ist allerdings noch nicht genau geklärt.

Die Neuropeptid-Forschung

Viele Eigenschaften von Neuropeptiden lassen sich am Beispiel der beiden Enkephaline darstellen. Beide bestehen aus einer Kette von jeweils fünf Aminosäuren. Sie unterscheiden sich nur hinsichtlich ihrer fünften Aminosäure: Das eine, das sogenannte Met-Enkephalin, endet mit Methionin und das andere, das Leu-Enkephalin, mit Leucin.

Enkephaline lassen sich in bestimmten Schaltbahnen des Gehirns nachweisen, und zwar in ungefähr denselben Bezirken, in denen auch Opiatrezeptoren zu finden sind. Dies spricht für die Hypothese, daß die Enkephaline wie Opiate wirken.

Die Enkephaline leiten sich von zwei großen Vorläuferproteinen ab, dem Proenkephalin *A* und dem Proenkephalin *B*. Proenkephalin *A* enthält sechsmal das Met-Enkephalin und einmal das Leu-Enkephalin, während Proenkephalin *B* dreimal das Leu-Enkephalin und kein

Met-Enkephalin enthält. Also stammt sämtliches Met-Enkephalin vom Proenkephalin *A* ab, während Leu-Enkephalin von beiden Vorläufermolekülen gebildet werden kann.

Innerhalb der Vorläufermoleküle ist jedes Enkephalin von einem Signal flankiert, das aus jeweils zwei Aminosäuren besteht: entweder zweimal Lysin oder zweimal Arginin oder je eins von beiden. Die Enkephaline werden in zwei aufeinanderfolgenden enzymatischen Schritten herausgeschnitten. Im ersten Schritt spaltet ein Enzym jeweils die rechte Peptidbindung an jeder der flankierenden Aminosäuren (Bild 7). Daraus resultiert ein Molekül, das aus einem Enkephalin mit einer noch rechts anhängenden überflüssigen Aminosäure besteht. Ein zweites Enzym entfernt diese Aminosäure und bildet damit das Enkephalin. Die Ge-

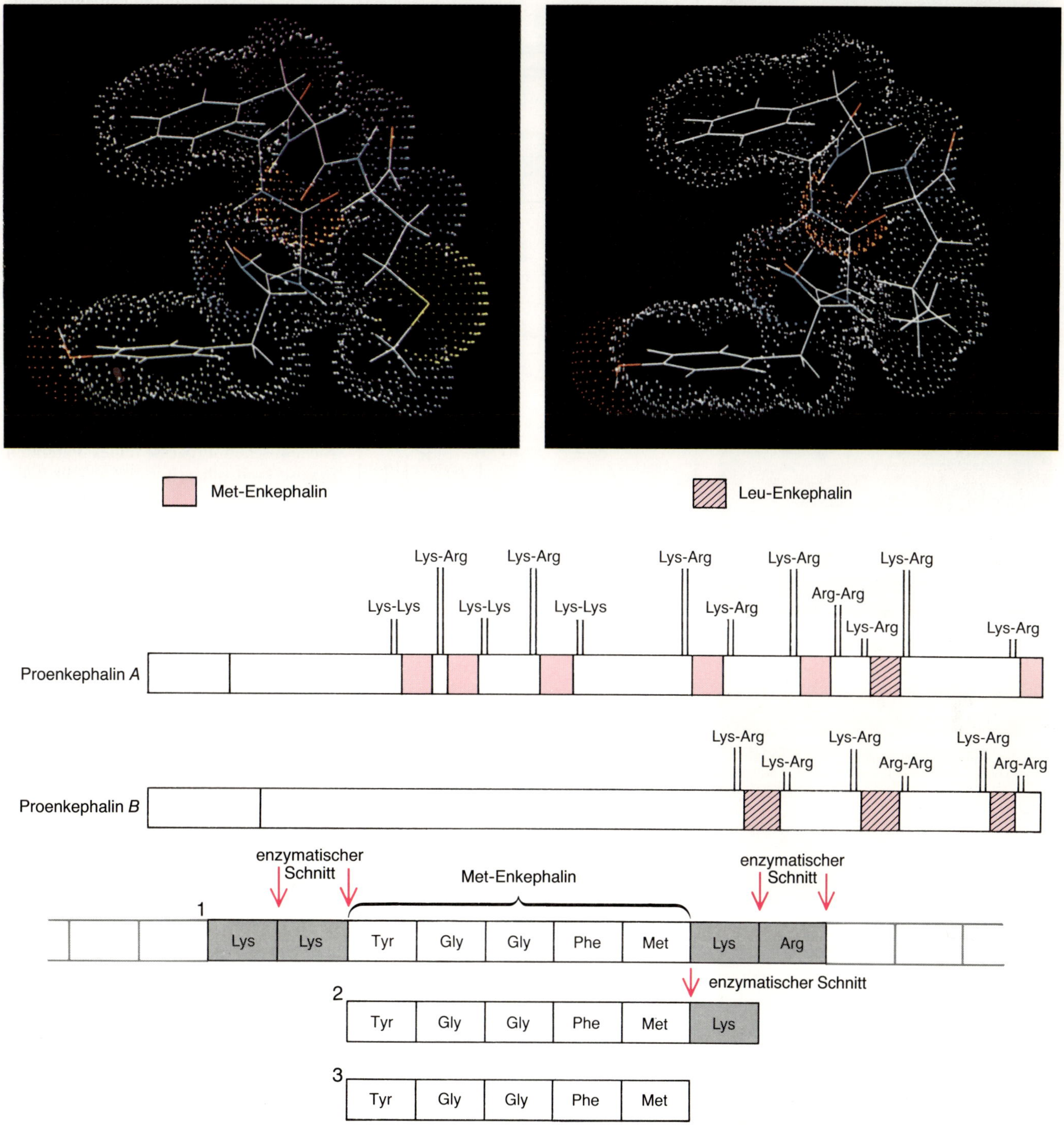

Bild 7: Die Enkephaline fungieren sowohl als Neurotransmitter als auch als Hormone. Sie werden durch enzymatische Spaltung wesentlich größerer Vorläufermoleküle gebildet. Jedes Enkephalin besteht aus einer Kette von fünf Aminosäuren. Die beiden Enkephaline unterscheiden sich nur in ihrer jeweils fünften Aminosäure, die beim Met-Enkephalin (oben links) aus Methionin und beim Leu-Enkephalin (oben rechts) aus Leucin besteht. Es gibt zwei Sorten von Vorläufermolekülen für die Enkephaline (Mitte). Proenkephalin *A* enthält sechsmal Met-Enkephalin und einmal Leu-Enkephalin, Proenkephalin *B* dreimal Leu-Enkephalin und keinmal Met-Enkephalin. In den Vorläufermolekülen ist jedes Enkephalin an beiden Seiten von einem Aminosäurepaar flankiert, das als Signal dient. Dieses kann entweder aus zwei Molekülen Lysin oder zwei Molekülen Arginin oder aus einem Molekül Lysin und einem Molekül Arginin zusammengesetzt sein. Zwei verschiedene Enzyme werden benötigt, um Enkephalin aus seinem Vorläufermolekül herauszuschneiden. Das erste (1) schneidet rechts jeder Signal-Aminosäure (Lysin oder Arginin), wodurch rechts am Enkephalinmolekül eine Aminosäure übrigbleibt. Der zweite enzymatische Schnitt (2) trennt auch diese Aminosäure ab, so daß Enkephalin entsteht (3). Wie schnell dies geschieht, variiert je nach Bedingungen. Die obigen Abbildungen sind von den Tripos Associates.

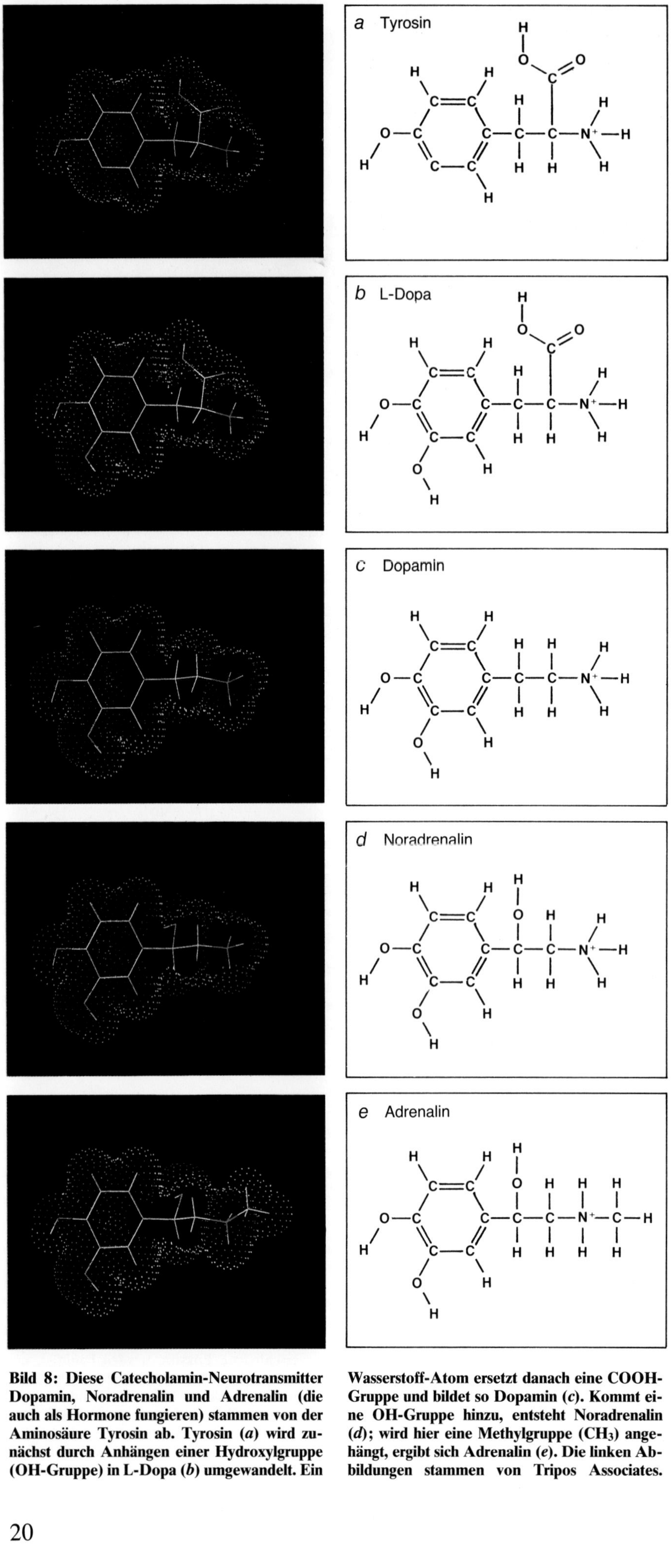

Bild 8: Diese Catecholamin-Neurotransmitter Dopamin, Noradrenalin und Adrenalin (die auch als Hormone fungieren) stammen von der Aminosäure Tyrosin ab. Tyrosin (*a*) wird zunächst durch Anhängen einer Hydroxylgruppe (OH-Gruppe) in L-Dopa (*b*) umgewandelt. Ein Wasserstoff-Atom ersetzt danach eine COOH-Gruppe und bildet so Dopamin (*c*). Kommt eine OH-Gruppe hinzu, entsteht Noradrenalin (*d*); wird hier eine Methylgruppe (CH_3) angehängt, ergibt sich Adrenalin (*e*). Die linken Abbildungen stammen von Tripos Associates.

schwindigkeit, mit der Enkephalin entsteht, variiert je nach Bedingung. So steigt sie vermutlich bei schmerzhaften Streßzuständen an. Die Geschwindigkeit läßt sich auf zweierlei Weise steuern: zum einen, indem sich die Transkriptionsrate der Proenkephalin-Gene verändert; zum anderen über die unterschiedliche Verfügbarkeit jener Enzyme, welche die Peptidbindungen beiderseits des Enkephalins im Vorläufermolekül spalten.

Viele Enzyme sind in der Lage, die beiden enzymatischen Schritte durchzuführen, die zur Umwandlung von Proenkephalin in Enkephalin notwendig sind. Eine der großen ungelösten Fragen ist, ob gewisse allgemein anwendbare Enzyme sämtliche Hormon- und Neurotransmitter-Peptide bearbeiten, oder ob für jedes Peptid spezifische Enzyme vorhanden sind.

Aus der Antwort werden sich weitgehende praktische Konsequenzen ergeben. Sollten spezifische Enzyme beteiligt sein, könnte man gezielt Medikamente entwickeln, welche nur die Biosynthese eines bestimmten peptidischen Neurotransmitters blockieren, und so die neurochemischen Prozesse eines Patienten präzise kontrollieren.

Die neuesten Forschungsergebnisse sprechen für die Hypothese, daß es tatsächlich solche spezifischen Enzyme gibt. Lloyd D. Fricker, Stephen M. Strittmatter und David R. Lynch aus meinem Labor an der Medizinischen Fakultät der Johns-Hopkins-Universität haben ein Enzym isoliert und beschrieben, das wir Enkephalin-Konvertase nennen. Es entfernt die einzelne Aminosäure, die dem fast fertigen Enkephalin noch anhängt.

Wir stellten auch fest, daß die Enkephalin-Konvertase ausschließlich an denselben Stellen im Gehirn vorkommt wie das Enkephalin selbst. Dies zeigt, daß es dort zur Bildung von Enkephalin beiträgt – was allerdings nicht ausschließt, daß es woanders im Körper auch andere Funktionen haben könnte. Mit einigen Wirkstoffen, die wir getestet haben, ließ sich die Enkephalin-Konvertase rund tausendmal besser hemmen als jedes andere Enzym.

Aus der Neuropeptid-Forschung ergibt sich also die aufregende Möglichkeit, neue Wirkstoffe zu entwickeln, die effektiver, spezifischer und sicherer sind als die heute gebräuchlichen Psychopharmaka. Praktisch alle in Neurologie und Psychiatrie verwendeten Medikamente hemmen oder steigern den Effekt irgendeines Neurotransmitters. Die meisten wirken sich auf einen der klassischen Botenstoffe aus. Die gerade entdeckten Peptidtransmitter hingegen könnten eine neue Generation von Wirkstoffen liefern, welche die Synthese, die Freisetzung und die Rezeptoreffekte von spezifischen Neuropeptiden beeinflussen. Mit einem Arsenal von Mitteln, mit denen sich jedes der vielen Neuropeptide steuern ließe, könnten wir feiner auf das Fühlen und Denken einwirken und so emotionale und neurologische Krankheiten wesentlich besser lindern.

Die Neurorezeptor-Typen

Wie die momentan gebräuchlichen Wirkstoffe mit Transmittern reagieren, läßt sich am besten anhand eines klassischen Amintransmitters beschreiben, des Noradrenalins. Es wird im sympathischen Nervensystem – einem Teil des vegetativen Nervensystems – als Botenstoff verwendet. Das sympathische Nervensystem macht den Körper bereit, schnell seine Leistung zu steigern, indem es zum Beispiel gewisse Blutgefäße erweitert, die Herzfrequenz erhöht und den Verdauungsprozeß verlangsamt. Außerdem ist Noradrenalin eine Übertrăgersubstanz im Gehirn.

Nervenzellen, die Noradrenalin enthalten, kommen – wie jene, die Enkephalin enthalten –in speziellen Gehirnarealen hochkonzentriert vor. Eine der wichtigsten noradrenergen Bahnen geht von einem kleinen bläulichen Kern im Gehirnstamm aus, dem *Locus coeruleus*. Von dort ziehen die Nervenfasern in viele Gehirnregionen, so daß die relativ wenigen Nervenzellen des *Locus coeruleus* buchstäblich Milliarden anderer Neuronen beeinflussen können.

Es gibt vier wichtige Noradrenalin-Rezeptoren, die Alpha 1, Alpha 2, Beta 1 und Beta 2 genannt werden. Da die verschiedenen Noradrenalin-Rezeptoren in unterschiedlichen Bereichen des Körpers zu finden sind, lassen sich speziell für sie bestimmte erregende oder hemmende Stoffe entwickeln. Zum Beispiel erhöht sich der Blutdruck, wenn die Alpha-1-Rezeptoren des peripheren Nervensystems stimuliert werden. Folglich hat man viele Mittel gegen Bluthochdruck so entwickelt, daß sie selektiv die Alpha-1-Rezeptoren blockieren.

Wenn man andererseits Rezeptoren vom Typ Beta-1 oder Beta-2 erregt, erhöht sich die Herzschlagfrequenz und die bronchialen Verästelungen in der Lunge werden erweitert. Ein Beta-Stimulans (Beta-Mimetikum) kann darum bei der Behandlung von Asthma, ein Beta-Blokker bei der Bekämpfung von Angina pectoris eingesetzt werden.

Ein Beta-Mimetikum gegen Asthma könnte allerdings den Herzschlag übermäßig beschleunigen, und ein Beta-Blocker gegen Angina pectoris könnte eine gleichzeitig vorhandene Asthma-Erkrankung verschlimmern. Diese Nebenwirkungen lassen sich jedoch ausschalten, weil das Herz hauptsächlich Beta-1-Rezeptoren trägt, die Lunge aber größtenteils Beta-2-Rezeptoren. Die pharmakologische Forschung konnte deshalb selektive Beta-2-Mimetika entwickeln, die Asthmasymptome lindern, ohne Herzklopfen zu verursachen, und Beta-1-Blocker, die Beschwerden der Angina pectoris mildern, ohne Asthma-Anfälle auszulösen. Viele weitere Pharmaka nutzen die vielfältigen Rezeptor-Typen aus, die für die meisten Neurotransmitter existieren.

Eine Reihe von Substanzen arbeitet nach einem etwas anderen Prinzip. Eine freigesetzte Überträgersubstanz muß, nachdem sie ihre Wirkung am Rezeptor entfaltet hat, irgendwie wieder beseitigt werden, damit die Kontaktstellen auf den nächsten Nervenimpuls reagieren können. Die meisten Neurotransmitter werden durch einen pumpenähnlichen Mechanismus „inaktiviert", der den Botenstoff in die Nervenendigung zurücktransportiert, aus der er stammt. Der therapeutische Effekt einiger Pharmaka besteht nun darin, daß sie diesen Wiederaufnahmemechanismus hemmen.

Beispielsweise blockieren die gebräuchlichsten, die trizyklischen Antidepressiva die Wiederaufnahme von Noradrenalin und Serotonin, so daß mehr Botenstoffe zu den Rezeptoren gelangen. Da sich mit solchen Wirkstoffen tatsächlich Depressionen beheben lassen, ist anzunehmen, daß Depressionen zum Teil von einem Mangel an Noradrenalin, Serotonin und anderen biogenen Aminen herrühren.

Bestimmte andere Pharmaka schließlich beeinflussen die Enzyme, die Noradrenalin synthetisieren oder abbauen. So läßt sich zum Beispiel der Noradrenalinspiegel im Gehirn erhöhen, indem man die Monoamin-Oxidase hemmt, die Catecholamine wie Noradrenalin abbaut. Wegen des erhöhten Spiegels und des daraus resultierenden Konzentrationsgefälles tritt Noradrenalin vermehrt aus der Nervenendigung aus. Monoamin-Oxidasehemmer können so die synaptische Aktivität von Noradrenalin steigern und deshalb als Antidepressiva dienen.

Die Kommunikation zwischen Zellen oder Zellgruppen ist für das Überleben eines jeden vielzelligen Organismus entscheidend. In höheren Lebewesen beruht sie auf einer großen Anzahl hochspezialisierter Botenmoleküle. Die Eigenschaften und Funktionen aller dieser interzellulären Boten zu erforschen, ermöglicht es schließlich auch, sicherere und wirksamere Medikamente für so unterschiedliche Erkrankungen zu entwickeln wie hormonelle Dysregulationen, Herzerkrankungen und auch Geistesstörungen.

Gestörte Kommunikation zwischen Zellen

Zellen können sich untereinander verständigen. Sie sind in der Lage, sich Nachrichten zu übermitteln, indem sie Botensubstanzen freisetzen, für die es an den Oberflächen der Empfängerzellen Anlegestellen (Rezeptoren) gibt. Störungen in diesem System der Nachrichtenübermittlung scheinen die Ursachen vieler Krankheiten zu sein.

Von Edward Rubenstein

Seit jeher war es ein Ziel der medizinischen Forschung, die Ursachen der Krankheiten aufzudecken, die Menschen und Tiere befallen können. Neuerdings ist deutlich geworden, daß so verschiedenartige Krankheiten wie Cholera, Überfunktion der Schilddrüse, hochgradige Muskelschwäche und einige Formen der Zuckerkrankheit (des Diabetes) sich insofern gleichen, als bei ihnen der Nachrichtenaustausch zwischen den Zellen gestört ist. Dadurch kann der Körper einige seiner Fuktionen nicht mehr regulieren.

Zellen übermitteln einander Nachrichten, indem sie Substanzen ausschütten, die als chemische Boten (Mediatoren) wirken. Diese wandern bis zur Nachbarzelle oder gelangen im Blutstrom bis in entfernte Körperteile. In der Membran, die die Empfängerzelle umhüllt, befinden sich Eiweißmoleküle, die als Anlegestellen für die Mediatoren dienen und die man als Rezeptoren bezeichnet. Diese Rezeptoren übermitteln auf eine Weise, die wir noch erläutern werden, die im Mediator enthaltene Nachricht ins Innere der Zelle, das darauf mit biochemischen Veränderungen reagiert.

Die Reaktion der Zelle kann schnell eintreten, wenn die dafür benötigten Substanzen fertig oder als Vorstufen im Zellplasma vorrätig sind. Die vom Nebennierenmark ausgeschütteten Hormone Adrenalin und Noradrenalin sind Mediatoren, die rasche Antworten auslösen. Dagegen bewirken Hormone der Nebennierenrinde und die Geschlechtshormone auf dem Umweg über die Gene im Zellkern die Synthese von Eiweißstoffen in der Zelle. Dieser Vorgang braucht Zeit, und die Reaktion der Zelle tritt daher verzögert ein.

Welcher Art ist die erste Veränderung, die sich in einer Zelle nachweisen läßt, nachdem sich eine Botensubstanz an einen Rezeptor angelagert hat? In vielen Fällen steigt der Gehalt an cyclischem Adenosin-monophosphat (cAMP) im Zellplasma. cAMP entsteht – wie in Bild 2 gezeigt – aus dem allgegenwärtigen Adenosin-triphosphat (ATP), wenn das Enzym Adenylat-Cyclase von diesem zwei der drei Phosphatgruppen abspaltet. Das freie Ende der im Molekül verbleibenden Phosphatgruppe schließt einen Ring mit dem Kohlenstoffatom 3' im Riboseteil des Moleküls, und dieser Ring gibt dem Adenosin-monophosphat den Beinamen „cyclisch". Das cAMP wird unwirksam, wenn ein anderes Enzym, die Phosphodiesterase, den Ring wieder öffnet. Dann entsteht normales Adenosin-monophosphat (AMP).

Die Bildung von cAMP ist die erste Stufe der zellulären Reaktion auf die Ankunft einer Botensubstanz. In der zweiten Stufe wandelt das cAMP Enzyme, die man als Kinasen bezeichnet, aus unwirksamen Formen in wirksame Formen um. Die aktivierten Kinasen übertragen Phosphatgruppen auf Enzyme der dritten Stufe und schalten diese damit an oder aus. Erst die Enzyme der dritten Stufe bringen die Veränderungen im Stoffwechsel hervor, die die Botensubstanz auslösen soll. Für die Entdeckung des cAMP und die Klärung seiner Schlüsselrolle im Stoffwechsel erhielt der amerikanische Biochemiker Earl W. Sutherland 1971 den Nobelpreis für Medizin.

Damit cAMP entsteht, muß das an der Innenseite der Zellmembran sitzende Enzym Adenylat-Cyclase aktiviert werden, sobald die Botensubstanz an der Außenseite der Zellmembran mit ihrem Rezeptor in Wechselwirkung tritt. Man vermutet, daß die Vermittlung zwischen Innen- und Außenseite einem Eiweißstoff (einem Protein) zufällt, das Guanosin-triphosphat (GTP, ein Analogon des ATP) enthält. Dieses Protein scheint nicht nur die Adenylat-Cyclase zu aktivieren, sondern auch die Fähigkeit des Rezeptors herabzusetzen, die Botensubstanz zu erkennen und zu binden. Damit ließe sich zum Teil die Beobachtung erklären, daß eine erhöhte Menge an Botensubstanz die Bindungsfähigkeit der Rezeptoren vermindert. So sinkt beispielsweise die Zahl der Adrenalin-Rezeptoren an den weißen Blutkörperchen, wenn man Asthma-Patienten mit adrenalin-ähnlichen Medikamenten behandelt. Insulin wirkt in ähnlicher Weise auf Insulin-Rezeptoren.

Die von einer Zelle freigesetzte Botensubstanz bezeichnet man oft als „ersten Boten", und Substanzen wie das cAMP heißen „zweite Boten". Diese Namen sind insofern irreführend, als der „erste Bote" meist gar nicht das erste Signal ist, sondern aufgrund eines vom Zentralnervensystem kommenden Befehls ausgeschüttet wird, der seinerseits in einer Sinneswahrnehmung oder in einem psychischen Ereignis seine Ursache haben kann.

Mediatoren, Rezeptoren und Membranen

Botensubstanzen (Mediatoren) sind Moleküle, die sehr einfach, aber auch sehr kompliziert gebaut sein können. Ihre Größe reicht von einem Dutzend bis zu mehreren hundert Atomen. Die Re-

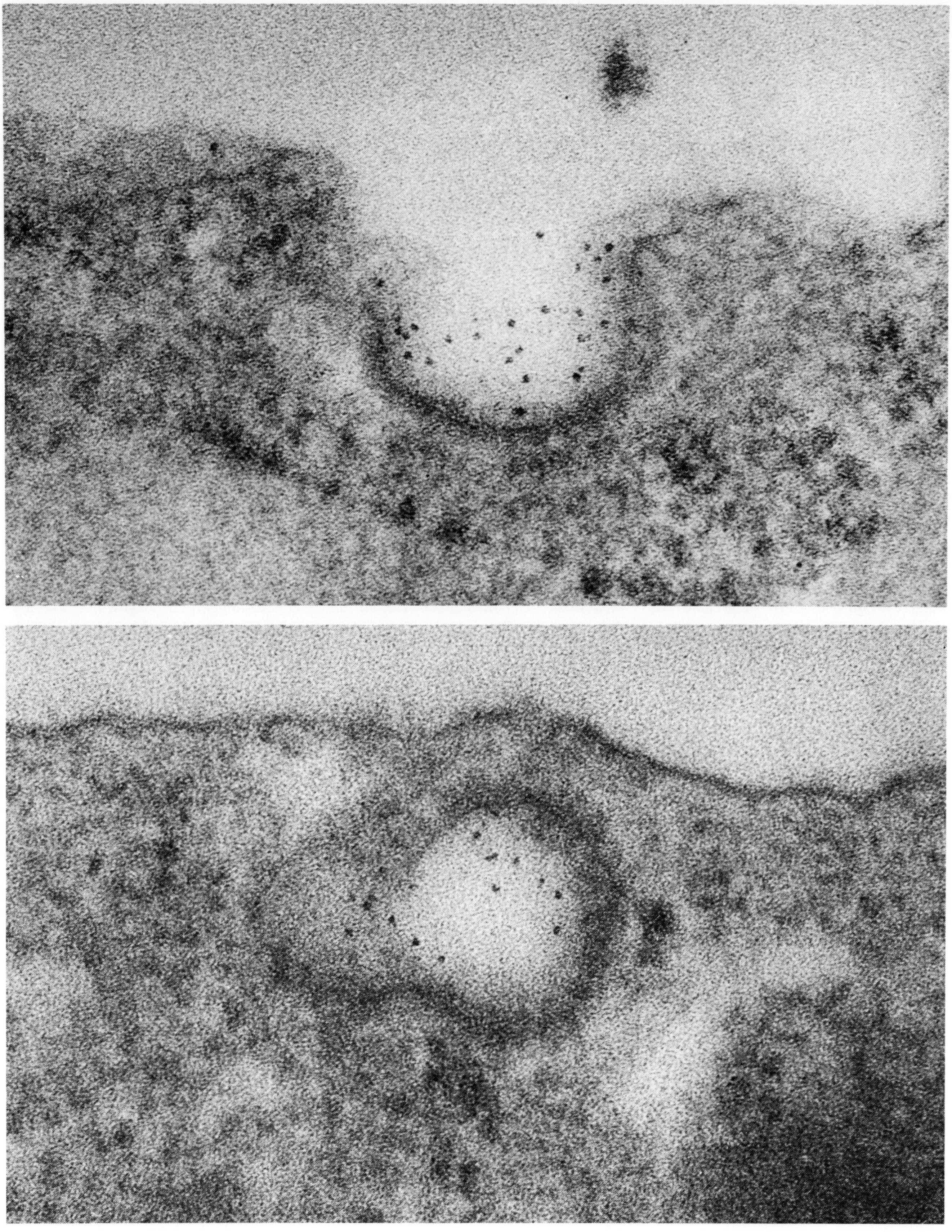

Bild 1: Diese elektronenmikroskopischen Aufnahmen zeigen in etwa 227 000-facher Vergrößerung einen Ausschnitt aus einer menschlichen Bindegewebszelle (einem Fibroblasten). Die Membran dieser Zelle weist im oberen Teilbild eine Grube auf, die mit Rezeptoren für ein fetthaltiges Eiweißmolekül (ein Lipoprotein) ausgekleidet ist. Das Lipoprotein wird in der Leber gebildet und dient als Träger des Cholesterins, das die Zellen für den Aufbau ihrer Membranen brauchen (siehe Bild 3). Das Lipoprotein ist in der Grube in Form der kleinen schwarzen Flecken zu erkennen, denn es hat sich mit dem eisenhaltigen Protein Ferritin assoziiert, das eine große Elektronendichte besitzt und dadurch die Sichtbarkeit der Moleküle verbessert. Im unteren Teilbild hat sich die Grube geschlossen. Sie bildet jetzt ein Bläschen, das ins Innere des Fibroblasten wandert, wo das Cholesterin genutzt wird. Haben die Zellen eines Menschen nicht genug Rezeptoren für das cholesterinhaltige Lipoprotein, so können sie dieses dem Blut nicht in ausreichender Menge entziehen. Die Folge ist ein zu großer Cholesteringehalt im Blut, der zu krankhaften Veränderungen der Herzkranzgefäße, der Haut und der Sehnen führt.

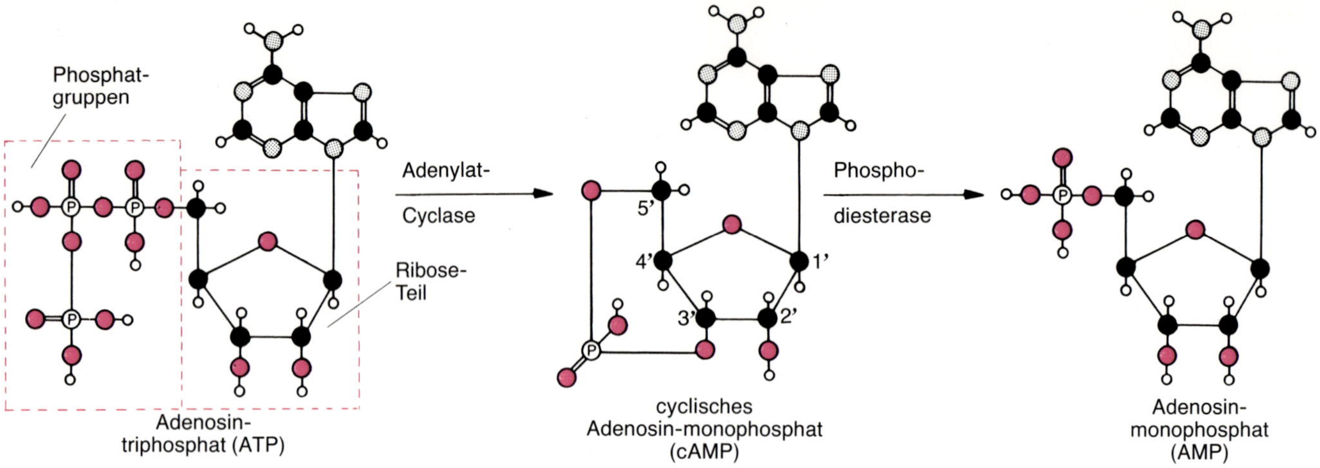

Bild 2: Botensubstanzen, die Nachrichten von einer Zelle zur anderen bringen, treten mit einem Rezeptor in der Membran der Empfängerzelle in Wechselwirkung. Dadurch lösen sie in der Empfängerzelle gewöhnlich eine Kette chemischer Reaktionen aus, an deren Anfang häufig die Bildung von cyclischem Adenosin-monophosphat (cAMP) steht. Das Enzym Adenylat-Cyclase bewirkt die Bildung des cAMP, indem es aus Adenosin-triphosphat (ATP) zwei der drei Phosphatgruppen abspaltet. Das freie Ende der im Molekül verbleibenden Phosphatgruppe verbindet sich mit dem Kohlenstoffatom 3' des Riboseteils zu einem Ring, der dem Adenosin-monophosphat den Beinamen „cyclisch" eingetragen hat. Das Enzym Phosphodiesterase inaktiviert das cAMP, indem es diesen Ring öffnet. Dabei entsteht normales Adenosin-monophosphat (AMP). Die Atome sind schematisch durch Kreise dargestellt (schwarz = Kohlenstoff, rot = Sauerstoff, weiß = Wasserstoff, grau = Stickstoff, P = Phosphor). Die kleinen Zahlen am Riboseteil des cAMP zeigen die Numerierung der Kohlenstoffatome.

zeptoren, mit denen sie in Wechselwirkung treten, sind große Aggregate aus vielen Molekülen, die so zusammengefügt sind, daß jede Rezeptor-Art ihre besondere Struktur besitzt.

Unter den Mediatoren sind wasserlösliche (hydrophile) und fettlösliche (hydrophobe) Substanzen zu unterscheiden. Wasserlösliche Mediatoren sind im allgemeinen nicht in der Lage, eine Zellmembran zu durchdringen. Ihre Rezeptoren müssen sich daher auf der Außenseite der Membran befinden. Fettlösliche Mediatoren können dagegen ins Innere einer Zelle gelangen, und treffen dort ihre Rezeptoren. Beispielsweise scheinen sich die Rezeptoren für die Schilddrüsenhormone im Zellkern zu befinden.

Die Zellmembran spielt also im System der zellulären Nachrichtenübermittlung eine wichtige Rolle. Die Bilder 3 und 4 zeigen schematisch ihren Aufbau: sie besteht aus einer Doppelschicht von Phospholipid-Molekülen (phosphathaltigen fettähnlichen Substanzen), die hydrophile und hydrophobe Abschnitte in sich vereinen. Diese Moleküle sind so angeordnet, daß ihre wasserlöslichen Gruppen die Ober- und Unterseiten der Zellmembran bilden, während die fettlöslichen Bestandteile die Mittelschicht der Membran ergeben, in der sich auch Cholesterin-Moleküle befinden (Bild 3). Aggregate von Proteinmolekülen sind beweglich in diese Membranstruktur eingelagert oder an sie angeheftet (Bild 4). Einige von ihnen erstrecken sich durch die gesamte Dicke der Membran, andere befinden sich nur an der inneren oder äußeren Membranfläche und wirken vermutlich zum Teil wie Schleusen, die wasserlöslichen Substanzen Einlaß ins Zellinnere gewähren.

Einige Rezeptoren für wasserlösliche Substanzen, beispielsweise der Insulin-Rezeptor, vereinigen sich mit den zu ihnen gehörenden Mediatoren und wandern dann zu einem Zielort im Zellinneren, beispielsweise zur Membran des Zellkerns (Bild 5). Am Zielort lösen sie ihre Wirkung aus, wobei diese Rolle möglicherweise dem Rezeptor zufällt und der Mediator nur dazu dient, dem Rezeptor die Bewegung ins Zellinnere zu ermöglichen.

Die Wechselwirkung zwischen Mediator und Rezeptor ist spezifisch, das heißt, ein Mediator kann nur mit dem Rezeptor reagieren, mit dem er aufgrund seiner Gestalt oder aufgrund der Verteilung elektrischer Ladungen ähnlich gut zusammenpaßt wie aneinandergrenzende Teile eines Puzzlespiels. Besonders eindrucksvoll läßt sich das am Beispiel der Hormone Oxytocin und Vasopressin zeigen. Beide sind Eiweißmoleküle, die aus neun Bausteinen (Aminosäuren) bestehen (Bild 6). Sie unterscheiden sich nur in zwei Aminosäuren und haben daher nahezu gleiche Größe, Gestalt und Ladungsverteilung. Aber die Unterschiede sind groß genug, um den Hormonen verschiedene biologische Wirkungen zu geben: Oxytocin reagiert mit Rezeptoren in den glatten Muskelzellen der Gebärmutterwand und löst Wehen aus. Vasopressin dagegen reagiert mit Rezeptoren in den Zellen, die die Sammelrohre der Niere auskleiden. Dadurch steigt die Durchlässigkeit (Permeabilität) der Sammelrohre, so daß die Niere größere Wassermengen zurückgewinnt. Das Ergebnis ist ein kleineres Harnvolumen. Vasopressin wirkt nicht auf die Gebärmutter und Oxytocin nicht auf die Niere.

Obwohl die Paßgenauigkeit zwischen Mediator und Rezeptor sehr groß ist, können Fehler vorkommen. Ein Rezeptor kann mit einer „falschen" Substanz reagieren, wenn diese nach Gestalt oder Ladungsverteilung dem „richtigen" Mediator gleicht. Die Zelle, zu der der Rezeptor gehört, reagiert dann auf ein falsches Signal. Ein Beispiel ist die Wirkung des Pharmakons Carbacholin auf Schaltstellen im vegetativen Nervensystem, die den Blutdruck und die Darmbewegung steuern.

Die Stelle, an der eine Nervenfaser mit einer Nervenzelle, auf die sie ihre Signale überträgt, in Kontakt tritt, bezeichnet man als Synapse (Bild 7). Die Nervenfaser bildet dort ein Endknöpfchen, das durch einen schmalen, mit Flüssigkeit gefüllten Spalt von der Nervenzelle getrennt ist. Im Endknöpfchen befinden sich membranumhüllte Bläschen, die eine Überträgersubstanz (einen Neurotransmitter), beispielsweise das Acetylcholin, enthalten. Wenn ein Nervensignal das Ende der Nervenfaser erreicht, werden einige Bläschen in den synaptischen Spalt entleert. Die Moleküle der Überträgersubstanz durchwandern den Spalt und reagieren mit Rezeptoren an der postsynaptischen Membran (Bild 7). Das Pharmakon Carbacholin ist dem Acetylcholin ähnlich genug, um es bei der Reaktion mit dem Rezeptor zu ersetzen und als synthetischer Neurotransmitter zu dienen. Die postsynaptische Zelle reagiert also auf ein falsches Signal, das in diesem Fall von einem Medikament ausgeht.

Störungen in der zellulären Kommunikation können nicht nur durch Reaktionen von Rezeptoren mit „falschen“ Mediatoren entstehen. Fehlerhafte Mediatoren kommen als Ursachen ebenso in Frage, wie fehlerhafte oder gar nicht vorhandene Rezeptoren.

Cholera

Eine Krankheit, die auf der Reaktion eines Rezeptors mit einem falschen Mediator beruht, ist die Cholera. Sie wird vom Bakterium *Vibrio cholerae* verursacht, das den Darmkanal besiedelt, ohne das Darmgewebe zu befallen oder zu zerstören. Das Bakterium kann weder in die Epithelzellen des Darmes eindringen, noch sich zwischen ihnen hindurchgraben, um in die Lymphkanäle oder in den Blutstrom zu gelangen. Die Krankheit, die bei fünfzig Prozent aller nicht behandelten Patienten mit dem Tod endet, beruht vielmehr darauf, daß die Darmzellen auf eine von den Bakterien produzierte Substanz (das Cholera-Toxin) so reagieren, als wäre sie das „richtige“ Signal.

Die Hauptfunktionen des Dünndarms sind die Verdauung der Nahrung und die Übergabe der Verdauungsprodukte an das Blut. Enzyme, die von der Bauchspeicheldrüse und vom Dünndarm abgesondert werden, zerlegen Eiweißstoffe, Kohlenhydrate und Fette in ihre Bestandteile. Diese Enzyme arbeiten am besten im alkalischen Milieu. Wenn Nahrung vom Magen in den Dünndarm gelangt, reagiert eine Substanz (unklaren Ursprungs) mit Rezeptoren an den Dünndarmzellen und bewirkt die Bildung von cAMP (Bild 8). Die Zellen scheiden daraufhin etwa zwei Liter einer alkalischen Flüssigkeit in den Darmkanal aus. Diese Flüssigkeit bildet das geeignete Milieu für die Verdauung der Nah-

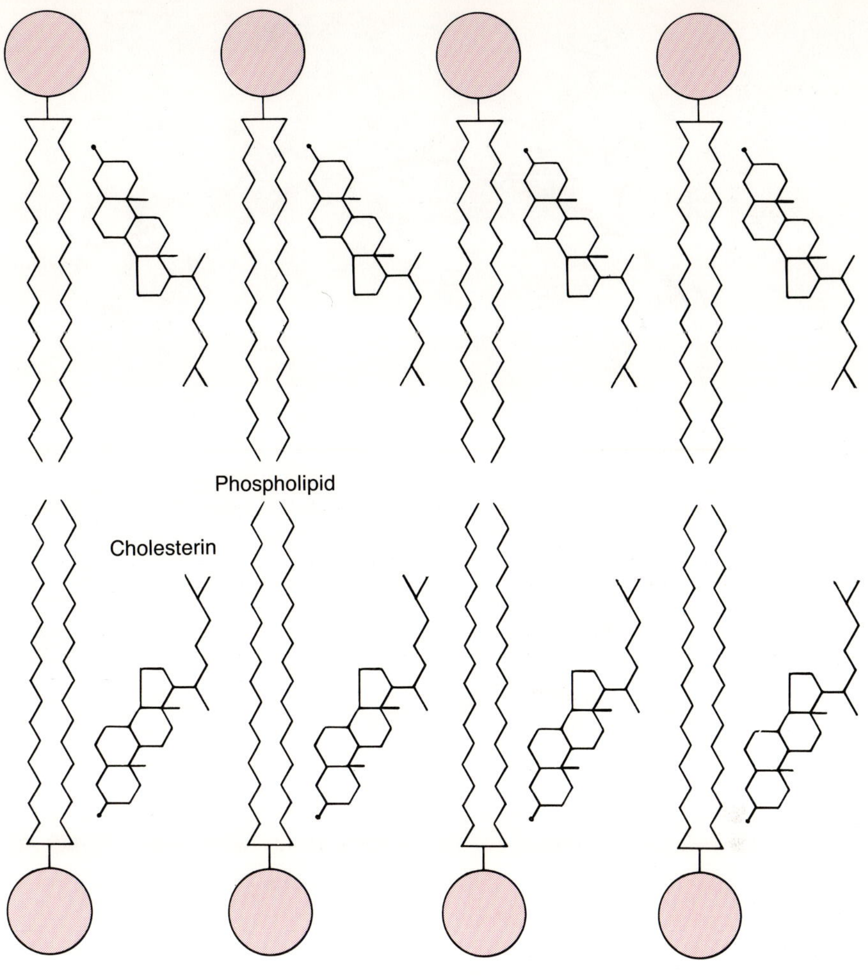

Bild 3: Die Membran, die eine Zelle nach außen begrenzt, besteht aus einer Doppelschicht von Phospholipid-Molekülen, zwischen denen sich Cholesterin-Moleküle befinden. Die Phospholipid-Moleküle bestehen aus wasserlöslichen (hydrophilen) und fettlöslichen (hydrophoben) Teilen, die hier durch die farbigen Kreise und die Zick-Zack-Linien gekennzeichnet sind. Die Moleküle lagern sich – wie aus Bild 4 ersichtlich – so zusammen, daß die hydrophilen Teile die Ober- und Unterseiten der Membran und die hydrophoben Teile (gemeinsam mit den Cholesterin-Molekülen) die Innenschicht bilden.

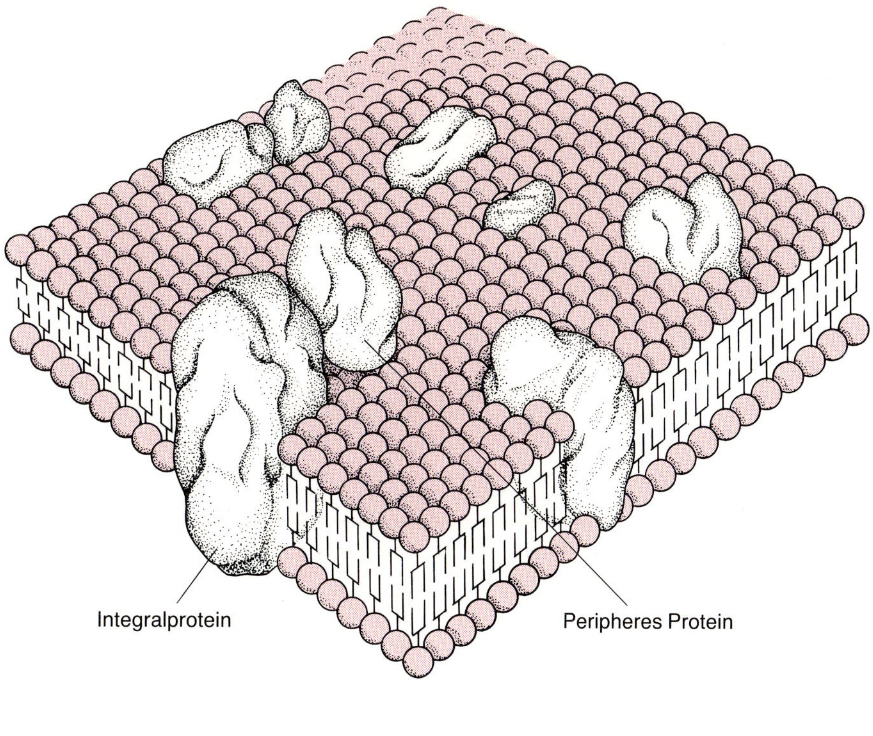

Bild 4: An und in der Zellmembran sitzen Eiweißstoffe (Proteine). Man nimmt an, daß einige davon als Rezeptoren wirken. Proteine, die sich über die gesamte Dicke der Membran erstrecken, werden Integralproteine genannt. Periphere Proteine befinden sich an der inneren und äußeren Oberfläche der Membran und sind an die Integralproteine gebunden. Einige der Eiweißstoffe bilden wahrscheinlich Kanäle, durch die wasserlösliche Substanzen in die Zelle eingeschleust werden. Fettlösliche Substanzen können offenbar ohne „fremde“ Hilfe durch die Zellmembran dringen.

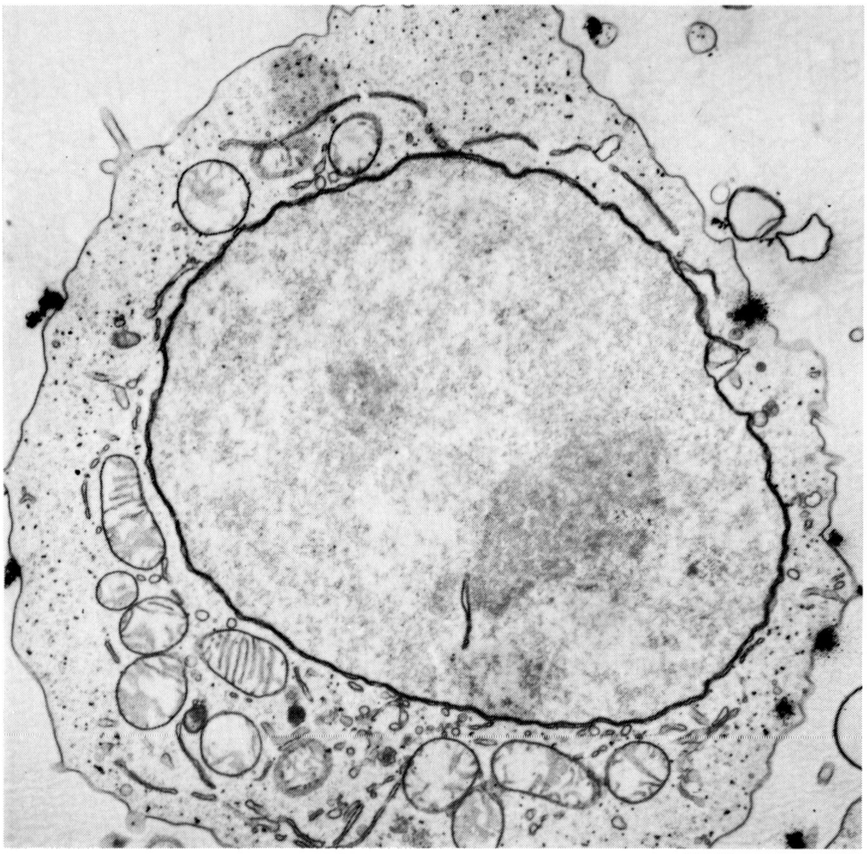

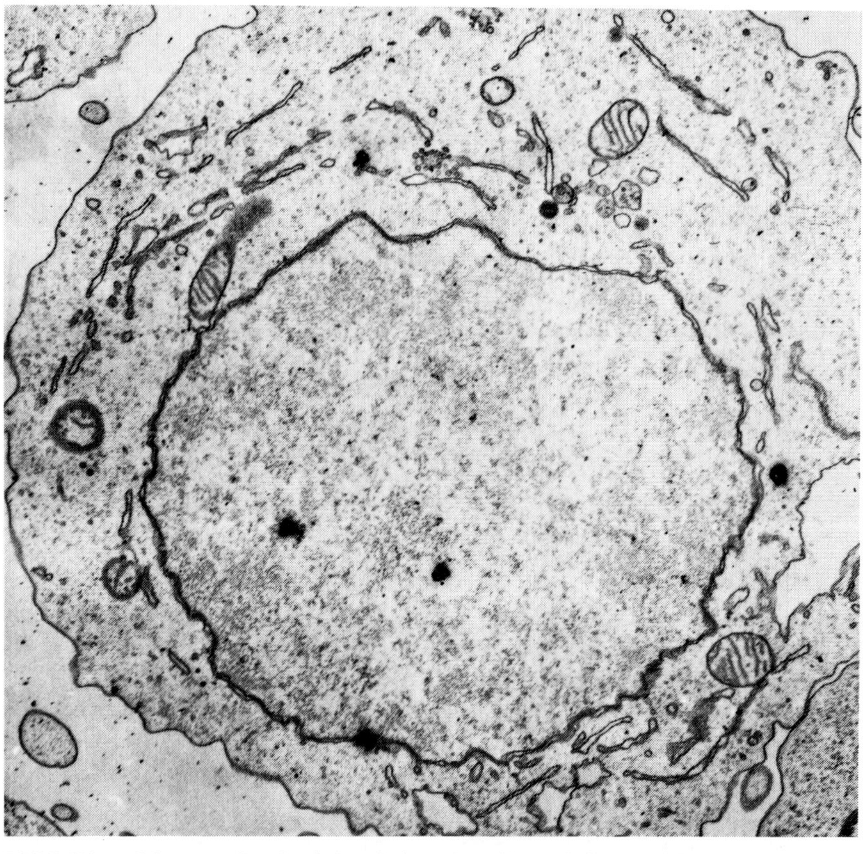

Bild 5: Diese elektronenmikroskopischen Aufnahmen zeigen je eine menschliche Lymphzelle aus einer Gewebekultur in 13 300-facher Vergrößerung. In die Gewebekultur wurde radioaktiv markiertes Insulin gegeben, das in Form der kleinen schwarzen Flecken zu erkennen ist. Die obere Aufnahme zeigt die Positionen der Insulin-Moleküle dreißig Sekunden, nachdem sie der Zell-Kultur zugesetzt wurden. Sie befinden sich noch im Bereich der Zellmembran (äußere Begrenzungslinie). Dreißig Minuten später (untere Aufnahme) sind sie in die Zelle eingedrungen, und ein Teil von ihnen hat sogar die Membran des Zellkerns (innere Begrenzungslinie) durchquert. Vermutlich wurde das Insulin von seinen Rezeptoren gebunden, mit denen zusammen es sich ins Innere der Zelle bewegte.

rung und wird später weiter unten im Dünndarm sowie im Dickdarm von den Zellen der Darmwand wieder aufgenommen.

W. E. von Heyningen an der Universität Oxford konnte nachweisen, daß das von den Cholerabakterien produzierte Gift von Rezeptoren der Zellen gebunden wird, die den Dünndarm auskleiden. Zwei Forschungsgruppen an der Harvard-Universität (Daniel V. Kimberg und Michael Field, sowie Geoffrey W. Sharp und Sixtus Hynie) fanden, daß das Gift die Aktivität der Adenylat-Cyclase in den Zellen steigert und dadurch die Abgabe großer Flüssigkeitsmengen in den Darm auslöst (Bild 8). Das Molekül des Cholera-Toxins besteht aus zwei Untereinheiten. Von diesen reagiert eine mit dem Rezeptor, während die andere die Adenylat-Cyclase dermaßen stimuliert, daß die Zellen zwanzig bis dreißig Liter Wasser in den Dünndarm pumpen. Da solche Flüssigkeitsmengen von den Zellen nicht in kurzer Zeit wieder aufgenommen werden können, gehen sie dem Körper größtenteils durch Erbrechen und Durchfall verloren. Der starke Flüssigkeitsverlust bedroht das Leben des Patienten. Man behandelt die Erkrankten, indem man ihnen viel Flüssigkeit zuführt. Das Antibiotikum Tetracyclin hilft nur insofern, als es die Dauer der Krankheit verkürzt und dafür sorgt, daß die Patienten den Erreger nicht weitergeben.

Überfunktion der Schilddrüse, Muskelschwund und erhöhter Cholesterinspiegel

Eine häufige Ursache der Schilddrüsenüberfunktion ist die Basedow-Krankheit. Die Schilddrüse vergrößert sich und produziert übermäßig viel Hormon. Die Folge der starken Hormonausschüttung ist eine schlechte Ausnutzung der Energie in den Körperzellen, die ihrerseits zu einem überhöhten Stoffdurchsatz führt. Der Patient ist nervös, schwitzt, zittert, hat eine hohe Pulsfrequenz, verträgt keine Wärme und magert ab.

Die Hormonproduktion der Schilddrüse wird normalerweise vom schilddrüsen-stimulierenden Hormon Thyreotropin reguliert, das in der Anhangdrüse des Zwischenhirns (in der Hypophyse) entsteht (Bild 9). Es reagiert mit Rezeptoren an den Zellen der Schilddrüse, aktiviert dadurch die Adenylat-Cyclase und steigert so die Bildung der Schilddrüsenhormone, die an das Blut abgegeben werden. Die Schilddrüsenhormone hemmen ihrerseits die Freisetzung des Thyreotropins (Bild 9). Ein thyreotropin-freisetzender Faktor aus dem im Zwischenhirn gelegenen Hypothalamus reguliert die Grundaktivität des gesamten Systems.

Bild 6: Die Strukturen der Hormone Oxytocin und Vasopressin sind hier schematisch dargestellt. Beide Molekülarten bestehen aus je neun Bausteinen (Aminosäuren genannt), die durch einen farbigen Kreis und drei Buchstaben gekennzeichnet sind. Man sieht, daß sich die beiden Hormone nur in zwei Aminosäuren unterscheiden (farbig gerasterte Kreise). Dieser Unterschied genügt, um sie mit verschiedenen Rezeptoren reagieren und verschiedene Wirkungen hervorbringen zu lassen: Oxytocin beeinflußt die Gebärmutter und ruft Wehen hervor, Vasopressin wirkt auf die Niere und sorgt dafür, daß weniger Harn gebildet wird.

Arg Arginin
Asn Asparagin
Cys Cystein
Gln Glutamin
Gly Glycin
Ile Isoleucin
Leu Leucin
Phe Phenylalanin
Pro Prolin
Tyr Tyrosin

In Blutplasma von Basedow-Patienten findet sich ein Antikörper gegen das Thyreotropin. S. Quasim Mehdi und Joseph P. Kriss an der Stanford-Universität haben gezeigt, daß dieser Antikörper mit den Thyreotropin-Rezeptoren an den Zellen der Schilddrüse reagiert und diese dadurch ständig aktiviert. Offenbar haben das Thyreotropin-Molekül und das Antikörper-Molekül funktionelle Ähnlichkeiten. Was die Bildung des Antikörpers verursacht, ist unbekannt. In einigen Fällen scheint ein Schaden im Gewebe der Schilddrüse die Ursache zu sein, und möglicherweise spielt auch eine Veranlagung eine Rolle. Jedenfalls wird die Schilddrüse eines Basedow-Patienten durch den Antikörper gesteuert, und nicht mehr durch das Thyreotropin, so daß auch die Hemmung der Hormonproduktion durch Rückkoppelung nicht mehr funktioniert.

Ähnlich scheinen die Verhältnisse bei der hochgradigen Muskelschwäche (Myasthenia gravis) zu liegen, bei der besonders die Sprach-, Kau- und Schluck-Muskulatur bei längerer Beanspruchung zunehmend erlahmt. Die Kiefermuskulatur ermüdet beim Kauen, die Augenlider fallen nach einiger Zeit zu, und die Stimme wird im Verlauf einer Unterhaltung immer schwächer. Im Blut der Patienten findet man meistens einen Antikörper, der nicht nur mit den Acetylcholin-Rezeptoren an den Kontaktstellen zwischen Nervenfasern und Muskelzellen reagiert, sondern diese Rezeptoren auch zerstört. In manchen Fällen arbeitet die für die Bildung bestimmter Immunzellen verantwortliche Thymusdrüse anomal. Bei schwangeren Frauen, die an hochgradiger Muskelschwäche leiden, können die Antikörper durch den Mutterkuchen (die Plazenta) in den Kreislauf des Fetus gelangen. Allerdings werden sie in den ersten Wochen nach der Geburt im Organismus des Säuglings abgebaut, und das Kind erholt sich.

Untersuchungen von Michael S. Brown und Joseph L. Goldstein an der Universität von Texas ergaben, daß ein Rezeptor-Mangel die Ursache der familiären Hypercholesterinämie ist. Bei dieser Krankheit, die auf die Hälfte der Nachkommen eines Paares vererbt wird, erreicht die Cholesterin-Konzentration im Blut überhöhte Werte, was zur Folge hat, daß die Herzkranzgefäße vorzeitig erkranken und daß sich Cholesterin in der Haut und in einigen Sehnen ablagert. Die Zellen des Körpers benötigen Cholesterin zum Aufbau ihrer Zellmembranen (Bild 3). Die Substanz wird in der Leber synthetisiert und als Teil eines fetthaltigen Eiweißes (eines Lipoproteins) an das Blut abgegeben. Benötigt eine Zelle Cholesterin, so vermehren sich auf ihrer Membran die Rezeptoren, die das cholesterinhaltige Eiweiß abfangen (Bild 1). Hat die Zelle genug Cholesterin

Bild 7: Die Kontaktstelle zwischen dem Ende einer Nervenfaser und der nächsten Nervenzelle bezeichnet man als Synapse. Die Nervenfaser endet im Endknöpfchen, das Bläschen enthält, die mit einer Überträgersubstanz (farbige Punkte) gefüllt sind. Erreicht ein elektrisches Nervensignal das Ende der Nervenfaser, so entleeren sich einige Bläschen in den schmalen, mit Flüssigkeit gefüllten synaptischen Spalt, der das Endknöpfchen von der Oberfläche der nächsten Nervenzelle trennt. Die Moleküle der Überträgersubstanz durchqueren den Spalt, reagieren mit Rezeptoren in der Membran der nächsten Nervenzelle (der postsynaptischen Membran) und geben auf diese Weise das Signal an die Zelle weiter. Nur die Moleküle der Überträgersubstanz passen zu den Rezeptoren. Andere Substanzen (hier durch schwarze Quadrate dargestellt) können mit den Rezeptoren nicht in Wechselwirkung treten.

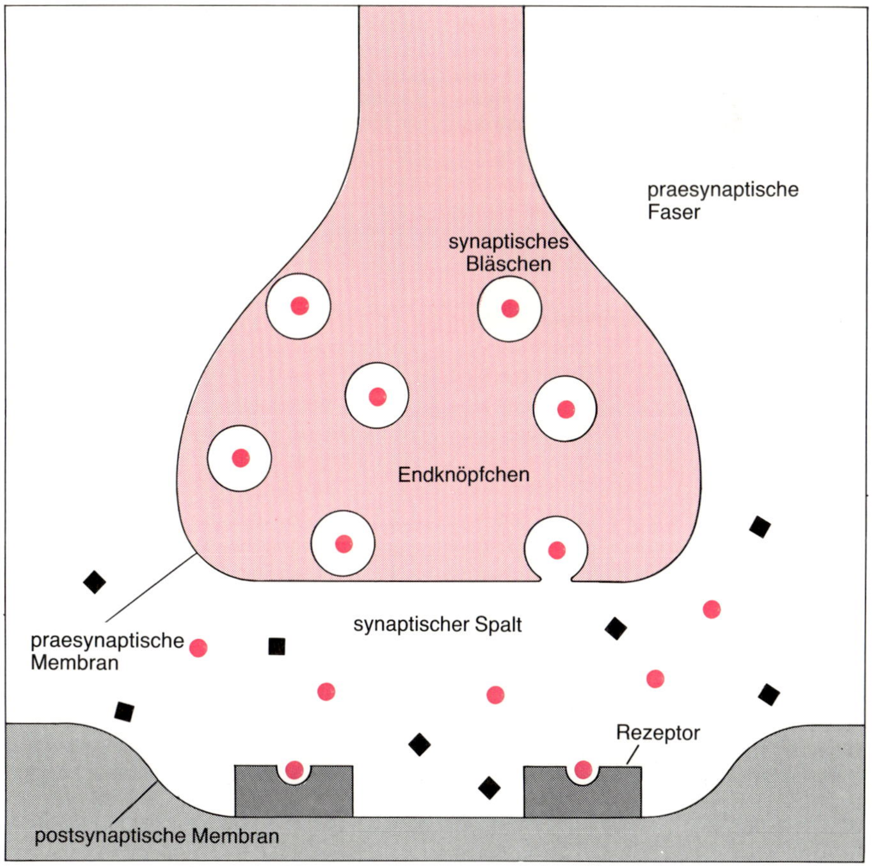

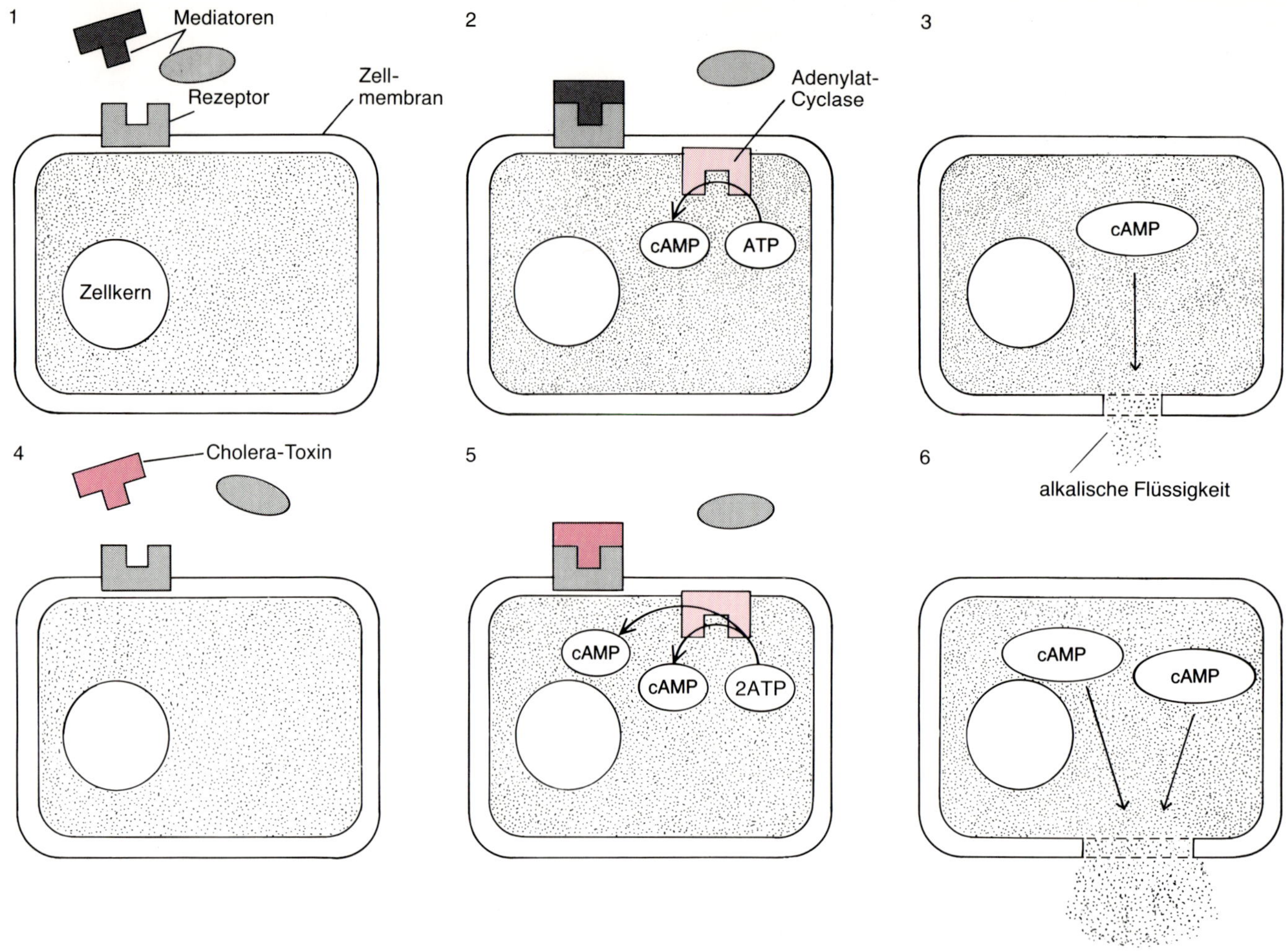

Bild 8: Wenn Nahrung in den Dünndarm gelangt, trifft bei den Zellen, die den Darmkanal auskleiden, eine Botensubstanz (ein Mediator) ein, die mit Rezeptoren in den Zellmembranen reagiert (1). Nur solche Mediator-Moleküle treten mit den Rezeptoren in Wechselwirkung, die zu ihnen passen, was hier durch die T- und U-förmigen Figuren angedeutet ist. Die Reaktion zwischen Mediator und Rezeptor aktiviert das Enzym Adenylat-Cyclase (2), das die Umwandlung von Adenosin-triphosphat (ATP) in cyclisches Adenosin-monophosphat (cAMP) bewirkt (siehe Bild 2). Das cAMP seinerseits sorgt dafür, daß die Zelle eine alkalische Flüssigkeit in den Darmkanal ausscheidet (3), die dort optimale Bedingungen für die Verdauung schafft. Die Flüssigkeit wird später von den Darmzellen wieder aufgenommen. Erkrankt ein Mensch an Cholera, so bevölkern Bakterien seinen Darm, die ein Gift (das Cholera-Toxin) produzieren. Dieses Gift vermag mit den gleichen Rezeptoren zu reagieren (4) wie der normale Mediator, aber es bewirkt eine übermäßige Aktivierung der Adenylat-Cyclase (5). Infolgedessen geben die Zellen unverhältnismäßig viel Flüssigkeit an den Darmkanal ab (6). So viel Flüssigkeit können die Darmzellen nicht wieder aufnehmen. Der Überschuß geht durch Erbrechen und Durchfall verloren. Der Flüssigkeitsverlust kann zum Tod führen.

bekommen, so nimmt die Zahl der Rezeptoren wieder ab. Patienten, die an familiärer Hypercholesterinämie leiden, vermögen Rezeptoren für das cholesterinhaltige Eiweiß nur in ungenügender Zahl zu bilden. Ihre Zellen nehmen daher zu wenig Cholesterin aus dem Blut auf.

Homozygot erkrankte Kinder (das heißt Kinder, die das für die Krankheit verantwortliche defekte Gen von beiden Eltern ererbt haben) bilden überhaupt keine derartige Rezeptoren. Ihr Blut enthält außerordentlich viel Cholesterin, und sie sterben frühzeitig an Herzversagen. Durch eine Analyse des Fruchtwassers läßt sich die Erkrankung heute bereits beim Ungeborenen feststellen.

Bei einer anderen Form der gleichen Krankheit werden die Rezeptoren für das cholesterinhaltige Eiweiß normal gebildet, aber das Cholesterinmolekül kann nicht in die Zelle eingeschleust werden.

Zuckerkrankheit und Insulin

Auch bei einigen Arten der Zuckerkrankheit (des Diabetes) vermutet man eine gestörte Funktion der Rezeptoren. Der im Blut enthaltene, als Glucose bezeichnete Zucker stammt aus der Nahrung und kann bei Bedarf auch in der Leber synthetisiert werden. Er dient dem Organismus als Energiequelle und als Baumaterial für die Zellen. Die Nervenzellen des Gehirns können ohne Glucose nur wenige Minuten überleben. Muskel- und Fettzellen vermögen Glucose nur aufzunehmen, wenn gleichzeitig Insulin vorhanden ist. Wächst nach einer Mahlzeit der Glucosegehalt des Blutes, so steigt auch der Gehalt an Insulin, das von den Betazellen der Bauchspeicheldrüse gebildet und ausgeschüttet wird. Das Insulin aktiviert Rezeptoren an den Zellmembranen, die dafür sorgen, daß Glucose und andere Substanzen in die Zellen gelangen können.

Bald nachdem sich das Insulin mit seinen Rezeptoren verbunden hat, wandern die Insulin-Rezeptor-Komplexe ins Zellinnere. Viele von ihnen erreichen die Membran des Zellkerns (Bild 5), und lösen dort vermutlich die langfristigen Veränderungen des Stoffwechsels aus, die zu den Wirkungen des Insulins gehören.

Insulin spielt eine Schlüsselrolle bei der Regulation des Kohlenhydratstoffwechsels: solange der Insulinspiegel im Blut hoch ist, speichert die Leber Glucose in Form von Glykogen. Sinkt der Insulinspiegel, wird Glykogen abgebaut und Glucose an das Blut abgegeben.

Ursache des jugendlichen Diabetes ist wahrscheinlich eine Virusinfektion der

Betazellen der Bauchspeicheldrüse (siehe „Ursachen des Diabetes“ in Spektrum der Wissenschaft, Januar 1980). Die Betazellen werden entweder vom Virus selbst oder von einem gegen das Virus gerichteten Antikörper zerstört. In beiden Fällen hört die Insulin-Produktion auf. Infolgedessen gibt die Leber große Mengen Glucose an das Blut ab, die aber von den Muskel- und Fettzellen nicht aufgenommen werden können. Injiziert man dem Patienten Insulin, so geht die Glucose-Ausschüttung der Leber zurück, die Insulin-Rezeptoren werden aktiviert und der Zucker wird von den Muskel- und Fettzellen aufgenommen.

Bei einer anderen Form des Diabetes, die vor allem im mittleren Lebensalter häufig auftritt, findet man an den Zellen mehrerer Gewebearten eine Verminderung der Insulin-Rezeptoren. Einige Patienten scheinen übermäßig viel Insulin zu produzieren. Geht die Krankheit mit Fettleibigkeit einher, so steigt die Zahl der Insulin-Rezeptoren an den Zellmembranen, wenn die Patienten abnehmen. Diese Beziehung zwischen Fettleibigkeit und Insulin-Rezeptoren scheint generell zu gelten. Andere Formen des Diabetes beruhen auf der Bildung anormaler Insulin-Moleküle.

Insulin-Rezeptoren hat man auch im Gehirn der Ratte gefunden, und zwar vor allem längs der Nervenbahnen, die die Nahrungsaufnahme regulieren. Da die Nervenzellen des Gehirns kein Insulin brauchen, um Glucose aus dem Blut aufzunehmen, ist die Funktion der Insulin-Rezeptoren im Gehirn unklar. Möglicherweise beeinflußt das Insulin hier den Appetit, woraus sich vielleicht der Zusammenhang zwischen Diabetes und übermäßiger Nahrungsaufnahme erklären ließe.

Substanzen im Gehirn

Im Gehirn gibt es zahlreiche Substanzen, die die Reaktionen der Nervenzellen auf Nervensignale verstärken oder schwächen. Zu diesen Stoffen gehören einige Geschlechtshormone, Prostaglandine, Hormone der Nebenniere sowie körpereigene Opiate, das heißt Substanzen, die mit den gleichen Rezeptoren reagieren wie das im Opium enthaltene Morphin (siehe: „Biochemische und pharmakologische Aspekte der Drogensucht“ in Spektrum der Wissenschaft, April 1980). Avram Goldstein an der Stanford-Universität hat im Gehirn ein körpereigenes Opiat (das Dynorphin) entdeckt, das zweihundertmal so wirksam ist wie das Morphin und fünfzigmal so wirksam wie das gleichfalls vom Gehirn produzierte Beta-Endorphin. Vermutlich reguliert das Gehirn mit den körpereigenen Opiaten die Stärke der Schmerzempfindung.

Untersuchungen an Nagetieren haben gezeigt, daß Keimdrüsenhormone nicht nur das Verhalten steuern, sondern auch die geschlechtliche Differenzierung des Gehirns bestimmen. Diese Beobachtung ist im Zusammenhang mit der Frage von Bedeutung, in welchem Verhältnis Hormone und soziale Umwelt die geschlechtliche Identität eines Menschen beeinflussen. Julianne Imperato-McGinley von der Cornell-Universität entdeckte bei Einwohnern der Dominikanischen Republik eine seltene erbliche Form der scheinbaren Zwitterbildung (des Pseudohermaphroditismus). Die Patienten haben männliche Chromosomen und wiesen als Kinder einen für Jungen typischen Testosteronspiegel im Blut auf, wurden aber als Mädchen aufgezogen, da ihre primären Geschlechtsmerkmale weiblich zu sein schienen. Mit der Pubertät wechselten sie ihre Geschlechtsrolle, das heißt, die Wirkungen der männlichen Geschlechtshormone waren offenbar stärker als die der „weiblichen“ Erziehung.

Auch einige Verhaltensstörungen lassen sich auf Fehler in der zellulären Kommunikation zurückführen. Beispielsweise scheinen bei bestimmten Formen der Depression die Funktionen der Neurotransmitter Serotonin und Noradrenalin beeinträchtigt zu sein, denn man kann mit Substanzen, die die Verfügbarkeit der Neurotransmitter herabsetzen, Depressionen auslösen oder verschlimmern.

In den Gehirnen schizophrener Patienten ist im Bereich einiger Nervenbahnen eine abnorm hohe Konzentration des Neurotransmitters Dopamin zu beobachten. Gibt man den Patienten Amphetamin (das wie Dopamin wirkt), so verschlimmert sich ihr Zustand, während Medikamente, die die dopamin-abhängige Erregungsübertragung im Nervensystem blockieren, die Symptome bessern.

Auch die Parkinsonsche Krankheit dürfte auf einer Störung der zellulären Kommunikation beruhen. Ihre unmittelbare Ursache ist eine Schädigung von Kerngebieten des Gehirns durch Hirnentzündung (Enzephalitis), Arteriosklerose, Gifte oder Stoffwechseldefekte. Die Patienten fallen durch Gang- und Haltungsstörungen auf: beim Gehen schwingen die Arme nicht mehr mit, die Schritte sind kurz und schlurfend, und plötzlich auftretende schnelle Bewegungen beugen den Körper nach vorn. Lähmungserscheinungen an der Lid-, Wangen- und Lippen-Muskulatur lassen das Gesicht starr erscheinen und machen es dem Patienten schwer, selbst tief empfundene Gefühlsbewegungen im Mie-

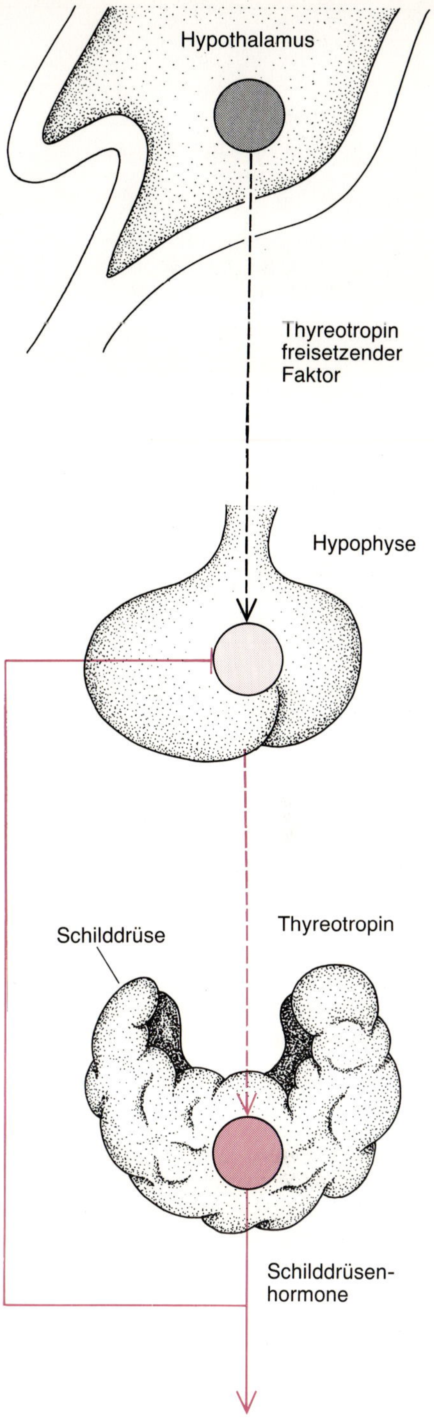

Bild 9: Die Schilddrüse schüttet Hormone aus, nachdem sie von der Hypophyse (von der Anhangdrüse des Zwischenhirns) ein chemisches Signal erhalten hat. Das Signalmolekül ist das Thyreotropin. Die Schilddrüsenhormone werden vom Blut auch zur Hypophyse transportiert und hemmen dort die weitere Produktion des Thyreotropins, um eine Überschwemmung des Körpers mit Schilddrüsenhormonen zu vermeiden. Die Grundaktivität des Systems wird durch einen Thyreotropin freisetzenden Faktor reguliert, den der Hypothalamus (ein Zentrum im Zwischenhirn, das den Stoffwechsel steuert) abgibt. Bei der Basedow-Krankheit enthält das Blut des Patienten einen Antikörper gegen das Thyreotropin, der die Schilddrüse ständig zur Hormonproduktion anregt, ohne daß die Hormone in der Lage wären, diese Stimulierung zu hemmen.

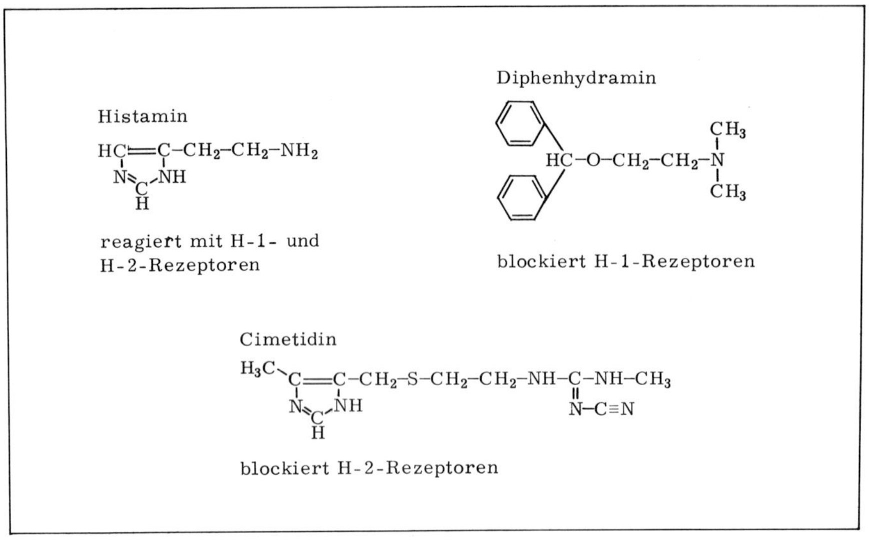

Bild 10: Histamin (ein Gewebehormon) reagiert als chemisches Signal mit zwei Arten von Rezeptoren, die man mit den Symbolen H-1 und H-2 bezeichnet. Die H-1-Rezeptoren liegen in den Atemwegen und spielen bei allergischen Erkrankungen wie Heuschnupfen und Asthma eine Rolle. Die H-2-Rezeptoren sitzen in den Magenwänden und beeinflussen die Produktion der Magensäure. Diphenhydramin, das zur Behandlung von Allergien verwendet wird, blockiert die H-1-Rezeptoren, so daß sie nicht mehr mit dem Histamin reagieren können. In gleicher Weise dient Cimetidin, das die H-2-Rezeptoren blockiert, zur Behandlung von Magengeschwüren. Die Atome, aus denen die Moleküle der drei Substanzen bestehen, sind hier – wie in der Chemie üblich – durch Buchstaben gekennzeichnet. Es bedeuten: C = Kohlenstoff, H = Wasserstoff, N = Stickstoff, O = Sauerstoff, S = Schwefel.

nenspiel zum Ausdruck zu bringen. Ruht der Patient, so bemerkt man oft ein rhythmisches Zittern. Die Analyse der geschädigten Hirngebiete ergibt einen Mangel an Dopamin und den im Stoffwechsel daraus entstehenden Produkten. Da Dopamin die Blut-Hirn-Schranke nicht passieren kann, wird Dopa, eine Vorstufe des Dopamins, verabreicht, um den Mangel auszugleichen. Nur ein Teil der Patienten spricht auf diese Behandlung an, was wahrscheinlich damit zusammenhängt, daß sich die Krankheit nicht immer auf eine Störung des Dopamin-Haushaltes beschränkt.

Auch der Veitstanz, eine erbliche und verheerende Erkrankung des Zentralnervensystems, die mit fortschreitendem geistigem Zerfall und endlosen zuckenden und windenden Bewegungen einhergeht, scheint auf eine Funktionsstörung im System der Neurotransmitter zurückzugehen. Unglücklicherweise kommt die Krankheit erst im Erwachsenenalter zum Ausbruch, so daß sie häufig unbemerkt an die Nachkommen weitergegeben wird. Patienten, die am Veitstanz leiden, haben in bestimmten Hirngebieten einen starken Mangel an Nervenzellen, die mit Gamma-Aminobuttersäure (GABA) als Neurotransmitter arbeiten. Es scheint, als sei die primäre Ursache der Krankheit eine Unregelmäßigkeit in den Phospholipiden der Nervenzellmembranen, durch die die Gamma-Aminobuttersäure nicht an ihre Rezeptoren gelangen kann. Da Gamma-Aminobuttersäure die Blut-Hirn-Schranke nicht zu passieren vermag, muß man nach Substanzen suchen, die wie GABA wirken, um ein Medikament zu finden, mit dem sich die Krankheit behandeln läßt.

Andere Erkrankungen

Histamin ist ein Gewebehormon und vermutlich auch ein Neurotransmitter. Außerhalb des Gehirns gibt es wenigstens zwei Arten von Histamin-Rezeptoren, die man mit den Symbolen H-1 und H-2 (H steht für Histamin) bezeichnet. Die H-1-Rezeptoren findet man im Bereich der Atemwege auf Blutgefäßen, glatter Muskulatur und Schleimzellen. Sie spielen bei allergischen Reaktionen wie Asthma und Heuschnupfen eine Rolle. H-2-Rezeptoren befinden sich vor allem im Magen, wo sie die Produktion von Magensäure fördern, wenn sie aktiviert werden.

Seit langem verwendet man zur Behandlung allergischer Erkrankungen Antihistaminika, die die H-1-Rezeptoren blockieren, während Substanzen, die mit den H-2-Rezeptoren reagieren, die Säuresekretion im Magen drosseln und daher zur Behandlung von Magengeschwüren dienen. Bild 10 zeigt die Strukturen des Histamins und der beiden Antihistaminika Diphenhydramin und Cimetidin.

Eine andere Gruppe wichtiger Arzneimittel blockiert die Adrenalin-Rezeptoren im Herz und in den Blutgefäßen. Diese Substanzen, unter denen Propanolol die zur Zeit am häufigsten angewandte ist, verhindern eine Steigerung der Herztätigkeit bei physischem oder psychischem Streß, können bestimmte Formen von Herzrhythmusstörungen verhindern oder den Blutdruck senken.

Schließlich sei erwähnt, daß die Hormonbehandlung des weiblichen Brustkrebses nur dann erfolgreich sein kann, wenn die Krebszellen Hormonrezeptoren aufweisen. Da es ein Verfahren gibt, mit dem sich Östrogen-Rezeptoren zuverlässig nachweisen lassen, ist es möglich, diejenigen Patientinnen auszuwählen, die eine Chance haben, auf eine Hormonbehandlung günstig zu reagieren.

Ich hoffe, mit diesen Beispielen gezeigt zu haben, wie wichtig die Untersuchung der zellulären Kommunikation ist. Mit Sicherheit wird man weitere Krankheiten finden, die auf der Über- oder Unterproduktion von Mediatoren oder auf Fehlern in der Wechselwirkung zwischen Mediatioren und Rezeptoren beruhen. Da es sich dabei um chemische Systeme handelt, eröffnen solche Untersuchungen auch die Möglichkeit, Substanzen zu finden, mit denen sich die krankhaften Fehlleistungen korrigieren lassen.

Kohlenhydrate und Zellerkennung

Zellen könnten einander im Organismus oft nur schwer erkennen, trügen sie nicht charakteristische Zuckerkomponenten auf ihrer Oberfläche. Aber auch Krankheitserreger machen sich solche Erkennungsmoleküle zunutze. Darauf zugeschnittene Wirkstoffe bieten eine vielversprechende Behandlungsmöglichkeit bei Infektionen und Entzündungen.

Von Nathan Sharon und Halina Lis

Im Jahre 1952 machte Aaron Moscona von der Universität Chicago (Illinois) eine merkwürdige Beobachtung: Wenn er die Zellen eines Hühnerembryos durch Inkubation in einer speziellen Enzymlösung und vorsichtiges Schütteln voneinander trennte, lagerten sie sich nach kurzer Zeit wieder zu einem Aggregat zusammen. Und wenn er vereinzelte Leber- und Netzhautzellen mischte, so wanderten letztere in einem solchen Aggregat stets nach innen. Drei Jahre später vereinzelten Philip L. Townes und Johannes Holtfreter von der Universität Rochester (New York) auf ganz ähnliche Weise Zellen von Amphibienembryonen. Diese ordneten sich dann wieder zu Schichten wie in ihrem ursprünglichen Verband.

Diese und viele andere Experimente belegen die ausgeprägte Fähigkeit von Zellen, und zwar sowohl körpereigener wie körperfremder, einander zu erkennen und sich entsprechend zu verhalten. Spermien beispielsweise können Eizellen der eigenen von denen einer anderen Art unterscheiden: Sie binden sich nur an die richtigen. Gewisse Bakterien heften sich bevorzugt an einen bestimmten Gewebetyp, etwa des Darms, der Harn- oder Atemwege – und das oft nur bei einer bestimmten Spezies. Die Anheftung an ein Wirtsgewebe ist hierbei der entscheidende Schritt zur Infektion.

Somit leuchtet ein, daß die Entschlüsselung der interzellulären Wechselwirkungen für viele Gebiete der Biologie und Medizin von grundlegendem Interesse ist. Wenngleich wir die biochemischen Grundlagen der meisten Zellerkennungsphänomene heute noch nicht genau verstehen, so hat man doch in den letzten zehn Jahren für einige überzeugende Erklärungen gefunden.

Einen gewissen Part spielen dabei zweifellos Proteine, die ja auch in- und außerhalb der Zellen eines Organismus die meisten chemischen Reaktionen vermitteln. Immer mehr deutet jedoch darauf hin, daß die oft schlicht als Zucker bezeichneten Kohlenhydrate vielfach die primären Marker für die Zellerkennung sind (Bild 1). Erkenntnisse über die beteiligten speziellen Zucker werden über kurz oder lang in die Praxis umsetzbar sein – zur Vorbeugung und Behandlung zahlreicher Krankheiten, darunter vielleicht sogar von Krebs.

Zucker voller Vielfalt

Nach allgemein akzeptierter Vorstellung erkennen sich zwei Zellen über komplementäre Strukturen auf ihrer Außenseite: Die betreffende Struktur auf der einen Zelle enthält eine wie auch immer codierte biologische Information, die von der entsprechenden Struktur auf der anderen verstanden werden kann – analog dem Schlüssel-Schloß-Prinzip, das 1897 der deutsche Chemiker und spätere Nobelpreisträger Emil Fischer (1852 bis 1919) formulierte. Er hatte damit ein anschauliches Erklärungsmodell gegeben, warum Enzyme spezifisch ein bestimmtes Substrat umsetzen – eben das passende. Drei Jahre später dehnte Paul Ehrlich (1854 bis 1915) – ein Pionier der Immunologie, der sechs Jahre nach Fischer den Nobelpreis erhielt – es auf die hochspezifischen Reaktionen des Immunsystems aus; Frank Rattray Lillie von der Universität Chicago wandte es 1914 schließlich auf die Erkennung zwischen Ei und Spermium an.

In den zwanziger Jahren war dann die Schlüssel-Schloß-Hypothese zu einer zentralen Theorie der Zellbiologie geworden. Art und Beschaffenheit der beteiligten Moleküle blieben jedoch noch lange ein Rätsel.

Den meisten Biologen schien die Idee weit hergeholt, daß es sich dabei um Kohlenhydrate handeln könnte. Diese große Klasse biologischer Verbindungen

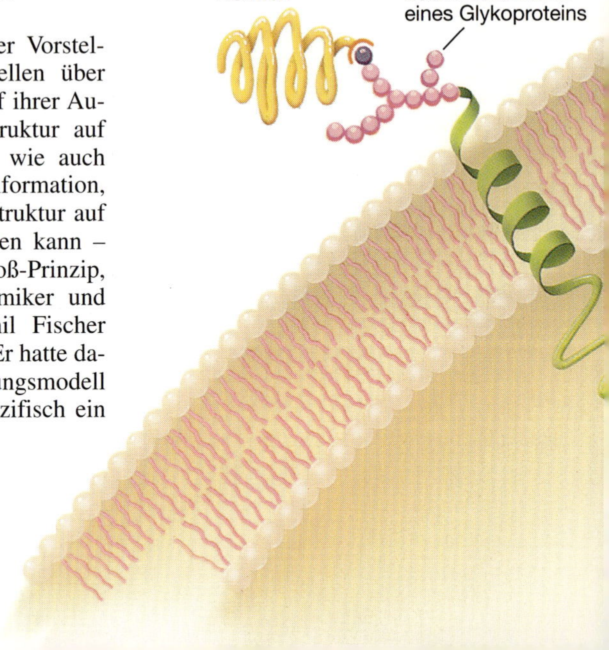

umfaßt Moleküle, die – je nachdem, ob sie aus einer, wenigen oder vielen Zuckereinheiten bestehen – als Mono-, Oligo- beziehungsweise Polysaccharide bezeichnet werden. Bis in die späten sechziger Jahre hat man für sie nur zwei Funktionen gesehen: als Energiequelle (insbesondere in Form von Monosacchariden wie Glucose oder von langkettigen Speichermolekülen wie Stärke und Glykogen) und als Stützsubstanz (wie etwa die Polysaccharide Zellulose in Pflanzen und das außerdem stickstoffhaltige Chitin im Außenskelett von Insekten). Proteine und Nucleinsäuren (mit der DNA als Träger der Erbinformation) waren offensichtlich weit vielseitiger; ihnen gegenüber muteten die Kohlenhydrate geradezu als Moleküle zweiter Klasse an. Außerdem wirkten die außerordentlich komplexen Verknüpfungsmöglichkeiten ihrer Bausteine auf Chemiker geradezu abschreckend. Zwei identische Monosaccharide lassen sich bereits theoretisch zu elf verschiedenen Disacchariden koppeln. Und aus wenigen unterschiedlichen Einheiten kann so eine entmutigende Vielfalt verzweigter und unverzweigter Kohlenhydrate hervorgehen (siehe Kasten auf Seite 34): Nur vier verschiedene Einfachzucker ergeben bereits theoretisch 35 560 unterschiedliche Tetrasaccharide (allerdings ist nicht jede Kombinationsmöglichkeit erlaubt); vier verschiedene Bausteine von Nucleinsäuren oder Proteinen können hingegen, weil es für sie nur eine Verknüpfungsweise gibt, nicht mehr als 24 Tetranucleotide oder Tetrapeptide bilden.

Dieses Potential struktureller Diversität der Kohlenhydrate ist – so lästig es auch für den Chemiker sein mag – für die Zelle von unschätzbarem Vorteil: Es macht Zuckerpolymere zu unübertroffen effizienten Trägern von Information; sie vermögen weit mehr davon pro Gewichtseinheit zu beinhalten als Nucleinsäuren und Proteine. Monosaccharide können gleichsam Buchstaben in der Schriftsprache der biologischen Spezifität sein. Gebildet werden Kombinationen – sozusagen Kohlenhydrat-Wörter – durch die Wahl der richtigen Einfachzukker, Verknüpfungen und Verzweigungen.

Verkannte Informationsträger

Vereinzelte Berichte, daß Kohlenhydrate Spezifität beinhalten könnten, tauchten relativ früh in der wissenschaftlichen Literatur auf, blieben aber oft unbeachtet. Schon in den fünfziger Jahren gab es mehrere wohl belegte Beispiele: etwa daß in den Organismus injizierte Kohlenhydrate die Bildung dagegengerichteter Antikörper anzuregen vermögen, daß die Blutgruppen A, B, und 0 durch Zuckermoleküle auf der Oberfläche von Blutzellen bestimmt sind und daß das Grippevirus sich über einen Zucker, die Sialinsäure, an rote Blutkörperchen heftet.

Erst mit Beginn der sechziger Jahre kamen Zucker zu ihrem Recht. Was

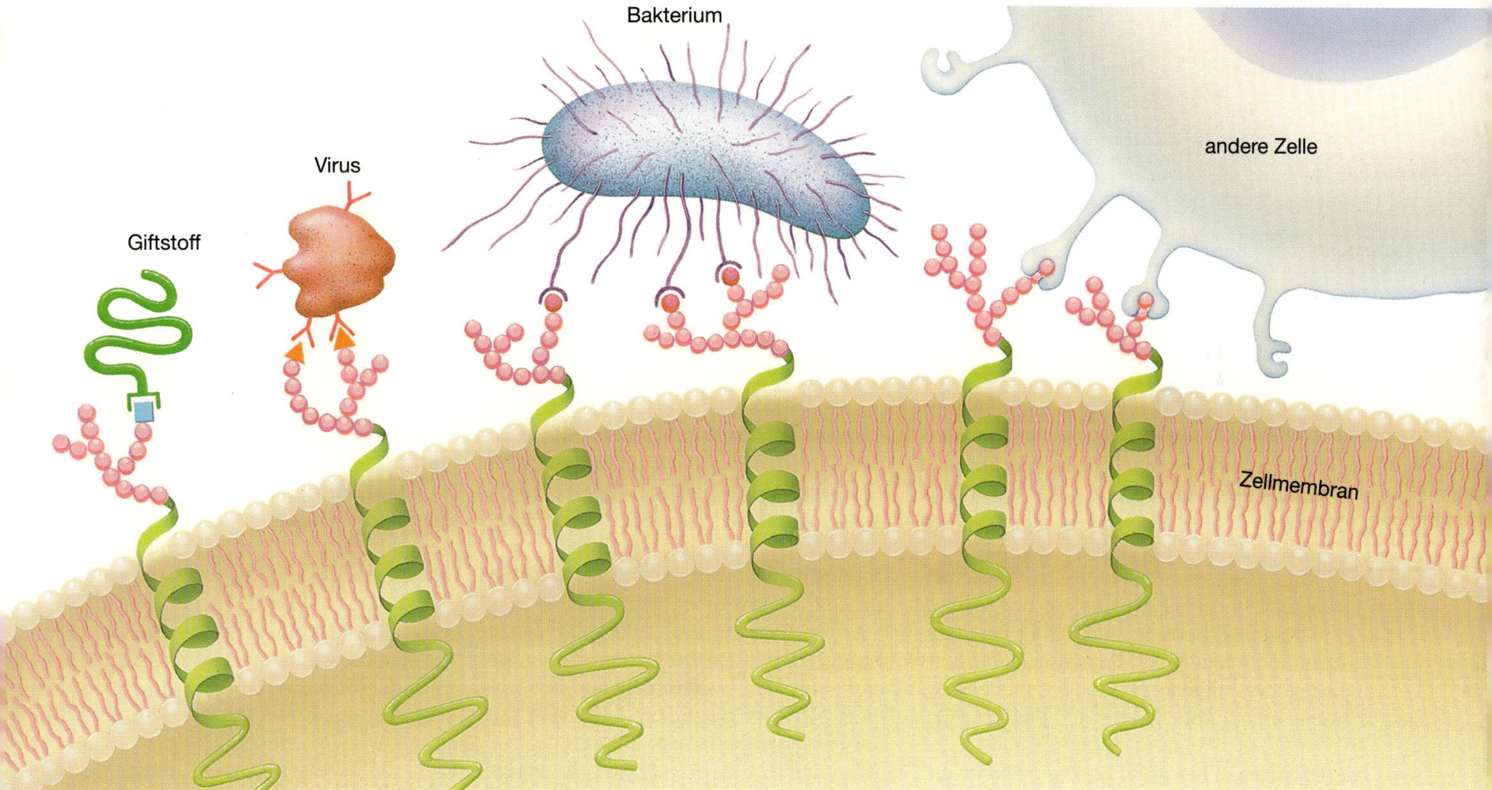

Bild 1: Kohlenhydrate auf der Oberfläche von Zellen dienen der Anheftung anderer Zellen, infektiöser Bakterien und Viren sowie verschiedener Toxine, Hormone und anderer Moleküle. Sie vermitteln die Wanderung von Zellen während der Embryonalentwicklung, den ersten Schritt einer Infektion und weitere Prozesse. Die Kohlenhydrate – die Zuckerkomponenten – können an Proteine oder an Lipide gekoppelt sein; man bezeichnet solche Verbindungen als Glykoproteine beziehungsweise Glykolipide (nach griechisch *glykys*, süß). Dargestellt sind hier einzig Glykopeptide.

Die Komplexität von Kohlenhydraten

Nucleinsäuren und Proteine beinhalten in ihrer Struktur bekanntlich biologische Information; noch potentere Informationsträger sind aber Kohlenhydrate, weil sie aufgrund der zahlreichen Verknüpfungsmöglichkeiten ihrer Untereinheiten strukturell sehr vielfältig sind. Diese Einheiten, die Einfachzucker oder Monosaccharide, können zu einer Vielzahl verzweigter oder unverzweigter Verbindungen gekoppelt werden; das Beispiel unten ist nur eine der vielen Möglichkeiten, die bei lediglich vier identischen Glucosemolekülen denkbar sind. Aminosäuren in Proteinen und Nucleotide in Nucleinsäuren lassen sich dagegen nur in einer Weise linear verketten, was ihre strukturelle Vielfalt einschränkt. Bei vier identischen Bausteinen – hier der Aminosäure Glycin – ist lediglich das Peptid Tetraglycin möglich (bei kurzen Aminosäureketten spricht man von Peptiden, bei längeren von Proteinen.)

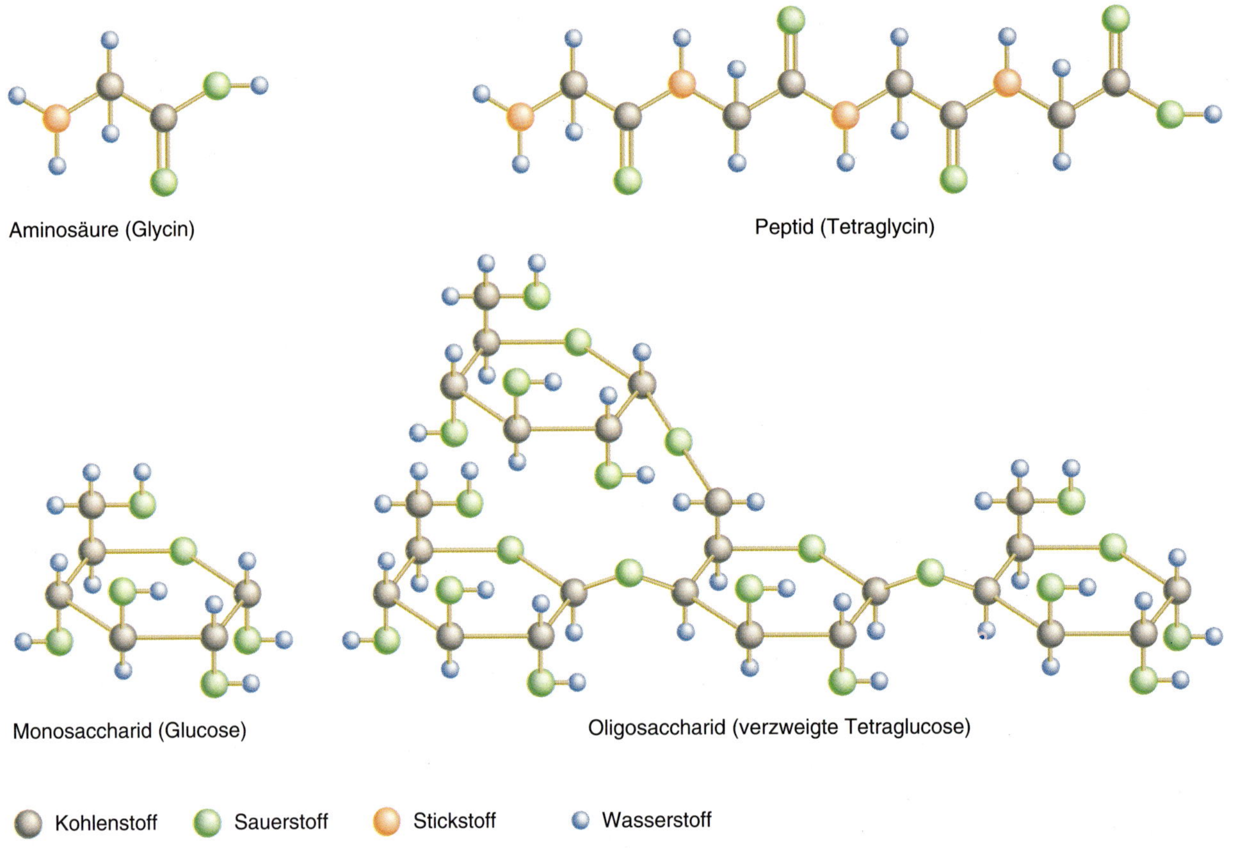

veranlaßte diesen Sinneswandel? Den ersten Anstoß gab die Erkenntnis, daß alle Zellen einen Mantel aus Kohlenhydraten haben. Er besteht zum größten Teil aus Glykoproteinen und -lipiden, also Zuckerseitenketten an Proteinen oder Lipiden (Fetten). Von den Grundstrukturen dieser auch als Glykokonjugate bezeichneten Verbindungen sind mittlerweile einige tausend Varianten bekannt, und fast täglich werden es mehr.

Diese Vielfalt hat ihren Grund: Das Repertoire an Oberflächenstrukturen ändert sich während Entwicklung, Differenzierung oder Erkrankung einer Zelle in charakteristischer Weise. Kohlenhydrate auf Krebszellen beispielsweise unterscheiden sich in Quantität wie auch Qualität von denen auf normalen Zellen.

Der zweite Anstoß kam aus der Erforschung der Lektine: einer Klasse von Proteinen, die sich sehr schnell selektiv und reversibel mit Zuckern verbinden können. Zunächst hatte man angenommen, diese Eiweißstoffe kämen nur in Pflanzen vor; es gibt sie aber bei allen Organismen (siehe „Lektine" von Hans-Joachim Gabius, Harold Rüdiger und Gerhard Uhlenbruck, Spektrum der Wissenschaft, November 1988, Seite 50). Häufig sitzen sie auf Zellen; in dieser strategisch günstigen Position können sie leicht mit Kohlenhydraten auf benachbarten Zellen reagieren. Und das tun Lektine ausgesprochen spezifisch: Sie unterscheiden nicht nur zwischen verschiedenen Mono-, sondern auch zwischen verschiedenen Oligosacchariden.

Ein Durchbruch in den Untersuchungen der Lektin-Kohlenhydrat-Wechselwirkungen bei der Zellerkennung waren die Arbeiten von G. Gilbert Ashwell von den Nationalen Gesundheitsinstituten der Vereinigten Staaten in Bethesda (Maryland) und von Anatol G. Morell vom Albert-Einstein-College für Medizin in New York. Im Jahre 1968 spalteten die beiden Wissenschaftler enzymatisch ein paar Sialinsäurereste von bestimmten Blutplasma-Glykoproteinen ab und injizierten diese dann Kaninchen. Normalerweise zirkulieren solche Verbindungen eine Weile im Blut der Tiere; die veränderten Glykoproteine verschwanden daraus jedoch sofort. Sie waren, wie Ashwell und Morell feststellten, in der Leber gelandet; das Entfernen der Sialinsäuren hatte in den Molekülen den Zucker Galaktose freigelegt, und dieser hatte sich an ein Lektin der Leberzellen gebunden. Wurden bei den Glykoproteinen außerdem die freigelegten Galaktose-Reste entfernt, nahm ihre Konzentration im Blut wieder so langsam wie ursprünglich ab. Ashwell und Morell schlossen daraus, daß Kohlenhydrat-Seitenketten von Proteinen möglicherweise auch als kennzeichnendes Signal für die Beseitigung aus dem Blut und damit letztlich für den Abbau von Molekülen dienen könnten.

Ebenso wie das Muster der Oberflächen-Kohlenhydrate ändert sich auch das der Lektine im Zuge normaler und pathologischer Veränderungen der Zelle. So stellten Reuben Lotan und Avraham Raz vom Weizmann-Institut in Rehovot (Israel) Anfang der achtziger Jahre fest, daß gewisse Tumorzellen von Mäusen und Menschen ein Oberflächen-Lektin tragen, das auf normalen Zellen nicht vorkommt. Zusammen mit anderen Wissenschaftlern wiesen sie später nach, daß das Molekül etwas mit der Metastasierung – der Entwicklung von Tochtergeschwülsten – zu tun hat.

Die Rolle von Oberflächen-Kohlehydraten und der sie bindenden Proteine bei der Embryonalentwicklung zeigte sich eindrucksvoll bei Untersuchungen von Senitiroh Hakomori vom Fred-Hutchinson-Zentrum für Krebsforschung in Seattle (Washington) und Ten Feizi vom Zentrum für klinische Forschung im Londoner Bezirk Harrow: Mit den ersten Teilungen eines befruchteten Mäuse-Eies ändert sich das Kohlenhydratmuster auf den entstehenden Embryonalzellen in charakteristischer Weise. Eines dieser Kohlenhydrate ist ein Dreifachzucker, ein Trisaccharid: SSEA-1 (stadium-spezifisches embryonales Antigen), auch Le^x ($Lewis^x$) genannt. Es erscheint, wenn sich aus dem noch recht losen Verband von 8 beziehungsweise 16 Zellen ein kompakteres kugelförmiges Aggregat zu formen beginnt.

Hakomoris Gruppe wies dann nach, daß eine freie lösliche Verbindung mit mehreren Untereinheiten desselben Trisaccharids die Kompaktierung verhindert und die Embryogenese stört (sie besetzt die entsprechenden Bindungspartner, maskiert sie sozusagen). Eng verwandte, aber anders strukturierte Kohlenhydrate blieben hingegen wirkungslos. Demnach scheint das normale Le^x-Trisaccharid eine wichtige Funktion bei der Kompaktierung zu haben.

Der erste Schritt zur Infektion

Eines der bestuntersuchten Phänomene der Zelladhäsion ist die Anheftung von krankheitserregenden Mikroben an ihre Wirtszellen. Sie wird seit beinahe 20 Jahren erforscht und dient sogar als Modell für andere Formen der kohlenhydrat-vermittelten Zellerkennung.

Krankheitserregende Viren, Bakterien und Einzeller (Protozoen) müssen sich an mindestens eine Gewebeart ihres Wirtes binden können, sonst werden sie vom möglichen Infektionsort durch die Abwehrmechanismen des Organismus entfernt. Mikroorganismen, die zum Beispiel nur auf die Schleimhaut der oberen Atemwege gelangen, werden vom Flimmerepithel mitsamt dem abgesonderten Schleim wieder hinausbefördert, solche in den Harnwegen mit dem Urin ausgeschwemmt.

Die ersten Hinweise auf den Mechanismus bakterieller Adhäsion lieferte J. P. Duguid von der Medizinischen Hochschule des Ninewells-Hospitals in Dundee (Schottland) mit bahnbrechenden Untersuchungen, die er Anfang der fünfziger Jahre begonnen hatte. Er zeigte, daß viele Stämme von *Escherichia coli* (einem Darmbakterium, das auch andere Gewebe besiedeln kann) und verwandte Bakterienarten an Epithelzellen sowie an roten Blutkörperchen (Erythrocyten) haften bleiben. Dann klumpen die Erythrocyten zusammen. Diese Hämagglutination ist in der Forschung unter anderem noch immer ein einfacher Routinenachweis für die Adhäsion von Mikroben an tierischen Zellen. Duguid versuchte den Prozeß mit einer Vielzahl von Verbindungen zu unterbinden, aber das gelang nur mit dem Monosaccharid Mannose und einigen sehr ähnlichen Zuckern.

Duguid machte auch die wichtige Beobachtung, daß jene Bakterienstämme, die eine mit Mannose zu verhindernde Hämagglutination herbeiführen, lichtmikroskopisch nicht mehr sichtbare fadenförmige Anhängsel auf ihrer Oberfläche tragen. Diese Strukturen – etwa fünf bis zehn Nanometer (millionstel Millimeter) dick und einige hundert lang – nannte er Fimbrien nach dem lateinischen Wort für Fasern und Fransen (Bild 2). Ungefähr zur gleichen Zeit beschrieb auch Charles C. Brinton jr. von der Universität Pittsburgh (Pennsylvanien) diese Strukturen und nannte sie Pili nach dem lateinischen Wort für Haare. Noch heute werden beide Begriffe im weiteren Sinne synonym gebraucht.

Etwa von Beginn der siebziger Jahre an berichtete Ronald J. Gibbons vom Forsyth-Zentrum für Zahnmedizin in Boston (Massachusetts) über die selektive Adhäsion von Bakterien an bestimmte ökologische Nischen der Mundhöhle. So beobachtete er, daß *Actinomyces naeslundii* auf der Mundschleimhaut von noch zahnlosen Kindern siedelte, aber auch auf Milchzähnen und dem bleibenden Gebiß. Das verwandte Bakterium *A. viscosus* hingegen tritt erst nach Durchbruch der Milchzähne auf und zieht die

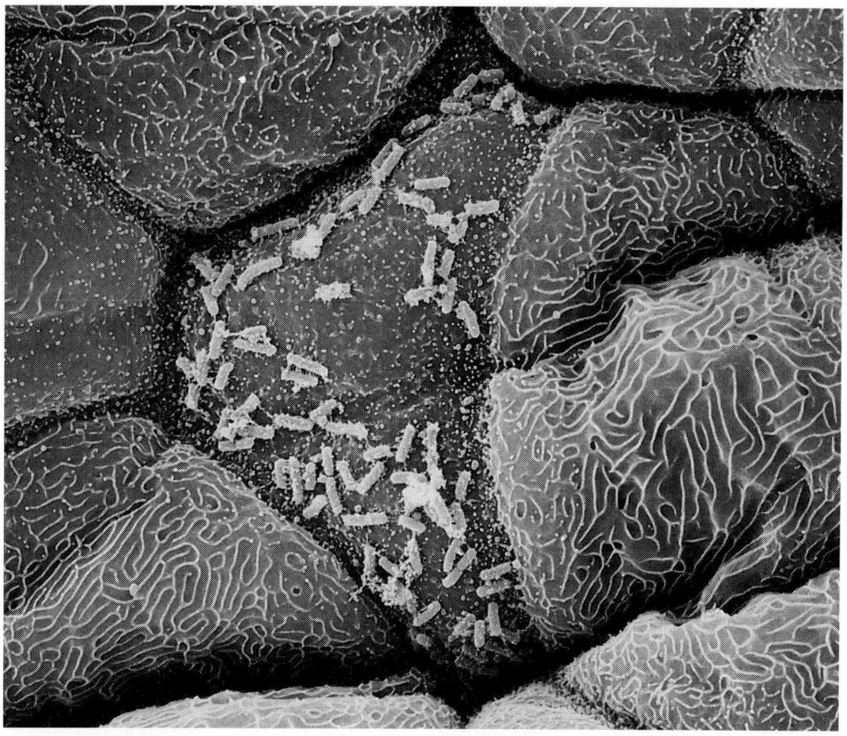

Bild 2: Krankheitserregende Bakterien heften sich selektiv an bestimmte Gewebe wie hier an Zellen der Harnwege. Bei den hellen stäbchenförmigen Gebilden handelt es sich um Bakterien der Art *Escherichia coli*, die sich mit haarähnlichen Anhängseln an bestimmten Oberflächen-Kohlenhydraten verankert haben. Nur Stämme mit solchen Fimbrien können die Harnwege infizieren – sofern diese die passenden Moleküle tragen. Das erklärt, warum nur manche Stämme von *E. coli* die Harnwege befallen und warum manche Menschen dafür anfälliger sind als andere.

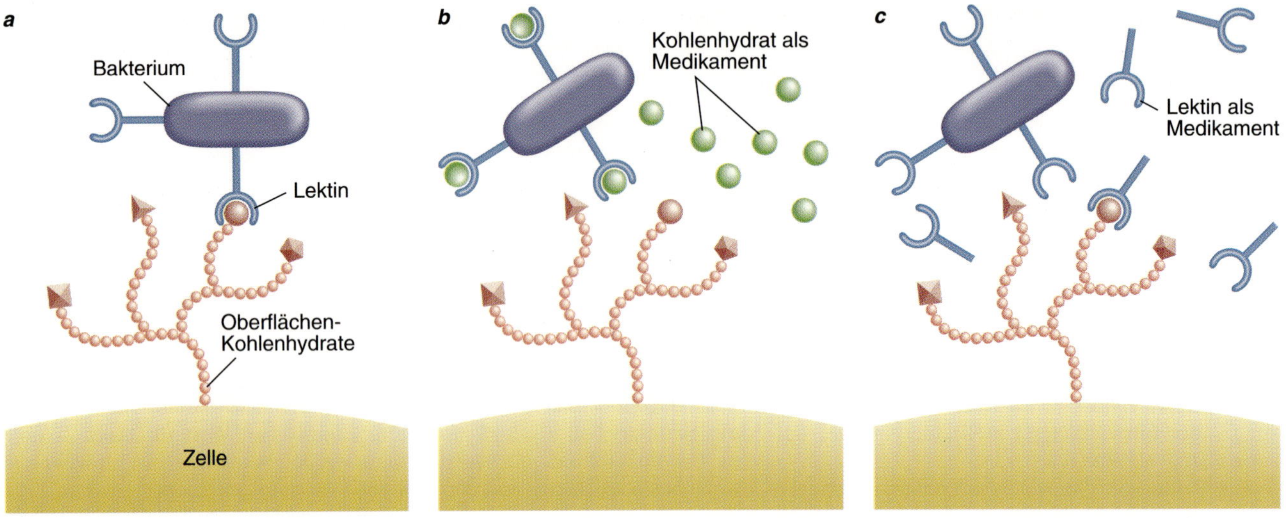

Bild 3: Im Vorfeld jeder Infektion binden sich Bakterien mit ihren zuckerbindenden Proteinen, den Lektinen, an passende Kohlenhydrate auf der Oberfläche befallbarer Wirtszellen (*a*). Medikamente, die ähnlich gestaltete Kohlenhydrate enthalten, könnten dies verhindern, indem sie die Lektine besetzen (*b*). Umgekehrt könnten Medikamente aus lektinähnlichen Molekülen die Bindungsstellen der Kohlenhydrate auf den Wirtszellen abdecken (*c*). Dies wären zwei mögliche Strategien zur Infektionsbekämpfung.

Zahnoberfläche der Mundschleimhaut vor. (Diese auch als Strahlenpilze bezeichnete Gattung umfaßt Vertreter der normalen Mundflora sowie Erreger von Aktinomykosen.)

Wie man heute weiß, ist die Zelladhäsion von Bakterien generell gewebespezifisch. So kommen pathogene Stämme von *E. coli* selten in den oberen Atemwegen vor, zahlreich aber im Harnleiter; sie sind die häufigste Ursache von Harnwegsinfektionen. Dagegen verursachen Streptokokken der Serogruppe A, die in den oberen Atemwegen und auf der Haut siedeln, kaum jemals Harnwegsinfektionen.

Die Adhäsion gelingt Bakterien nicht bei jeder Tierart und nicht einmal bei jedem Individuum derselben Art – Alter, Veranlagung und Gesundheitszustand spielen dabei mit. In den frühen siebziger Jahren untersuchte ein Team um R. Sellwood und Richard A. Gibbons am Forschungsinstitut für Tierkrankungen in Compton (England) die Infektiosität des *Coli*-Stammes K88, der bei Ferkeln Durchfall hervorruft. Wie die Arbeitsgruppe feststellte, heften sich K88-Bakterien bei anfälligen Ferkeln an die Oberfläche von Darmzellen, vermögen dies jedoch nicht bei erwachsenen Schweinen oder bei Menschen (für die diese Bakterien nicht infektiös sind). Mutierte Varianten hingegen, die sich nicht an Darmzellen zu binden vermochten, konnten auch keine Ferkel mehr infizieren. Umgekehrt erwiesen sich einige Ferkel als genetisch resistent gegen den normalen K88-Stamm; ihre Darmzellen ließen die Erreger nicht ankern. Man verwandte solche Ferkel für die Weiterzucht und erhielt Schweine-Stämme, die nun gegen den ansteckenden Durchfall gefeit sind.

Der Gonorrhoe-Erreger *Neisseria gonorrhoeae* ist ein anderes Beispiel für selektive Adhäsion: Er heftet sich an die Schleimhaut der menschlichen Harn- und Geschlechtsorgane, kaum je an Zellen anderer Gewebe, nie aber an die anderer Spezies; Tiere erkranken daher nicht an Gonorrhoe.

Weitere Untersuchungen zur bakteriellen Adhäsion hat insbesondere ein Vorschlag gefördert, den Itzhak Ofek von der Universität Tel Aviv (Israel), David Mirelmann aus unserer Abteilung am Weizmann-Institut und einer von uns (Sharon) 1977 unterbreiteten. Danach sollte die Anheftung über bakterielle Lektine erreicht werden, die sich an komplementäre Zuckerkomponenten auf den Wirtszellen binden. Dies hat sich als generell richtig erwiesen. In vielen Labors ist gezeigt worden, daß Bakterien Lektine produzieren, die spezifisch bestimmte Kohlenhydrate erkennen, und daß sie ohne diese Moleküle den ersten Schritt zur Infektion – eben die Anheftung an ein Wirtsgewebe – nicht vollziehen können.

Wenn auch viel zu erforschen bleibt, so ist doch schon einiges über bakterielle Lektine bekannt. Die bestcharakterisierten sind die Typ-1-Fimbrien von *E. coli*, die bevorzugt an mannose-haltigen Glykoproteinen ankern. Ferner hat man – vor allem dank Catharina Svanborg-Edén und ihren Mitarbeitern, damals an der Universität Göteborg (Schweden) – inzwischen auch ein detailliertes Bild der P-Fimbrien. Diese binden sich spezifisch an ein für die Blutgruppe P kennzeichnendes Glykolipid, welches das Disaccharid Galabiose enthält (Blutgruppen-Antigene – die bekanntesten sind die der Gruppen A, B und 0 – wurden zwar an Blutzellen entdeckt, kommen aber auch auf anderen Zellen des menschlichen Körpers vor). Weitere Forschungsgruppen wie die von Karl-Anders Karlsson an der Universität Göteborg und von Victor Ginsburg an den amerikanischen Gesundheitsinstituten haben die Spezifitäten der Lektine vieler Bakterienarten und -stämme ermittelt.

Dabei hat sich gezeigt, daß die Mikroorganismen sich nicht unbedingt nur an endständige Zucker der Oberflächenmoleküle binden; manchmal sind es auch weiter innen gelegene. Überdies können sich verschiedene Bakterienformen an verschiedene Teile derselben Kohlenhydrat-Verbindung heften. Wenn nun, was gelegentlich vorkommt, lediglich ein bestimmter Teil eines Oligosaccharids auf einer tierischen Zelle freiliegt, werden dort nur Bakterien einer bestimmten Form haften bleiben, nicht aber die anderen, die es sonst auch könnten. Die bloße Anwesenheit eines Kohlenhydrats an der Zelloberfläche genügt also nicht als Ankerstelle – es muß auch zugänglich und in der richtigen Weise präsentiert sein.

Für die Schlußfolgerung, daß die Bindung von Bakterien an Oberflächenzucker der Wirtszelle die eigentliche Infektion einleitet, gibt es inzwischen zahlreiche stützende Belege. Menschen, denen das Blutgruppen-Antigen P auf ihren Zellen fehlt (übrigens ein seltener Fall), bieten *Coli*-Bakterien mit P-Fimbrien keine Ankerstellen auf den Zellen ihrer Harnwege; sie sind somit weit weniger anfällig für solche Infektionen als die übrige Bevölkerung. Wenn man aber diesen Menschen Zellen entnimmt und sie mit einem synthetischen galabiosehaltigen Glykolipid überzieht, lagern sich Bakterien an.

Ähnlich liegt der Fall bei den Darmzellen von Ferkeln, die gegen den K88-Stamm von *E. coli* resistent sind; auch hier fehlt das als Andockstelle dienende Kohlenhydrat. Seine Struktur ist noch nicht genau bekannt. Bei den K88-sensitiven Tieren wird das Molekül nur im Ferkel-Alter gebildet, was erklärt, warum erwachsene Schweine generell von diesem infektiösen Durchfall verschont bleiben.

Ein weiteres interessantes Beispiel bietet der K99-Stamm von *E. coli.* Er verursacht ebenfalls Durchfallerkrankungen, ist aber weniger wirtsspezifisch als K88 und befällt außer Ferkeln auch Kälber und Lämmer. Die Bakterien heften sich spezifisch an ein ungewöhnliches Glykolipid; es enthält N-Glykoloylneuraminsäure (eine spezielle Variante der Sialinsäure), die an Lactosylceramid gekoppelt ist. Erwartungsgemäß ist dieses Molekül bei Ferkeln, Kälbern und Lämmern zu finden, nicht aber bei ausgewachsenen Schweinen und auch nicht beim Menschen. Stattdessen tragen deren Darmzellen N-Acetylneuraminsäure (Sialinsäure im engeren Sinne); daran können die Bakterien sich jedoch nicht binden. Ein kleiner Unterschied in einem Molekül – eine Acetyl- statt einer Glykoloylgruppe – bestimmt also deren Wirtsspektrum.

Fast noch subtiler ist die Spezifität zweier Fimbrien-Lektine von *Coli*-Stämmen, die Harnwegsinfektionen bei Menschen beziehungsweise bei Hunden hervorrufen. Beide Moleküle erkennen Galabiose, dennoch bindet das eine nur an Epithelzellen der menschlichen Harnwege, das andere nur an die des Hundes. Der Grund ist, daß die galabiose-tragenden Glykolipide auf der Zelloberfläche jeweils in ein wenig anderer Weise präsentiert werden.

Zucker und Lektine als Medikamente

Weil bei einer Infektion die Anheftung an die Wirtszelle ein so kritischer Schritt ist, erwägt man ernstlich, Zucker zur Vorbeugung oder zur Behandlung einzusetzen. Geeignete Moleküle könnten als eine Art molekularer Köder pathogene Bakterien abfangen, bevor diese ihr Wirtsgewebe erreichen (Bild 3). Besonderes Interesse gilt dabei den Harnwegsinfektionen, stehen sie doch in ihrer Häufigkeit nach den Atemwegsinfektionen an zweiter Stelle (Bild 4).

Im Jahre 1979 begannen wir in Zusammenarbeit mit Ofek und Mirelmann sowie Moshe Aronson von der Universität Tel Aviv mit derartigen Untersuchungen. So beimpften wir die Harnblase von Mäusen mit einem mannose-spezifischen *Coli*-Stamm, und ein Teil der Tiere bekam zusätzlich Methyl-alpha-mannosid in die Blase gespritzt. Dieser Zucker, der im Reagenzglas die Adhäsion von Bakterien an Epithelzellen beeinträchtigt, verminderte tatsächlich auch die Ansiedlung von Bakterien im Harnweg.

Von Catharina Svanborg-Edén gibt es analoge Experimente mit *Coli*-Stämmen, die mit P-Fimbrien ausgestattet sind und eine Niereninfektion hervorrufen. Wenn sie die übertragenen Bakterien mit Globotetraose vorbehandelte, einem Zucker aus dem Oberflächen-Glykolipid der Nierenzellen, konnten sich die Erreger nicht so lange in den Nieren halten wie unbehandelte. Und James A. Roberts von der Tulane-Universität von Louisiana in New Orleans stellte bei Affen fest, daß sich der Beginn von Harnwegsinfektionen deutlich verzögerte, wenn er P-Fimbrien-Stämme mit einem Zucker ähnlich dem Disaccharid Galabiose vorbehandelte.

Auch Glykopeptide sind imstande, die Anheftung von Bakterien an Wirtsgewebe zu beeinträchtigen. Wie Michelle Mouricout und ihre Mitarbeiter von der Universität Limoges (Frankreich) 1990 nachwiesen, können solche aus dem Blutplasma von Kühen als Injektion neugeborene Kälber vor normalerweise letalen Dosen von *E. coli* schützen. Diese Glykopeptide enthalten Zucker, die von den Bakterien bevorzugt gebunden werden, was offenbar viele an der Adhäsion an Darmzellen hindert.

Um diesen Prozeß zu stören, braucht man jedoch nicht unbedingt ein Kohlenhydrat – jede andere Substanz, die sich kompetitiv entweder an das bakterielle Lektin oder an das Oberflächen-Kohlenhydrat der Wirtszellen zu binden vermag, tut es auch (kompetitiv deshalb, weil sie mit den natürlichen Bindungspartnern um den Platz am Molekül konkurrieren muß). Edwin H. Beachey und seine Kollegen am Medizinischen Zentrum der amerikanischen Veteranen-Behörde und an der Universität von Tennessee in Memphis haben beispielsweise einen Antikörper gegen Mannose verwendet, um bei Mäusen die Infektion

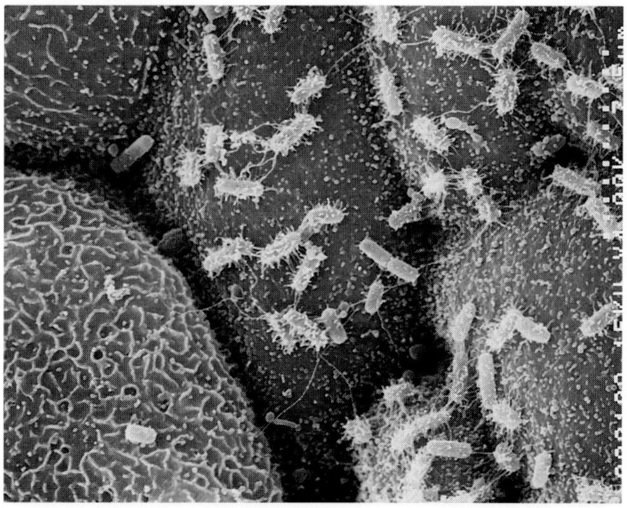

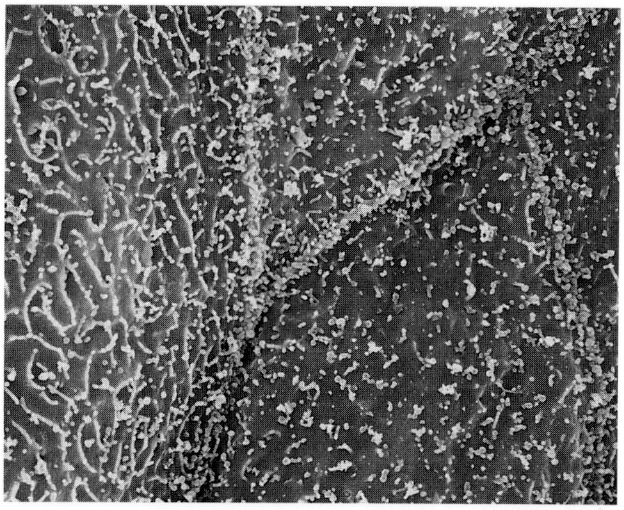

Bild 4: Wie Kohlenhydrate die Adhäsion bestimmter *Coli*-Bakterien unterbinden, demonstrieren diese beiden Aufnahmen. Der verwendete Stamm trägt ein Lektin, welches das P-Antigen, ein Glykolipid auf menschlichen Zellen, erkennt. Mit dem Zucker Mannose vorbehandelte Bakterien vermögen sich weiterhin an der Innenwand der Harnwege zu verankern (links); mit einem Bestandteil von Glykolipid P vorbehandelte Bakterien können dies nicht mehr und werden dann vom Harn weggespült (rechts).

mit bestimmten mannose-spezifischen *Coli*-Bakterien zu verhindern. Durch die Bindung an Mannose auf der Zelloberfläche blockieren diese Abwehrmoleküle die Andockstelle für Bakterien.

Inwieweit anti-adhäsive Therapien auch bei mikrobiellen, darunter viralen Infektionen des Menschen anwendbar sind, wird derzeit eingehend erforscht. Mit genaueren Kenntnissen über die Strukturen von Oberflächenzuckern auf Wirtszellen und von Lektinen auf Bakterien sollten sich noch bessere Adhäsion-Inhibitoren finden lassen.

Eines jedoch ist jetzt schon klar: Da verschiedene Erreger, ja selbst Bakterien ein und desselben Stammes eine breite Palette von Kohlenhydraten spezifisch binden können, wird man einen ganzen Cocktail von Inhibitoren benötigen, um Infektionskrankheiten vorzubeugen oder sie zu behandeln.

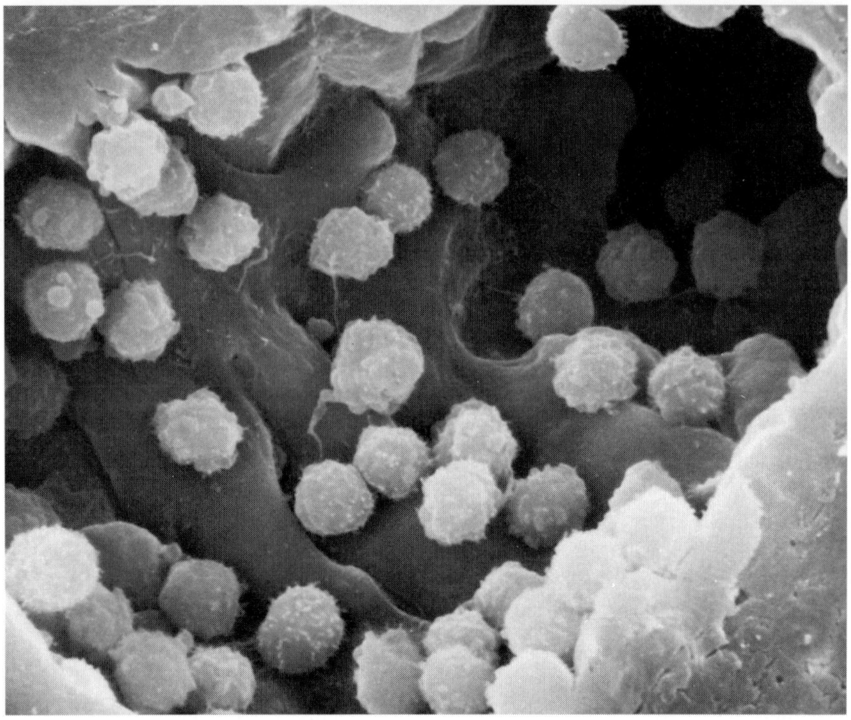

Bild 5: Weiße Blutkörperchen wie die Lymphocyten (helle Kugeln) verteidigen den Organismus bei Infektionen; sie verlassen den Blutstrom und wandern ins Gewebe ein. Der erste Schritt dabei erfordert, daß die weißen Blutkörperchen selektiv an den Wänden feiner Blutgefäße, den Hochendothel-Venolen, haften bleiben, wie die Mikrophotographie es zeigt. Das Endothel ist die Auskleidung der Blutgefäße.

Wanderung weißer Blutkörperchen

Durch Kohlenhydrate vermittelte Wechselwirkungen zwischen Zellen spielen auch im normalen körperlichen Geschehen eine wichtige Rolle; für ein gesundes Funktionieren des Immunsystems beispielsweise sind sie unerläßlich. Die wichtigsten Abwehrzellen stellt die Gruppe weißer Blutköperchen mit den Lymphocyten, Monocyten und neutrophilen Granulocyten, die in konzentrierter Aktion Bakterien und andere Eindringlinge eliminieren oder in verletztem Gewebe eine Entzündungsreaktion auslösen. Alle diese Zellen zirkulieren im Blut; ihre Hauptaufgaben aber erfüllen sie außerhalb des Blutgefäßsystems – sie müssen also die Gefäßwände passieren können.

Nach den bisherigen Untersuchungen zeichnet sich ab, daß das Endothel – die innere Auskleidung der Blutgefäße – weiße Blutkörperchen regelrecht aktiv aus dem Blut angelt und zu ihrem Bestimmungsort leitet. Dazu bedarf es einer sorgsam geregelten Erkennung zwischen den zirkulierenden weißen Blutkörperchen und den Zellen des Endothels. Sie scheint über eine Familie strukturverwandter Lektine abzulaufen.

Da dieses Forschungsgebiet noch recht neu ist und verschiedene Laboratorien oft gleichzeitig dasselbe Adhäsionsmolekül identifizieren, aber anders benennen, war die Nomenklatur bis vor kurzem noch ziemlich uneinheitlich. Inzwischen hat man sich auf die meistgebrauchte generelle Bezeichnung – Selektine – geeinigt, weil diese Moleküle selektive Zellkontakte vermitteln. Eine andere gängige Bezeichnung war LEC-CAMs, das englische Kürzel für Leukocyten- beziehungsweise Lektin-Zelladhäsionsmoleküle.

Die Selektine sind höchst unsymmetrische, zusammengesetzte Oberflächenproteine mit ungewöhnlicher Mosaikarchitektur. Sie haben drei Funktionsdomänen: Die innere verankert das Molekül in der Zellmembran; die mittlere, noch weiter unterteilte Domäne macht – als Stamm quasi – den größten Teil des Moleküls aus, und die äußere ähnelt in ihrer Struktur calcium-abhängigen tierischen Lektinen. Die Anheftung von Kohlenhydratverbindungen an eben diese dritte Domäne ist der entscheidende Schritt bei der selektin-vermittelten Wechselwirkung zwischen Zellen.

Vor etwa zehn Jahren legten Eugene C. Butcher und Irving L. Weissman von der Universität Stanford (Kalifornien) den Grundstein zu unserem heutigen Verständnis, wie die – damals noch unbekannten – Selektine die Wanderung von Lymphocyten steuern. Diese weißen Blutkörperchen patrouillieren durch den Organismus, immer auf der Suche nach immunologisch auffälligen Strukturen, insbesondere den Antigenen von Bakterien, Viren und anderen körperfremden Stoffen. Dazu verlassen sie das Blutgefäßsystem und durchwandern sekundäre lymphatische Organe wie die Mandeln, die Peyerschen Plaques am Ende des Dünndarms oder die Lymphknoten; verschiedene Lymphocyten suchen dabei selektiv jeweils bestimmte Organe auf (Bilder 5 und 6). Für den Austritt aus der Blutbahn müssen sie sich an die Wandung feiner, lichtmikroskopisch nicht mehr sichtbarer venöser Gefäße in den lymphatischen Organen heften; diese Venolen mit Durchmessern von weniger als 30 Nanometern (millionstel Millimetern) zeichnet ein hohes Endothel aus.

Mit einem von anderen Wissenschaftlern entwickelten Verfahren beobachteten Butcher und Weissman bei Mäuse-Lymphocyten, daß die Fähigkeit zum Auffinden der jeweiligen lymphatischen Zielorgane, der spezifische Heimatsinn sozusagen, auf der selektiven Wechselwirkung mit den Hochendothel-Venolen in den entsprechenden Organen beruhte. Die beiden Forscher stellten daraufhin einen monoklonalen Antikörper her, der sich nur an solche Mäuse-Lymphocyten anlagerte, die zu den peripheren Lymphknoten wanderten. Wie die Vorprüfung an Schnitten verschiedener Gewebe ergab, konnten sich die so behandelten Zellen nicht mehr an die Hochendothel-Venolen ihrer Ziele heften, durchaus aber an die anderer lymphatischer Organe. Im lebenden Organismus verhinderte der unter dem Kürzel MEL-14 geführte Antikörper dann tatsächlich die Einwanderung von Lymphocyten in die peripheren Lymphknoten: Er band sich, wie Butcher und Weissman nachwiesen, an ein spezielles Glykoprotein auf der Lymphocytenmembran, dem sie das Kürzel gp90MEL gaben. Heute ist es unter dem Namen L-Selektin (für Lymphocyten) bekannt. Man spricht auch von Heimfinde-Rezeptor; in der Fachliteratur wird er – nach dem englischen Begriff dafür – als Homing Rezeptor bezeichnet.

Werden Hochendothel-Venolen mit einer L-Selektin-Lösung vorbehandelt, so können sich keine Lymphocyten mehr anlagern, weil sämtliche Anlegestellen des Endothels bereits mit Selektin-Molekülen besetzt sind. Die Anheftung unterbleibt auch, wie Steven D. Rosen von der Universität von Kalifornien in San Francisco nachwies, wenn man umgekehrt die Lymphocyten vorbehandelt, und zwar mit bestimmten kleinen Zuckern oder größeren Polysacchariden; dabei besetzen die Zucker das zellständige L-Selektin und sättigen es ab.

Unabhänig voneinander konnten 1989 schließlich Weissman sowie Laurence A. Lasky von der Firma Genentech in San Francisco zusammen mit Rosen schlüssig belegen, daß der Homing-Rezeptor die Adhäsion von Lymphocyten an Endothelzellen vermittelt. Das Gen für das endotheliale Glykoprotein, an das dieser sich bindet, ist vor kurzem kloniert worden, die präzise Zuckerstruktur der Kohlenhydrat-Komponente aber bislang noch nicht geklärt.

Außer dem Homing-Rezeptor sind zwei weitere Selektine bekannt. Anders als er kommen sie hauptsächlich auf Endothelzellen vor, aber nur dann, wenn diese gerade aktiv Leukocyten anlocken. Eines der beiden Moleküle, das E-Selektin (früher ELAM-1), hat Michael P. Belvilacqua von der Medizinischen Fakultät der Harvard-Universität in Cambridge (Massachusetts) 1987 entdeckt. Das andere, das P-Selektin (früher GMP-140 oder PADGEM), haben einige Jahre später unabhängig voneinander Roger P. McEver von der Oklahoma-Stiftung für Medizinische Forschung sowie Bruce und Barbara Furie von der Medizinischen Hochschule der Tufts-Universität in Medford (Massachusetts) beschrieben.

Inzwischen hat man recht genaue Vorstellungen davon, wie Gewebe mit ihren Selektinen weiße Blutkörperchen dorthin lenken, wo sie gebraucht werden. Wenn ein Gewebe infiziert ist, schüttet es Cytokine wie Interleukin 1 und den Tumor-Nekrose-Faktor aus. Diese Proteine regen die Zellen der Hochendothel-Venolen an, P- und E-Selektine auf ihrer Oberfläche auszuprägen. Die wie Angelhaken in den Blutstrom ragenden Moleküle fangen zirkulierende weiße Blutkörperchen ab, deren Kohlenhydratmantel komplementäre Strukturen enthält. Einmal an die Gefäßwand gebunden, kann ein solcher Leukocyt sich durch die Lücken zwischen benachbarten Endothelzellen quetschen, um so die Blutbahn zu verlassen. Die beiden endothelialen Selektine erscheinen zu verschiedenen Zeiten auf der Zelloberfläche und rekrutieren auch verschiedene Arten weißer Blutkörperchen. P-Selektin ist in Endothelzellen stets vorrätig und damit innerhalb von Minuten nach Infektionsbeginn auf der Oberfläche verfügbar. Es kann also Leukocyten anziehen, die an den ersten Phasen der Abwehrreaktion beteiligt sind. E-Selektin hingegen wird von den Endothelzellen erst bei Bedarf hergestellt. Es scheint denn auch erst ungefähr vier Stunden nach Infektionsbeginn den Höhepunkt seiner Konzentration und damit Aktion zu erreichen; danach verschwindet es allmählich wieder.

Unterbinden unerwünschter Wanderung

Der Mechanismus, der weißen Blutkörperchen die endotheliale Barriere zu überwinden hilft, ist zwar zur Bekämpfung von Infektionen unerläßlich, kann aber fehlgehen und dann Schädigungen verursachen: Wenn die Abwehrzellen sich in den falschen Geweben sammeln, sind Zerstörungen, Schwellungen und Schmerzen die Folge.

Die Entzündung bei akuter Polyarthritis zum Beispiel ist darauf zurückzuführen, daß weiße Blutkörperchen in die Gelenke gelangen und dort proteinspaltende Enzyme, Sauerstoffradikale und andere toxische wirkende Faktoren aus-

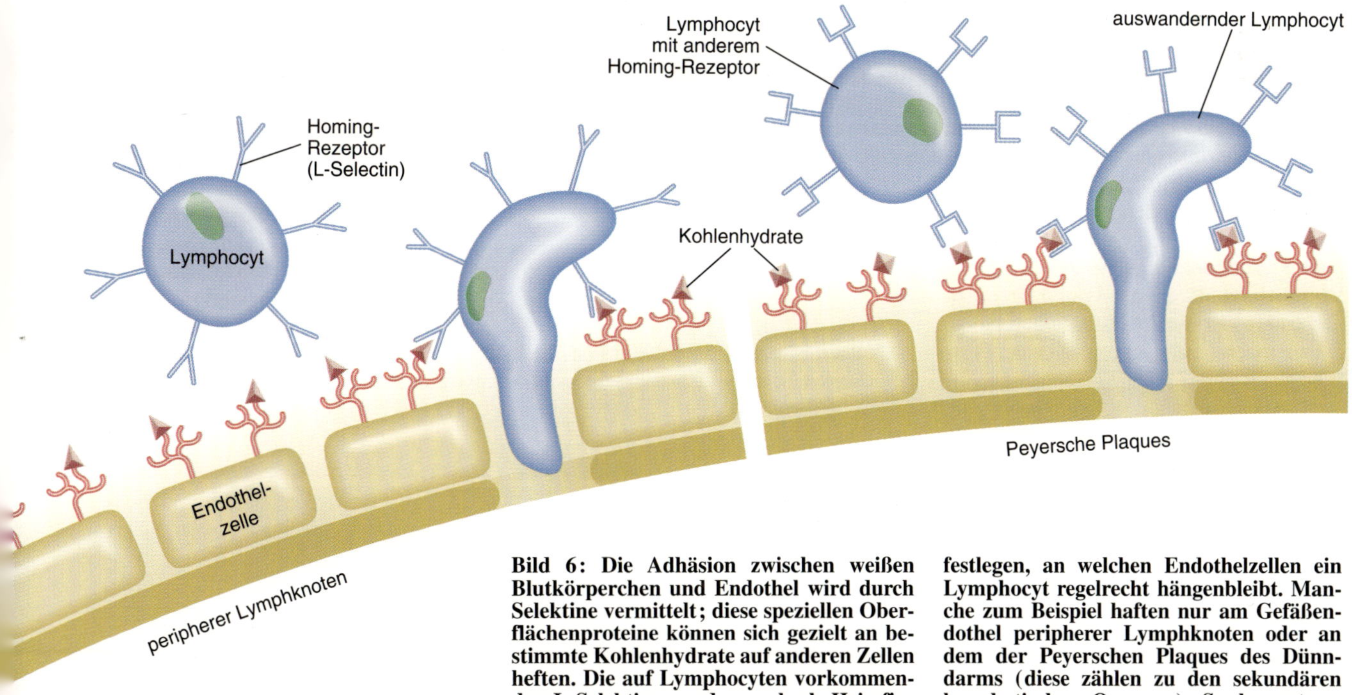

Bild 6: Die Adhäsion zwischen weißen Blutkörperchen und Endothel wird durch Selektine vermittelt; diese speziellen Oberflächenproteine können sich gezielt an bestimmte Kohlenhydrate auf anderen Zellen heften. Die auf Lymphocyten vorkommenden L-Selektine werden auch als Heimfinde-Rezeptoren oder – im Fachjargon – als Homing-Rezeptoren bezeichnet, weil sie festlegen, an welchen Endothelzellen ein Lymphocyt regelrecht hängenbleibt. Manche zum Beispiel haften nur am Gefäßendothel peripherer Lymphknoten oder an dem der Peyerschen Plaques des Dünndarms (diese zählen zu den sekundären lymphatischen Organen). So kommt es, daß verschiedene Lymphocyten in jeweils andere lymphatische Organe einwandern.

Bild 7: Krebszellen tragen ein ungewöhnliches Muster von Kohlenhydraten auf ihrer Oberfläche; vielleicht ist dies für viele ihrer invasiven Eigenschaften verantwortlich. Wirkstoffe, die gewisse unerwünschte adhäsive Eigenschaften abnormer Zellen beeinträchtigen, lassen sich womöglich eines Tages zur Krebsbehandlung einsetzen.

schütten. Ein weiteres Beispiel sind Gewebeschäden, wie sie nach einer zeitweiligen Unterbrechung der Blutzufuhr – bei einem Herzinfarkt etwa – auftreten; sobald das Blut wieder zu fließen beginnt, treten die weißen Blutkörperchen in das durch Sauerstoffmangel geschädigte Gewebe über und zerstören es völlig.

Forscher, Mediziner und Pharma-Unternehmen haben erhebliches Interesse an der Entwicklung von Medikamenten, die solch unerwünschte Entzündungsreaktionen verhindern könnten. Theoretisch sollte jeder Wirkstoff entzündungshemmend sein, der die Adhäsion von weißen Blutkörperchen am Endothel und damit den Austritt aus der Blutbahn behindert. Entscheidend wird es sein, die Gestalt der komplementären Strukturen aufzuklären: der Bindungsstellen der Selektin-Moleküle einerseits und der dazu passenden Kohlenhydrate andererseits. Dabei macht man derzeit enorme Fortschritte. Parallel dazu versucht man intensiv, Kohlenhydrat-Inhibitoren für das P- und das E-Selektin herzustellen.

Für eine sinnvolle anti-adhäsive Therapie müßten die Medikamente freilich scheinbar Unvereinbares leisten: Einerseits sollten sie weiße Blutkörperchen daran hindern, den Blutstrom an den falschen Stellen zu verlassen, andererseits müssen sie die Zellen weiterhin dorthin gelangen lassen, wo sie gebraucht werden. Beides ist möglicherweise erreichbar, denn Gewebe unterscheiden sich in der Palette ihrer Adhäsionsmoleküle und ihrer Andockstellen für andere Moleküle. Somit ist beispielsweise denkbar, daß ein Medikament weiße Blutkörperchen zwar hindert, in die Gelenke zu wandern, nicht aber in andere Bereiche des Körpers.

Metastasierung

Zelladhäsionsmoleküle könnten auch bei anderen Krankheitsprozessen bedeutsam sein, etwa bei der Abwanderung von Krebszellen aus dem Primärtumor und ihrer Ausbreitung im Körper (Bild 7). Jenes Kohlenhydrat zum Beispiel, das von E-Selektin erkannt wird, kommt auf verschiedenen Tumorzellen – darunter bösartigen – vor. Zumindest ein Typ von menschlichen Tumorzellen heftet sich, wie Bevelacqua kürzlich berichtete, spezifisch an E-Selektin-Moleküle auf aktiviertem Endothel. Vielleicht machen sich also gewisse maligne Zellen die in die Immunabwehr involvierten Adhäsionsmoleküle zunutze, um ihre eigene Metastasierungsfähigkeit zu fördern; dann könnten unter Umständen anti-adhäsive Medikamente zugleich anti-metastatisch wirken.

Kürzlich haben Hakomori und seine Mitarbeiter bei stark metastasierenden Melanomzellen von Mäusen ein Lektin blockiert, das den Milchzucker Lactose erkennt. Wurden die Melanomzellen vor der Injektion in gesunde Tiere mit lactose-haltigen Verbindungen vorbehandelt, breiteten sie sich nur noch halb so stark aus wie unbehandelte Zellen. Allerdings gibt es im Organismus viele andere Lektine, die durch Lactose gehemmt werden, so daß eine systemische Anwendung nicht in Frage kommt.

Die Bedeutung von Kohlenhydraten bei der Zellerkennung ist zweifelsohne sehr groß. Doch gibt es andere Erkennungsmechanismen, und zwar in der „Peptidsprache". Dabei werden kurze Abfolgen von Aminosäuren – Peptide – erkannt. Manche Anheftungsprozesse laufen zum Beispiel über sogenannte Integrine; das sind Oberflächenproteine, die passende Peptide erkennen. Mit mehr als einem Bindungssystem wird eine Zelle eben auch flexibler in ihren Interaktionen.

Die biomedizinische Forschung bemüht sich weiterhin um ein besseres Verständnis von Zuckerstrukturen auf Zelloberflächen und den Spezifitäten passender Lektine. Je mehr man darüber weiß, desto eher wird man imstande sein, hochselektive wirkungsvolle Hemmstoffe für unerwünschte zelluläre Wechselwirkungen zu entwickeln.

G-Proteine

Diese Moleküle an der Innenseite der Zellmembran vermitteln eine Vielzahl einlaufender äußerer Signale weiter. Die Signalübertragungswege beeinflussen sich gegenseitig und gewährleisten, daß eine Zelle auf Veränderungen angemessen reagiert. Sie spielen auch bei Krankheitsprozessen eine Rolle.

Von Maurine E. Linder und Alfred G. Gilman

Damit ein Mensch denken und handeln, ja überhaupt existieren kann, müssen seine Zellen miteinander kommunizieren. Das tun sie über biochemische Botenstoffe: Hormone beispielsweise treffen im typischen Fall über den Blutweg ein, und Neurotransmitter werden als Signalüberträgersubstanzen von den Endigungen der Nervenzellen ausgeschüttet.

Überraschenderweise dringen aber nur wenige solcher Sendboten tatsächlich in die Zielzelle ein; vielmehr übermitteln die meisten ihre Informationen – nach Art des Spiels „Stille Post" – über mehrere Zwischenstationen. Sie docken außen an spezielle Rezeptorproteine an, die sich quer durch die Zellmembran zur Innenseite erstrecken. Diese Antennenmoleküle geben die Befehle über eine Reihe nachgeschalteter zellinterner Vermittler an die endgültigen Empfänger weiter. Der gesamte Prozeß wird als Signaltransduktion bezeichnet (nach lateinisch *traductio*, Hinüberführung).

Dutzende körpereigener Botenstoffe sind bekannt, und für jeden gibt es eigene Rezeptoren, über die er offenbar eine bestimmte Abfolge von molekularen Interaktionen auszulösen vermag. Trotzdem ist für den Signalfluß vom Rezeptor zur nächsten Instanz dann vielfach nur eine Klasse von Molekülen zuständig: die G-Proteine.

Benannt sind sie nach einer spezifischen Reaktion: Sie binden Guanyl-Nucleotide, die wie alle Nucleotide aus einer organischen Base (in diesem Falle Guanin; G), einem Zucker und bis zu drei Phosphatgruppen bestehen.

Daß G-Proteine unerläßliche Vermittler bei der Signaltransduktion sind, hat einer von uns (Gilman) mit seinen Mitarbeitern in den späten siebziger Jahren an der Universität von Virginia in Charlottesville nachgewiesen und dann am Southwestern Medical Center der Universität von Texas in Dallas ein Gutteil dessen entschlüsselt, was heute über die Funktionsweise dieser bemerkenswerten Proteine bekannt ist. Ihre Mechanismen faszinieren uns als Forscher noch immer, ebenso ihre zentrale Rolle bei zahlreichen zellulären Aktivitäten; die immer länger werdende Liste reicht von der Paarung der Hefepilze über die chemisch induzierte Wanderung der Schleimpilze bis zum Sehen und Riechen sowie zur Hormonausschüttung, Muskelkontraktion und Kognition beim Menschen.

Im Laufe der Jahre hat man auch erkannt, daß signalübertragende G-Proteine zu einer großen Superfamilie von Eiweißstoffen gehören, die von Guanin-Nucleotiden reguliert werden. Und es hat sich gezeigt, daß Fehlfunktionen dieser G-Proteine und ihrer Verwandten zu Krankheiten beitragen können, darunter Cholera, Keuchhusten und Krebs. Medikamente, die auf die Regulation eines bestimmten G-Proteins abzielen, dürften eines Tages durchaus zum therapeutischen Standardrepertoire gehören.

Erste und zweite Boten

Die G-Protein-Forschung hat Theodore W. Rall und Earl W. Sutherland jr. viel zu verdanken – wegen ihrer bahnbrechenden Arbeiten über den zellulären Signaltransport, die sie in den fünfziger Jahren an der heutigen Case-Western-Reserve-Universität in Cleveland (Ohio) leisteten; Sutherland wurde 1971 mit dem Nobelpreis ausgezeichnet.

Heute weiß man, daß viele Rezeptoren die Anweisungen von Hormonen oder anderen außen ankommenden „ersten Boten" weitergeben, indem sie ein G-Protein aktivieren, das an die Innenseite der Zell- oder Plasmamembran gebunden ist. Es wirkt auf ein ebenfalls membrangebundenes Molekül ein, den Effektor. Oft ist das ein Enzym, das ein inaktives Vorläufermolekül in einen aktiven „zweiten Boten" umwandelt. Dieser kann dann in das Zellplasma diffundieren und so das Signal von der Membran weiter ins Zellinnere tragen. Dort löst er eine Kaskade chemischer Reaktionen aus, die letztlich das Verhalten der Zelle ändert; zum Beispiel könnte eine solche Zelle daraufhin ein Hormon ausschütten oder Glucose, also Traubenzucker, freisetzen.

In den fünfziger Jahren allerdings war kaum etwas über die Arbeitsweise der innerzellulären Signaltransportsysteme bekannt. Die vorherrschende Lehrmeinung besagte, die Wirkung von Hormonen ließe sich einzig an intakten Zellen beobachten. Rall und Sutherland aber beharrten darauf, daß man, um ein System zu verstehen, seine Bestandteile untersuchen müsse. Und dieses Prinzip verfolgten sie auch bei der Untersuchung der Frage, wie das Hormon Adrenalin Leberzellen zum Freisetzen von Glucose anregt.

Ihre Analysen von Fraktionen homogenisierter Leberzellen ergaben, daß Adrenalin ein Enzym in der Plasmamembran veranlaßt, das Nucleotid Adenosintriphosphat (ATP) in eine bis dahin unbekannte Substanz – cyclisches Adenosin-3', 5'-monophosphat (cyclo-AMP oder kurz cAMP) – umzuwandeln. Das ebenfalls neuartige Enzym nannten sie

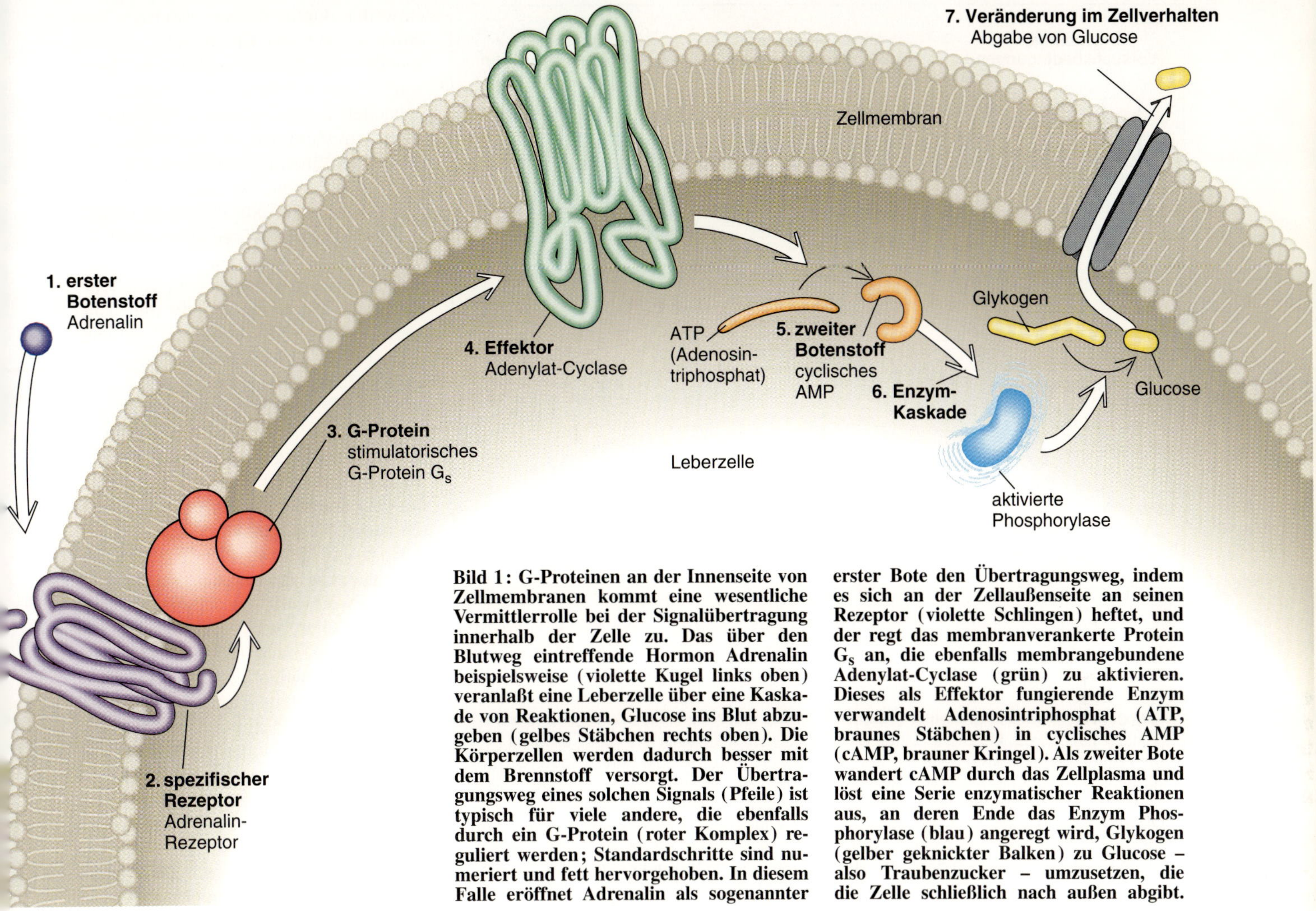

Bild 1: G-Proteinen an der Innenseite von Zellmembranen kommt eine wesentliche Vermittlerrolle bei der Signalübertragung innerhalb der Zelle zu. Das über den Blutweg eintreffende Hormon Adrenalin beispielsweise (violette Kugel links oben) veranlaßt eine Leberzelle über eine Kaskade von Reaktionen, Glucose ins Blut abzugeben (gelbes Stäbchen rechts oben). Die Körperzellen werden dadurch besser mit dem Brennstoff versorgt. Der Übertragungsweg eines solchen Signals (Pfeile) ist typisch für viele andere, die ebenfalls durch ein G-Protein (roter Komplex) reguliert werden; Standardschritte sind numeriert und fett hervorgehoben. In diesem Falle eröffnet Adrenalin als sogenannter erster Bote den Übertragungsweg, indem es sich an der Zellaußenseite an seinen Rezeptor (violette Schlingen) heftet, und der regt das membranverankerte Protein G_s an, die ebenfalls membrangebundene Adenylat-Cyclase (grün) zu aktivieren. Dieses als Effektor fungierende Enzym verwandelt Adenosintriphosphat (ATP, braunes Stäbchen) in cyclisches AMP (cAMP, brauner Kringel). Als zweiter Bote wandert cAMP durch das Zellplasma und löst eine Serie enzymatischer Reaktionen aus, an deren Ende das Enzym Phosphorylase (blau) angeregt wird, Glykogen (gelber geknickter Balken) zu Glucose – also Traubenzucker – umzusetzen, die die Zelle schließlich nach außen abgibt.

Adenyl-Cyclase; später bezeichnete man es als Adenylat- oder Adenylyl-Cyclase.

Nach heutiger Terminologie hatten die beiden Forscher entdeckt, daß ein erster Botenstoff (Adrenalin) seine Wirkung teilweise dadurch erzielt, daß er einen Effektor (die Adenylat-Cyclase) zur Produktion eines zweiten Botenstoffs (cAMP) veranlaßt. Die Schritte zwischen der Signalwirkung von Adrenalin außerhalb der Zelle und der Aktivierung der Adenylat-Cyclase in der Membran blieben jedoch im dunkeln. Sutherland vermutete, das Enzym sei zugleich die Andockstelle für Adrenalin, was bedeutet hätte, daß es Rezeptor und Effektor in einer Funktion wäre und somit keinen Vermittler brauchte. In einigen Signalübertragungssystemen ist dies tatsächlich der Fall; aber Experimente in den frühen siebziger Jahren bewiesen, daß der Adrenalin-Rezeptor und die Adenylat-Cyclase getrennte, eigenständige Moleküle sind.

Wie kommunizierte er aber mit ihr? Aus zwei wichtigen Befunden, die auf eine Beteiligung von Guanyl-Nucleotiden hinwiesen, ergab sich ein neuer Forschungsansatz, durch den schließlich die Bedeutung von G-Proteinen bei der Signaltransduktion entdeckt wurde.

Der erste dieser Hinweise kam aus der Arbeitsgruppe von Martin Rodbell und Lutz Birnbaumer, die damals an den amerikanischen Nationalen Gesundheitsinstituten in Bethesda (Maryland) tätig waren. Sie hatten festgestellt, daß das Hormon Glucagon (das ebenfalls seine Wirkung über die Adenylat-Cyclase ausübt) das Enzym nur zu aktivieren vermag, wenn der Reaktionsansatz außer Rezeptoren noch Guanosintriphosphat (GTP) enthält.

Als zweites entdeckten Danny Cassel und Zvi Selinger von der Hebräischen Universität in Jerusalem, daß ein Zusatz von Adrenalin zu einer Plasmamembran-Präparation nicht nur die Adenylat-Cyclase aktiviert, sondern auch die Abspaltung einer Phosphatgruppe von GTP veranlaßt. Es entstand nämlich Guanosindiphosphat (GDP). Ein Enzym, das GTP hydrolysiert – also unter Einbau eines Wassermoleküls einen Phosphatrest abspaltet –, bezeichnet man als GTPase. Die Identität der GTPase und die spezifische Funktion von GTP waren zwar noch längst nicht geklärt, doch zeigten beide Befunde zumindest, daß Guanyl-Nucleotide an der Übertragung des Adrenalin-Signals beteiligt sind.

Ein Mittlermolekül

Mitte der siebziger Jahre gehörten auch einer von uns (Gilman) und sein Mitarbeiter Elliot M. Ross zu den Wissenschaftlern, welche die rätselhafte Verbindung zwischen Adrenalin-Rezeptoren, GTP und Adenylat-Cyclase zu ergründen suchten. Wie Rall und Sutherland sahen sie den besten Weg zum Verständnis eines biologischen Systems darin, es auseinanderzunehmen und schrittweise wieder zusammenzusetzen.

Gerne hätten sie die verschiedenen Proteine, die mit der Plasmamembran assoziiert sind, isoliert und einer künstlichen Phospholipidmembran nach Belieben eingebaut, um die Kombination von

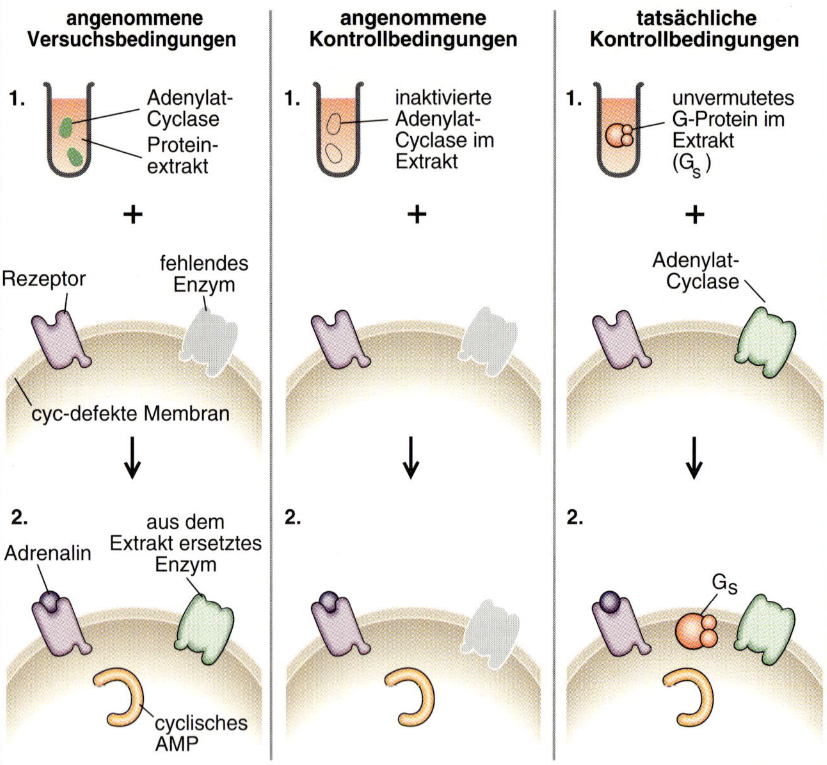

Bei dem ursprünglich geplanten Versuch (links) gab Elliott M. Ross, Mitarbeiter des Autors, einen Extrakt von Membranproteinen zu sogenannten cyc^--Membranen (1). Sie entstammten mutierten Zellen, von denen man glaubte, sie besäßen keine Adenylat-Cyclase, da sie nach Adrenalin-Gabe kein cAMP herstellen. Nach dem Zusatz der Proteine vermochte Adrenalin aber wieder dessen Produktion auszulösen (2), was anzuzeigen schien, daß Adenylat-Cyclase-Moleküle (grün) aus dem Extrakt sich in die scheinbar enzymlosen Membranen integriert hatte. Für das Kontrollexperiment (Mitte, 1) wurde die im Extrakt vorhandene Adenylat-Cyclase zuvor inaktiviert. Dennoch entstand cAMP (2). Dieses unvorhergesehene Ergebnis war Anlaß zu weiteren Untersuchungen. Dabei zeigte sich, daß die cyc^--Membranen in Wirklichkeit Adenylat-Cyclase enthalten hatten, ihnen aber zu deren Aktivierung eine dritte Komponente fehlte: ein G-Protein. Dieses hatte die Prozeduren zur Ausschaltung des Enzyms glücklicherweise unbeschadet überstanden (rechts, 1). Bei dem Kontrollexperiment konnte es sich in die Membranen integrieren und so der ansonsten wirkungslosen Adenylat-Cyclase die Produktion von cAMP ermöglichen (2).

Bild 2: Das für die Entdeckung des G_s-Proteins entscheidende Experiment.

Molekülen, die für die Aktivierung der Adenylat-Cyclase mindestens erforderlich ist, auszutüfteln und die Rolle von GTP in der Abfolge der Ereignisse bestimmen zu können. Damals aber ließen sich Membranbestandteile nicht ohne weiteres unbeschadet in Reinform isolieren. Daher versuchten Gilman und Ross auf verschiedenen Wegen, Proteine ohne vorherige Reinigung in Membranen einzubauen. Zufällig fand sich dabei auch die Lösung für das Signalübertragungsproblem.

Ross hatte sich ein Experiment ausgedacht, wie er Membranen aus einer mutierten Zell-Linie, die zwar den Adrenalin-Rezeptor besaß, aber anscheinend keine Adenylat-Cyclase mehr zu produzieren vermochte, wieder mit dem Enzym ausstatten könnte (Bild 2). Die cyclase-defekten Zellen (cyc^-) waren 1975 von Gordon M. Tomkins, Henry R. Bourne und Philip Coffino an der Universität von Kalifornien in San Francisco entdeckt worden. Ross hoffte, das Enzym werde sich, wenn er es in Form eines Proteinextrakts von normalen enzymhaltigen Membranen zufügte, in die isolierten defekten Membranen integrieren. Dann sollte in Gegenwart von Adrenalin – sowie von ATP und GTP, die sich für die Produktion des zweiten Botenstoffs als nötig erwiesen hatten – cAMP produziert werden. Das geschah tatsächlich.

Das Kontrollexperiment aber lief den Erwartungen völlig zuwider. Dazu hatte Ross die Adenylat-Cyclase des Extrakts entweder durch mäßiges Erhitzen oder durch Zusatz von Chemikalien vor der Zugabe zweifelsfrei inaktiviert. Somit war keinerlei Effekt zu erwarten. Die behandelten Membranen stellten jedoch nach dem Zufügen von Adrenalin, ATP und GTP überraschenderweise cAMP her – als hätten sie aktive Adenylat-Cyclase aus dem Extrakt aufgenommen.

Die Erklärung wurde indes bald gefunden. Den mutierten Zellen fehlte nicht – wie angenommen – die Adenylat-Cyclase; sie war nur inaktiv und daher nicht an ihrer Wirkung zu erkennen gewesen. Was vielmehr fehlte, war eine andere Zellkomponente, die das Enzym zu seiner Aktivierung braucht. Diese hatte glücklicherweise die Maßnahmen zur Ausschaltung der Adenylat-Cyclase im Extrakt überstanden und konnte das quasi schlummernde Enzym der Mutanten in den Membranen wecken.

Ross und Gilman identifizierten wenig später die aktivierende Substanz als einen Eiweißstoff, der seinerseits durch GTP stimuliert wird. Da die Bezeichnung „guanyl-nucleotid-bindendes Protein" zu umständlich war, nannten sie es einfach G-Protein (auch der Begriff GTP-bindendes Protein ist geläufig).

Wie Adrenalin die Produktion von cAMP veranlaßt, war nun leicht zu erschließen: Sein Rezeptor gab offenbar die Information an ein G-Protein weiter, das, wenn es GTP gebunden hatte, die Adenylat-Cyclase anregte, ATP in cyclisches AMP umzuwandeln (Bild 1).

Bis 1980 hatten Paul C. Sternweis und John K. Northup in Gilmans Labor das stimulatorische G-Protein gereinigt; es ist heute als G_s bekannt. Später, nachdem auch der Adrenalin-Rezeptor und die Adenylat-Cyclase isoliert worden waren, stellten Gilman und Ross künstliche Zellmembranen aus Pospholipiden her, in die alle drei Proteine eingebettet waren. Nach Zugabe von Adrenalin, ATP und GTP entstand tatsächlich cyclisches AMP. Damit war Mitte der achtziger Jahre schlüssig bewiesen, daß man alle notwendigen Schritte vom Adrenalin bis zur Bildung des zweiten Botenstoffs cAMP erfaßt hatte.

Andere Arbeitsgruppen hatten inzwischen herausgefunden, daß cAMP wiederum Proteinkinasen aktiviert: Enzyme, die andere Proteine durch Anfügen von Phosphatgruppen phosphorylieren. Und sie hatten den weiteren Weg des Adrenalin-Signals in der Leberzelle verfolgen können, indem sie zeigten, daß cAMP über eine Kinasen-Kaskade die Glykogen-Phosphorylase aktiviert – jenes Enzym, das gespeichertes Glykogen, also tierische Stärke, zu Glucose abbaut (Bild 1). Über dieselben Kinasen kann es in anderen Zellen andere Effekte auslösen, bei Nebennieren und Keimdrüsen etwa die Synthese und Freisetzung von Steroidhormonen.

Rezeptoren und G-Proteine

Wie so oft in der Wissenschaft war die Zeit irgendwie reif für solche Entdekkungen. Ungefähr zu der Zeit, als Gilman und seine Mitarbeiter gerade G_s als Stimulator der Adenylat-Cyclase einkreisten, standen andere Forscher vor einer ähnlichen Entdeckung bei einem scheinbar grundverschiedenen Problem: wie die Stäbchenzellen in der Netzhaut des Auges auf Licht reagieren. Bei dessen Untersuchung stießen Mark W. Bitensky, damals an der Yale-Universität in New Haven (Connecticut), sowie Lubert Stryer und seine Mitarbeiter an der Universität Stanford (Kalifornien) unabhängig voneinander auf ein zweites G-Protein, das heute als Transducin oder G_t bekannt ist (siehe „Die Sehkaskade" von Lubert Stryer, Spektrum der Wissenschaft, September 1987, Seite 86).

Das Protein wirkt als Vermittler zwischen dem als chemischem Lichtrezeptor fungierenden Rhodopsin und einem Effektor-Enzym (einer spezifischen Phosphodiesterase), das den Gehalt eines zweiten Botens – in diesem Falle von cyclischem Guanosinmonophosphat (cyclo-GMP oder cGMP) – reguliert. Absorbiert das Rhodopsin Photonen, so aktiviert es das Transducin, das seinerseits die Phosphodiesterase veranlaßt, cGMP in GMP umzuwandeln. Da cGMP Natriumkanäle in der Zellmembran offenhält, bedeutet seine Umwandlung, daß sich die Kanäle schließen und keine positiv geladenen Natrium-Ionen (Na^+) mehr von außen in das demgegenüber negative Zellinnere einströmen lassen. Die Potentialdifferenz zwischen Innen- und Außenseite der Membran wird somit größer, und diese lichtinduzierte Hyperpolarisation breitet sich dann entlang der Membran zur synaptischen Endigung des Sehstäbchens aus. Von dort gelangt das Signal auf chemischem Wege zur nachgeschalteten Nervenzelle. (In ihr wird dann ein Nervensignal gerade durch Depolarisation der Zellmembran erzeugt, also hauptsächlich durch Einstrom von Natrium-Ionen.)

Wegen der verblüffenden Parallelen zwischen der hormonellen Stimulation der Adenylat-Cyclase und der lichtbedingten Aktivierung der Phosphodiesterase beteiligten sich bald auch andere Wissenschaftler an der Suche nach weiteren G-Proteinen. Ungeahnt voran kam man allerdings erst, nachdem 1984 die Gene für die ersten Mitglieder dieser Protein-Familie kloniert worden waren. Besonders produktiv bei der Isolierung von Genen für neue G-Proteine wurden Melvin Simon und seine Mitarbeiter am California Institute of Technology in

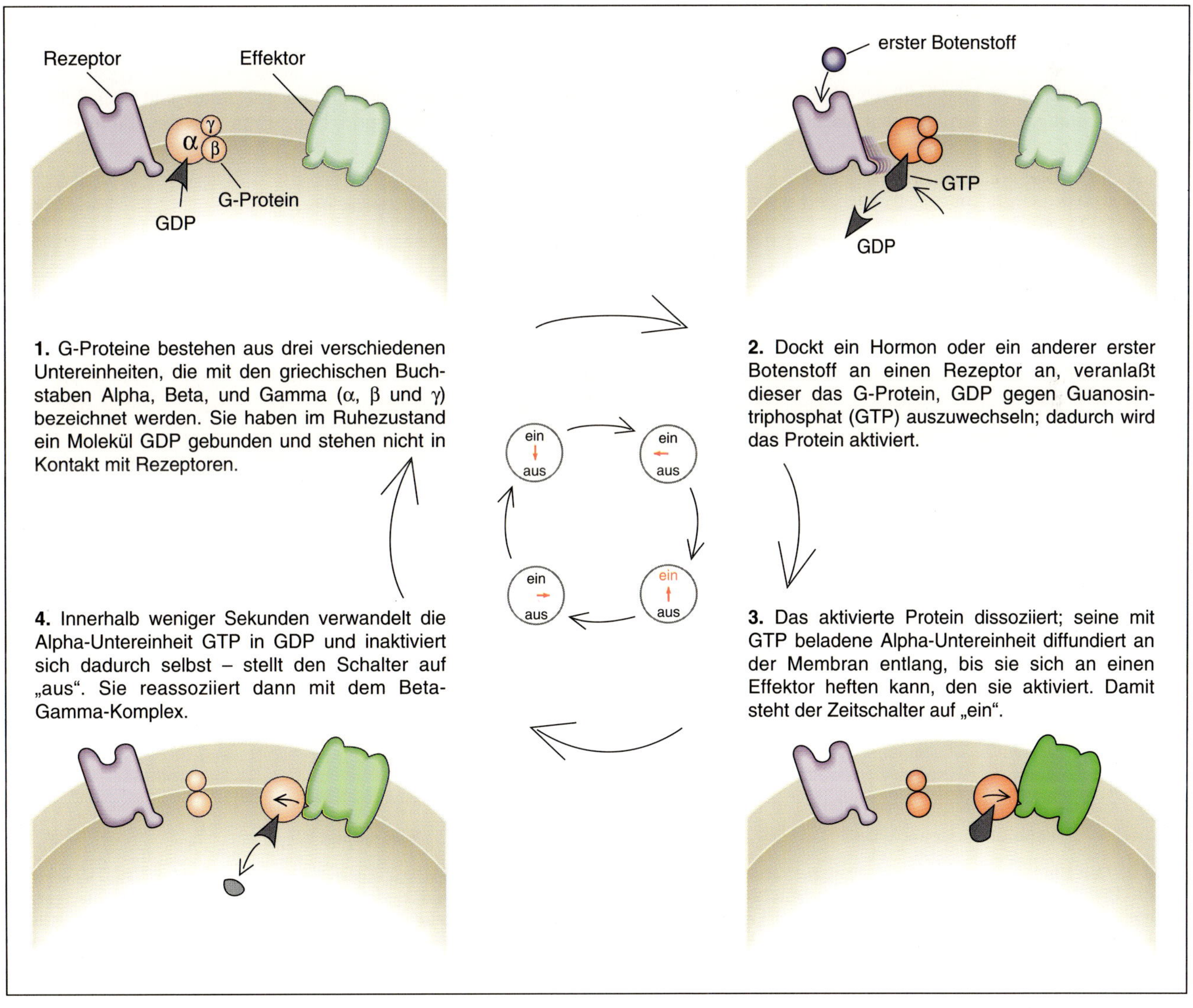

Bild 3: Wie G-Proteine Effektoren an- und abschalten.

Pasadena; inzwischen bezeichnen sie neue Mitglieder der Familie nur mehr mit Zahlen statt mit Namen.

Bislang hat man bei mehr als 100 verschiedenen Rezeptoren – vielleicht sogar bei Tausenden, wenn man die diversen Geruchsrezeptoren mitzählt – eine Beteiligung von G-Proteinen festgestellt, und von diesen sind bereits mindestens 20 verschiedene isoliert. Auch mehrere von G-Proteinen abhängige Effektoren hat man identifiziert: außer der Adenylat-Cyclase sowie der Phosphodiesterase für cyclisches GMP noch weitere Enzyme sowie Membrankanäle, die den Ein- oder Ausstrom von Ionen regulieren.

Ein Enzym, die Phospholipase C, ist dabei von besonderem Interesse. Es baut ein Phospholipid in der Plasmamembran zu gleich zwei zweiten Botenstoffen ab, von denen einer wiederum aus Speichern in Zellinnerem einen noch anderen Botenstoff freisetzt: Calcium-Ionen.

Zeitschalter und Verstärker

Mit der aufdämmernden Erkenntnis, daß G-Proteine in praktisch allen Zellen von Bedeutung sind, wollte man auch unbedingt mehr darüber erfahren, wie sie den Informationsfluß zwischen Rezeptor und Effektor regulieren. Binnen weniger Jahre nach der Entdeckung von G_s und Transducin waren die Grundstruktur und die Wirkungsweise von G-Proteinen geklärt.

Die an der Signaltransduktion beteiligten G-Proteine sind an die Innenseite der Plasmamembran gebunden und setzen sich aus drei Untereinheiten zusammen, die in der Reihenfolge ihrer abnehmenden Größe mit Alpha, Beta und Gamma bezeichnet werden. Die Alpha-Untereinheit (die Alpha-Aminosäurekette) ist bei allen bisher isolierten G-Proteinen verschieden, der Beta-Gamma-Komplex hingegen kann gleich sein. Bisher hat man fünf unterschiedliche Beta- und möglicherweise mehr als zehn Gamma-Ketten gefunden, was zusammen mit den mindestens 20 verschiedenen Alpha-Ketten mehr als 1000 Kombinationsmöglichkeiten bedeutet.

G-Proteine üben ihre Funktion auf eigenartige Weise aus (Bild 3). Im Ruhezustand bilden alle drei Ketten einen Komplex, in dem die Alpha-Untereinheit ein Molekül GDP trägt. Sobald ein Hormon oder ein anderer erster Bote an einem Rezeptor angedockt hat, ändert dieser seine Konformation, seine Gestalt, und kann so das G-Protein binden. Die Alpha-Untereinheit gibt daraufhin ihr GDP frei; dessen Stelle wird nun von GTP besetzt, das in der Zelle in höheren Konzentrationen vorliegt. Die Umbesetzung verändert die Form der Alpha-Untereinheit und aktiviert sie.

Als Folge davon trennt sie sich mit ihrem GTP von den anderen beiden Untereinheiten und wandert an der Innenseite der Plasmamembran entlang, bis sie sich an einen Effektor wie die Adenylat-Cyclase koppeln kann. Sie hydrolysiert – üblicherweise binnen weniger Sekunden – ihr GTP zu GDP und schaltet sich dadurch selbst ab. (Das erklärt, warum Cassel und Selinger in den siebziger Jahren bei ihren Plasmamembran-Präparationen nach Gabe von Adrenalin eine GTPase-Aktivität entdeckt hatten.) Die nun wieder inaktive Alpha-Untereinheit dissoziiert vom Effektor und lagert sich erneut mit freien Beta- und Gamma-Untereinheiten zusammen.

G-Proteine dienen somit als Schalter und Zeituhr; sie bestimmen, wann und für wie lange Signalübertragungswege an- und ausgeschaltet sind. Der Schalter springt an, wenn sich die GTP-beladene

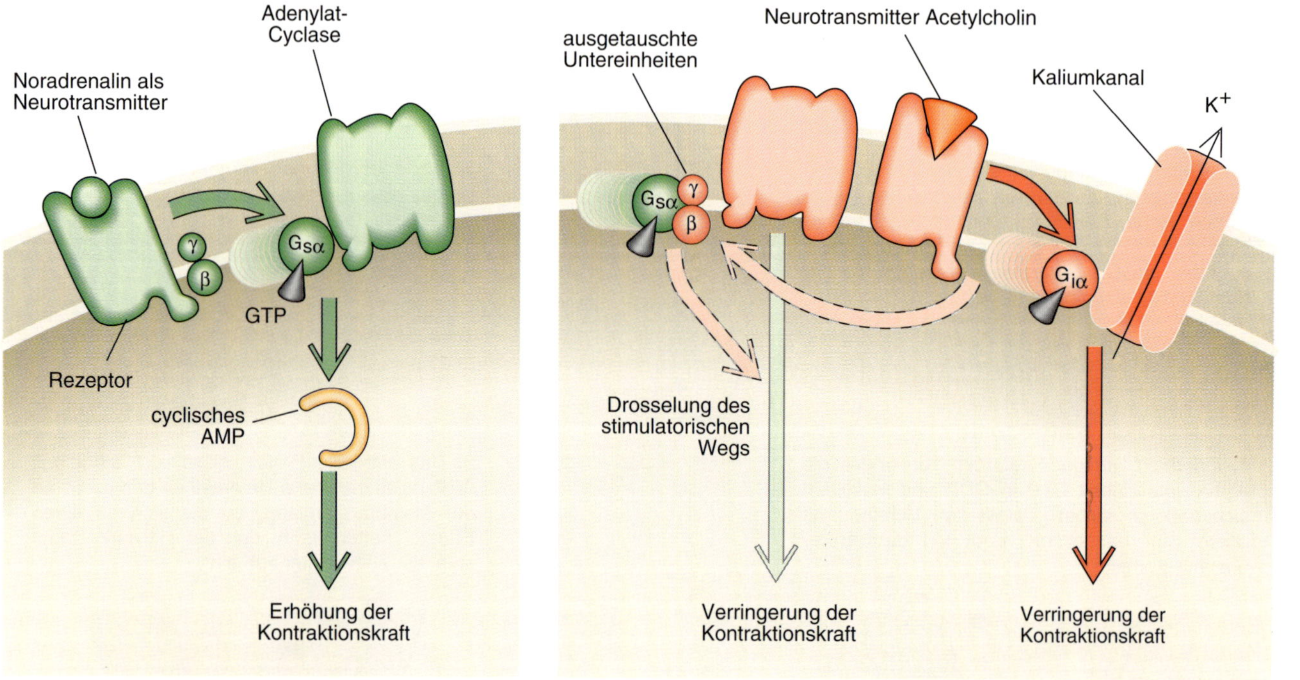

Bild 4: Der Übertragungsweg für stimulatorische Signale (links; grüne Pfeile) wird in Herzmuskelzellen möglicherweise teilweise durch Austausch von Untereinheiten zwischen verschiedenen G-Proteinen gehemmt (rechts; linker Teil). Die Kontraktionskraft der Herzmuskelzellen erhöht sich, wenn Nervenendigungen Noradrenalin als Neurotransmitter – also als Überträgerstoff eines Nervensignals – ausschütten. In der Zelle weitervermittelt wird das Signal dann von der Alpha-Untereinheit des G-Proteins G_s ($G_{s\alpha}$), die das Enzym Adenylat-Cyclase aktiviert. Die Kontraktionskraft vermindert sich nach Ankunft des Transmitters Acetylcholin (durchgezogene Pfeile), wenn die Alpha-Untereinheit des G-Proteins G_i ($G_{i\alpha}$) Kanäle öffnet, die Kalium-Ionen ausströmen lassen. Der Austausch von Untereinheiten könnte eine weitere Abnahme (unterbrochene rote Pfeile) bewirken, wenn sich der Beta-Gamma-Komplex von G_i (rotes Kugelpaar) mit der Alpha-Untereinheit von G_s verbände und diese quasi abfangen würde.

Alpha-Kette an einen Effektor heftet, und er schaltet sich ab, wenn GTP zu GDP hydrolysiert wird. Die Geschwindigkeit der Hydrolyse bestimmt die Zeit, die vom Ein- bis zum Ausschalten vergeht.

G-Proteine können Signale zugleich verstärken. Beim hocheffizient arbeitenden visuellen System aktiviert ein Molekül Rhodopsin nahezu gleichzeitig mehr als 500 Moleküle Transducin. Im Falle von G_s kann eine Alpha-Untereinheit, die sich an ein Molekül Adenylat-Cyclase gebunden hat, viele Moleküle cyclischen AMPs herstellen lassen, bevor die Zeituhr abläuft, also GTP wieder in GDP umgewandelt ist.

Interessanterweise regulieren auch viele Proteine, die nicht an der Übertragung von außen kommender Signale beteiligt sind, ihre Aktivität durch Hydrolyse von an sie gebundenem GTP. Diese Proteine bilden zusammen mit den Signalvermittlern die Superfamilie der GTPasen. Einige Mitglieder haben mit der Proteinbiosynthese an den Ribosomen zu tun. Andere, insbesondere die Produkte der *ras*-Gene, helfen die Geschwindigkeit der Zellteilung zu kontrollieren (*ras*-Gene zählen zu den Onkogenen, die in mutierter Form Krebs auslösen können).

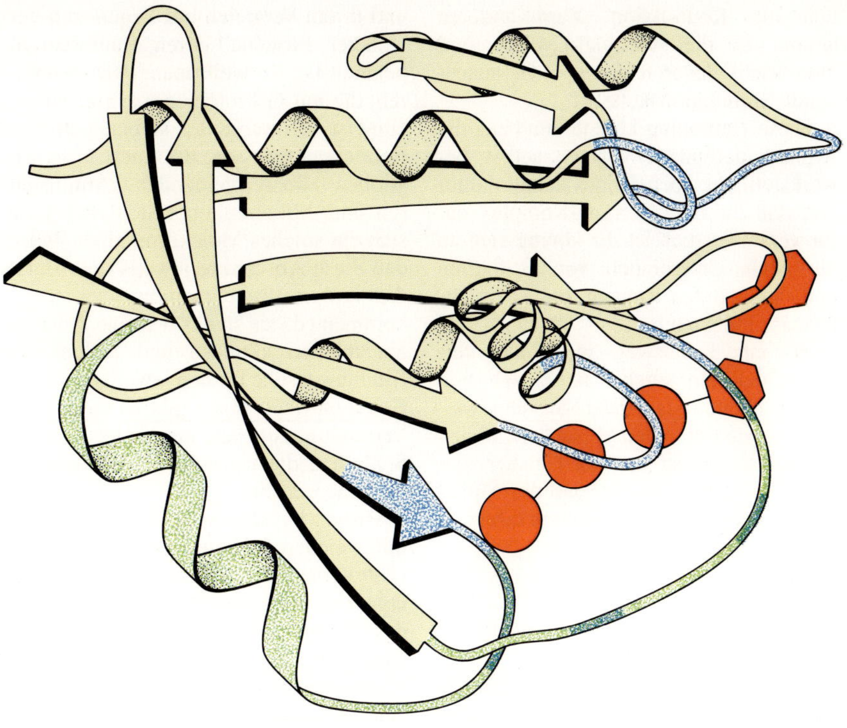

Bild 5: Struktur eines ras-Proteins, das von GTP (rot) aktiviert wird (es wird von sogenannten *ras*-Onkogenen codiert). In seiner GTP-bindenden Region ähnelt es, wie man annimmt, sehr stark der Alpha-Untereinheit signalübertragender G-Proteine; deren dreidimensionale Struktur ist aber bisher noch nicht entschlüsselt worden. Schrauben, Pfeile und Schleifen bedeuten jeweils, daß die Kette helikal, gestreckt oder anderweitig gefaltet ist. Die blauen Bereiche sorgen für die Umwandlung von GTP in GDP. Daraufhin ändern die grünen Bereiche ihre Gestalt (Konformation) und inaktivieren so das Molekül. (Blaugrüne Bereiche sind ebenfalls an der Formänderung beteiligt und interagieren mit den G-Nucleotiden.) Die Struktur des Proteins, das ein Molekulargewicht von 21000 hat, haben Alfred Wittinghofer vom Max-Planck-Institut für medizinische Forschung in Heidelberg sowie unabhängig davon Sung-Hou Kim von der Universität von Kalifornien in Berkeley bestimmt.

Hemmung durch Partnertausch

Die Alpha-Untereinheit spielt also fraglos eine entscheidende Rolle bei der Informationsübermittlung an den Effektor. Ob aber auch Beta-Gamma-Komplexe Efektoren regulieren, wird noch lebhaft debattiert.

Manche Wissenschaftler schließen diese Möglichkeit aus. Wir und andere hingegen haben Indizien dafür zusammengetragen, daß Beta-Gamma-Komplexe, die stets verbunden bleiben und als eine Einheit wirken, ebenfalls für die Signalübermittlung wichtig sein können. Ergebnisse aus unserem Labor legen nahe, daß der Beta-Gamma-Komplex einige Signalwege mehr beeinflußt als andere und daß er manchmal stimulierend, manchmal hemmend wirkt. So hat Wei-Jen Tang kürzlich gezeigt, daß der Beta-Gamma-Komplex mit der Alpha-Kette des G_s-Proteins kooperieren kann, um bestimmte Formen der Adenylat-Cyclase zu aktivieren; dagegen vermag er einen Adenylat-Cyclase-Typ, der bei einigen Neuronen vorkommt, zu hemmen – vermutlich indem er sich direkt an dieses Enzym bindet.

Auf gewisse andere Typen wiederum scheint er keinen direkten, unter Umständen aber einen indirekten Einfluß auszuüben. Das könnte das Rätsel lösen, auf welchem Wege das inhibitorische G-Protein G_i die Fähigkeit der Adenylat-Cyclase zur Erzeugung von cAMP beeinträchtigt. Zunächst vermuteten Gilman und seine Kollegen, daß das 1982 entdeckte G_i – analog wie das stimulatorische G_s und Transducin – mit seiner freigesetzten Alpha-Untereinheit operiert. Aber als Northup und Toshiaki Katada aus Gilmans Arbeitsgruppe die Hemmfähigkeit gereinigter Alpha- und Beta-Gamma-Untereinheiten an Plasmamembranen untersuchten, entpuppte sich die Alpha-Einheit als ein erheblich schwächerer Inhibitor als der Beta-Gamma-Komplex.

Merkwürdigerweise wirkte dieser aber nur in Gegenwart von G_s hemmend. Das brachte Gilman auf die Idee, hier sei möglicherweise ein Austausch von Untereinheiten im Spiel. Nach seiner Hypothese verbinden sich aus aktivierten G_i-Molekülen stammende Beta-Gamma-Komplexe möglicherweise mit abdissoziierten Alpha-Untereinheiten von G_s-Molekülen, was durchaus geschehen könnte, wenn G_s und G_i identische Komplexe hätten. Der inhibitorische Beta-Gamma-Komplex würde dann die stimulierende Alpha-Untereinheit blokkieren und sie so daran hindern, mit der Adenylat-Cyclase zu interagieren.

Herzmuskelzellen bieten ein Beispiel dafür, wie ein solcher Austausch von Untereinheiten das Zellverhalten beeinflussen könnte (Bild 4). Noradrenalin erhöht, wenn es als Neurotransmitter – als Überträger eines Nervensignals – dient, über die drei Zwischenstationen G_s-Alpha-Untereinheit, Adenylat-Cyclase und cAMP die Kontraktionskraft und -rate des Herzens. Wenn außerdem der Neurotransmitter Acetylcholin auf die Zellen einwirkt, dämpft er die Kontraktion offenbar über zwei Mechanismen. Zum einen regt Acetylcholin die Alpha-Untereinheit von G_i – wie Birnbaumer und Arthur M. Brown mit ihren Kollegen am Baylor-College für Medizin festgestellt haben – zur Öffnung von Membrankanälen an, die positiv geladene Kalium-Ionen aus der Zelle strömen lassen; und das beeinträchtigt letztendlich die Kontraktion. Zum anderen hemmt es die Adenylat-Cyclase und unterbricht dadurch die von G_s ausgehende Stimulationskette.

Diese Hemmung könnte durchaus die Alpha-Untereinheit von G_i selbst bewerkstelligen, aber einiges deutet darauf hin, daß ihr Beta-Gamma-Komplex dafür verantwortlich ist. Er könnte sich an die Alpha-Untereinheit von G_s heften und damit deren Zugang zur Adenylat-Cyclase blockieren.

Wir sind keineswegs in die Idee verrannt, daß ein solcher Austausch von Untereinheiten stattfindet. Sie lebt weiter, weil sie mit vielen Versuchsergebnissen konsistent ist und weil bisher niemand nachgewiesen hat, daß die Alpha-Untereinheit von G_i das Enzym direkt zu hemmen vermag.

Erkenntnisse über die Struktur

Für ein eingehenderes Verständnis dessen, wie Signale vom Rezeptor über G-Proteine zum Effektor übermittelt werden, muß erst die räumliche Struktur solcher Moleküle durch Röntgenkristallographie geklärt sein; die Form verrät, welche Teile eines Moleküls gut mit anderen Reaktionspartnern zusammenpassen könnten.

Anhaltspunkte dafür erhält man aber auch schon aus der Aminosäuresequenz und ihrem Vergleich mit Sequenzen verwandter Proteine, deren Raumstruktur bekannt ist. So weiß man, daß Rezeptoren, die mit G-Proteinen wechselwirken, zumeist in ihrer Kette sieben getrennte Bereiche aufweisen, die reich an hydrophoben – wassermeidenden – Aminosäuren sind. Mit ziemlicher Sicherheit faltet sich ein solches Molekül in einer Weise, daß diese Abschnitte jeweils quer durch die fettige Plasmamembran zu liegen kommen (da sie so das wäßrige Zellplasma meiden können) und außen eine Bindungstasche für den jeweiligen ersten Boten entsteht. Innen gibt es unter ihren Verbindungsstücken eine oder mehrere Schleifen, die vermutlich bestimmte G-Proteine binden.

Bisher ist allerdings weder bekannt, mit welchen Stellen signalübertragende G-Proteine Kontakt zum Rezeptor aufnehmen, noch wie ihre Untereinheiten das untereinander tun. Jedoch hat man eine gute Vorstellung davon, wo die Alpha-Untereinheit GTP und GDP bindet und welche Konformation sie im aktiven und im inaktiven Zustand hat. Die Grundlage dafür lieferte die Kristallstruktur eines von *ras*-Genen codierten Proteins, die Alfred Wittinghofer vom Max-Planck-Institut für medizinische Forschung in Heidelberg und Sung-Hou Kim von der Universität von Kalifornien in Berkeley unabhängig voneinander ermittelt haben (Bild 5). Die Bindungsregion des Proteins für Guanyl-Nucleotide ähnelt sehr stark derjenigen signalübertragender G-Proteine, so daß sich aus ihr auf die Verhältnisse bei den G-Proteinen schließen läßt.

Anders als Rezeptoren scheinen G-Proteine keine stark hydrophoben Ketten-Abschnitte zu enthalten, welche die Art ihrer Anbindung an die Plasmamembran erklären würden. Doch haben Susanne M. Mumby und Patrick J. Casey in unserem Labor sowie John A. Glomset und seine Mitarbeiter an der Universität von Washington in Seattle unabhängig voneinander einen möglichen „Klebstoff" entdeckt: ein Lipidmolekül, ein sogenanntes Isoprenoid, das an ein Ende der Gamma-Kette gebunden ist. Es könnte, wie wir glauben, G-Proteine einfach deshalb in der Zellmembran verankern, weil es wassermeidend ist und sich daher dort einbettet. Es könnte aber auch G-Proteinen helfen, sich an andere Membranproteine zu heften. Die Alpha-Untereinheiten mancher signalübertragender G-Proteine sind wahrscheinlich ebenfalls mit Hilfe eines Lipids, nämlich der Myristinsäure (Tetradecansäure), an die Membran gebunden.

Über die Konformationen der von G-Proteinen gesteuerten Effektoren ist erst wenig bekannt, aber im Falle der Adenylat-Cyclase sind wir in unserem Labor etwas vorangekommen. Auf der Grundlage der Aminosäuresequenzen

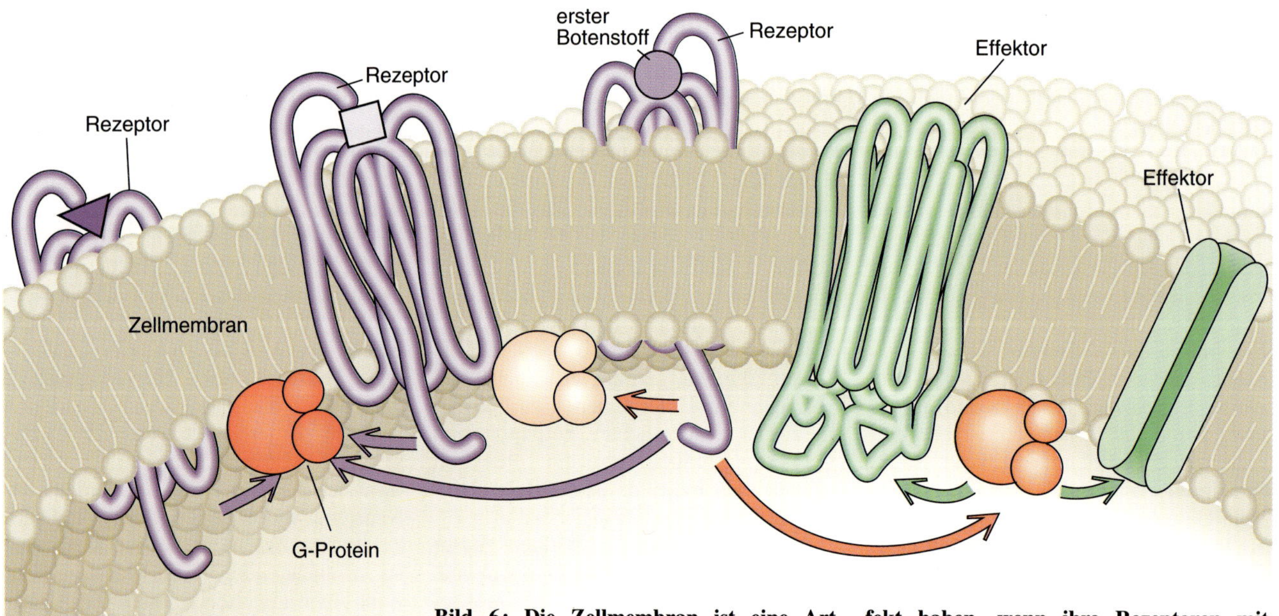

Bild 6: Die Zellmembran ist eine Art Schaltpult, das verschiedene Signale zusammenführen oder auch ähnliche Signale wahlweise in mehrere Übertragungswege einspeisen kann, je nach den Bedürfnissen der Zelle. Zum Beispiel können Botenstoffe (violette Dreiecke, Kreise und Quadrate), die außen an verschiedenen Rezeptoren eintreffen, einen einzigen gemeinsamen Effekt haben, wenn ihre Rezeptoren mit derselben Sorte G-Protein interagieren (violette Pfeile). Umgekehrt kann eine Botschaft, die an einem einzigen Rezeptortyp einläuft, mehr als eine Antwort hervorrufen, wenn dieser mit verschiedenen Arten von G-Proteinen interagiert (rote Pfeile) oder wenn das G-Protein auf verschiedene Effektoren wirkt (grüne Pfeile).

Reiz	betroffener Zelltyp	G-Protein	Effektor	Effekt
Adrenalin, Glucagon	Leberzellen	G_s	Adenylat-Cyclase	Abbau von Glykogen
Adrenalin, Glucagon	Fettzellen	G_s	Adenylat-Cyclase	Abbau von Fett
luteinisierendes Hormon	Eifollikel	G_s	Adenylat-Cyclase	verstärkte Synthese von Östrogen und Progesteron
antidiuretisches Hormon	Nierenzellen	G_s	Adenylat-Cyclase	verringerte Wasserausscheidung durch die Niere
Acetylcholin	Herzmuskelzellen	G_i	Kaliumkanäle	verlangsamte Kontraktionsrate und verminderte Kontraktionskraft
Enkephaline, Endorphine, Opioide	Hirnneuronen	G_i/G_o	Calcium- und Kaliumkanäle, Adenylat-Cyclase	veränderte elektrische Aktivität von Neuronen
Angiotensin	glatte Muskulatur der Blutgefäßwände	G_q	Phospholipase C	Muskelkontraktion; Erhöhung des Blutdrucks
Duftstoffe	Neuroepithelzellen der Nase	G_{olf}	Adenylat- Cyclase	Wahrnehmung von Gerüchen
Licht	Stäbchen und Zapfen der Netzhaut	G_t	cGMP-Phosphodiesterase	Erkennung visueller Reize
Pheromone	Backhefe	GPA1	unbekannt	Paarung der Zellen

Bild 7: Beispiele physiologischer Effekte, die durch G-Proteine vermittelt werden.

verschiedener solcher Moleküle schlagen wir eine ziemlich komplizierte Gestalt für das Enzym vor: Zwölf Transmembran-Abschnitte bilden, ähnlich wie bei den Ionenkanälen der Zellmembran, zusammen einen Tunnel. Zwei hydrophile – wasserliebende – Domänen, die ins Cytoplasma ragen, sind für die Synthese von cAMP erforderlich. Zur Zeit können wir nur darüber spekulieren, warum die Struktur so verzwickt ist. Vielleicht ist die Adenylat-Cyclase mehr als ein Enzym und dient auch als Transportweg irgendwelcher Art. (*Anmerkung der Redaktion*: Inzwischen hat die Arbeitsgruppe von Joachim E. Schultz an der Universität Tübingen für die Adenylat-Cyclase des Pantoffeltierchens nachgewiesen, daß sie zugleich als Kaliumkanal dient; sie wird allerdings nicht durch ein G-Protein kontrolliert).

Komplexes Wechselspiel

Bis zu diesem Punkt haben wir uns hauptsächlich auf einzelne Signalwege konzentriert. Die von G-Proteinen gesteuerten Signalübertragungssysteme beeinflussen sich jedoch gegenseitig, wie schon die Komplexität der Aktivität in Herzmuskelzellen nahelegt (Bild 6).

Wenn Übertragungswege konvergieren, weil etwa verschiedene Rezeptoren mit denselben G-Protein-Typen interagieren oder verschiedene solcher Typen dann auf dieselbe Sorte Effektor einwirken, reagiert die Zelle möglicherweise mit einer einzigen, wenn auch abgestuften Antwort auf verschiedene erste Boten. Wenn hingegen Übertragungswege divergieren, weil etwa eine Sorte Rezeptor auf verschiedene G-Protein-Typen oder ein G-Protein auf mehr als einen Effektor einwirkt, kann eine Zelle gleichzeitig mehrere Antworten auf eine einzige von außen kommende Botschaft hervorbringen. Die Versatilität von Rezeptoren, G-Proteinen und Effektoren bedeutet auch, daß eine Zelle zu unterschiedlichen Zeiten unterschiedlich reagieren kann – indem sie ein Signal mal über den einen und mal über einen etwas anderen Übertragungsweg leitet.

Offensichtlich ist die Zellmembran eine Art hochkomplexes Schaltpult; sie empfängt Signale, beurteilt ihre relative Stärke und gibt die aufsummierten Signale an zweite Boten weiter, die gewährleisten, daß die Zelle auf eine sich verändernde Umgebung angemessen reagiert. Die genaue Art dieser Reaktion hängt von vielem ab: von der jeweiligen Kombination der einlaufenden äußeren Signale, der zelleigenen Mixtur an Rezeptoren, G-Proteinen und Effektoren sowie dem Repertoire an anderen spezialisierten Proteinen, welche die Zelle produziert. Von besonderer Bedeutung sind dabei die für einen Zelltyp spezifischen Proteine. Deshalb reagieren Leberzellen, die Phosphorylase enthalten und viel Glykogen speichern, auf Adrenalin – über G_s – mit der Freisetzung von Glucose. Herzzellen hingegen, die spezialisierte Kanäle und kontraktile Proteine produzieren, reagieren über G_s mit stärkeren und häufigeren Kontraktionen.

G-Proteine bei Krankheitsprozessen

Die Erforschung der Signaltransduktion befriedigt nicht nur das wissenschaftliche Interesse, sondern erweist sich auch als praktisch nützlich. Sie hat bereits zu einem besseren Verständnis mehrerer Krankheiten beigetragen, was ein erster Schritt zu deren gezielter Bekämpfung ist.

So gibt das für die Cholera verantwortliche Bakterium einen Giftstoff ab, der in die Darmzellen eindringt und dort die Alpha-Untereinheit von G_s daran hindert, GTP in GDP umzuwandeln, sich also selbst abzuschalten. Der entstehende Überschuß an cAMP veranlaßt die Zelle, große Mengen an Elektrolyten und Wasser in den Darm auszuscheiden. Diese schwere Diarrhöe verursacht eine potentiell tödliche Dehydratation (siehe „Fortschritte bei der oralen Rehydratation" von Norbert Hirschhorn und William B. Greenough, Spektrum der Wissenschaft, Juli 1991, Seite 98).

Der Keuchhusten-Erreger stellt einen verwandten Giftstoff her, der Rezeptoren daran hindert, G_i zu aktivieren. In Abwesenheit eines Inhibitors bleiben die stimulierenden Übertragungswege wiederum zu lange in Aktion. Dieses Toxin beeinflußt viele Zelltypen und trägt offenbar zu der Immunschwäche bei, die mit dem charakteristischen Husten einhergehen kann.

Schließlich scheinen Mutationen in G-Proteinen, darunter G_s und G_i, an der Entwicklung einiger Krebsarten beteiligt zu sein. Beispielsweise haben Bourne und seine Kollegen in San Francisco in den Zellen von Tumoren der Hypophyse (Hirnanhangdrüse) Mutationen im Gen für die Alpha-Untereinheit von G_s gefunden. Dadurch wirkt sie minuten- statt nur sekundenlang auf Effektoren ein, was eine ungehemmte Vermehrung der Hypophysenzellen begünstigen kann. Eine solche Proliferation von Zellen resultiert auch aus Defekten, welche die Fähigkeit der ras-Proteine zur Umwandlung von GTP in GDP beeinträchtigen.

Da G-Proteine die hochspezialisierten Funktionen der meisten Zellen kontrollieren (Bild 7), beginnt man auch zu untersuchen, ob Störungen ihrer eigenen Funktion zu so verschiedenen Krankheitsbildern wie zum Beispiel Herzversagen, Diabetes und Depressionen beitragen. Mit wachsendem Wissen über Struktur und Aktivität von G-Proteinen sollte es möglich sein, Medikamente zu entwickeln, die gezielt an einem bestimmten Typ angreifen; dadurch ließe sich in kranken Zellen die Funktionsstörung korrigieren, ohne die gesunden zu beeinträchtigen.

Eines Tages werden Wissenschaftler einen vollständigen Schaltplan der Plasmamembran für die vielen verschiedenen Zelltypen des menschlichen Organismus zusammengestellt haben. Dann werden sie für jeden Zelltyp wissen, wie dort Dutzende Arten von Rezeptoren, G-Proteinen und Effektoren miteinander verknüpft sind, und vorhersagen können, wie er auf irgendeine Kombination von Signalen reagiert. Das wäre für jene, die medikamentöse Therapien zu entwickeln suchen, so wertvoll wie für einen Safeknacker der Schaltplan des installierten Alarmsystems.

Wie Proteine den Zellzyklus steuern

Die Prozesse, durch die neue Zellen entstehen, sind zwar seit langem bekannt, aber erst allmählich gewinnt man Einblick in ihre Regulation: Offenbar ist allen über den Bakterien stehenden Organismen ein universeller Kontrollmechanismus mit einem zentralen Protein gemein.

Von Andrew W. Murray und Marc W. Kirschner

Noch vor kurzem war erst wenig darüber bekannt, wie der Zellzyklus – Wachstum und schließlich Teilung – gesteuert wird. Dabei ist er unerläßlich für den gesamten Lebenszyklus von Organismen: Körperwachstum und Fortpflanzung hängen ebenso davon ab wie die Erneuerung und Heilung von Geweben, die Abwehr von Krankheitserregern und vieles mehr.

Seit etwa 20 Jahren spüren Biochemiker und Physiologen an Eizellen, Genetiker hingegen an einzelligen Hefepilzen den Regelmechanismen nach. Im Laufe der letzten fünf Jahre haben nun die beiden grundverschiedenen Versuchsansätze überraschenderweise dasselbe Ergebnis erbracht: daß die Regulation des Zellzyklus bei allen über den Bakterien stehenden Organismen großenteils auf Aktivitätsveränderungen eines Eiweißstoffes in Kombination mit anderen zu beruhen scheint – des cdc2-Proteins (benannt nach englisch *cell-division cycle*, Zellteilungszyklus).

Diese Entdeckung ist nicht nur bemerkenswert, weil man damit bei einem seit Jahrzehnten umrätselten Problem der Zellbiologie endlich weiterkommt – sie könnte auch weitreichende medizinische Bedeutung haben. So ließe sich vielleicht die Vermehrung erwünschter oder sogar sonst nicht mehr teilungsfähiger Zellen anregen, um so geschädigte Gewebe und Organe wiederherzustellen. Umgekehrt mögen sich auch Wege finden lassen, die ungezügelte Vermehrung von Krebszellen zu hemmen oder gar zu stoppen.

Kernteilungen: Mitose und Meiose

Anfang des 19. Jahrhunderts wurde erstmals die Teilung von Zellen, wie sie im Mikroskop zu beobachten ist, beschrieben und gut dreißig Jahre später dann die Beteiligung des Zellkerns an der Zellteilung nachgewiesen. Um 1875 konnten drei deutsche Professoren – der Botaniker Eduard Straßburger, der Zoologe Otto Bütschli und der Anatom Walther Flemming – die einzelnen Phasen der Kernteilung bei tierischen und pflanzlichen Zellen klären.

Die Kernteilung, die Mitose (ein von Flemming geprägter Begriff), ist Voraussetzung für die Zellteilung – und neben der Interphase eine der beiden Hauptetappen des Zellzyklus (Bild 1). Nicht jeder Mitose muß allerdings eine Zellteilung folgen.

Während der Interphase, auch Arbeitsphase genannt, ist der Kern durch eine Membran gegen das Zellplasma abgegrenzt. Das genetische Material in seinem Inneren ist aktiv, und die Zelle wächst, bis ihre Masse für zwei ausreicht. Kurz zuvor werden die fädigen Chromosomen im Kern verdoppelt, bleiben aber wie siamesische Zwillinge noch vereint. Sie tragen die genetische Information in Form von DNA-Molekülen (Desoxyribonucleinsäure).

Mit Beginn der Mitose verdicken und verkürzen sich die Chromosomen zu den bekannten, im Lichtmikroskop sichtbaren Strukturen, und die Kernmembran löst sich auf. Sobald sich der sogenannte Spindelapparat zwischen beiden Zellpolen ausgebildet hat, ist auch deutlich zu sehen, daß jedes Chromosom aus zwei Spalthälften – den Chromatiden – besteht. Die Spindelfasern trennen die beiden voneinander und verteilen sie so auf die künftigen Tochterkerne, daß jeder ein Exemplar eines jeden Chromosoms erhält (siehe „Die Mitosespindel" von J. Richard McIntosh und Kent L. McDonald, Spektrum der Wissenschaft Juli 1990). Dann wird um jeden der beiden kompletten Chromosomensätze eine neue Kernhülle aufgebaut.

Dem folgt in der Regel die eigentliche Zellteilung, die Cytokinese, bei der sich zwischen den beiden Kernen eine neue Zellmembran bildet: Zwei genetisch identische Tochterzellen sind entstanden.

Organismen verfügen gewöhnlich über einen doppelten – diploiden – Chromosomensatz; ein einfacher Satz stammt von der Mutter, der andere vom Vater. Hätten Ei- und Samenzelle den normalen doppelten Satz, würde sich bei ihrer Vereinigung die Zahl der Chromosomen von Generation zu Generation verdoppeln.

Halbiert wird die Chromosomenzahl durch die als Meiose bezeichnete Reduktionsteilung: Die Vorläufer der Geschlechtszellen durchlaufen dabei in rascher Folge zwei Chromosomen-Aufteilungsrunden, zwischen die keine Verdopplung eingeschaltet ist. Vor der ersten Runde jedoch liegen die Chromosomen – wie am Ende der Interphase – verdoppelt vor.

Das Ergebnis der Meiose und der sie begleitenden Zellteilungen sind beim männlichen Geschlecht je vier Vorstufenzellen (Spermatiden), die sich zu reifen Spermien weiterentwickeln. Beim weiblichen Geschlecht teilen sich die Vorläuferzellen asymmetrisch; jede ergibt nur eine große Eizelle plus – gewöhnlich – drei Rumpfzellen, die aber als sogenannte Polkörper zugrunde gehen.

MPF: ein Steuerfaktor

Der Zellzyklus verlangt zweifellos eine hochgradig differenzierte Regulation, beispielsweise eine Kontrolle der Zellgröße. Nach der Mitose haben neu gebildete Körperzellen (nicht die Keimzellen) dieselbe Größe wie anfangs ihre Mutterzelle. Das bedeutet, daß sich diese genau dann teilen muß, wenn sie ihre Masse verdoppelt hat.

Zellen müssen zudem verschiedene Etappen ihres Lebenszyklus koordinieren. So muß sichergestellt sein, daß keine Kernteilung einsetzt, bevor die Verdopplung der Chromosomen abgeschlossen ist. Sonst können Zellen entstehen, denen ein Chromosom fehlt – ein Verlust, der den Untergang dieser Zellen bedeuten kann oder unter Umständen Krebs fördert. Die Steuerungsmechanismen aber, welche die Aufteilung der

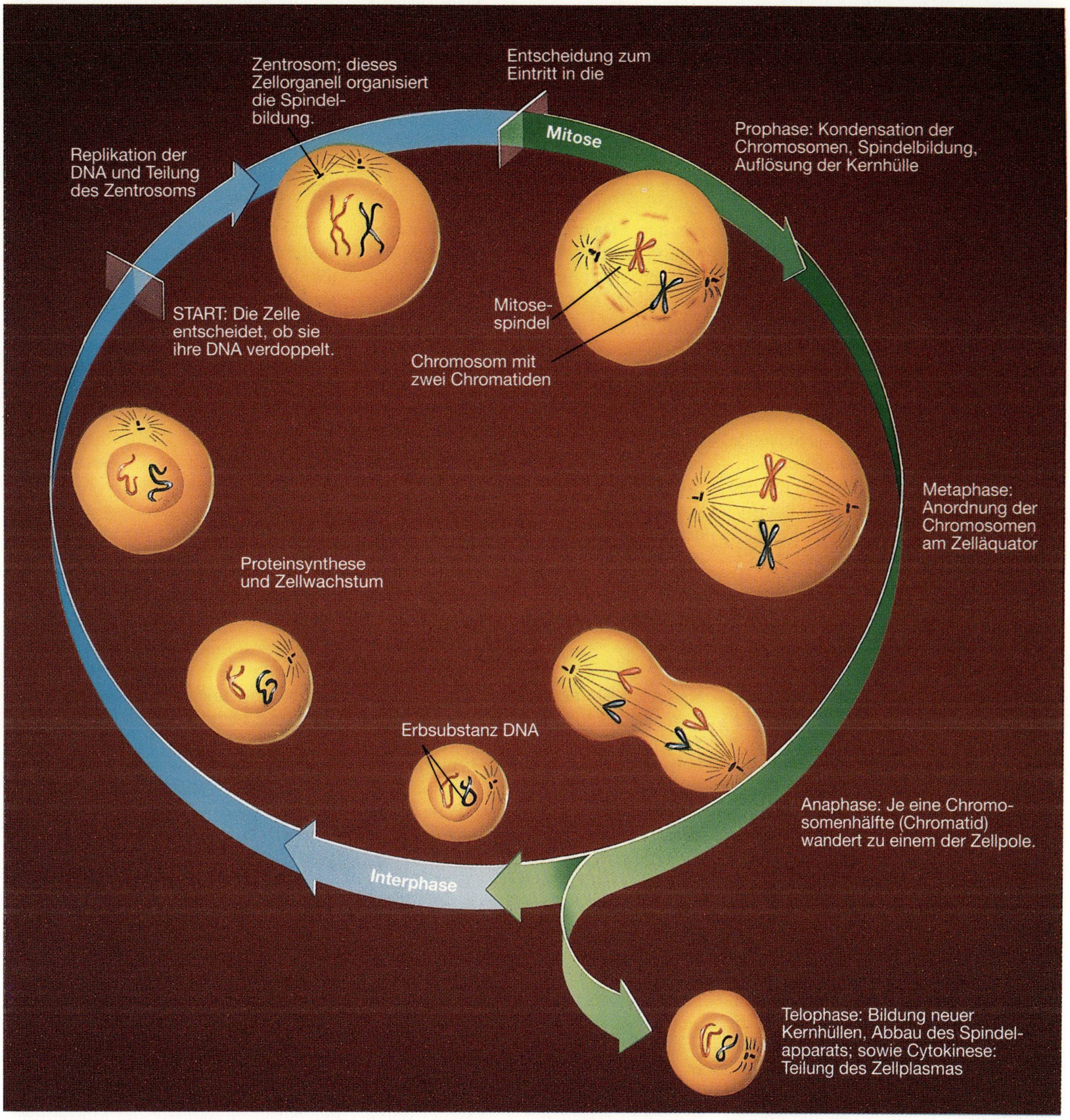

Bild 1: Der Zellzyklus umfaßt im typischen Falle zwei Hauptphasen: die Interphase (blau), auch Arbeitsphase genannt, mit dem Wachstum der Zelle sowie die Mitose (grün) mit der Teilung des Kerns und danach der gesamten Zelle. Die Dauer der Phasen ist unterschiedlich – bei frühembryonalen Zellen entfallen 40 Prozent des Zyklus auf die Mitose, bei den meisten anderen Zellen sind dies weniger als 10 Prozent. Der Zyklus weist zwei wichtige Kontrollpunkte auf: Am ersten, START genannt, entscheidet die Zelle, ob ihre Erbsubstanz – die Desoxyribonucleinsäure (DNA) – verdoppelt wird, am zweiten hingegen, ob eine Mitose eingeleitet wird. Vor allem die Proteine Cyclin und cdc2 regulieren hier den Fortgang des Zyklus. Weitere Proteine greifen zudem noch modulierend ein.

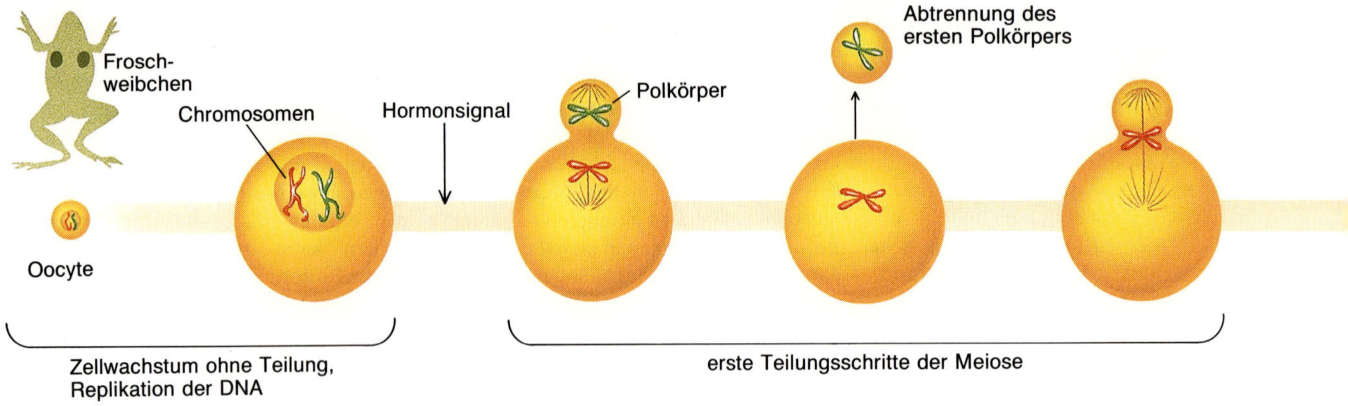

Bild 2: Bei geschlechtlicher Fortpflanzung werden zwei verschiedene Arten von Zellzyklen durchlaufen, wie hier beispielhaft an der Entwicklung eines Frosches erläutert ist. In den Eierstöcken entstehen Oocyten als Vorläufer der Eizellen. Sie verdoppeln dort ihre DNA und wachsen heran. Später löst ein Hormonsignal die Reduktionsteilung, die Meiose, aus: eine spezielle Form der Kernteilung, in deren Verlauf der doppelte (von Vater und Mutter stammende) Chromosomensatz auf einen einfachen reduziert wird. Die Oocyten selbst teilen sich dabei asymmetrisch; die kleinere Zelle, die eine Hälfte der Chromosomen erhält, geht später als Polkörper zu-

Chromosomen und ihre spätere Replikation kontrollieren und mit dem Zellwachstum koordinieren, waren vor zwanzig Jahren unbekannt.

Im Jahre 1971 gelang jedoch Yoshio Masui, damals an der Yale-Universität in New Haven (Conneticut), und L. Dennis Smith vom amerikanischen Argonne-Nationallaboratorium bei Chicago (Illinois) ein entscheidender Durchbruch. Beide fanden unabhängig voneinander in Eizellen von Fröschen eine Substanz, die den Start von Mitose und Meiose zu kontrollieren schien.

Zum besseren Verständnis ihrer Ergebnisse möchten wir zunächst die grundlegenden Schritte der Entwicklung von Froscheizellen erläutern (Bild 2). Ihre Vorläufer, die Oocyten, entstehen als kleine Zellen in den Eierstöcken; hier verdoppeln sie ihre Chromosomen und wachsen auf das Vielfache ihrer ursprünglichen Größe heran, ohne sich zu teilen. In diesem Stadium bleiben sie dann auf unbestimmte Zeit quasi eingefroren, bis ein Hormonsignal die weitere Entwicklung anregt. Daraufhin durchlaufen die Oocyten die ersten Schritte der Meiose und verlassen die Eierstöcke schließlich als befruchtungsfähige Eizellen.

Erst bei einer Besamung wird die Meiose abgeschlossen. Nachdem auch die beiden Kerne von Ei- und Samenzelle miteinander verschmolzen sind, beginnt die befruchtete Zelle mit ihren mitotischen Teilungen zur Embryonalentwicklung.

Masui und Smith fanden nun in Frosch-Oocyten, die gerade die Meiose durchliefen, einen Wirkstoff, der in unreifen Oocyten denselben Vorgang auslösen konnte. (Unreife Zellen sind zwar zur vollen Größe herangewachsen, haben aber noch keinen Hormonstimulus erhalten.) Da die Meiose auch als Reifeteilung bezeichnet wird, nannte Masui die Substanz reifefördernder Faktor oder kurz MPF (nach englisch *maturation promoting factor*).

Andere Wissenschaftler entdeckten später, daß dieses Agens in allen untersuchten Zellen auch während der Mitose aktiv ist – bei Säugetieren ebenso wie bei marinen Wirbellosen oder auch bei Hefepilzen. Deshalb nahm man an, der – übrigens erst 1988 isolierte – Wirkstoff sei ein entscheidender Steuerfaktor für beide Formen der Kernteilung: Mitose und Meiose.

Die Uhrwerk-Hypothese

In Anbetracht der dabei zahlreichen Veränderungen am Kern schien es naheliegend, daß Vorgänge in ihm selbst die Maschinerie des Zellzyklus einschließlich der Aktivität des MPF beeinflussen. Dagegen sprachen jedoch gewisse Indizien, auf die Koki Hara und Peter Tydeman, beide vom Hubrecht-Institut in Utrecht (Niederlande) gemeinsam mit einem von uns (Kirschner) dann stießen.

Unser Team suchte damals die auffällig starke Kontraktion, die an Froscheiern stets bei Eintritt in die Mitose zu beobachten ist, ursächlich zu klären. Zunächst wurde sie als Teil des Zellzyklus angesehen, aber zu aller Überraschung wiederholte sie sich auch dann regelmäßig, als die Mitose experimentell blockiert wurde (Bild 3). Die periodische Wiederkehr ließ sich weder durch eine Blockade der Spindelbildung noch durch vollständiges Entfernen des Zellkerns unterbinden.

Die Folgerung daraus war, daß der Zellzyklus der Froscheier nicht durch Vorgänge im Zellkern kontrolliert wird, sondern durch einen davon unabhängigen Oszillator: eine Abfolge chemischer Reaktionen im Zellplasma, die mit der Regelmäßigkeit eines Uhrwerks die periodischen Kontraktionen der Eizelle bewirkt und vermutlich auch andere Erscheinungen der Mitose steuerte.

Sollte diese innere Uhr wirklich die Aktivität von MPF kontrollieren? Tatsächlich stellten John C. Gerhart, Michael Wu und einer von uns (Kirschner) an der Universität von Kalifornien in Berkeley fest, daß dessen Aktivität schwankte: Der wirksame Faktor ließ sich stets während der Mitose, nie jedoch in der Interphase nachweisen. Und seine Aktivität oszillierte auch dann, wenn alle Kernprozesse unterbunden wurden.

Wie der MPF reguliert wird, deutete sich bei anschließenden Vorexperimenten an. Sie zeigten, daß gerade befruchtete Froscheier das für die DNA-Replikation und den Aufbau des Spindelapparates notwendige Material bereits gespeichert haben – und zwar ausreichend für mehrere mitotische Teilungen. Damit diese jedoch jeweils beginnen können, müssen die Zellen gewisse Proteine während der Interphase in ihrem Plasma herstellen; eine Blockade der Proteinproduktion unterbricht den Zellzyklus. Eine anschließende Injektion mit einem Rohextrakt des – wohlgemerkt aktiven – MPF konnte die Mitose jedoch wieder anwerfen; die zelleigene Proteinsynthese war dann überflüssig geworden.

Dies bestätigte wiederum den MPF als den normalen Induktor der Mitose, deutete zugleich aber auch darauf hin, daß irgendeines der Proteine, die während der Interphase im Zellplasma synthetisiert werden, ihn normalerweise erst aktivieren muß.

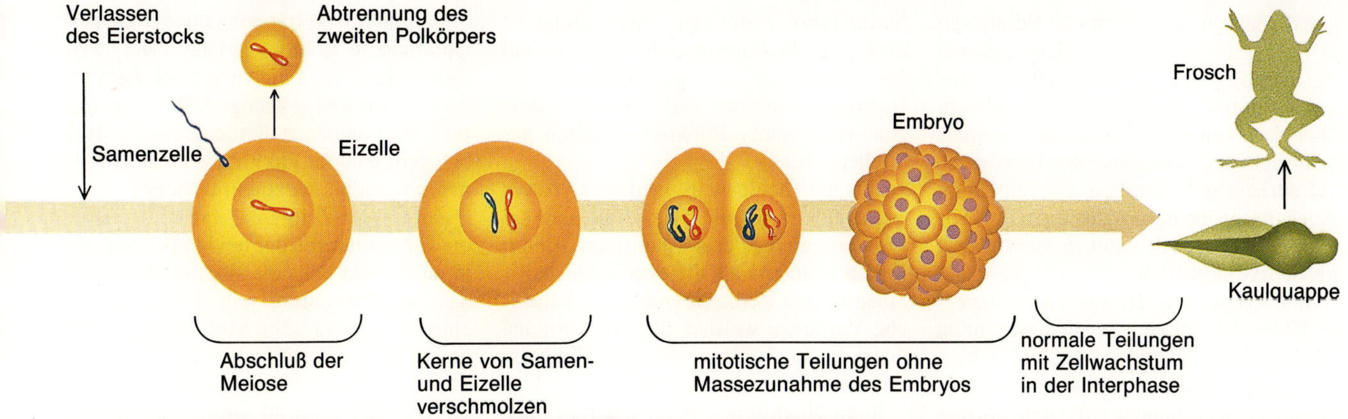

grunde. Die Oocyte beginnt dann mit einem zweiten Teilungszyklus und verläßt in diesem Stadium den Eierstock fertig zur Befruchtung. Erst wenn eine Samenzelle in die abgesetzte Eizelle eindringt, schließt ihre Meiose ab, wobei ein zweiter Polkörper abgeschnürt wird. Schließlich verschmelzen die Kerne von Ei- und Samenzelle; die Befruchtung ist damit endgültig vollzogen. Unzählige mitotische Teilungszyklen folgen bis zur Entwicklung der Larve, also der Kaulquappe, und deren Verwandlung in einen Frosch bis schließlich zur Ausbildung eines geschlechtsreifen Tieres. Mitosen und Meiosen werden von denselben Molekülen gesteuert.

Die Domino-Hypothese

Während Zellbiologen Belege für die Vorstellung sammelten, eine Art Uhrwerk in Form eigenständiger zyklischer chemischer Reaktionen im Zellplasma bestimme den Wechsel zwischen Interphase und Mitose, kamen Genetiker zu einem gänzlich anderen Bild. Ihren Ergebnissen nach sollte der Zellzyklus als präzise gesteuerte Taktstraße angesehen werden, die immer dann vorrückt, wenn ein Fertigungsschritt abgeschlossen ist.

In einem solchen linearen System wäre der Abschluß eines Vorgangs, beispielsweise die DNA-Replikation im Zellkern, Voraussetzung und Auslöser für den nächsten Schritt: hier das Einsetzen der Mitose – ganz ähnlich wie in einer Reihe von Dominosteinen immer erst das Umfallen eines Steins den nächsten zum Kippen bringt.

Diese beiden Sichtweisen, manchmal als Uhrwerk- und Domino-Theorie einander gegenübergestellt, schienen unvereinbar. Schließlich wurde aber doch der Grund für die Gegensätzlickeit ihrer Ergebnisse gefunden.

Pionier bei der genetischen Erforschung des Zellzyklus, deren Ergebnisse für das Domino-Prinzip sprachen, war Leland H. Hartwell von der Universität des Bundesstaates Washington in Seattle vor etwa 20 Jahren mit seinen Versuchen an der Bierhefe (*Saccharomyces cerevisiae*). Dieser einzellige Hefepilz vermehrt sich anders als die meisten Zelltypen nicht durch Zweiteilung, sondern durch Sprossung: Nachdem die Mutterzelle in der Interphase mit der Replikation ihrer DNA begonnen hat, bildet sie eine kleine blasige Ausstülpung – Sproßzelle oder Knospe genannt – aus und leitet damit die Mitose ein (Bild 4 oben). Während die Mutterzelle mitsamt ihrem Sproß kontinuierlich wächst, wandert einer der beiden mitotisch entstandenen Tochterkerne in ihn ein; schließlich schnürt er sich ab und beendet damit einen Zellzyklus.

Hartwell suchte nun nach Hefezellen, die zufällig so mutiert waren, daß sie – unter gewissen Bedingungen – in bestimmten Phasen des Zellzyklus regelrecht steckenblieben (Bild 4 unten). Jede der verschieden Mutanten mußte in irgendeinem der Gene verändert sein, die für essentielle Proteine des Zellzyklus codieren. Eben diese für den Zellteilungzyklus wichtigen Gene werden heute als *cdc*-Gene bezeichnet.

Die gefundenen Mutanten ordnete Hartwell dann nach dem Zeitpunkt, in dem ihr Zellzyklus aufgehalten worden war. So erhielt er Aufschluß über die Reihenfolge, in der die *cdc*-Gene normalerweise aktiviert werden. Dabei konnte er auch zeigen, daß zur Auslösung bestimmter Schritte mindestens ein vorangegangener Schritt abgeschlossen sein mußte. Zum Beispiel war die Ausbildung der Spindel Voraussetzung für den Abschluß der Mitose.

Angeregt durch Hartwells Entdeckungen führten Paul Nurse und seine Kolle-

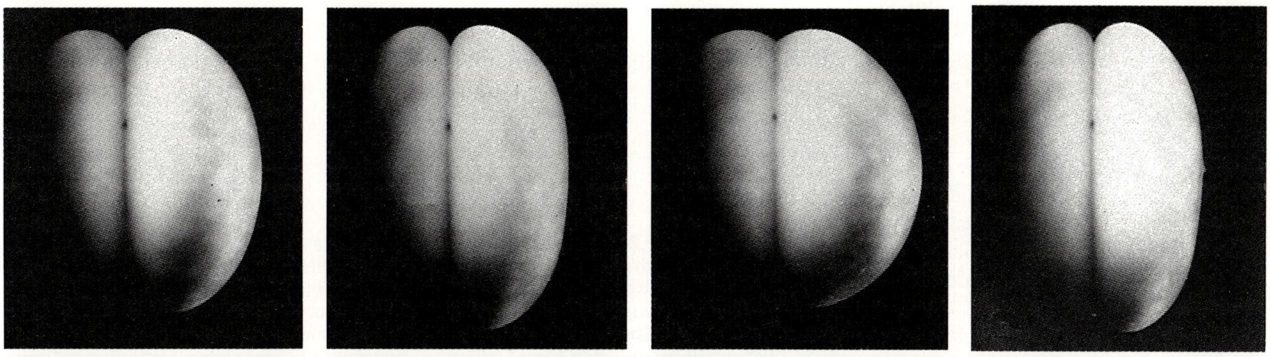

Bild 3: Zu Beginn einer Mitose zieht sich das befruchtete Froschei – hier bereits einmal geteilt – deutlich zusammen, in der Interphase entspannt es sich wieder. Es tut dies auch dann, wenn man den Kern entfernt – ein Hinweis darauf, daß der Zellzyklus zumindest bei bestimmten Eizellen von einem autonomen Oszillator geregelt wird. Ein solcher vom Kern unabhängiger Zeitgeber besteht aus einer Abfolge sich selbständig fortsetzender chemischer Reaktionen im Zellplasma, welche die periodischen Kontraktionen dann bewirken.

gen damals an der Universität Edinburgh in Großbritannien ähnliche Experimente mit der Spalthefe *Schizosaccharomyces pombe* durch. Deren Zellzyklus gleicht eher dem von Körperzellen der Säuger: Während der Interphase wachsen diese zylindrischen Hefezellen zur doppelten Ausgangsgröße heran; am Ende der Mitose teilen sie sich dann in zwei gleich große Tochterzellen.

Wie schon zuvor Hartwell identifizierte Nurse Mutanten, die an bestimmten Stellen des Zellzyklus steckenblieben, und leitete daraus die Reihenfolge ab, in der die entsprechenden *cdc*-Gene normalerweise aktiviert werden.

Eines dieser Gene, *cdc2*, war besonders interessant, weil seine korrekte Funktion Voraussetzung für das Einsetzen der Mitose zu sein schien. Bestimmte Mutationen darin, die das zugehörige Protein wirkungslos machten, verhinderten den Eintritt in die Mitose; andere Mutationen hingegen ließen eine Variante des Proteins entstehen, die vorzeitig eine Mitose auslöste.

Das vom *cdc2*-Gen codierte Protein (entsprechend mit cdc2 bezeichnet – zur besseren Unterscheidung wird bei solchen Kennzeichnungen die des Proteins nicht kursiviert) schien als Hauptregulator der Mitose in Frage zu kommen – vielleicht war es sogar mit dem MPF identisch. Der Faktor war seinerzeit noch nicht isoliert, ein direkter chemischer Vergleich also nicht möglich. Nurse konnte aber prüfen, ob das *cdc2*-Gen auch in Zellen anderer Organismen vorkam und eine solche Bedeutung hatte. Dies wäre ein gutes Indiz dafür gewesen, daß das cdc2-Protein durchaus ein universeller Regulator der Mitose sein könnte.

Nurse und David H. Beach begannen damals an der Universität von Sussex in Brighton die Gene von Sproßhefen daraufhin zu überprüfen, ob sie die Blockade bei Spalthefen, die im *cdc2*-Gen mutiert waren, aufzuheben vermochten. Tatsächlich kam nach Einschleusung eines bestimmten Gens die Mitose in Gang. Es erwies sich als eines der von Hartwell identifizierten *cdc*-Gene der Sproßhefe.

Nurse ging sogar noch weiter: Er übertrug Bruchstücke menschlicher DNA in Spalthefezellen mit defektem *cdc2*-Gen. Ein bestimmtes Stück brachte tatsächlich die Mitose in Gang – ein deutlicher Hinweis, daß selbst menschliche Zellen mit einer Art *cdc2*-Gen ausgerüstet sind. Als schließlich 1987 von beiden Proteinen die Aminosäuresequenz – also die Abfolge ihrer Bausteine in der Kette – geklärt war, zeigten sich bemerkenswerte Übereinstimmungen: Trotz einer Milliarde Jahre getrennter Entwicklung ist dieses Schlüsselprotein bei Hefen und Menschen mit nur geringfügigen Abwandlungen seiner Struktur und ohne Änderung seiner Funktion erhalten geblieben.

Wie man heute weiß, ist dieses Protein entscheidend für die Mitose aller Eukaryonten, also aller Organismen, deren Zellen – anders als die von Bakterien – einen echten Zellkern enthalten. Sämtliche Varianten werden als *cdc2*-Proteine bezeichnet, gleich in welchem Organismus sie sich finden.

Ihren chemischen Eigenschaften nach sind diese Stoffe Proteinkinasen: Enzyme, die Phosphatgruppen von Adenosintriphosphat (ATP), dem Hauptenergieträger der Zellen, auf Proteine übertragen. Das Hinzufügen oder Abspalten von Phosphatgruppen ist eine wichtige Möglichkeit, die Aktivität von Zellproteinen zu regulieren; das Abspalten besorgen Enzyme, die man Phosphatasen nennt.

MPF – ein Faktor, zwei Proteine

Auch die Erforschung des MPF war inzwischen vorangeschritten. Manfred J. Lohka und James L. Maller von der Medizinischen Fakultät der Universität von Colorado in Boulder gelang 1988, worum viele sich zuvor vergeblich bemüht hatten: eine kleine Menge MPF zu isolieren; sie konnten außerdem zweifelsfrei belegen, daß der Faktor aus zwei Proteinen und nicht aus einem besteht.

Zu diesem Zeitpunkt waren die Aminosäuresequenzen der beiden Bestandteile noch nicht bekannt, aber einer schien das cdc2-Protein zu sein. Dafür sprach einiges – etwa sein Molekulargewicht und daß Antikörper, die spezifisch auf cdc2-Proteine von Hefe und Mensch reagieren, sich auch an diesen Bestandteil banden.

Etwa zur selben Zeit wiesen in England Beach und seine Kollegen nach, daß das cdc2-Protein in Laborkulturen menschlicher Zellen während der Mitose aktiv ist. Später belegten mehrere Arbeitsgruppen unabhängig voneinander und mit verschiedenen Methoden, daß es tatsächlich ein Bestandteil von MPF ist.

Diese Erkenntnis war der Kreuzpunkt zweier Entwicklungen, der die Forschungen an Fröschen und Hefen vereinte. Jetzt schien denkbar, daß die grundlegende Regulation des Zellzyklus bei allen Eukaryonten ziemlich gleich ist. Nicht befriedigend erklärt war aber da-

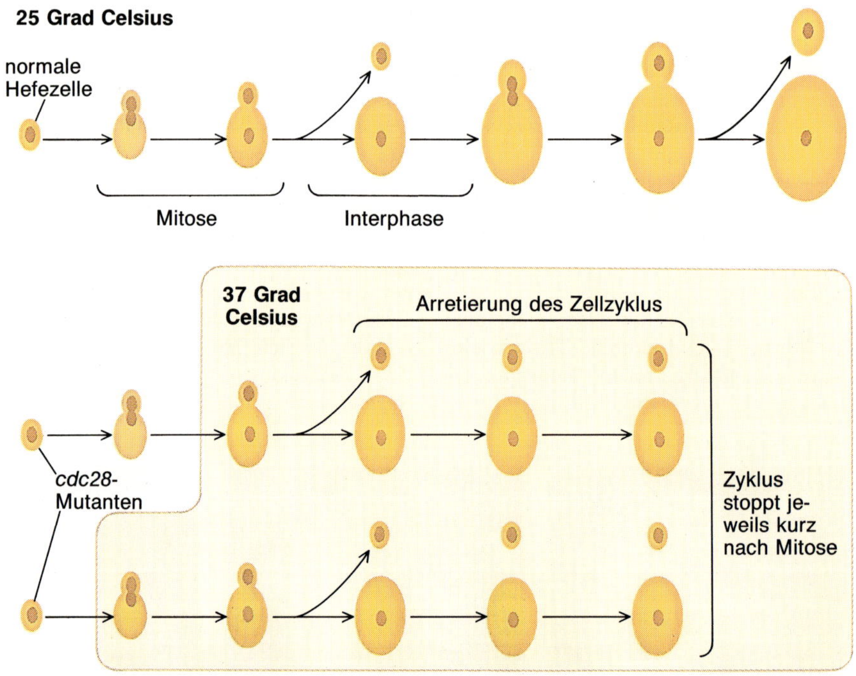

Bild 4: Die Bier- oder Brauhefe, ein einzelliger Hefepilz, vermehrt sich durch Knospung (Sprossung), nicht durch Zweiteilung (oben). Gewisse temperaturempfindliche Mutanten können aber ihren Zellzyklus nicht über einen bestimmten Punkt hinaus vollenden, wenn man sie einer Temperatur von 37 Grad Celsius aussetzt. Bei ihnen ist ein Gen defekt, dessen Produkt für das Überschreiten dieses Punktes gebraucht wird. Die in den beiden unteren Reihen dargestellte Mutante beispielsweise bleibt stets an einem bestimmten Punkt der Interphase stecken – unabhängig davon, ab wann vorher die Temperatur erhöht worden war. Mittels solcher Mutanten hat man die Genfamilie identifiziert, die entscheidend an der Kontrolle des Zellzyklus beteiligt ist – die *cdc*-Gene (benannt nach englisch *cell-division cycle*, Zellteilungszyklus).

mit, warum der MPF nur während der Mitose und nicht in der Interphase aktiv ist. Denn bei allen untersuchten Zellarten blieb die intrazelluläre Konzentration an cdc2-Molekühlen während des gesamten Zellzyklus konstant. Also mußte ein anderer Faktor, vielleicht die zweite Komponente von MPF, die Aktivität von cdc2 und damit auch die des MPF regulieren. Vermuten konnte man, daß diese Substanz in jeder Interphase neu hergestellt wird, denn ohne Proteinsynthese war – wie erwähnt – die Aktivierung des MPF unterblieben.

Hieraus folgte zwar ein logischer Ansatz für die weitere Erforschung. Doch die Identifizierung des aktivierenden Moleküls ergab sich aus einer mehrere Jahre zurückliegenden glücklichen Zufallsbeobachtung.

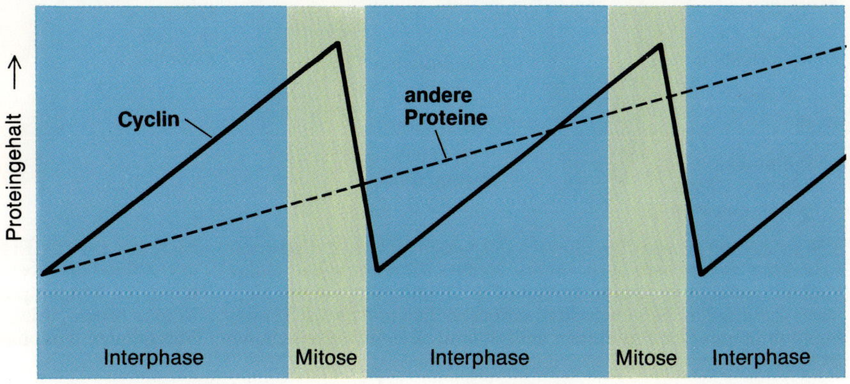

Bild 5: An Seeigeleiern wurden die Oszillationen im Gehalt des Proteins Cyclin entdeckt – er steigt in der Interphase (blau) und sinkt während der Mitose (grün). Da Cyclin der einzige Eiweißstoff mit solchen regelmäßigen Schwankungen im Verlauf des Zellzyklus ist, lag die Vermutung nahe, es könnte an der Auslösung der Mitose beteiligt sein. Tatsächlich ist Cyclin ein solcher Regulator: Es beeinflußt die Aktivität des cdc2-Proteins, das zusammen mit ihm den Beginn der Mitose veranlaßt.

Cyclin-Oszillationen im Zellzyklus

In den frühen achtziger Jahren leitete Tim Hunt von der Universität Cambridge in England den jährlichen Physiologiekurs am amerikanischen Meeresbiologischen Laboratorium in Woods Hole (Massachusetts). Mit seinen Studenten untersuchte er die dramatischen Änderungen der Proteinsyntheserate von Seeigeleiern, nachdem diese befruchtet worden waren.

Die Menge fast aller neu synthetisierten Proteine stieg dann kontinuierlich – eines aber verschwand plötzlich bei jeder Mitose, reicherte sich indes während der Interphase wieder an (Bild 5). Hunt nannte die merkwürdige Substanz Cyclin.

Das Protein wurde jedoch entgegen dem Anschein, wie die Gruppe ferner zeigen konnte, während des ganzen Zellzyklus in gleichbleibender Menge hergestellt. Es verschwand gegen Ende der Mitose nur deshalb, weil es rasch abgebaut wurde; in der Interphase hingegen sammelte es sich an, da es dann langsamer abgebaut als neu hergestellt wurde. Diese Schwankungen im Proteinumsatz ließen vermuten, Cyclin könne das Molekül sein, das die Aktivität von MPF reguliert.

Gestützt wurde dies durch Arbeiten von Joan V. Ruderman und ihrem Team an der Harvard-Universität in Cambridge (Massachusetts). Sie hatten 1986 aus Trogmuscheln (großen marinen Flachwassermuscheln der Gattung *Spisula*) die Boten-Ribonukleinsäure für das Cyclin isoliert, also RNA-Kopien des Cyclin-Gens, die als Vorlagen für die Proteinsynthese dienen. Unreife Frosch-Oocyten, die diese Boten-RNA dann injiziert bekamen, durchliefen die Meiose. Dies bedeutete zweierlei: Sie hatten offensichtlich die in der Boten-RNA verschlüsselte Bauanweisung abgelesen und Cyclin synthetisiert, und das Protein konnte tatsächlich zur Regulation des Zellzyklus beitragen.

Heute wissen wir, daß Cyclin die zweite Komponente von MPF ist und an der Aktivierung der anderen – des cdc2-Proteins und somit auch von MPF – beteiligt ist. Seine genaue Aufgabe im Zellzyklus war damals allerdings noch zu ermitteln.

Um hier weiter voranzukommen, mußte der Zellzyklus der experimentellen Manipulation erst einmal leichter zugänglich gemacht werden. Eine geeignete Methode fanden um 1987 außer uns auch Christopher C. Ford und seine Kollegen an der Universität von Sussex. Beide Arbeitsgruppen hatten unabhängig voneinander Zellextrakte aus Froscheiern hergestellt; dem daraus isolierten Zellplasma wurden Zellkerne aus Spermien zugegeben. Die Kerne durchliefen dann mehrere vollständige Zellzyklen: mit Mitosen und Interphasen sowie entsprechender DNA-Replikation und den Schwankungen der MPF-Aktivität (Bild 6).

Angenommen, der Zyklus wäre so einfach reguliert, daß sich nur ein einziges oszillierendes Protein – eben Cyclin – jedesmal anreichern müßte, um ihn in Gang zu halten. Dann sollte er weiterlaufen, wenn die Synthese aller Proteine bis auf die von Cyclin blockiert würde; und umgekehrt müßte ihn die ausschließliche Blockade der Cyclin-Produktion in der Interphase stoppen.

Wir haben daher die gesamte Boten-RNA der Froschei-Extrakte und damit alle Vorlagen zum Bau von Proteinen zerstört. Mitosen unterblieben daraufhin. Als wir nun Boten-RNA für Seeigel-Cyclin (die Hunt uns dazu überlassen hatte) zufügten, waren tatsächlich wieder Mitosen zu beobachten. Erhöhten wir die Menge an Cyclin-RNA, stieg auch die Syntheserate des Proteins, und die Interphase verkürzte sich.

Hunt und seine Studenten prüften das Umgekehrte: Verhinderten sie die Herstellung von Cyclin, nicht aber die anderer Proteine in den Froschei-Extrakten, kam tatsächlich der Zellzyklus in der Interphase zum Stillstand.

An unserem System konnten wir – wie schon Hunt an seinen Seeigeleiern – feststellen, daß Cyclin sich in der Interphase ansammelt und während der Mitose rasch zerstört wird. Unser Verdacht, die Zellen könnten vielleicht erst dann ihre Mitose abschließen, wenn das Cyclin verschwunden ist, bewahrheitete sich. Als wir unversehrte Froscheier wie auch unsere Zellextrakte dazu brachten, eine Art gestutzte Cyclin-Form herzustellen, die zwar die Mitose auslösen konnte, aber nicht mehr wie die normale abzubauen war, blieben beide Systeme in der Mitose stecken.

So ließen die bis 1989 zusammengetragenen Forschungsergebnisse wenig Zweifel daran, daß der Zerfall des Cyclins für den störungsfreien Ablauf der Mitose unerläßlich ist und daß die Substanz während jeder Interphase aufgebaut werden muß, um den MPF zu aktivieren, den Beginn der Mitose auszulösen und somit den gesamten Zellzyklus zu dirigieren.

Modifikatoren von MPF

Wie kann nun Cyclin den MPF, genauer dessen cdc2-Komponente, aktivieren? Die bloße Verbindung beider Kompo-

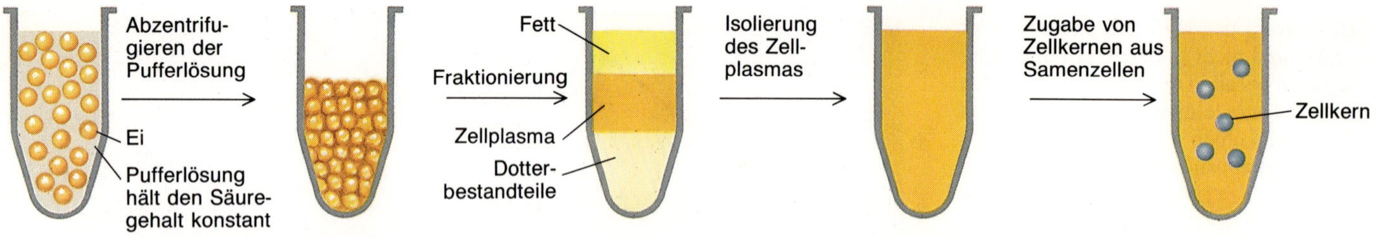

Bild 6: Zellkerne von Froschspermien lassen sich in Zellplasma-Extrakten von Froscheiern (obere Reihe) dazu anregen, einige Mitosen und Interphasen zu durchlaufen. Die Eizellen wurden aktiviert, in Pufferlösung gewaschen, aufgebrochen und durch Zentrifugation in einzelne Fraktionen aufgetrennt. Die Gültigkeit dieser Methode für die Erforschung des Zellzyklus belegen Aufnahmen der Zellkerne (rechts): Die Chromosomen erscheinen weiß und blau; die Mitosespindel, welche die Chromosomen während der Mitose trennt, hingegen rot. Die Aufnahmen zeigen Interphase, Metaphase, Anaphase und schließlich die geteilten Tochterkerne.

nenten erwies sich als nicht ausreichend, den Komplex zu aktivieren; sie müssen erst durch weitere Reaktionen abgewandelt werden.

Mit Hilfe genetischer und biochemischer Methoden wurden Proteine identifiziert, die bei diesen Modifikationen mitspielen. Ein besonders interessantes, auf genetischem Wege aufgespürtes Enzymmolekül ist das cdc25. Seine Anreicherung – und nicht die von Cyclin – bestimmt in gewissen Zellen den Übergang zur Mitose, etwa bei Fliegenembryonen im Spätstadium ihrer Entwicklung sowie bei Spalthefen. Zwar ist die Synthese von Cyclin auch hier erforderlich, aber nur die Anreicherungsgeschwindigkeit des cdc25-Proteins bestimmt, wann cdc2 aktiv wird. Das Protein 25 aus der cdc-Familie ist somit hier der sogenannte geschwindigkeitsbestimmende Faktor für den Beginn der Mitose.

Dieses Ergebnis führt uns zu einem wichtigen Punkt. Obwohl das cdc2-Protein als Phosphokinase der zentrale Regulator des Zellzyklus aller eukaryontischen Zellen ist und obwohl die Moleküle, die es in seine aktive Form umwandeln, offensichtlich in allen Zellen dieselben sind, können die Details seiner Regulation von Organismus zu Organismus und sogar von Zelle zu Zelle eines Organismus verschieden sein.

In einigen Fällen dürfte das cdc25 die Aktivierung des Cyclin-cdc2-Komplexes kontrollieren, in anderen hingegen mag das Cyclin selbst dies tun; in wieder anderen scheinen heute noch unbekannte Modulatoren die Schlüsselstellung einzunehmen.

Ein Modell der Mitose-Kontrolle

Wir können zur Zeit die Regulation des Zellzyklus noch nicht im Detail beschreiben, aber für den einfachsten Fall – die Teilung des gerade befruchteten Froscheies – haben wir zumindest einen Modellvorschlag (Bild 7).

Die Konzentration des cdc2-Proteins bleibt dort stets auf konstantem Niveau. Cyclin selbst wird ständig produziert, aber – bedingt durch eine sich ändernde unterschiedliche Abbaurate – steigt sein Gehalt während der Interphase und fällt in der Mitose. Während der Anreicherung lagern sich Cyclin-Moleküle mit cdc2-Molekülen zu einer inaktiven Vorstufe von MPF zusammen, die man Prä-MPF nennen könnte: Sie ist weder imstande, Phosphatgruppen auf Proteine zu übertragen noch die Mitose zu induzieren. Dieser Prä-MPF wird durch Enzyme wie cdc25 in die aktive Form überführt.

Der aktivierte MPF spielt sozusagen eine Doppelrolle als Herr und Diener, indem er direkt und indirekt den Anstoß zu allen Schritten der Mitose gibt – beispielsweise initiiert er den Abbau der Kernhülle. In seiner Rolle als Diener phosphoryliert er selbst bestimmte Proteine der Kernmembran, die Lamine (Bild 8). Als Herr teilt er anderen Molekülen ihre Aufgaben zu und löst eine Kaskade molekularer Interaktionen aus, die schließlich in einer weiteren Übertragung von Phosphatgruppen auf die Lamine gipfelt. Die Folge: Die Lamine trennen sich in ihre Grundeinheiten, die Kernmembran beginnt mithin zu zerfallen.

Außer solchen Vorgängen wie den Aufbau der Kernspindel, die in der Teilung von Zellkern und übriger Zelle münden, kontrolliert der aktive Faktor auch Enzyme, die das Cyclin abbauen; und zwar aktiviert er sie (Bild 7). Die Mitose endet, wenn der Cyclin-Gehalt unter einen bestimmten Schwellenwert fällt. Ohne Cyclin können das cdc2-Protein und damit der MPF nicht aktiv bleiben.

Wenn der Faktor an Einfluß verliert, gewinnen Phosphatasen die Oberhand und beseitigen alle Phosphatgruppen, deren Anlagerung an Proteine er im Laufe der Mitose bewirkt hat. Im Fall der Lamine bildet sich daraufhin spontan eine neue Kernhülle. Inaktiviert werden auch Enzyme, die der MPF durch seine Tätigkeit gewissermaßen angeschaltet hatte, darunter solche, die Cyclin abbauen. Zusammen mit der kontinuierlichen Neusynthese von Cyclin läßt dies dessen Gehalt während der Interphase wieder ansteigen – und damit beginnt der Zellzyklus von neuem.

In Froscheiern schwankt die Cyclin-Konzentration gänzlich unabhängig von irgendwelchen Ereignissen im Kern – und dies stützt die Existenz eines autonomen Taktgebers, der als treibende Kraft hinter dem Zellzyklus steht. In den meisten anderen Zellen jedoch modulieren, wie aus den genetischen Studien zu schließen ist, im Kern ablaufende Vorgänge die des Zellzyklus.

Hefezellen wie auch die Körperzellen vielzelliger Organismen verfügen über Mechanismen, den Übergang in die Mitose so lange aufzuschieben, bis die DNA repliziert ist und eventuelle Schäden darin repariert worden sind. Entsprechend teilen diese Zellen während der Mitose auch erst dann ihre Chromosomen auf, wenn alle korrekt an den Fasern des Spindelapparats befestigt und ausgerichtet sind.

Somit ist sowohl die Uhrwerk- als auch die Domino-Theorie richtig – je nachdem, um welchen Zelltyp es sich handelt. Auf Körperzellen scheint eher die Domino-Theorie zuzutreffen; der Taktgeber, der bei Froscheiern selbständig den Zellzyklus reguliert, ist hier einem komplizierten Kontroll- und Ausgleichssystem unterworfen.

Wir können bis jetzt nur darüber spekulieren, wie in solchen Zellen Vorgänge im Kern die Aktivität des MPF beeinflussen. Eine unvollständige DNA-Replikation während der Interphase könnte zum Beispiel ein Stoppsignal für die weitere Anhäufung von Cyclin, cdc25 oder einem verwandten cdc-Molekül erzeugen. Denkbar ist auch, daß eine fehlerhafte Anheftung am Spindelapparat während der Mitose ein Signal produziert, das den Abbau von Cyclin vorübergehend stoppt.

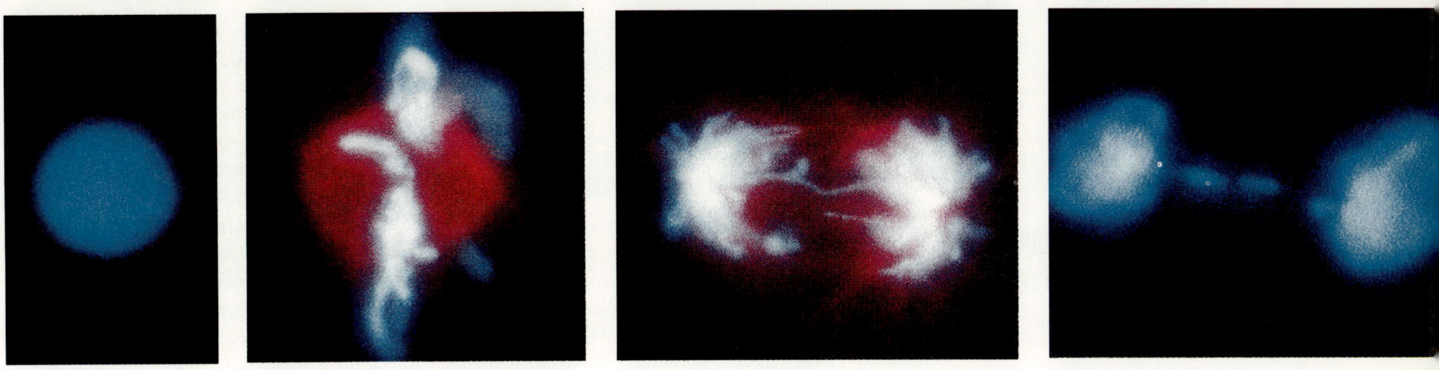

START-Punkt: Entscheidung zur DNA-Replikation

Solche Regelkreise und die ihnen zugrundeliegenden biochemischen Prozesse sind allerdings immer noch nicht alles, was in ein vollständiges Modell der Kontrollmechanismen für den Zellzyklus einbezogen werden muß. So weiß man inzwischen, daß in nicht-embryonalen Körperzellen von Organismen sowie in Zellen während der späten Embryonalphase die Entscheidung zur DNA-Replikation in der Interphase nicht minder präzise reguliert wird wie die zum Eintritt in die Mitose. Auch dies gilt es, bei einem vollständigen Modell zu berücksichtigen.

Diesen zweiten Kontrollpunkt hat erstmals Hartwell identifiziert und *START transition*, START-Übergang, genannt (Bild 1). An Sproßhefe wies er nach, daß die Zelle an diesem Übergangspunkt prüft, ob sie schon ausreichend gewach-

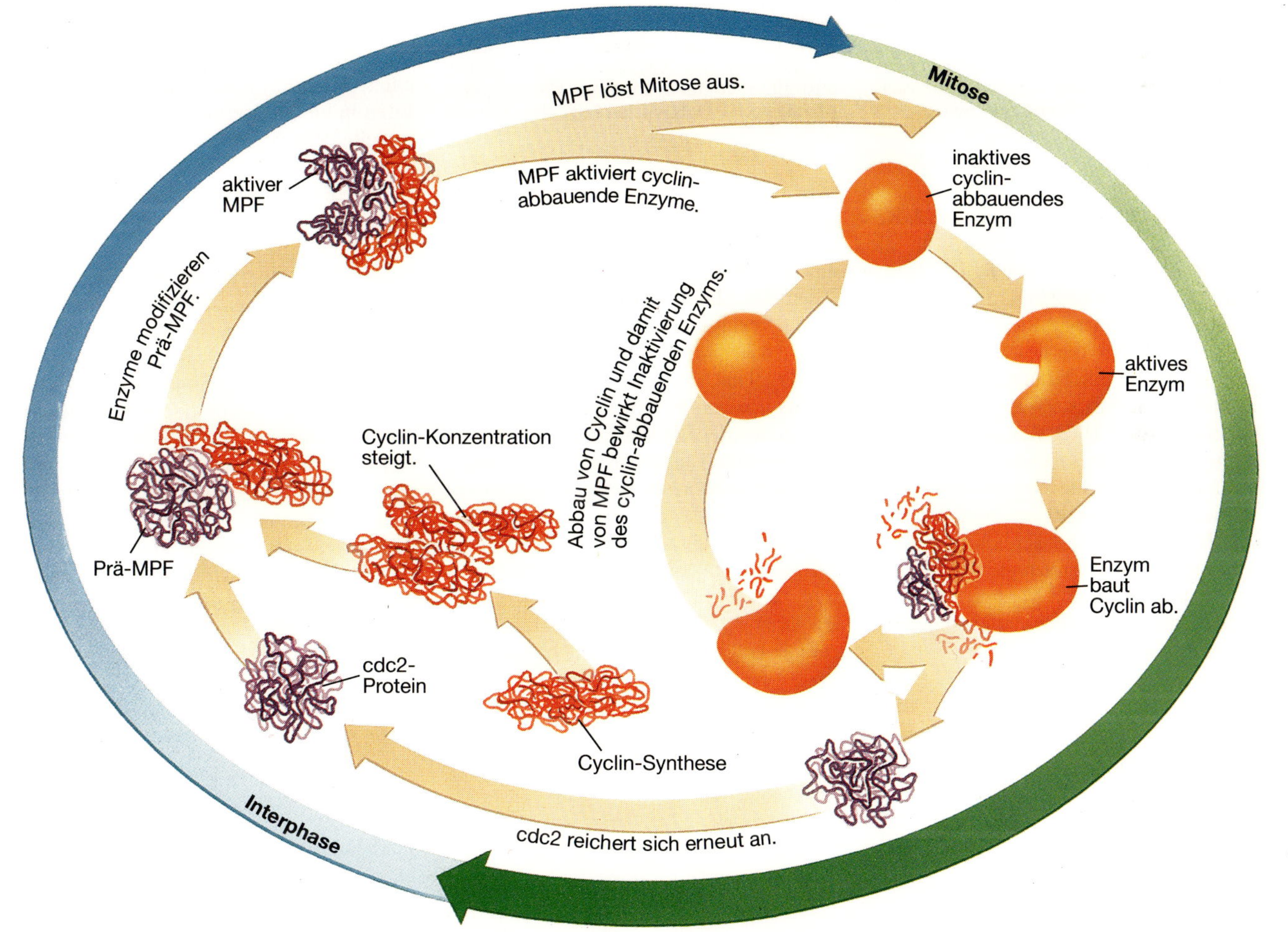

Bild 7: Modell der Mitosesteuerung in befruchteten Froscheiern, die sich nun teilen. Während der Interphase (blau) reichert sich eine bestimmte Variante von Cyclin in der Zelle an. Es vereinigt sich mit dem cdc2-Protein zu einer inaktiven Vorstufe des MPF (englisch *maturation promoting factor*, reifungsfördernder Faktor). Diese wird dann von Enzymen in die aktive Form überführt. Erst sie löst die Mitose aus und aktiviert Enzyme, die Cyclin abbauen. Mit der Zerstörung von Cyclin verschwindet auch der MPF. Die es abbauenden Enzyme werden ruhiggestellt, so daß sich schließlich Cyclin erneut in der Zelle anreichern kann. Bei einer Vielzahl anderer Zelltypen ist das Durchschreiten des START-Punktes, die Entscheidung zur Verdopplung ihrer Erbsubstanz, ebenfalls ein präzise gesteuerter Vorgang – hierbei übt ein Komplex aus cdc2 und einer anderen Cyclin-Variante die Kontrollfunktion aus.

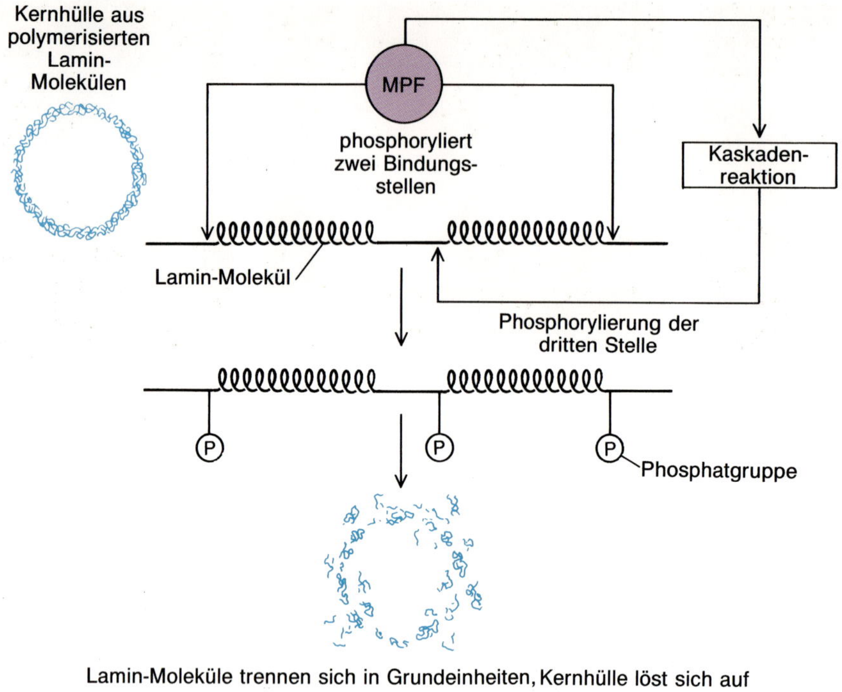

Bild 8: MPF löst die Mitose unter anderem dadurch aus, daß er die Kernmembran abbaut. Teils direkt, teils indirekt überträgt er Phosphatgruppen auf Lamine, polymerisierte Proteine der Kernhülle. Selbst phosphoryliert er zwei Phosphat-Bindungsstellen auf dem Lamin-Molekül; die dritte läßt er, indem er eine Kaskade von Reaktionen anstößt, von einem anderen Enzym phosphorylieren. Danach zerfällt das Lamin.

sen ist, um problemlos mit der DNA-Replikation beginnen und danach in die Mitose eintreten zu können. Bei Nährstoffmangel stoppt ihr Zyklus charakteristischerweise am START-Punkt.

Das Überschreiten des START-Punktes wird ganz ähnlich kontrolliert wie der Eintritt in die Mitose – es hängt wieder von der Aktivierung des cdc2-Proteins ab, und diese von der Anreicherung von Cyclin. Aber das hier involvierte Cyclin ist nicht identisch mit dem an der Mitose beteiligten. Es gibt tatsächlich zwei Klassen von Cyclinen: Eine reguliert den Eintritt in die Mitose und Meiose, die andere, strukturell sehr ähnliche hingegen die DNA-Replikation.

Das Überschreiten des START-Punktes wird auch von Nährstoffen, Hormonen und Wachstumsfaktoren beeinflußt, indem sie die Anreicherung von Cyclin schon vor dem START-Punkt regulieren. Anders als bei Froscheiern, die in der Regel nach Vollendung eines Mitosezyklus einfach in den nächsten übergehen, unterbrechen die meisten Zellen in der Interphase automatisch den Zyklus, bis sie besondere Anweisungen von außen bekommen, den START-Kontrollpunkt erneut zu passieren.

Es ist nicht überraschend, daß die meisten Zellen über vielschichtige Kontrollen ihres Zyklus verfügen. Gerade vielzellige Organismen brauchen Kontroll- und Ausgleichsmöglichkeiten, um Vorgänge innerhalb des Zellzyklus zu koordinieren und mit den Bedürfnissen des Gesamtorganismus abzustimmen. Regulieren zu können, wann Zellen wachsen, sich teilen und spezialisieren, ist für eine geordnete Entwicklung des Embryos ebenso entscheidend wie für die Gesundheit und letztlich das Überleben des ausgewachsenen Organismus.

Die wissenschaftlichen Fortschritte auf diesem Gebiet, insbesondere in den letzten fünf Jahren, sind bemerkenswert. Cyclin, cdc2 und Modulatoren wie cdc25, die den Zellzyklus von Froscheiern und Hefezellen regulieren, scheinen demnach für alle eukaryontischen Zellen grundlegend zu sein.

Doch sind die Zellen, denen wir die wichtigsten Einblicke verdanken, in vielerlei Hinsicht als Spezialfälle anzusehen. Froscheier sind praktisch immun gegenüber äußeren Einflüssen, die den Zyklus vieler anderer Zellen steuern, und Hefezellen sind nun einmal selbständige Organismen. Daher muß man durch weitere Forschungen über diese einfachen Systeme hinaus zu verstehen suchen, wie cdc2, Cyclin und ihre Modulatoren in vielzelligen Organismen mit extrazellulären Signalen interagieren. Erst dann wird es möglich, Krankheiten wie Krebs, bei dem diese Regulationsmechanismen irgendwie versagen, vollständig zu verstehen.

Es gilt auch, genauer zu klären, wie der Cyclin-cdc2-Komplex an den verschiedenen Ereignissen des Zellzyklus beteiligt ist. Worin zum Beispiel besteht sein genauer Beitrag beim Auslösen der Spindelbindung oder der Kondensation der Chromosomen? Welche Enzyme werden von ihm beeinflußt, und was genau machen diese während der Mitose? Welche Signale beeinflussen seine Aktivität, wenn während der Mitose im Kern etwas schiefläuft? Mit etwas Glück wird die Zellzyklus-Forschung auch diese Fragen in naher Zukunft beantworten können.

II.
Formen der Kommunikation bei Pflanzen und Tieren

In diesem Abschnitt geht es vor allem um Mechanismen und Konsequenzen des Sendens und Empfangens bei Tieren. Die meisten Beiträge stellen Betrachtungen über Konkurrenzverhältnisse innerhalb einer Art oder zwischen verschiedenen Arten und ihre Auswirkungen auf die jeweiligen Kommunikationssysteme in den Vordergrund. In mehreren Artikeln spielen das Wettrüsten zwischen Sender und Empfänger und das Betrügen eine zentrale Rolle. In seiner Arbeit über Mimikry bei Pflanzen zeigt Spencer Barrett, wie Pflanzen tierische Signale nachahmen und zu welchen Zwecken sie diese einsetzen. Für Sender und Empfänger entstehen dabei oft sehr unterschiedliche Vorteile und Kosten. Der Beitrag über Schlupfwespen von James Tumlinson, W. Joe Lewis und Louise Vet stellt die vielschichtigen Interaktionen zwischen einer Pflanze, einem Räuber und einem Parasiten dar und beschreibt, welche unterschiedlichen Kommunikationsformen hierbei zum Einsatz kommen. In bestimmten Situationen werden Pflanzen von Tieren ausgenutzt, ohne selbst einen Vorteil davon zu haben. Lee Ryker beschreibt eine solche Wechselbeziehung zwischen Borkenkäfern und Douglasien der amerikanischen Nadelwälder. In diesem Kommunikationssystem wenden die Käfer gezielt Pflanzenstoffe an, um Fortpflanzungspartner anzulocken und Konkurrenten abzuwehren. Die Käfer wechseln zudem zwischen Signalkanälen – olfaktorischen, akustischen und taktilen –, um jeweils unterschiedliche Reaktionen beim Empfänger hervorrufen. In seinem klassischen Beitrag über Betrug und Parasitismus bei Glühwürmchen schildert James Lloyd, wie komplex Konkurrenzverhältnisse werden können. Innerartliche und auch zwischenartliche Betrugsmanöver sind bei diesen Insektenarten sehr ausgeprägt. Mit Hilfe bestimmter Kontrollmechanismen läßt sich der Schaden in solchen Wettbewerbssituationen in Grenzen halten. Die Fähigkeit von Empfängern, Signale zu relativieren und hinsichtlich ihrer Ehrlichkeit zu überprüfen, ist besonders anschaulich in der Arbeit über Meerkatzen von Robert Seyfarth und Dorothy Cheney beschrieben. Anhand einer Analyse der Alarmrufe werden Abstraktionsvermögen, Gewöhnungseffekte und die Fähigkeit zur Vergegenwärtigung der Erfahrungen anderer Individuen untersucht. Die letzten beiden Artikel stellen Aspekte der neuronalen Verarbeitung von Signalen dar. Franz Huber und John Thorson beschreiben, auf welcher neuronalen Grundlage die Signalerzeugung und -verarbeitung bei Grillen abläuft. Walter Freemans abschließender Beitrag über die neuronalen Vorgänge bei der Geruchswahrnehmung scheint sich auf den ersten Blick nicht unbedingt mit Kommunikation zu befassen, er zeigt jedoch wichtige Prinzipien der Signalwahrnehmung auf. Die hier gemachten Aussagen haben vermutlich nicht nur für olfaktorische Reize beim Kaninchen, sondern auch für andere Wahrnehmungssyteme und Säugetierarten Gültigkeit. Bei der „Konzeptualisierung“ von Sinnesreizen spielt offenbar das limbische System im Gehirn eine große Rolle. Da diese Gehirnstruktur sowohl für Lern- und Gedächtnisprozesse als auch für die Steuerung von Emotionen maßgebend ist, kommt ihr eine entscheidende Bedeutung für die Kommunikation zu.

Mimikry bei Pflanzen

Manche nektarlosen Blüten ähneln Insektenweibchen oder stinkendem Aas, und manches Unkraut ahmt einfach eine Nutzpflanze nach. Solch pflanzliche Mimikry lockt Bestäuber an und täuscht Feinde – im Fall des Unkrauts auch den Menschen.

Von Spencer C. H. Barrett

Pflanzen können mit erstaunlich komplexen Anpassungen aufwarten. Gewisse Orchideenarten beispielsweise ahmen mit ihren Blüten weibliche Bienen, Fliegen oder Hummeln nach; die Blüten bestimmter anderer Pflanzen sind wie verwesende Tierkadaver gefärbt und stinken auch so. Wiederum andere Pflanzen sehen ganz und gar wie Steine aus. Diese merkwürdigen Anpassungen verkörpern nur ein paar der ausgeklügelten Strategien, mit denen Pflanzen ihre Überlebenschancen erhöhen.

Eine besondere Überlebensstrategie besteht darin, eine andere – wehrhafte oder ungenießbare – Art nachzuahmen, um nicht gefressen zu werden. Sie wurde erstmals 1862 von dem englischen Naturforscher Henry W. Bates an Insekten beschrieben. Ihm war aufgefallen, daß sich bestimmte auffällig gefärbte südamerikanische Schmetterlingsarten fast aufs Haar glichen – nur daß einige davon giftig waren, andere aber völlig ungefährlich. Diese harmlosen Arten – so vermutete er – hatten sich die Tracht der giftigen zugelegt, um nicht gefressen zu werden. Diese täuschende Nachahmung bezeichnete er als Mimikry (englisch für Nachahmung); sie hat seither die Biologen fasziniert und ist heute als Batessche Mimikry bekannt.

Die Mimikry von Pflanzen hat bis vor einiger Zeit kein so breites Interesse gefunden – teils weil man früher Pflanzen vor allem in ihrem Verhältnis zur unbelebten Umwelt untersucht hat, teils weil Mimikry bei ihnen einfach seltener vorkommt als bei Tieren. (Sie ist höchstwahrscheinlich deshalb so selten, weil Pflanzen ortsgebunden sind und dazu neigen, in Gruppen zu wachsen; so können Pflanzenfresser lernen, Pflanzen am Standort zu unterscheiden.)

Allerdings wies schon 1793 Christian Konrad Sprengel, Rektor der Großen Stadtschule in Spandau, erstmals darauf hin, daß Pflanzen andere Arten nachahmen. In seinem damals nach jahrelangen Beobachtungen erschienenen Werk „Das entdeckte Geheimnis der Natur im Bau und in der Befruchtung der Blumen“, mit dem er die klassische Blütenbiologie (Bestäubungsökologie) begründete, beschrieb er, daß gewisse Pflanzenarten, insbesondere manche Orchideen, selbst keinen Nektar produzieren, aber so aussehen wie nektarproduzierende Arten desselben Lebensraumes. (Sprengels Buch blieb zunächst unbeachtet, bis Charles Robert Darwin, der sich selbst viel mit Blütenbiologie beschäftigte, es Jahrzehnte später durch seine Publikationen bekannt machte.)

Erst in unserem Jahrhundert jedoch, als die Ökologie in den Rang einer eigenständigen Disziplin aufstieg, wurden die Beziehungen der Pflanzen zu ihrer belebten Umwelt, also zu anderen Arten ihres Lebensraumes, eingehend wissenschaftlich untersucht. Dabei stellte sich heraus, daß die Wechselbeziehungen zwischen Pflanze und Tier alle Grade überspannen: von solchen mit gegenseitigem Nutzen wie bei dem mit Belohnung verknüpften Anlocken von Bestäubern bis hin zu solchen mit einseitigem Nutzen wie bei der Abwehr von Pflanzenfressern. Bei all diesen Systemen kann Mimikry eine Rolle spielen. Und in dem Maße, wie Botaniker ihre Studien über pflanzlich-tierische Wechselbeziehungen speziell in tropischen Ökosystemen vorantreiben, wird auch immer klarer, daß Mimikry unter Pflanzen viel weiter verbreitet ist als ursprünglich angenommen.

Ein Dreiecksverhältnis

Mimikry ist bei Pflanzen wie Tieren ein Drei-Komponenten-System. Zunächst gibt es ein Vorbild: das nachzuahmende Objekt, das ein Tier, eine Pflanze oder ein Substrat sein kann; dann einen Nachahmer: den Organismus, der das Vorbild imitiert; und schließlich einen Signalempfänger oder einen Getäuschten: das Tier, das Vorbild und Nachahmer nicht genau auseinanderhalten kann. Imitiert werden Gestaltmerkmale, Farbmuster, Verhaltensweisen oder andere geeignete Kennzeichen des Vorbilds, bei dem es sich entweder um eine nicht-verwandte Art oder um ein unbelebtes Objekt handeln kann wie der Untergrund, auf dem der Nachahmer die meiste Zeit seines Lebens verbringt. (Die Trennung in Mimikry und Mimese, also Tarnung, wird wegen Abgrenzungschwierigkeiten immer mehr fallengelassen.)

Mimikry ist natürlich keine vom Individuum aktiv verfolgte Strategie; Blüten beschwindeln oder verleiten Tiere schließlich nicht in planvoller Absicht, sie zu besuchen. Mimikry ist vielmehr das Ergebnis einer Evolution, die über viele Generationen hinweg durch Selektion und Mutation schließlich günstige Merkmale hervorgebracht hat.

Wenn solche genetisch fixierten Merkmale einer Pflanze beispielsweise zur Tarnung verhelfen, so steigen ihre Überlebenschancen gegenüber anderen, weniger gut getarnten Pflanzen. Die Pflanze wird wahrscheinlich mehr Nachkommen hinterlassen und dabei ihren Überlebensvorteil an die nächste Generation weitergeben.

Damit die Entwicklung einer Mimikry durch natürliche Auslese begünstigt wird, muß also dem Nachahmer aus der Imitation eines anderen Organismus oder eines Substrats ein Fortpflanzungsvorteil erwachsen; seine Fitness – sein Adaptationswert gemessen an der Anzahl seiner überlebenden Nachkommen, welche die nächste Generation bilden – muß sich als Folge der Täuschung erhöhen.

Dies ist in Felduntersuchungen an Tieren mit Mimikry nur selten belegt worden, zum Teil deshalb, weil es schwierig werden kann, zwei oder häufiger sogar drei interagierende Arten zu verfolgen. Pflanzen hingegen sind zumindest während der vegetativen Phase ihres Lebenszyklus ortsfest und daher im Feldexperiment leichter zu beobachten und zu manipulieren. Es liegt auf der Hand, daß im Falle der Herbivorie (des Pflanzenfressertums) schon das bloße Überleben der Pflanze vielfach einen Fortpflanzungsvorteil gegenüber jenen weniger glücklichen Artgenossen bedeutet, die abgeweidet werden. Im Falle der Bestäubung läßt sich der Fortpflanzungserfolg an der Anzahl angelockter Bestäuber und der Menge gebildeter Früchte und Samen abschätzen.

Verdeckte Ähnlichkeit

Bei den meisten Bestäubungssystemen profitieren beide Partner: die Pflanze ebenso wie ihre Bestäuber. Es handelt sich also um eine symbiontische Beziehung zu beiderseitigem Nutzen. Die Pflanze bietet ihren Bestäubern nahrhaften Nektar und Pollen, und während diese danach suchen, übertragen sie Pollen zwischen artgleichen Individuen. Nach der Bestäubung und Befruchtung werden dann Samen gebildet.

Manche Pflanzen beuten jedoch diese symbiontische Beziehung aus: Sie bieten keine Futterbelohnung, verlocken statt dessen den Bestäuber zum Besuch, indem sie irgendwelche morphologischen und chemischen Blütenmerkmale – wie Farbe, Struktur, Gestalt und Duft – von mit ihnen vergesellschafteten nektarreichen Arten imitieren. Die angelockten Insekten können nicht mehr zwischen Vorbild und Nachahmer unterscheiden und bestäuben so beide.

Für uns Menschen allerdings kann die Ähnlichkeit gering sein, und dann ist der Versuch der Täuschung nicht auf Anhieb zu erkennen. Ein solches Beispiel hat vor kurzer Zeit L. Anders Nilsson vom Institut für botanische Systematik in Uppsala beschrieben.

Als Vorbild in diesem Mimikry-Komplex dienen mehrere Arten von Glockenblumen der Gattung *Campanula*. Nachgeahmt werden sie vom Roten Waldvögelein (*Cephalanthera rubra*), einer Orchidee (Bild 2). Beide Pflanzen leben gemeinsam in trockenen Waldgebieten Westeuropas und des

Bild 1: Durch optische, taktile und chemische Signale getäuscht, versucht die Dolchwespe *Campsoscolia ciliata* mit der Spiegelragwurz *Ophrys speculum*, einer Orchidee, zu kopulieren. Die Unterlippe der Blüte stimmt ungefähr in Größe, Form und Behaarung mit dem Wespenweibchen überein, so daß die paarungswilligen Männchen offensichtlich schwer zwischen der Orchideenblüte und dem anderen Geschlecht unterscheiden können. Auf ihrer Suche nach einer geeigneten Fortpflanzungspartnerin fliegen sie von Blüte zu Blüte und bestäuben sie dabei.

Mittelmeerraumes, wo sie regelmäßig von zwei Arten solitärer Blattschneiderbienen aufgesucht werden: *Chelostoma fuliginosum* und *C. campanularum*. (Solche Bienen bilden keine Staaten, sie leben vielmehr einzeln – daher die Bezeichnung solitär.) Darüber hinaus aber haben die beiden Pflanzengattungen wenig Gemeinsames. Sie unterscheiden sich in Form und Farbe ihrer Blüten (die Orchidee ist rosafarben, die Glockenblume dagegen violettblau) und gehören zwei verschiedenen Familien an. Zudem produzieren die Glockenblumen reichlich Nektar, die Orchideen aber gar keinen.

Nilsson beobachtete, daß sich die Männchen der beiden Blattschneiderbienen auf den Blüten des Roten Waldvögeleins niederlassen und – vermutlich auf der Suche nach Nahrung – Kopf voran in sie eindringen. Beim Zurückziehen streifen sie an dem zu Paketen zusammengeklebten gelben Pollen, den Pollinien, vorbei, die als Ganzes an ihrem Rücken haften bleiben. Diesen Pollen setzen sie dann an der Narbe der nächsten von ihnen besuchten Orchideenblüte ab. Nilsson verfolgte die Bienen und stellte fest, daß sie nicht zwischen den beiden Sorten von Blütenpflanzen unterscheiden und so beide gut bestäuben. Die Frage war nur, warum die anders aussehende Orchidee, obwohl sie keinen Nektar spendet, für diese Bienen attraktiv ist.

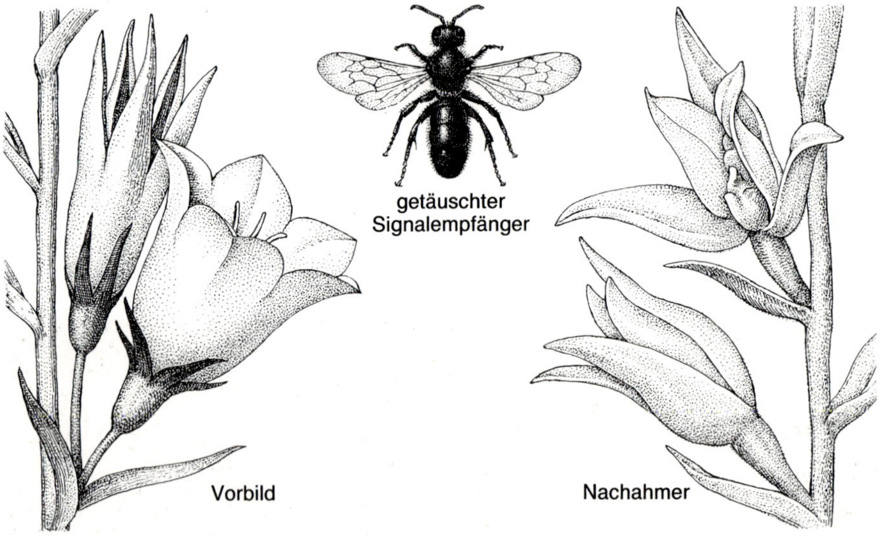

Bild 2: Mimikry ist eine Art Dreiecksverhältnis zwischen einem Vorbild, einem Nachahmer und einem – oft getäuschten – Signalempfänger. Hier dient die nektarreiche Pfirsichblättrige Glockenblume (*Campanula persicifolia*) als Vorbild. Nachgeahmt wird sie vom Roten Waldvögelein (*Cephalanthera rubra*), einer nektarlosen Orchidee (rechts). Das getäuschte Opfer ist die Blattschneiderbiene *Chelostoma fuliginosum* (Mitte), die dort nach Nektar sucht. Für sie haben beide Blüten dieselbe Farbe, so daß sie beide aufsucht und bestäubt.

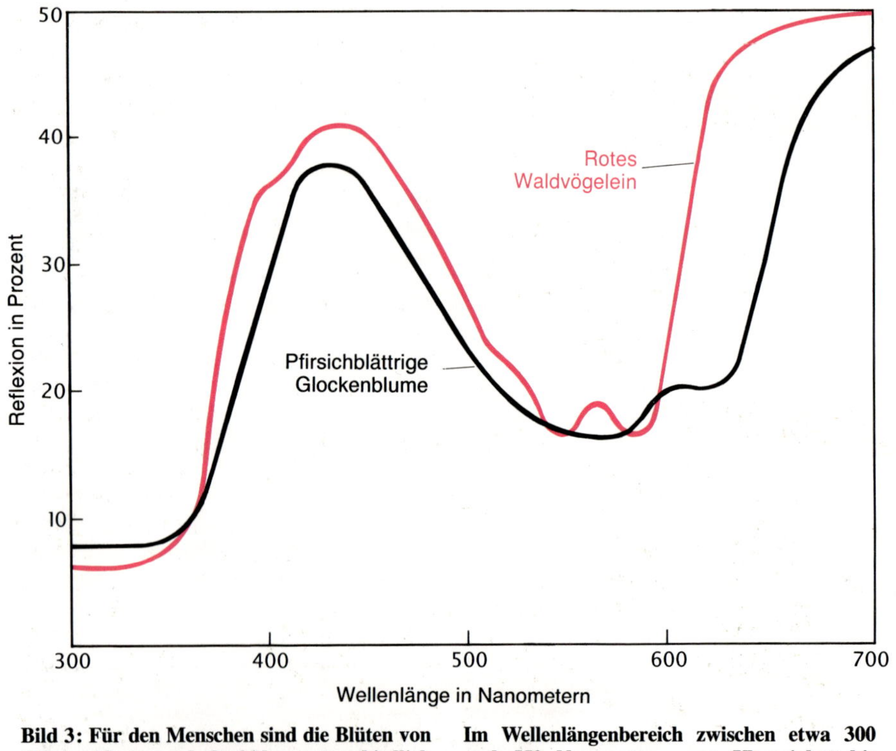

Bild 3: Für den Menschen sind die Blüten von Glockenblume und Orchidee unterschiedlich gefärbt. Er kann anders als Bienen die roten Spektralanteile des sichtbaren Spektrums wahrnehmen, in dem die Reflexionsmuster der beiden Blüten voneinander abweichen (rechts). Im Wellenlängenbereich zwischen etwa 300 und 550 Nanometern, von Ultraviolett bis Gelbgrün also, sind die Reflexionskurven beider Blüten nahezu identisch. Für die auch Ultraviolett wahrnehmenden Bienen haben die Blüten beider Arten daher dieselbe Farbe.

Nilsson löste das Problem mit Hilfe eines Spektrometers, eines Apparats mit dem sich die Wellenlängen (die Spektralanteile) des von einem Objekt reflektierten Lichts messen lassen. Orchidee und Glockenblume haben für das menschliche Auge zwar verschiedene Farben, nicht aber, wie die Reflexionskurven ergaben, für das Bienenauge. Denn innerhalb des für die Bienen sichtbaren Bereichs des Spektrums sind beide Kurven identisch (Bild 3). Die Orchidee erscheint uns rot, da sie Licht von mehr als 600 Nanometern Wellenlänge aus dem roten Spektralbereich stark reflektiert. Der Farbbereich der Bienen ist jedoch zum Ultraviolett verschoben; wie viele andere Insekten sind sie quasi rotblind. Orchidee und Glockenblume erscheinen ihnen also gleich, da weitere Komponenten wie Form und Duft bei diesem Täuschungssystem offensichtlich von untergeordneter Bedeutung sind.

Auf diese Weise werden *Chelostoma*-Männchen zum Besuch der Blüten des Roten Waldvögeleins verleitet, was ihnen wenig, der Pflanze dagegen sehr viel einbringt: Sie wird ohne Gegenleistung bestäubt. Die Mimikry erhöht ihre Fitness deutlich. Denn an Standorten, wo das Waldvögelein mit den Glockenblumen und den sie bestäubenden Bienenarten vergesellschaftet ist, hat es einen deutlich größeren Fortpflanzungserfolg: Der Fruchtansatz ist sechsmal besser als an Standorten, wo die Vorbilder fehlen.

Sexualtäuschblumen und Aasblumen

Die Familie der Orchideen hat freilich mit noch viel bizzareren Beispielen von Mimikry aufzuwarten. Einen speziellen Typ vertreten die sogenannten Sexualtäuschblumen – Arten, die mit ihren Blüten weibliche Insekten nachahmen. Statt Nektar scheiden sie einen

Duftstoff aus, der bemerkenswert dem Sexuallockstoff der als Vorbild dienenden Insektenart gleicht. Außerdem hat das Labellum, die Unterlippe der Orchideenblüte, zumindest grob die Form und Oberflächenstruktur des nachgeahmten Insekts. So ist etwa bei Orchideen, die männliche Dolchwespen anlocken, die Blütenlippe mit entsprechenden Haaren bedeckt (Bild 1).

Insbesondere einige Ragwurzarten (Gattung *Ophrys*) haben sich so stark an die sie bestäubenden Insekten angeglichen, daß sie einen Duftstoff produzieren, der dem weiblichen Sexuallockstoff ihres Vorbilds sehr ähnlich, wenn nicht sogar identisch ist. Manche dieser Orchideen – wie die Fliegen-, die Bienen- und die Hummelragwurz – sind sogar nach den Insektenarten benannt, die sie vortäuschen. Männchen, besonders jene, die sich noch nicht mit einem Weibchen gepaart haben, werden von den Orchideenblüten angelockt und versuchen, mit ihnen zu kopulieren.

Aus der Sicht der Pflanze ist die Pseudokopulation zweifellos eine wirkungsvolle Strategie. Wenn das Insekt auf der Blüte landet, kommt es mit den klebrigen Pollenpaketen in Berührung (Bild 4). Nach einigen vergeblichen Kopulationsversuchen fliegt es wieder davon, um nach einer geeigneteren Fortpflanzungspartnerin zu suchen. Dabei kann es wieder an eine andere Blüte derselben Orchideenart geraten und sie so bestäuben.

Die Pseudokopulation ist eine der trickreichsten, kompliziertesten Formen der Blütenbestäubung durch Tiere. Sie hat sich unabhängig auf drei voneinander getrennten Kontinenten – Australien, Eurasien und Südamerika – herausgebildet und ist besonders stark in den Tropen verbreitet, wo zahlreiche Orchideenarten auf diesem Wege ihre Fortpflanzung sicherstellen.

Warum aber sind Insekten, die davon keinen Vorteil haben, Partner der Pflanzen? Sollte die natürliche Auslese nicht jene Männchen begünstigen, die ihre Kräfte sparen, weil sie eine Blüte von einem Weibchen unterscheiden können? Eine Erklärung dafür könnte sein, daß die Blühperiode der Orchidee mit der Zeit zusammenfällt, in der die Männchen gerade schlüpfen. Bei vielen Insektenarten erscheinen die Männchen einige Tage vor dem anderen Geschlecht. So bricht unter den Männchen zunächst ein harter Konkurrenzkampf um die wenigen verfügbaren Weibchen aus. Im Zustand sexueller Frustration lassen sich dann viele Männchen leicht durch den Duft und das Aussehen der prächtigen Orchideenblüten täuschen.

Eine andere Bestäubungsstrategie verfolgen die sogenannten Aasblumen:

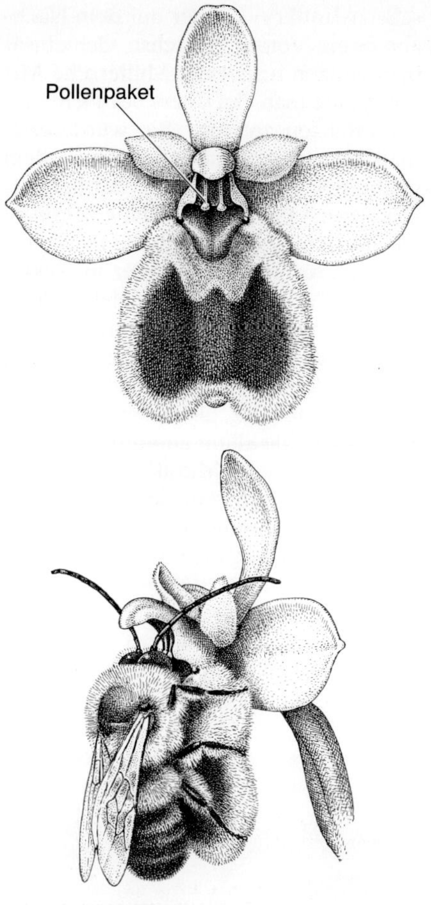

Bild 4: Durch Pseudokopulation bestäubt die im Mittelmeerraum verbreitete Langhornbiene *Eucera nigrilabris* die Ragwurz *Ophrys tenthredinifera*. Diese Orchidee ist eine sogenannte Sexualtäuschblume. Die Blüte (oben) sieht für das Bienenmännchen wie eine weibliche Biene mit ausgebreiteten Flügeln aus. Es klammert sich an die große Unterlippe und versucht, mit ihr zu kopulieren (unten). Dabei stößt es gegen die von oben herabhängenden klebrigen Pollenpakete, die Pollinien. Sie bleiben haften und werden so als Ganzes zu einer anderen Blüte derselben Art verfrachtet.

Sie imitieren mit ihren Blüten kennzeichnende Merkmale von verwesendem Fleisch in einem Kadaver – mit Aasgeruch, fleischartiger Färbung und reichlich Haaren (Bild 5). Auf uns Menschen wirken sie zwar abstoßend, auf Schmeißfliegen und andere aasliebende Insekten aber ausgesprochen verlockend.

Zu den am wirkungsvollsten operierenden Nachahmern dieser Gruppe gehört *Amorphophallus titanum*, ein in Sumatra beheimatetes Aronstabgewächs mit einem gut zwei Meter hohen Blütenstand. Er stinkt so stark, daß manche Leute schon ohnmächtig geworden sein sollen, wenn sie die Nase davon zu voll genommen haben.

Aasblumen bieten nur selten Nektar oder eine andere nahrhafte Belohnung. Statt dessen täuschen sie ihre Bestäuber, indem sie vorgeben, für deren Maden, die sich normalerweise von totem tierischen Gewebe ernähren, ein geeigneter Nährboden zu sein. Die weiblichen Fliegen lassen sich – vom Verwesungsgeruch verführt – auf diesen Blüten nieder und legen in einigen Fällen darauf sogar Eier ab. Ähnlich wie die Insektenmännchen auf ihrer Suche nach einer Fortpflanzungspartnerin gelangen die Fliegenweibchen auf ihrer Suche nach einer geeigneten Eiablage von einer Aasblume zur anderen. Dabei übertragen sie den sich an ihrem behaarten Körper verfangenden Pollen und bestäuben so die Pflanze.

Irrtümliche Bestäubung

Andere Pflanzen ahmen andersgeschlechtliche Blüten von Artgenossen nach, eine Art der Täuschung, die man nach Herbert G. Baker von der Universität von Kalifornien in Berkeley als Bakersche Mimikry bezeichnet. Entdeckt hatte er sie bei der Familie der Melonenbaumgewächse (Caricaceae), deren Vertreter in der Regel zweihäusig sind. Männliche und weibliche Blüten sitzen auf verschiedenen Pflanzen und sind hier – für den Menschen – völlig verschieden, eine Erscheinung, die man als Sexualdimorphismus (nach griechisch *dimorphos*, doppelgestaltig) bezeichnet. Die Kronblätter der männlichen Blüten sind zu langen Röhren verwachsen, während die weiblichen Blüten freie Kronblätter besitzen, die einen großen grünen Fruchtknoten umgeben. Die männlichen Blüten bilden Nektar, die weiblichen dagegen nicht.

Baker fragte sich natürlich, wie diese Arten bestäubt werden. Was lockt ein Insekt zu der weiblichen Blüte, die weder Nektar noch Pollen zu bieten hat? Er stellte fest, daß die Pflanzen hauptsächlich während der Abenddämmerung von Insekten wie Nachtfaltern aus der Familie der Schwärmer (Sphingidae) bestäubt werden, die männliche und weibliche Blüten gleichermaßen besuchen. Daraus schloß er, daß bei spärlichen Lichtverhältnissen beide Blüten einem Schwärmer als recht ähnlich erscheinen müssen; so werden die Schwärmer auch zum Besuch der nektarlosen weiblichen Blüten verleitet. Baker bezeichnete dies als irrtümliche Bestäubung.

Bei den meisten zweihäusigen Arten bringen die männlichen Pflanzen wesentlich mehr Blüten hervor als die weiblichen. Kamaljit S. Bawa von der Universität von Massachusetts in Boston vermutet, daß dieses Ungleichgewicht eine starke natürliche Auslese zugunsten weiblicher Blüten bewirkte, die zum Suchbild paßten, das die Bestäuber sich von den männlichen Blüten gebildet hatten.

Dieser Typ von Täuschung steht ganz im Einklang mit den Regeln der Mimikry: Das Vorbild, die männliche Blüte der Melonenbaumgewächse, ist viel zahlreicher vertreten als der Nachahmer, die weibliche Blüte. Daher glauben Fachleute, daß Mimikry unter zweihäusigen Pflanzen viel häufiger vorkomme als gemeinhin angenommen. Interessant ist, daß die männlichen und die weiblichen Blüten von Pflanzen, die durch Tiere bestäubt werden, gewöhnlich einander gleichen; bei windbestäubten Pflanzen ist dies hingegen oft nicht so.

Mimikry mit gegenseitigem Nutzen

Nicht in allen Fällen von Pflanzen-Mimikry handelt es sich um ein so einseitiges Geschäft wie bei der Batesschen Mimikry, bei der nur dem Nachahmer ein Vorteil erwächst. Gemeinsamen Nutzen bringt die Müllersche Mimikry, die man viel öfters bei Tieren als bei Pflanzen antrifft. (Sie wurde erstmals im vorigen Jahrhundert von dem deutschen Zoologen Fritz Müller beschrieben.) Bei dieser Art von Mimikry ähneln sich eine ganze Reihe nicht-verwandter Arten untereinander in Aussehen und Verhalten. Als Gleichaussehende können sie den Vorteil einer Art gemeinsamer Werbekampagne nutzen, eine Strategie, die bei Pflanzen mehr Bestäuber anlockt, als es der Fall wäre, wenn sich jede allein anpriese.

Die Müllersche Mimikry unterscheidet sich insofern von der Batesschen, als es keine Täuschung, also auch keine klare Abgrenzung in Vorbild und Nachahmer gibt. Alle Beteiligten steuern gleich viel bei, das heißt, alle haben vergleichbare Belohnungen zu bieten. Einige Botaniker beharren daher darauf, daß die Müllersche Mimikry gar keine sei, sondern einfach daher rühre, daß sich Lebewesen mit gleichartiger Lebensgrundlage in ähnlicher Weise entwickeln.

Eine solche gleichlaufende Entwicklung bezeichnet man als konvergente Evolution. Ein wohlbekanntes Beispiel dafür ist die Sukkulenz von Wüstenpflanzen (lateinisch *succulentus*, saftvoll). In Anpassung an die geringen Niederschläge haben verschiedene nicht-verwandte Pflanzen dicke Blätter oder Stämme mit fleischigem Gewebe entwickelt, in denen sie Wasser speichern. So haben ganz verschiedene Verwandtschaftskreise die „Kaktusform" hervorgebracht.

Es gibt auch Pflanzengesellschaften, die allem Anschein nach Elemente der Batesschen und der Müllerschen Mimikry in sich vereinen. Ein allerdings unbewiesenes Beispiel dafür ist eine Gemeinschaft von drei orange-gelb blü-

Bild 5: Der stinkende Ordensstern (*Stapelia nobilis*), eine südafrikanische Aasblume, ähnelt in Farbe und Geruch verwesendem Fleisch und lockt auf diese Weise aasliebende Bestäuber an. Für ein Insekt sehen die roten feinbehaarten Kronblätter der Blüte wie Fell aus und fühlen sich auch so an. Davon getäuscht hat die hier photographierte weibliche Schmeißfliege ein Häufchen weißer Eier am Grund der Blüte abgelegt. Die daraus schlüpfenden Maden benötigten jedoch für ihre Entwicklung tierisches Eiweiß und werden daher bald mangels Nahrung sterben.

henden Pflanzenarten, die von Schmetterlingen bestäubt werden: das Wandelröschen *Lantana camara* aus der Familie der Eisenkrautgewächse, die Seidenpflanze *Asclepias curassavica* aus der Familie der Schwalbenwurzgewächse und die Orchidee *Epidendrum radicans*. Diese drei Pflanzen findet man häufig im tropischen Amerika an Straßenrändern vergesellschaftet, wo sie von denselben Schmetterlingen aufgesucht werden.

Das Wandelröschen und die Seidenpflanze produzieren reichlich Nektar und gelten als Partner einer Müllerschen Mimikry. Die nektarlose Orchidee wird dagegen als Batesscher Nachahmer der beiden anderen betrachtet. Alle drei Pflanzen erfüllen die äußeren Kriterien eines Mimikry-Komplexes: Sie leben im selben Gebiet und besitzen Blüten von ähnlicher Größe und Farbe. Bei einer neueren Untersuchung ließ sich allerdings nicht nachweisen, daß die einzelnen Arten in der Vergesellschaftung häufiger bestäubt werden und daher mehr Nachkommen produzieren, als wenn sie allein auftreten.

Bild 6: In der Nachahmung von Steinen ist die Gattung *Lithops* Meister. Diese in Südafrika heimischen „lebenden Steine“ sind aus einiger Entfernung unter den sie umgebenden Kieseln nur schwer auszumachen; während der Trokkenzeit schrumpfen sie und sind vor allem dann, wenn sie noch mit Sand überpudert sind, selbst aus der Nähe kaum zu erkennen.

Lebende Steine

Pflanzen ahmen keineswegs immer andere Lebewesen nach und können auch aus anderen Gründen als zum Zwecke der Bestäubung auf Täuschungsmanöver zurückgreifen – etwa um sich vor pflanzenfressenden Tieren zu tarnen. Gewisse Pflanzenarten gleichen in Form, Größe, Farbe und sogar in der Oberflächenstruktur so sehr dem unbelebten Unter- oder Hintergrund, daß sie vor potentiellen Freßfeinden geschützt sind.

So hat sich beispielsweise bei einigen hundert südafrikanischen Arten aus der Familie der Mittagsblumengewächse (Aizoaceae) eine erstaunliche Ähnlichkeit mit Steinen und Geröll herausgebildet. Als Meister dieser sogenannten Stein-Mimikry zeigen sich die „lebenden Steine“ der Gattung *Lithops*: Die ganze Pflanze und nicht nur ein Teil gleicht einem Stein. Lebende Steine lassen sich praktisch nicht zwischen einer niedrig wachsenden Vegetation ausmachen, vor allem nicht in der Trockenzeit, wenn sie schrumpfen und häufig hauchzart mit Sand überpudert sind (Bild 6).

Delbert Wiens von der Universität von Utah in Salt Lake City vermutet, daß am Boden Nahrung suchende Vögel, Kleinsäuger und Huftiere, die einst die afrikanischen Ebenen in großer Zahl durchstreiften, den Selektionsdruck zur Auffächerung in diese mimetischen Formen erzeugt haben könnten. Auf einer dünnen Vegetationsdecke grasend, dürften die Tiere alles verschlungen haben, was auch nur entfernt einer Pflanze ähnlich sah – besonders während der Trockenzeit, wenn zahlreiche Pflanzen vertrocknen und absterben. Für diese Hypothese spricht, daß die auffälligen *Lithops*-Blüten kurzlebig sind und sich nur während der Regenzeit entfalten, wenn die grasenden Tiere reichlich Nahrung haben.

Die Schwierigkeit, die Selektionsdrücke zu identifizieren, die für eine Stein-Mimikry verantwortlich sind, gemahnt uns daran, daß sich das Leben unablässig fortentwickelt. Wenn die ausgeklügelte Beziehung zwischen Vorbild, Nachahmer und Getäuschten beispielsweise durch menschliche Eingriffe gestört wird, kann es sein, daß lediglich Teile des ursprünglichen Mimikry-Komplexes intakt bleiben. In diesen Fällen liefert die verblüffende Ähnlichkeit zwischen Vorbildern und Nachahmern einen fesselnden, flüchtigen Einblick in zurückliegende Evolutionsprozesse, die nicht mehr weiterlaufen.

Tarnung als Nutzpflanze

Nicht immer freilich ist die Mimikry unter Pflanzen Ausdruck weit zurückliegender Evolutionsvorgänge. Einer der zerstörerischsten „Pflanzenfresser“ ist unsere eigene Spezies *Homo sapiens*. Verschiedene Studien an Nutzpflanzen zeigen, daß die Praktiken der Landwirtschaft die Genetik und die Evolution bestimmter Unkräuter stark beeinflussen. Zusammen mit der Kultivierung von Nutzpflanzen kam das Problem auf, das Unkraut unter Kontrolle zu bringen, das sich auf den Äckern ausbreitet und durch Nahrungs- und Lichtkonkurrenz den Ertrag schmälert.

Seitdem Menschen erstmals Ackerbau betrieben, haben sie störende Unkräuter von ihren Feldern per Hand entfernt, und trotz des verbreiteten Einsatzes von Unkrautvernichtungsmitteln wird dieses Jäten immer noch praktiziert, besonders in weniger entwickelten Ländern. Beim Jäten – ganz gleich ob mit Hand oder Hacke – müssen zwangsläufig Nutzpflanze und Unkraut auseinandergehalten werden, was auch meist leicht gelingt. Sehen sich beide Sorten jedoch ähnlich, kann es vorkommen, daß das Unkraut versehentlich für die Nutzpflanze gehalten wird. Das dürfte besonders dann geschehen, wenn die einzelnen Unkräuter spärlich verteilt zwischen den Nutzpflanzen wachsen. Doch auch bei starker Verunkrautung, wenn das mühselige zeitraubende Jäten die Aufmerksamkeit überfordert, können vermehrt solche Fehler auftreten. Auf jeden Fall haben Unkräuter, die den jeweiligen Nutzpflanzen stärker ähneln als andere, höhere Überlebenschancen.

Dieses Thema begann mich zu fesseln, als ich das Problem der Massenvermehrung von Wildreis in Reiskulturen von Swaziland untersuchte. Während der fünfziger Jahre waren zwei Arten von Wildreis, *Oryza rufipogon* und *O. punctata*, in die Reisfelder eingewandert, wo sie sich schnell ausbreiteten. Da die wilden Arten dem Kulturreis recht ähnlich sehen, wurde das volle Ausmaß der Invasion erst erkannt, als ihre Populationen für eine wirksame Bekämpfung zu groß geworden waren. Beim Jäten von Hand war es, wie ich beobachtete, für die Landarbeiter sehr schwierig, zwischen den verschiedenen Typen von Reispflanzen zu unterscheiden, so daß häufig die Wildformen stehen blieben.

Gejätet wird gewöhnlich – wie zumeist beim Feldanbau – in den Anfängen der Wachstumsperiode, wenn der Konkurrenzkampf zwischen den Reispflanzen und den einwandernden Unkräutern am stärksten ist. Die Nachahmer unter den Unkräutern imitieren daher zumeist das Aussehen während der frühen Wachstumsphase und sind bis zur Blühperiode von der Nutzpflanze nicht zu unterscheiden. Bis dahin ist der größte Schaden aber bereits angerichtet.

In Swaziland beobachtete ich, daß sich der Kulturreis mit dem Wildreis *O. rufipogon* unter bestimmten Bedingungen kreuzt und lebensfähige Bastarde hervorbringt, die sich noch schwerer von der Nutzpflanze unterscheiden lassen. Die Kreuzungen zwischen kultiviertem und wildem Reis sind eingehend von Wissenschaftlern des Nationalen Institutes für Genetik in Japan untersucht worden.

Die Bastarde wiesen, wie sich herausstellte, bestimmte für Kulturformen typische Merkmale auf, wie gleichzeitiges Blühen und Keimen sowie ausfallfeste Reiskörner, die anders als bei der Wildform nicht so leicht bei der Reife ausfielen. Leider behielten die Bastarde aber jene Merkmale bei, die Wildreis ungenießbar machen: kleine Körner mit extrem harten Spelzen, die nur schwer beim Schälen in der Mühle zu entfernen sind. Doch noch mehr Kummer macht der Umstand, daß die bei den Bastarden auftretenden Kulturmerkmale ihnen erlauben, weiter zu bestehen und sich zu vermehren. Das macht die Wildarten zu einem noch größeren landwirtschaftlichen Problem.

Eine theoretisch gute Idee, wie sich die Bastard-Pflanzen auf den Reisfeldern ausmerzen ließen, hatten indische Pflanzengenetiker. Sie züchteten Kultur-Linien mit purpurfarbenen Blättern, die sich beim Jäten leicht von Reisunkräutern unterscheiden lassen sollten. Leider brachte die natürliche Kreuzung von Wild- und Kulturpflanzen schon bald purpurblättrige Bastarde hervor, so daß die Blattfärbung sich als Unterscheidungsmerkmal nicht mehr eignete.

Eine andere ernste Unkrautplage in Reiskulturen ist die zu den Süßgräsern zählende Hühnerhirse. Zu den Hühnerhirsen (Gattung *Echinochloa*) gehören Getreidearten wie die Weizen- und die Schamahirse, aber auch einige der verbreitetsten und schädlichsten Unkräuter überhaupt. Sie machen sich in einer Vielfalt von Kulturen breit, darunter in Obstplantagen, Mais-, Baumwoll- und Reisfeldern.

Gewöhnlich lassen sie sich an ihren rötlichen Blattbasen, ihren überhängenden Blättern und der frühen Blütezeit erkennen. Gewisse in den Reisfeldern Asiens lästig gewordene Arten haben jedoch diese Merkmale infolge verschiedener Mutationen verloren und sind dem kultivierten Reis nun zum Verwechseln ähnlich, besonders während der vegetativen Wachstumsphase (Bild 7). Sie lassen sich zwar noch bei genauerem Hinsehen identifizieren, wenn man bei den Reispflanzen auf das

Bild 7: Ein drei Wochen alter Setzling von Kulturreis (links) im Vergleich zu zwei Arten der Hühnerhirse: *Echinochloa phyllopogon*, ein Reisunkraut, imitiert die Reispflanze (Mitte); *E. crus-galli*, die Gemeine Hühnerhirse, tut es nicht (rechts). Trotz der nahen Verwandtschaft zur Gemeinen Hühnerhirse ähnelt *E. phyllopogon* stärker dem Reis. Die Unterscheidung vom Reis ist nicht ganz einfach: Dieser besitzt im Gegensatz zu der Hühnerhirse ein Blatthäutchen zwischen Blattscheide und Blattspreite; die Gemeine Hühnerhirse ist dagegen leicht an ihrem purpurroten Halm zu erkennen. Unkräuter, die Reispflanzen imitieren, werden beim Jäten von Hand leicht übersehen. Sie sind in einigen Anbaugebieten zu einem schweren landwirtschaftlichen Problem geworden. So kam der Reisanbau in Swaziland Mitte der siebziger Jahre völlig zum Erliegen, weil zwei in die Felder eingewanderte ungenießbare Arten von Wildreis (*Oryza rufipogon* und *Oryza punctata*) nicht mehr in den Griff zu bekommen waren. *O. rufipogon* kreuzt sich zudem mit Kulturreis.

Blatthäutchen an der Übergangsstelle von Blattscheide und Blattspreite achtet. So viel Zeit haben aber die Landarbeiter beim Jäten gewöhnlich nicht, und so werden die Reisunkräuter häufig übersehen.

Heute sind zwei dieser Reisnachahmer, *Echinochloa oryzoides* und *E. phyllopogon* (früher *E. oryzicola* genannt), auf Reisfeldern obligate Unkräuter, die sich von Asien aus auf viele der Hauptanbaugebiete, darunter auch nach Kalifornien, ausgebreitet haben. In die Vereinigten Staaten sind sie offensichtlich während der Anfänge des dortigen Reisanbaus gelangt – als Verunreinigungen von Saatgut. Denn bereits beim Versuchsanbau auf der Biggs-Reisforschungsstation im Central Valley von Kalifornien hat man sie entdeckt. Heute gehören sie zu den hartnäckigsten Unkräutern auf den kalifornischen Reisfeldern.

Obwohl dort inzwischen nicht mehr von Hand gejätet wird, mag die starke Ähnlichkeit zwischen Hühnerhirse und Reis indirekt die Verbreitung über ganz Kalifornien gefördert haben; Saatgut von scheinbar unkrautfreien Reisfeldern wurde Anfang dieses Jahrhunderts für ganz Kalifornien zur Aussaat freigegeben.

Von Kalifornien aus soll *E. oryzoides* auch als Saatgutverunreinigung nach Australien exportiert worden sein, wo man dann erstmals 1938 am Reisforschungsinstitut von Leeton in Neu-Südwales auf die Hühnerhirse stieß. Seitdem hat sie sich auf die gesamten Reisanbaugebiete dieses Bundesstaates ausgedehnt und droht zu einem ernsthaften Problem zu werden.

Anthony Brown von der Commonwealth Scientific and Industrial Research Organization (CSIRO) in Australien hat mit mir die genetische Variation verschiedener Enzyme bei kalifornischen und australischen Populationen von *E. oryzoides* untersucht. Demzufolge vertreten die australischen Populationen tatsächlich einen eng begrenzten Teil der in den kalifornischen Populationen vorhandenen genetischen Information. Wir schließen daraus, daß die australische Form von *E. oryzoides* ihre Vorfahren nur in Kalifornien haben kann.

Mimikry kann in allen Phasen des pflanzlichen Lebenszyklus ausgeprägt sein. So bietet sich beispielsweise für die Reisunkräuter bei dem intensiven Kleinanbau, wie er in vielen Teilen der Welt und besonders in Asien betrieben wird, eine zusätzliche Gelegenheit für eine Selektion durch den Menschen; denn dort werden die Setzlinge von Hand aus den Anzuchtbeeten in die Felder umgesetzt. Damit ist die Imitation von Setzlingen lohnend.

Samen-Mimikry

Mimikry kann sogar das Samenstadium betreffen. Eine solche Samen-Mimikry haben russische Botaniker erstmals zu Anfang dieses Jahrhunderts bei *Camelina sativa* var. *linicola*, einer Unterart des Leindotters beschrieben, die als Unkraut auf Flachsfeldern vorkommt. (Der Saatleindotter selbst – *Camelina sativa sativa* – ist eine alte Kulturpflanze mit ölhaltigen Samen.) Die Pflanze sieht mit ihren dünnen unverzweigten Stengeln und ihren schmalen blassen Blättern ganz wie eine Flachspflanze aus. Die Ähnlichkeit geht jedoch nicht auf eine Selektion durch Handjäten zurück, da man dies in Flachsfeldern nicht praktiziert. Sie ist einfach nur eine Anpassung an die Lebensbedingungen in den dichten, schattigen Flachsbeständen.

Die Samen des Leindotters allerdings werden gleichzeitig mit denen des Flachs oder Leins reif und, da die Früchte nicht abfallen, auch zusammen mit den Fruchtkapseln des Flachses geerntet. Normalerweise werden fremde Samen beim Dreschen und Worfeln (Reinigen) von den Flachssamen, den bekannten Leinsamen, getrennt, doch die des Leindotters haben flachsähnliche Worfeleigenschaften entwickelt. Die Samen beider Arten sehen zwar verschieden aus, werden aber von der Worfelmaschine gleich weit weggeblasen. Die vermischten Samen werden in der folgenden Anbausaison auch gemeinsam ausgesät, was den Fortbestand des Mimikrykomplexes gewährleistet.

In der Sowjetunion baut man regional verschiedene Flachssorten mit unterschiedlichen Samenmerkmalen an. Bemerkenswerterweise haben sich beim Leindotter die Flachssamennachahmer in jeder Region parallel zu ihren Vorbildern entwickelt und können so als Flachsunkraut weiterbestehen.

Niedergang und Aufstieg

Mit der Einführung von ausgeklügelteren Worfelmaschinen und verbesserten Kultursorten dürfte man die enge Beziehung zwischen Nutzpflanzen und ihren Unkräutern aufbrechen können – zumindest für eine gewisse Zeit. So ist es beispielsweise seit der Einführung frühreifender Formen von Zwergreis in Kalifornien leichter geworden, eine Verkrautung mit *E. phyllopogon* zu erkennen. Die Entwicklung von Reissorten, die vor ihren Nachahmern reifen, wird wahrscheinlich dem Unkraut den Garaus machen.

Die Wechselwirkungen zwischen Arten ist allerdings nie vorherzusagen, und eine Veränderung bei der einen Art zieht häufig eine Veränderung bei der anderen nach sich. Zwar ist es möglich, daß *E. phyllopogon* unter dem neuen Selektionsdruck ihre Blühperiode mit der der neuen Reissorten synchronisiert, doch dürfte dies meinen eigenen Studien zufolge unwahrscheinlich sein. Denn die kalifornischen Populationen von *E. phyllopogon* weisen nur eine relativ geringe genetische Variation bei der individuellen Entwicklungszeit auf, so daß sie sich in dieser Hinsicht nur begrenzt verändern können.

Mimikry innerhalb landwirtschaftlicher Systeme ist für den Menschen nicht immer nachteilig. Einige Nachahmer unter den Unkräutern sind dank ihrer Ähnlichkeit mit Nutzpflanzen selbst zu Nutzpflanzen von hoher wirtschaftlicher Bedeutung geworden. Als erster hat dies Ende der zwanziger Jahre der sowjetische Botaniker Nikolai Iwanowitsch Wawilow erkannt, bis 1939 Leiter der Abteilung für angewandte Botanik und Selektion des Allunions-Instituts für angewandte Botanik und neue Kulturen in Leningrad. Beim Anbau solcher schon früh kultivierten Getreide wie Weizen wurden auch roggen- und haferähnliche Unkräuter mitgeerntet und durch den Menschen unbeabsichtigt auf solche züchterischen Merkmale wie große Samen, unzerbrechliche Ähren und Ausfallfestigkeit selektioniert. Allmählich entwickelten sich die Unkräuter zu eigenständigen Kulturpflanzen und sind heute hinsichtlich des Überlebens völlig vom Menschen abhängig.

Wawilow prägte für die von mimetischen Unkräutern abstammenden Nutzpflanzen den Begriff sekundäre Kulturpflanzen. Der ganze Vorgang, für den sich in natürlicheren Ökosystemen kein wirkliches Gegenstück finden läßt, wird als Wawilowsche Mimikry bezeichnet. Daß sich eine Evolution wie diese so schnell vollziehen kann ist ein überwältigendes Indiz für die Evolution von Anpassungen durch natürliche Auslese.

Pflanzen-Mimikry bezieht zahlreiche Typen ökologischer Wechselbeziehungen ein. Ihr breites Spektrum reicht von Täuschungsmanövern zwecks Bestäubung über Strategien zur Tarnung vor Freßfeinden bis hin zur Überlebensstrategie von Unkräutern, bei denen die Auslese durch den Menschen Pflanzen begünstigt, die Kulturformen nachahmen. In allen Fällen ist die Mimikry aus dem Wechselspiel zwischen zufälligen Mutationen und den von der Umwelt ausgeübten Selektionsdrücken hervorgegangen. Die Pflanzen-Mimikry veranschaulicht damit, wie stark die natürliche Auslese als lenkende Kraft bei evolutiven Veränderungen wirkt.

Wie Schlupfwespen Wirte für ihre Larven finden

Die Weibchen von Schlupfwespen erkennen den Geruch der Schmetterlingsraupen, in denen sie ihre Eier ablegen; überdies aber können sie lernen, chemische Stoffe als Wegweiser zu ihrem Opfer zu nutzen, welche die Pflanzen als Reaktion auf Raupenbefall abgeben.

Von James H. Tumlinson, W. Joe Lewis und Louise E. M. Vet

Versteckspielen ist nicht nur ein beliebter Zeitvertreib von Kindern, auch viele Tiere praktizieren es – nur geht es bei ihnen meist um Leben oder Tod. Betrachten wir die Fortpflanzung der Schlupfwespen. Befruchtete Weibchen injizieren ihre Eier mit Hilfe eines speziellen Legestachels in die Larven anderer Insekten, häufig in Schmetterlingsraupen (Bild 1). Das Wirtstier wird dadurch gelähmt, und aus den Eiern in seinem Körper schlüpfen die Wespenlarven. Diese ernähren sich von ihrem Wirt und töten ihn so am Ende. Auf oder nahe bei seiner Körperhülle spinnen sie anschließend ihre Kokons und verpuppen sich. Zweifellos ist es also für eine Raupe von größtem Interesse, zwischen den Blättern verborgen zu bleiben, von denen sie sich mästet; und das sollte zum Beispiel in einem großen, dicht bebauten Feld auch nicht schwierig sein.

Wie also finden die Wespen ihre Opfer in diesem undurchschaubaren Dickicht, in dem die Raupen auch noch davonkriechen und gezielt in Deckung gehen oder sich tarnen? Bei der für ihren Fortpflanzungserfolg entscheidenden Suche können die Parasiten sicherlich nicht allein auf den Zufall bauen. In diesem Falle bräuchte, wie Freilandstudien gezeigt haben, eine Wespe möglicherweise ihr ganzes Leben, um ein einziges Wirtstier aufzuspüren.

In den vergangenen zehn Jahren haben unsere Arbeitsgruppen gemeinsam nach der Suchstrategie der Wespen geforscht, und wir glauben, sie nun gefunden zu haben. Außerdem sind wir überzeugt, daß die Prinzipien, die wir entdeckt haben, gleichermaßen für andere Arten parasitischer Wespen zutreffen – darunter auch für solche, die an Eiern oder anderen Entwicklungsstadien ihrer Wirtstiere schmarotzen.

Kurz zusammengefaßt, lautet der Befund, daß die Wespen bestimmte flüchtige chemische Verbindungen, die sie über beträchtliche Entfernungen wahrnehmen können, zu ihrer Quelle zurückverfolgen. Diese Geruchsstoffe stammen aus Sekreten und dem Kot der Raupen und, was noch überraschender ist, auch aus den befallenen Pflanzen selbst.

Bei unserer Arbeit stießen wir auf zwei Phänomene, die – zumindest bei Schlupfwespen – noch kaum untersucht waren. Das erste ist das erstaunliche Lernvermögen der Wespen, die offenbar viele indirekte und häufig wechselnde Hinweise auf das Versteck eines Opfers entschlüsseln können – eine Fähigkeit, die man diesen Insekten bisher nicht zugetraut hatte. Und das zweite ist die geradezu verschwörerisch anmutende Interaktion zwischen den Wespen und den Futterpflanzen der Raupen: Werden die Pflanzen von Schmetterlingsraupen angefressen, produzieren sie spezifische Geruchsstoffe, die Schlupfwespen anlokken. Jüngsten Erkenntnissen zufolge sollten sich die Lernfähigkeit der parasitischen Wespen und ihr stillschweigendes Komplott mit den Pflanzen bei der Schädlingsbekämpfung in der Landwirtschaft nutzen lassen.

Immer den Geruchsantennen nach

Von Anfang an hatten wir vermutet, daß eine bestimmte Geruchsmischung, die von den Wirtstieren ausgeht, die Wespen zu ihren Opfern führt; denn bei vielen Versuchen war deutlich geworden, daß Schlupfwespen auf chemische Reize ansprechen. Tatsächlich konnten wir schon sehr bald mehrere Substanzen, die als Lockmittel wirken, identifizieren und synthetisieren. Sie finden sich zumeist in den Munddrüsensekreten oder im Kot der Raupen. Als chemische Botenstoffe, die im Gegensatz zu den Pheromonen (beispielsweise den Sexuallockstoffen) zwischen Individuen verschiedener Arten wirken, gehören sie zur Klasse der sogenannten Kairomone.

Allerdings dienen diese Substanzen den Parasiten lediglich im Nahbereich als Duftspur zu den Wirten oder regen sie zur Suche nach ihren Opfern an. Sie sind nämlich nicht flüchtig und verbreiten sich daher nur sehr schlecht in der Luft, so daß sie nicht in größerer Entfernung wahrgenommen werden können. Wären die Wespen auf sie allein angewiesen, hätten sie kaum mehr Erfolg als bei der Zufallssuche.

Ausgehend von diesen Überlegungen entdeckten S. Bradleigh Vinson und sei-

Bild 1: Ein Schlupfwespenweibchen sticht ihren Legestachel in eine an einer Pflanze fressende Schmetterlingsraupe, um ihre Eier in das Opfer zu injizieren. Die sich aus den Eiern entwickelnden Larven fressen die Raupe von innen auf und töten sie so schließlich.

ne Mitarbeiter an der Texas A & M University in College Station, daß Schlupfwespen sehr wohl auch von flüchtigen Substanzen angezogen werden. Derartige Geruchsstoffe sind über mehrere Meter wahrnehmbar und können der Wespe so den Weg zur Raupe weisen. Aber erst als Experimente in unseren Laboratorien an der Landwirtschaftlichen Universität in Wageningen (Niederlande) den stichhaltigen Nachweis erbracht hatten, daß Schlupfwespen flüchtige Verbindungen als Wegweiser nutzen können, wurde deutlich, welch entscheidende Bedeutung das Lernen für die Suche nach Wirtstieren hat.

Zunächst setzten wir bei den Versuchen ein Luftstrom-Olfaktometer ein; im wesentlichen ist das ein rechteckiger Behälter, von dessen Ecken aus man einer Wespe im Zentrum bis zu vier verschiedene Geruchsfelder anbieten kann. Wir beobachteten, daß Wespen der Art *Leptopilina clavipes* auf den Geruch von verrottenden Pilzen reagieren, die mit einiger Wahrscheinlichkeit die Wirte dieser Wespen beherbergen, nämlich die Pilze fressenden Larven der Taufliege *Drosophila*. Außerdem fanden wir heraus, daß Wespen auf Gerüche aus anderen Quellen – etwa von gärenden Früchten – ansprechen können; Voraussetzung dafür ist freilich, daß sie selbst in Raupen herangewachsen sind, die sich davon ernährten, und früher bereits Eier in solchen Raupen abgelegt haben.

Obschon sich mit dem Luftstrom-Olfaktometer die Empfänglichkeit der Wespen für flüchtige Substanzen demonstrieren ließ, war damit nicht festzustellen, wie sich die Insekten im Freiland anhand von Gerüchen orientieren. Das

Gerät war einfach zu klein, um natürliche Verhältnisse zu simulieren; es bot den Wespen nicht einmal genügend Platz zum Fliegen.

Wir beschlossen deshalb, einen Miniatur-Windkanal einzusetzen, wie ihn Fachkollegen von uns schon verwendet hatten, um die Reaktion von Nachtfaltern auf Pheromone und andere Lockstoffe zu untersuchen. Ein kleiner Ventilator bläst dabei den zu testenden Geruch vom einen Ende eines Rohres zum anderen. Wir brachten in unseren Experimenten mit Schmetterlingsraupen befallene Pflanzen vorne in den Kanal und ließen die Wespen hinten frei.

Erwartet hatten wir, daß die Wespen gegen den Luftstrom in die sie anlockende Duftwolke ihrer Opfer fliegen würden. Unsere anfänglichen Resultate waren allerdings verwirrend: Weibchen der Schlupfwespenart *Microplitis croceipes* sprachen nur sehr schlecht auf den Geruch von Larven des in Amerika heimischen Eulenfalters *Heliothis zea* an – ihren normalen Opfern, welche sich von den Blättern der Kuh- oder Chinabohne (*Vigna sinensis*) ernähren und im amerikanischen Sprachraum als *corn earworm*, also Maiskolbenwurm, bezeichnet werden; lediglich 10 Prozent flogen bei den Versuchen von Yvonne Drost und Oliver Zanen in unserem Labor in Tifton (Georgia) zur Geruchsquelle hin.

Als Grund unserer Probleme erwies sich, daß wir die Wespen in Raupen aufgezogen hatten, die mit Laborkost ernährt worden waren – normalerweise gemahlenen Bohnen mit Vitaminzusatz. Sogar in ihrem Larvalstadium waren die Wespen also nie unter natürlichen Bedingungen mit ihren Opfern, deren Ausscheidungen oder Kuhbohnenpflanzen in Berührung gekommen. Erst nachdem wir die Wespenweibchen mit Maiseulenlarven zusammengebracht hatten, reagierten sie auch auf die Gerüche im Windkanal.

Dies war ein erster Durchbruch. Wir lernten, daß Erfahrung beim Erkennen und Verwerten von Gerüchen für die Suchstrategien von Schlupfwespen viel wichtiger ist, als wir geahnt hatten. Allerdings war nicht unbedingt direkter Körperkontakt mit dem Wirt erforderlich. Auch wenn wir die Wespen nur etwa 30 Sekunden lang den Kot der Schmetterlingsraupen mit ihren Antennen betasten ließen, vermochten sie die Larven später aufzuspüren.

Anschließende Untersuchungen im Windkanal zeigten, daß die Wespen tatsächlich vom Kot ihrer Wirte angelockt werden. Wie Fred J. Eller in unserem Laboratorium in Gainesville (Florida) herausfand, können sie sogar am Geruch der Exkremente erkennen, von welcher Pflanze die Raupen gefressen haben: Weibchen, die mit der Duftnote des Kots von Wirten vertraut waren, die sich von einer bestimmten Pflanzenart ernährten, folgten dieser häufiger als dem Kotgeruch von Larven, die an anderen Pflanzen gefressen hatten.

Exquisite Duftnoten

Welche Stoffe im Raupenkot zogen die Wespen an? Um dies zu prüfen, extrahierten wir die flüchtigen Bestandteile mit Hexan, einem als Verdünnungs- und Lösungsmittel vielgebrauchten Kohlenwasserstoff. Tatsächlich wirkten die so gewonnenen Substanzen auf die Wespen im Windkanal ebenso attraktiv wie die von Larven befallenen Pflanzen selbst.

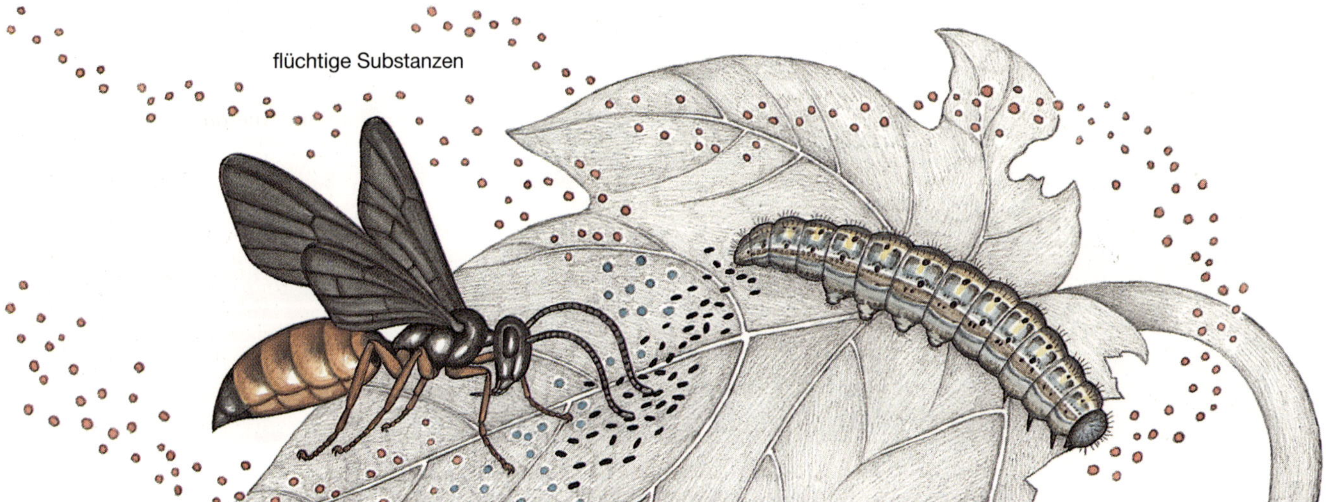

Bild 2: Eine weibliche Schlupfwespe lernt, flüchtige Geruchsstoffe (rote Punkte), die von Raupenkot oder von verletzten Blättern stammen, als Wegweiser zu einer Raupe zu erkennen, indem sie die Exkremente mit ihren Antennen berührt und so auch die nichtflüchtigen Komponenten (blaue Punkte) wahrnimmt. Auf diese Weise bringt sie die flüchtigen Substanzen, die sie riecht, mit den nichtflüchtigen Kotbestandteilen, die für die Raupe charakteristisch sind, in Verbindung. Danach kann sie ein an den Blättern fressendes Wirtstier anhand der von ihm ausgehenden oder verursachten Geruchsfahne aufspüren und ihre Eier darin ablegen.

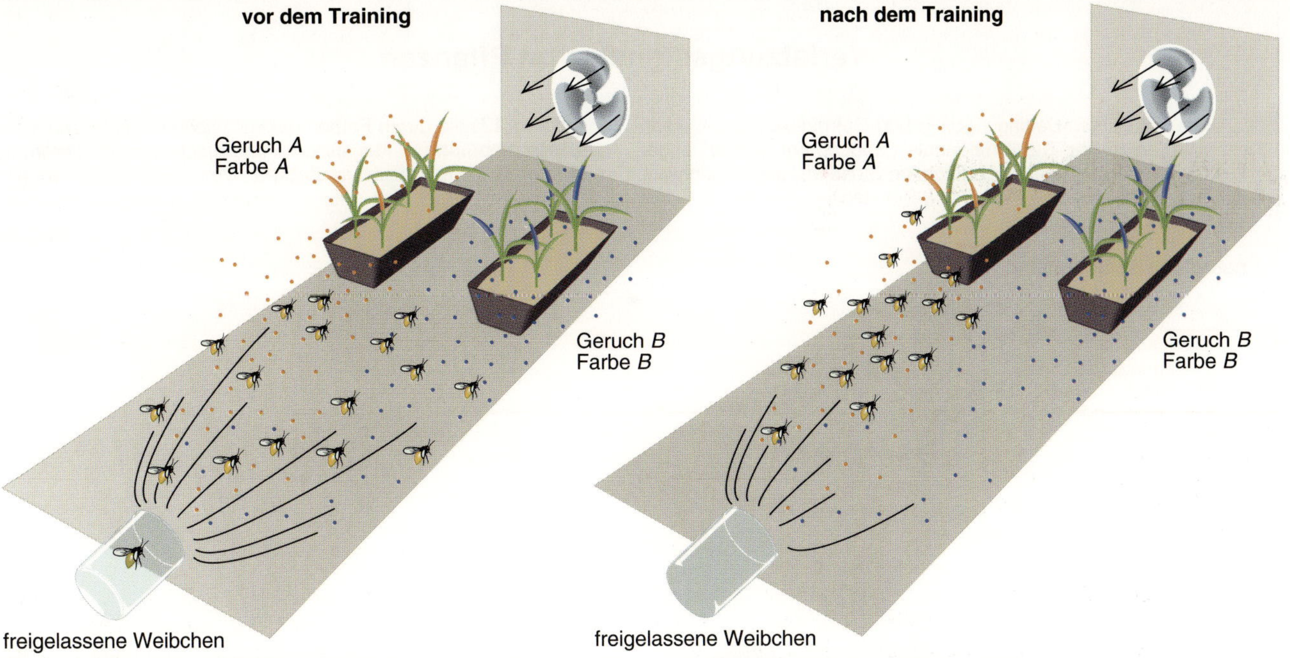

Bild 3: Tests im Windkanal beweisen, daß sich weibliche Schlupfwespen auf Gerüche und Farben trainieren lassen. Dabei werden ihnen zunächst zwei Kästen mit Pflanzen angeboten, die jeweils mit einem Geruch und einer Farbe markiert sind (links). Eine Belohnung in Form von Raupen erhalten die Wespen nur bei den Pflanzen mit der Kombination „Geruch *A*" und „Farbe *A*". So konditioniert, fliegen sie beim nächsten Mal sofort zu dem entsprechenden Kasten, auch wenn er keine Raupen enthält (rechts).

Dennoch stellten uns weitere, gründlichere Experimente wieder vor ein Rätsel. Dabei testeten wir Wespenweibchen, die nicht direkt mit dem Kot von Schmetterlingsraupen in Kontakt gekommen, sondern nur dem flüchtigen Extrakt ausgesetzt worden waren. Zu unserer großen Überraschung reagierten sie ebenso schlecht wie gänzlich unerfahrene Tiere.

Wir beschlossen deshalb, auch die bei der Extraktion zurückbleibenden, nichtflüchtigen Bestandteile der Exkremente zu untersuchen. Wir wuschen sie mit Wasser aus und prüften, ob sich die Wespen damit anlocken ließen. Dies war nicht der Fall. Wenn die Wespen den wäßrigen Extrakt jedoch mit ihren Antennen berühren durften, reagierten sie anschließend stark auf die mit Hexan extrahierten flüchtigen Kotbestandteile.

Demzufolge befindet sich auch unter den wasserlöslichen, nichtflüchtigen Substanzen mindestens ein für das Lernen entscheidender Stoff, der offenbar für jede Art von Wirt charakteristisch ist. Die Wespen müssen die flüchtigen Komponenten mit ihm assoziieren.

Um diese Vermutung zu beweisen, experimentierten wir mit völlig neuartigen Geruchsstoffen. So fächelten wir den Wespen Vanilleduft zu, während sie den wäßrigen Auszug des Raupenkots mit ihren Antennen berührten. Und tatsächlich flogen sie anschließend buchstäblich auf das Vanille-Aroma – offenbar, weil es ihnen die Anwesenheit von Raupen vorspiegelte. Diese Fähigkeit, ganz verschiedene Gerüche mit ihren Wirten in Verbindung zu bringen, erweitert das Spektrum jener Geruchsstoffe erheblich, mit deren Hilfe Schlupfwespen ihre Opfer aufspüren können.

In unserem Labor in Gainesville fand Hans Alborn dann heraus, daß die von den Wespen erkannten Bestandteile im wasserlöslichen Extrakt von der Nahrung der Raupen unabhängig sind: Sie konnten auch aus dem Kot von Maiseulenlarven gewonnen werden, die ausschließlich künstliches Futter erhalten hatten – sogar wenn es nur aus Filterpapier bestand. In dieser Hinsicht unterscheiden sich die nichtflüchtigen Kotbestandteile deutlich von den flüchtigen, die spezifisch von der jeweiligen Futterpflanze abhängen. Derzeit bemühen wir uns, die nichtflüchtige Komponente zu identifizieren.

Obgleich Duftstoffe die Hauptinformationsquelle der Schlupfwespen bei der Suche nach ihren Wirten sind, können sie sich aber auch an Formen, Farben und Mustern in der Umgebung einer Raupe orientieren. In unserem Laboratorium in Tifton untersuchte Felix L. Wäkkers, wie weibliche Wespen der Art *M. croceipes* in einem Windkanal auf optische Signale ansprechen. Mit einem bestimmten Geruch trainierte er sie darauf, eine Raupe mit verschiedenen Farbmustern zu assoziieren, die an Pflanzenblättern angebracht waren – zum Beispiel mit orangefarbenen Flecken oder mit Feldern aus schwarzen und weißen Quadraten. Auch ohne den Geruch reagierten die Wespen anschließend auf die Farbmuster. Allerdings hatten Geruch und visueller Reiz zusammen eine stärkere Wirkung als einer der Auslöser allein (Bild 3).

Mit dieser hochentwickelten Fähigkeit, visuelle und chemische Reize zu lernen und sie in Kombination einzusetzen, verfügen die Wespen über ein wirkungsvolles System zum Orten und Aufspüren ihrer Wirte. Anhand der erlernten Informationen können sie leicht aussichtsreiche Stellen erkennen und ihre Suche auf die ergiebigsten Teile von Pflanzen konzentrieren.

Attraktive Abwehr

Interessanterweise beschränkt sich die Futterpflanze der Schmetterlingsraupe bei der Suche der Schlupfwespen nach Wirtstieren keineswegs auf die Rolle des passiven Beobachters. Man könnte ihren Part sogar als den erstaunlichsten in dieser komplexen Dreierbeziehung ansehen: Wenn Pflanzen angenagt werden, produzieren sie im verletzten wie auch im intakten Gewebe flüchtige Substanzen und setzen sie frei.

Das ist eigentlich eine Verteidigungsreaktion, die den Angreifer abschrecken

Verletzungssignale von Pflanzen

Unter natürlichen Bedingungen geben Getreidekeimlinge, wenn sie von Larven der Zuckerrübeneule (*Spodoptera exigua*) angefressen werden, verschiedene flüchtige Stoffe ab, die Schlupfwespen anlocken (obere Reihe). Diese Substanzen sind hier entsprechend ihrer Klasse durch Farben gekennzeichnet. Sie lassen sich gaschromatographisch identifizieren und erscheinen im Chromatogramm als charakteristische Zacken. Wenn die Pflanze von einer Raupe angenagt wird, setzt sie zunächst Substanzen frei, die

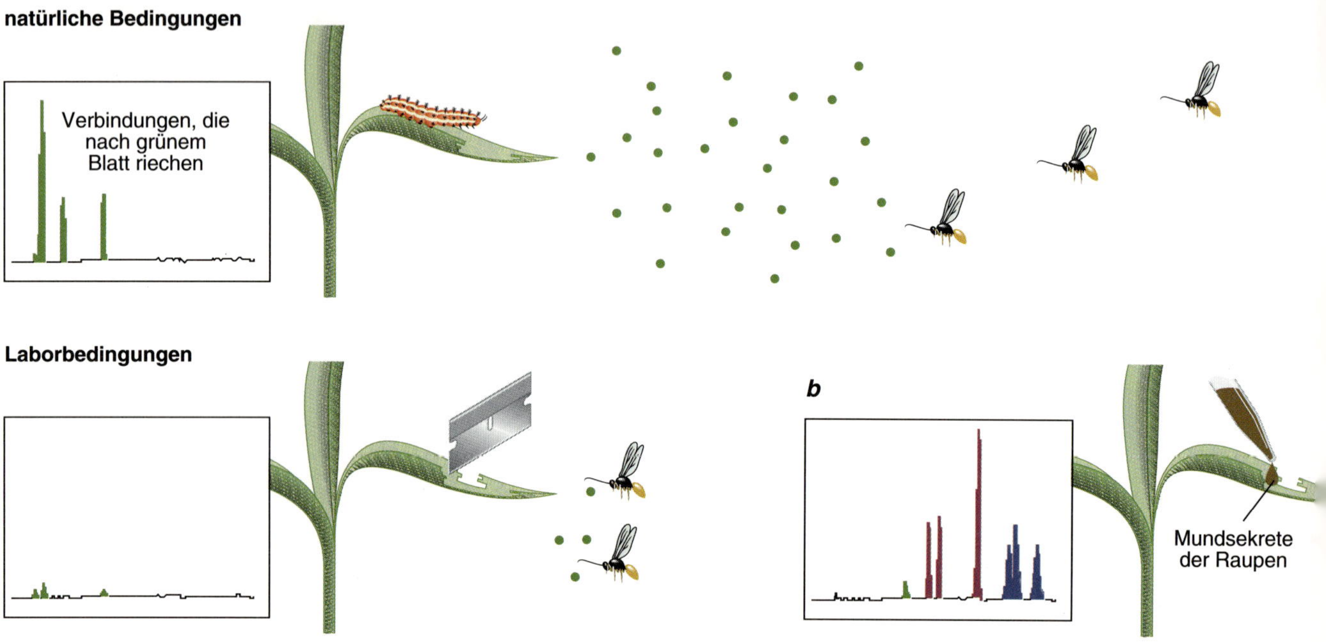

soll. Nach den Ergebnissen diverser Studien sind viele der von verletzten Pflanzen abgegebenen flüchtigen Stoffe für Insekten giftig. Auf Schlupfwespen wirken sie jedoch nicht abschreckend – im Gegenteil: Sie helfen ihnen bei der Suche nach ihren Wirten.

Der erste Hinweis darauf, daß Pflanzen natürliche Feinde ihrer Schädlinge regelrecht zu Hilfe rufen, stammt von der Forschungsgruppe um Marcel Dicke und Maurice W. Sabelis in Wageningen. Die Wissenschaftler beobachteten bereits im Jahre 1988, daß Limabohnen immer dann, wenn ihre Blätter von Spinnmilben angefressen werden, eine Mischung von flüchtigen Substanzen freisetzen, die räuberische Milben anlokken. An diesem Geruchscocktail, der sowohl für die Pflanzenart als auch für die an ihr fressende Spinnmilbe charakteristisch ist, vermag die Raubmilbe ihre Beute zu erkennen.

Inzwischen ist erwiesen, daß auch die flüchtigen Verbindungen, die von Raupen angefressene Pflanzen freisetzen, potente Lockstoffe für Schlupfwespen sind. Nach jüngsten Untersuchungen reagieren die Parasiten darauf sogar empfindlicher als auf die von den Wirtsraupen und deren Kot abgegebenen Substanzen. Bei Windkanalversuchen mit *Cotesia marginiventris*, die Larven von Nachtfaltern parasitiert, stellte Ted C. J. Turlings in unserem Labor in Gainesville fest, daß die flüchtigen Lockstoffe vor allem aus den angefressenen Maispflanzen selbst stammen: Deren Anziehungskraft wurde durch Entfernen der Raupen und all ihrer Ausscheidungsprodukte nur unwesentlich geschmälert; weder der Wirt noch sein Kot wirkten annähernd so attraktiv wie die Pflanze allein.

Dabei ist es nicht etwa der verletzten grünen Blättern entströmende Duft nach frisch geschnittenem Gras, der die Wespen anlockt. Dieser Geruch hält nämlich nur so lange an, wie die Raupe frißt, also Gewebe akut schädigt.

Wie genauere Versuche zeigten, produzieren verletzte Pflanzen ein dauerhafteres Sortiment flüchtiger Lockstoffe; diese ätherischen Öle – Terpene und Sesquiterpene – werden erst einige Stunden nach einem Fraßbefall synthetisiert und über mehrere Stunden bis Tage abgegeben. Die verzögerte Bildung zeigt an, daß die Pflanze als Reaktion auf eine Verletzung durch Fraßschädlinge ihren Stoffwechsel und ihre Biochemie aktiv umstellt. Wie das geschieht ist allerdings noch unbekannt.

Von den Raupen abgesonderte Substanzen sind jedenfalls eine Voraussetzung dafür. Als wir nämlich den Raupenfraß an Blättern mit einer Rasierklinge zu imitieren versuchten, reagierten die Pflanzen fast gar nicht. Wenn wir aber Speichel von Raupen auf die Schnittwunden brachten, gaben sie einige Stunden später die bekannten ätherischen Öle ab, während Raupensekrete auf unverletzten Blättern folgenlos blieben. Desgleichen übten angeschnittene Blätter, die wir mit Raupenspeichel getränkt hatten, im Windkanaltest dieselbe Anziehungskraft auf Wespen aus wie Blätter mit natürlichem Raupenfraß (siehe obigen Kasten).

Turlings fand zudem heraus, daß die Antwort der verletzten Pflanze auf die Raupensekrete systemisch ist: Auch wenn nur eines oder wenige Blätter angefressen werden, setzt die ganze Pflanze flüchtige Stoffe frei. Ähnliches hatte Dicke schon bei den Versuchen mit Spinnmilben beobachtet. Die systemische Reaktion hebt eine angegriffene Pflanze deutlich von den anderen in ihrer Umgebung ab.

nach grünem Blatt riechen (*a*). Diese Verbindungen, die auch frisch geschnittenem Gras seinen charakteristischen Duft verleihen, ziehen die Wespen nur sehr schwach an. Doch nach einigen Stunden produziert der Keimling zudem Terpene und Sesquiterpene, die auf die Insekten äußerst anziehend wirken (*b*). Diese ätherischen Öle werden im Gegensatz zum Gräserduft auch dann noch weiter synthetisiert, wenn die Raupe aufgehört hat zu fressen. In Laborversuchen (untere Reihe) produzieren die Pflanzen, wenn man mit einer Rasierklinge Raupenfraß simuliert, lediglich minimale Mengen an Geruchsstoffen (*a*). Wurden die Schnittwunden aber mit Mundsekreten der Raupen beträufelt, geben sie wiederum Terpene und Sesquiterpene ab, allerdings keinen Gräserduft (*b*). Mundsekrete der Raupen auf intakten Blättern ergeben praktisch keine Reaktion (*c*).

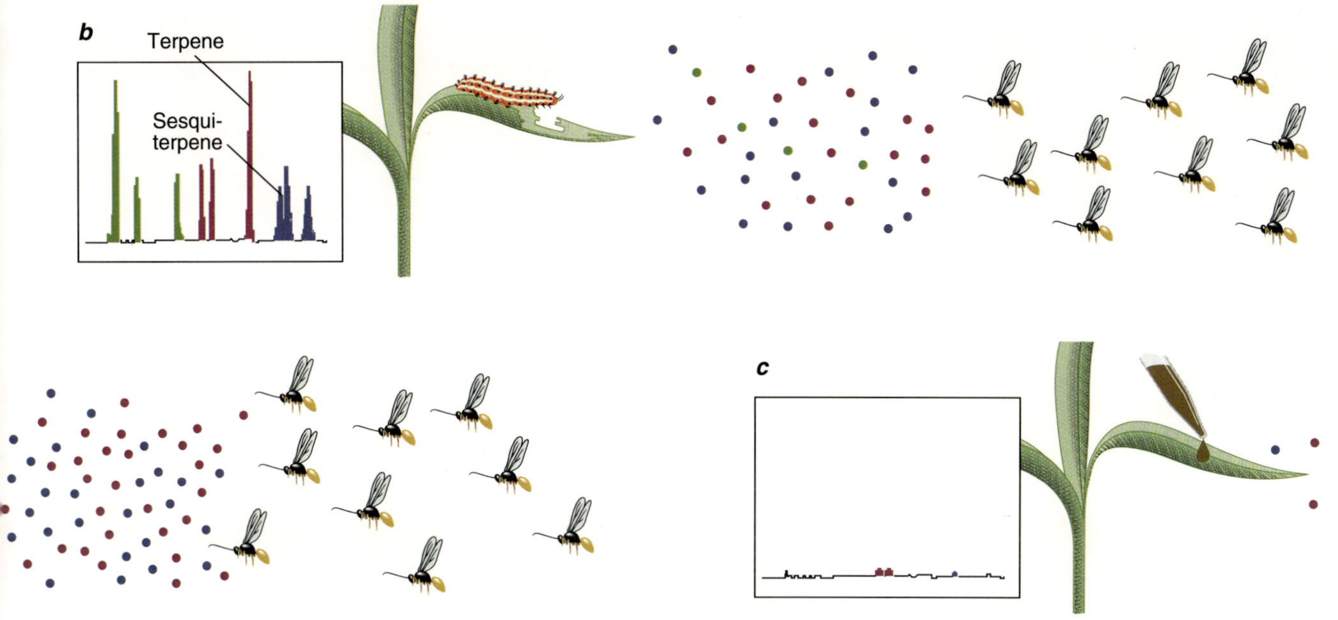

Auch für Wespen lohnend: aus Erfahrung lernen

Ob sich das Freisetzen flüchtiger Substanzen durch Pflanzen als Mittel zum Anlocken natürlicher Feinde der Pflanzenfresser entwickelt hat oder ob räuberische Insekten lediglich Gewinn aus einem pflanzlichen Abwehrmechanismus gegen Schädlinge ziehen, ist umstritten. Diese Diskussion erinnert freilich an die ebenso bekannte wie müßige Frage, was zuerst da war, die Henne oder das Ei.

Die heute zu beobachtenden Phänomene sind das Ergebnis eines langen Evolutionsprozesses mit einer stetigen Abfolge von Anpassungen und Gegenreaktionen. Je unscheinbarer die Larven wurden, desto besser konnten sie Parasiten und Freßfeinden entgehen. Sie müssen jedoch fressen, um zu überleben, und wenn sie dies tun, verletzen sie die betreffende Pflanze. Dies ruft eine Reaktion der Pflanze hervor, die der Wespe als Informationsquelle dient und ihren Angriff auf die Raupe erleichtert. Insofern übt die parasitische Wespe tatsächlich einen bedeutenden Einfluß auf die Verteidigungsstrategie der Pflanze aus.

Welchen Evolutionsvorteil verschafft den Schlupfwespen ihre Lernfähigkeit? Die Antwort ergibt sich aus der unvorstellbar vielfältigen Kollektion von chemischen Verbindungen, in der sich die Wespen zurechtfinden müssen. Die Signale variieren nämlich beträchtlich, wenn ihre Wirte sich von verschiedenen Pflanzenarten ernähren. Je nachdem ob eine Maiseulenlarve zum Beispiel an einer Baumwollpflanze, einer Kuh- oder einer Sojabohne frißt, wird eine andere charakteristische Geruchsmischung freigesetzt. Der Cocktail flüchtiger Substanzen kann sogar davon abhängen, welchen Teil der Pflanze der Schädling anknabbert. Die Situation wird noch komplizierter, wenn ein Parasit seine Eier in Raupen verschiedener Schmetterlingsarten ablegt, wie zum Beispiel die Wespe *C. marginiventris*. Je nach der Schmetterlingsart, der die gefräßige Raupe angehört, kann die gleiche Pflanze nämlich unterschiedliche Geruchsstoffmischungen abgeben.

In einem derart komplexen und variablen chemischen Umfeld ließe sich mit einer simplen, starr festgelegten Suchstrategie das vorhandene Potential an Opfern nicht ausschöpfen. Die Parasiten müssen eine bunte Vielfalt potentiell wichtiger chemischer Signale erkennen und deren Bedeutung unter den jeweiligen Umgebungsverhältnissen einschätzen können. Vielleicht treffen sie am selben Platz auf verschiedene Arten von Wirten oder auf Pflanzen in unterschiedlichen Wachstumsphasen, die für ihre Zwecke ungleich tauglich sind, und sie stehen vor der Wahl, die Suche in einem bestimmten Areal fortzusetzen oder ein anderes anzufliegen. Die Überlebenschance ihrer Nachkommen hängt davon ab, daß sie sich bei der Suche nach ihren Wirten richtig entscheiden. Lernen aus Erfahrung ist dabei von unschätzbarem Vorteil.

Wie aber findet unter diesen Umständen ein Weibchen, nachdem es dem Kokon, in den es sich auf oder nahe bei seinem Wirt eingesponnen hatte, entschlüpft und befruchtet worden ist, seine ersten Opfer? Die Antwort ist zwar noch etwas spekulativ, aber wir haben genug Experimente durchgeführt, um die Einzelergebnisse zu einem plausiblen Bild zusammensetzen zu können. Demnach scheint es zwei Möglichkeiten zu geben.

Die erste wäre, daß Wespen eine angeborene Vorliebe für den Geruch von

Substanzen haben, die in den Nahrungsquellen ihrer Wirte vorkommen. Wir wissen beispielsweise aus unserer Arbeit mit Parasiten von *Drosophila*-Larven, daß auch unerfahrene Weibchen bereits manche Gerüche anderen vorziehen. Und wie Eller beobachtete, werden Weibchen von *M. croceipes*, die noch keinerlei Kontakt mit Wirtstieren hatten, trotzdem von den Gerüchen bestimmter Pflanzenarten ein wenig angezogen.

Die zweite Möglichkeit ist, daß die Wespen beim Schlüpfen in gewissem Umfang auf Bestandteile ihrer Kokons geprägt werden. Bei Experimenten mit der australischen Wespenart *Microplitis demolitor*, die ihre Eier in Maiseulenlarven ablegt, fand Franck Hérard in unserem Labor in Tifton einen entsprechenden Hinweis. Wenn nämlich Wespen als Larven in Raupen herangewachsen waren, die sich von einer bestimmten Pflanze ernährt hatten, reagierten sie im Windkanal auf die Gerüche von Pflanzen, die von dieser Raupe befallen waren. Dies galt jedoch nur, wenn die Wespen aus eigener Kraft aus den Kokons geschlüpft waren; hatten wir sie herausgeschnitten, kümmerten sie sich kaum um diesen Geruch. Das änderte sich freilich, wenn wir sie auf dem Kokon herumlaufen und ihn mit den Antennen betasten ließen.

Zweifellos enthalten die Kokons Geruchsstoffe und andere Substanzen aus den Wirten und deren Futterpflanzen. Ein gewisser angeborener Spürsinn und die Prägung auf diese Stoffe ersetzen zunächst die Erfahrung am lebenden Wirt und helfen den Wespen beim Orten ihrer ersten Opfer. Dennoch brauchten bei unseren Untersuchungen frisch geschlüpfte Wespen gewöhnlich 20 bis 30 Minuten für das Aufspüren einer Raupe. Dann aber lernten sie schnell: Ihre Erfolgsquote stieg während der anfänglichen Suchflüge mit jedem Treffer deutlich an; am Ende fanden sie ihre Opfer manchmal in weniger als fünf Minuten.

Wespen-Patrouille gegen Raupenbefall

Mittlerweile suchen einige Wissenschaftler das Lernvermögen der Schlupfwespen und ihre Empfänglichkeit für chemische Signale in der Landwirtschaft nutzbar zu machen. Läßt sich ihre Fähigkeit, mit schädlichen Schmetterlingsraupen aufzuräumen, vielleicht künstlich steigern und gezielt einsetzen? Dann könnten diese Insekten nach geeignetem

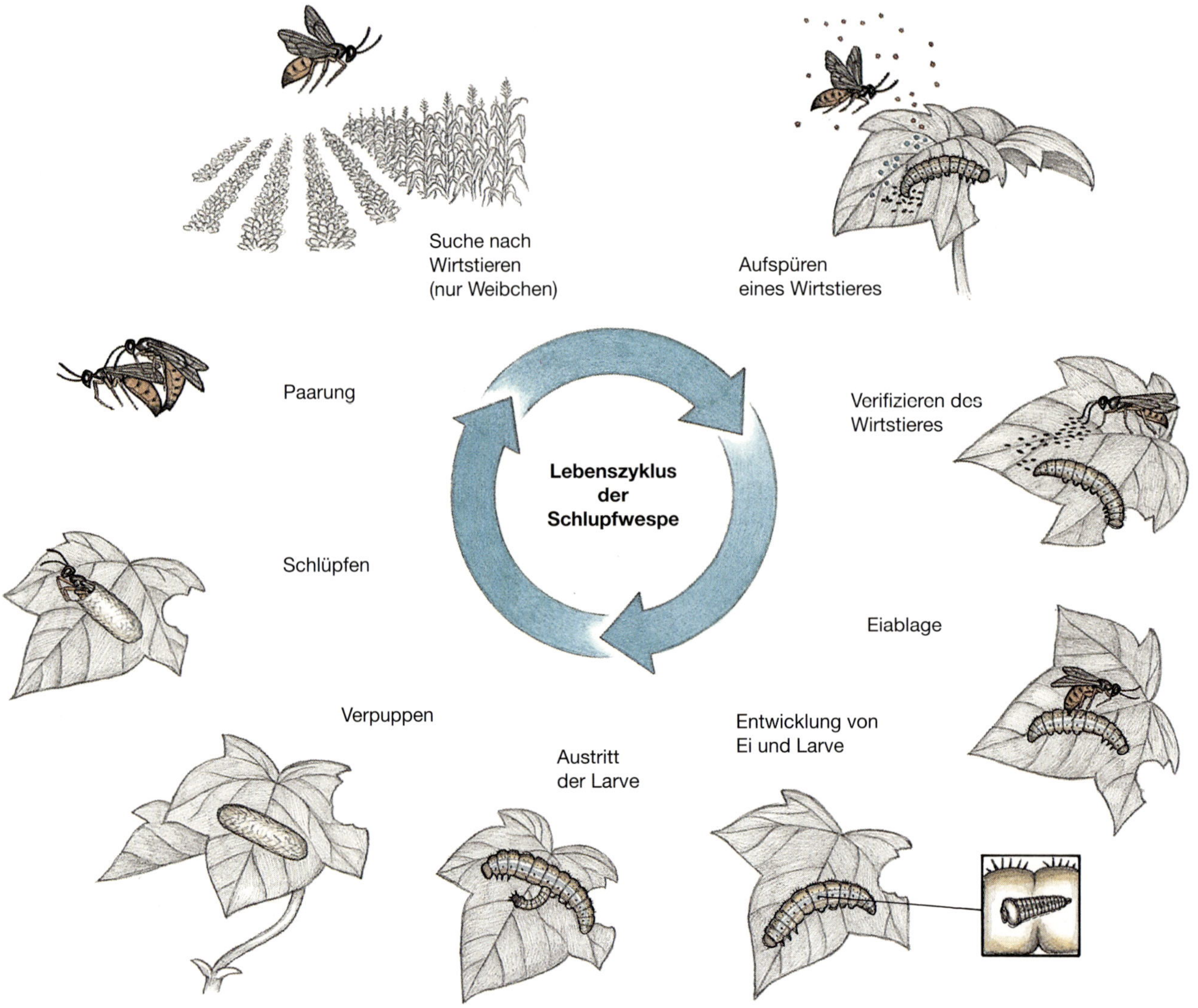

Bild 4: Die Lebensspanne einer Schlupfwespe von der Eiablage bis zum natürlichen Tod beträgt ungefähr fünf Wochen. Wenn das befruchtete Wespenweibchen ein Wirtstier ausgemacht hat, betastet es dessen Exkremente mit seinen Antennen, um sich seines Opfers zu vergewissern. Danach legt sie ein Ei in die Raupe ab. In ungefähr einer Woche entwickelt sich aus dem Ei eine Larve, die den Wirt langsam von innen auffrißt und dadurch am Ende tötet. Nachdem sie aus der Wirtshülle gekrochen ist, spinnt sie sich in einen Kokon ein. Vom Verpuppen bis zum Schlüpfen der geschlechtsreifen Wespe vergehen noch einmal ungefähr zehn Tage.

Training gewissermaßen als Feldwache zwischen bestimmten Nutzpflanzen patrouillieren und sie vor dem Befall durch Schädlingsraupen schützen.

Die Idee, Schädlinge mit ihren natürlichen Feinden zu bekämpfen, ist nicht neu. So drohte die berüchtigte Orangen- oder Wollschildlaus (*Icerya purchasi*) Ende des 19. Jahrhunderts die kalifornischen Zitrusplantagen zu vernichten. Rettung brachte die Einfuhr des Vedalia-Käfers (*Rodolia cardinalis*, eines Verwandten des Marienkäfers) aus der australischen Heimat der Schädlinge.

In neuerer Zeit unterstützt man die biologische Schädlingsbekämpfung auch mit so altbewährten Maßnahmen wie dem Fruchtwechsel. Er hat sich in den vergangenen 20 Jahren in Europa als Methode der Wahl erwiesen, um die verheerenden Schäden zu verhüten, die Weiße Fliegen (Mottenschildläuse, *Trialeurodes vaporariorum*) und andere Insekten in Treibhäusern anrichten können. In den Niederlanden stieg die auf diese Weise geschützte Treibhausfläche zwischen 1970 und 1991 von 400 auf 14 000 Hektar. In diesem Falle hat sich die biologische Schädlingsbekämpfung gegenüber dem Einsatz von Giften eindeutig als billiger und verläßlicher erwiesen.

Dennoch liegt das enorme Potential, Nutzpflanzen auf natürliche und für den Menschen wie auch für Böden und Grundwasser garantiert unschädliche Weise zu schützen, noch weitgehend brach – unter anderem weil sich bisher vielfach nicht ergründen ließ, wie die Nützlinge ihre Opfer aufspüren. Erfolge bei der biologischen Schädlingskontrolle waren darum häufig vom Zufall bestimmt. Deshalb werden die meisten Ernteschädlinge immer noch hauptsächlich mit synthetischen Pestiziden bekämpft, obwohl deren massenhafter Einsatz schwerwiegende Probleme wie Verschmutzung und Veränderung der Umwelt, mögliche Rückstände in Nahrungsmitteln und das Aufkommen von Resistenzen bei den Schädlingen heraufbeschwört.

Jüngste Experimente haben gezeigt, daß entsprechend trainierte Wespen wesentlich zu einer ökologisch orientierten Schädlingskontrolle beitragen können. Unsere Kollegen Randy Martin und Daniel R. Papaj demonstrierten unabhängig voneinander in räumlich begrenzten Feldstudien, daß eine Art Lehrprogramm im Labor die anfängliche Trefferquote der ins Freie ausgesetzten Wespen verbessert. Außerdem bleiben die Tiere in diesem Falle eher in einem Feld mit den Pflanzenarten, auf die sie trainiert sind. Nützlinge auf einem bestimmten Stück Land zu halten ist eines der Hauptprobleme bei der biologischen Schädlingsbekämpfung.

Gleichwohl läßt sich noch immer kein unfehlbares Rezept für die Schädlingskontrolle mit Schlupfwespen angeben. Man müßte nicht nur die Weibchen verläßlich in das Zielgebiet locken und dort halten können, sondern auch für eine gleichbleibend hohe Erfolgsrate beim Aufspüren und Beimpfen der Wirtstiere mit Eiern sorgen.

Um dies alles zu erreichen, sind auch unscheinbarste Kleinigkeiten zu beachten. Da die Wespen sehr genau lernen, müssen die Bedingungen im Labor wirklich exakt denen auf den Feldern entsprechen, damit die Insekten nicht etwa falsch programmiert werden.

Fehler beim Training haben möglicherweise zu den Mißerfolgen früherer Feldversuche beigetragen. So fanden Vinson und seine Mitarbeiter heraus, daß im Laboratorium gezüchtete Weibchen der Brackwespe *Bracon mellitor*, die den Blütenstecher *Anthonomus grandis* befällt, auf eine Geruchsmischung geprägt waren, die Methylparahydroxybenzoat enthielt. Mit diesem antimikrobiellen Wirkstoff, der unter natürlichen Bedingungen nicht vorkommt, war das Futter der Wirtstiere konserviert worden. Aileen R. Wardle und John H. Borden von der Simon-Fraser-Universität in Britisch Kolumbien (Kanada) machten eine ähnliche Erfahrung: Wespen, denen sie beigebracht hatten, Raupen zu finden, die in Plastik-Eierbechern gehalten wurden, vermißten an Freilandraupen offenbar das vertraute Kunststoff-Odeur.

Damit die Lektion auch haften bleibt, müssen die Wespen zudem regelmäßig mit echten Raupen belohnt werden. Gemäß vorläufigen Ergebnissen von Feldversuchen mit *M. croceipes* und mit Schlupfwespenarten, welche die Taufliege *Drosophila* befallen, ist nämlich die Eiablage selbst die wirksamste Form der Verstärkung: Nach diesem Erfolgserlebnis scheinen sich die Weibchen tatsächlich besser an den Geruch der Raupen zu erinnern, als wenn man sie lediglich die Ausscheidungsprodukte ihres Wirtes beschnuppern läßt.

Schließlich könnten Pflanzenzucht oder Gentechnik die biologische Schädlingsbekämpfung effektiver machen. So ließen sich möglicherweise Pflanzensorten gewinnen, die größere Mengen an Lockstoffen abgeben. Obwohl die Umsetzung dieser Ideen in die Alltagspraxis noch einiges an geduldiger Forschungsarbeit erfordert, sind die Grundprinzipien solide genug, um daraus wirksame Methoden abzuleiten. Wir müssen nur mindestens ebensoviel über die Wespe und ihre Welt in Erfahrung bringen, wie die Wespe lernen muß, um ihre Opfer ausfindig zu machen.

Kommunikation beim Douglasien-Borkenkäfer

Ein ausgeklügeltes System akustischer und chemischer Signale ermöglicht diesem in Nordamerika heimischen Forstschädling, Geschlechtspartner anzulocken, Rivalen fernzuhalten und die Populationsdichte zu regulieren – und das alles mit einem Minimum an eigener Chemie.

Von Lee C. Ryker

Alljährlich im Frühjahr endet in den Nadelwäldern des nordamerikanischen Westens der Waffenstillstand zwischen einem Baum und einem seiner ärgsten Feinde: Der nur ganze 6 Millimeter große Douglasien-Borkenkäfer rüstet sich wieder zum Angriff auf die bis zu 100 Meter hohe Douglasfichte.

In den ersten warmen Apriltagen verlassen die Borkenkäfer ihre alten Douglasien, in denen sie überwintert haben, und schwärmen auf der Suche nach neuen Brutbäumen aus. Gewöhnlich wählen sie dabei Bäume, die durch Windwurf, Blitzschlag, Dürre oder Krankheiten geschädigt sind. Ist ein solcher Baum gefunden, gehen die Insekten zur Attacke über, und zwar so wohlkoordiniert, daß sich innerhalb eines einzigen Tages Tausende von Käfern in die Rinde des Baumes einbohren und seine chemische Abwehr unterlaufen können.

Jedes Weibchen bohrt einen Gang in die Rinde, und zwar im nährstoffreichen Bast dicht am Splintholz entlang. Während der Bauarbeiten gesellt sich ein Männchen hinzu und kopuliert mit dem Weibchen mehrere Male. Die befruchteten Eier werden dann in kleinen Nischen zu beiden Seiten des Mutterganges abgelegt. Ihnen entschlüpfen cremefarbene Larven, die sich – vom Muttergang wegfressend – später in der Rinde verpuppen (Bild 1). Die vollentwickelten, geschlechtsreifen Käfer verlassen ihren Baum schließlich über säuberlich gebohrte Schlupflöcher (Bild 3).

Die Douglasie ist ein wertvoller Baum, der eine Menge Nutzholz liefert (Bild 2). Schon lange ist der Douglasien-Borkenkäfer ein wirtschaftlich bedeutender Forstschädling – vor allem deshalb, weil er Bäume in relativ unzugänglichen Gebieten absterben läßt, wo die toten Bäume nicht rechtzeitig gefällt und abtransportiert werden können, ehe sie morsch und nutzlos geworden sind. Darum und aus grundsätzlichem biologischem Interesse ist auch der Lebenszyklus des Käfers so genau untersucht worden.

Koordinierter Angriff

Die Forschungsarbeiten zeigen, daß der Massenbefall der Wirtsbäume mit Käfern, deren Angriffs- und Paarungsverhalten sowie die Besiedlungsdichte der Schädlinge über chemische und akustische Signale gesteuert werden. Die chemische Verständigung geschieht dabei über sogenannte Pheromone („Sozialhormone") und die akustische Verständigung über Zirplaute. Erst die richtige Abfolge, das exakte Zusammenspiel beider Signalformen gewährleistet, daß die „Rädchen" im Lebenszyklus dieses Käfers reibungslos ineinandergreifen.

Eine der erstaunlichsten Entdeckungen war, daß ein und dieselbe Kommunikationssubstanz des Douglasien-Borkenkäfers – das Pheromon Methylcyclohexenon (MCH) – völlig verschiedene Reaktionen auszulösen vermag. So kann es als Bestandteil eines Stoffgemischs die Käfer dazu bringen, sich auf der Rinde einer Douglasie zu versammeln oder aber diese Anlockung zu ignorieren, und es kann sie auch veranlassen, sich zu bekämpfen oder die in der Paarung gipfelnde Balz einzuleiten. Welche dieser Reaktionen das Pheromon auslöst, hängt davon ab, wie konzentriert und in welchem Zusammenhang es abgegeben wird.

Die Kenntnis dieser Signalsysteme könnte sich für die Bekämpfung des Douglasien-Borkenkäfers als ausgesprochen nützlich erweisen und den wirtschaftlichen Schaden verringern helfen. Aber auch für sich allein genommen sind die Ergebnisse interessant, zeigen sie doch, wie unterschiedlich ein Organismus auf ein Signal reagieren kann, wenn der Zusammenhang, in dem es ausgesandt wird, sich ändert.

Unter den mehr als 300 000 Käferarten, die bisher von Insektenforschern beschrieben worden sind, ist der Douglasien-Borkenkäfer (*Dendroctonus pseudotsugae* Hopkins) eine der bestuntersuchten. Über zwanzig Jahre dauerte es, die Kommunikationsmechanismen dieses Käfers bis ins einzelne zu klären. Die Ergebnisse sind zum guten Teil Julius Rudinsky zu verdanken, der bis zu seinem Tode an der Oregon State University tätig war.

Als Rudinsky anfing, den Douglasien-Borkenkäfer zu untersuchen, war bereits bekannt, daß die Insekten von einem Pilz unterstützt werden, der Blaufäule hervorruft. Die Weibchen tragen die Pilzsporen am Körper; und wenn sie ihren Muttergang bohren, beimpfen sie den Baum mit dem Bläuepilz. Innerhalb kurzer Zeit breitet sich Pilzgeflecht im Splintholz aus, das bei Koniferen aus den vertikal verlaufenden Tracheiden (wasserleitenden Gefäßen), Harzgängen und den radialen Markstrahlen besteht, und stört den Stofftransport.

Nun ist Harz die wichtigste Abwehrwaffe der Douglasie. Denn wenn sich die Muttergänge damit füllen, kommen die Käfer in der klebrigen Masse um. Ohne den nötigen Druck in den Harzkanälen jedoch kann kein Harz fließen, so daß der Pilz die Käfer vor den Abwehrmechanismen der Douglsie schützt. Am späteren Tod des Baumes sind beide beteiligt: der Pilz, weil er das Stofftrans-

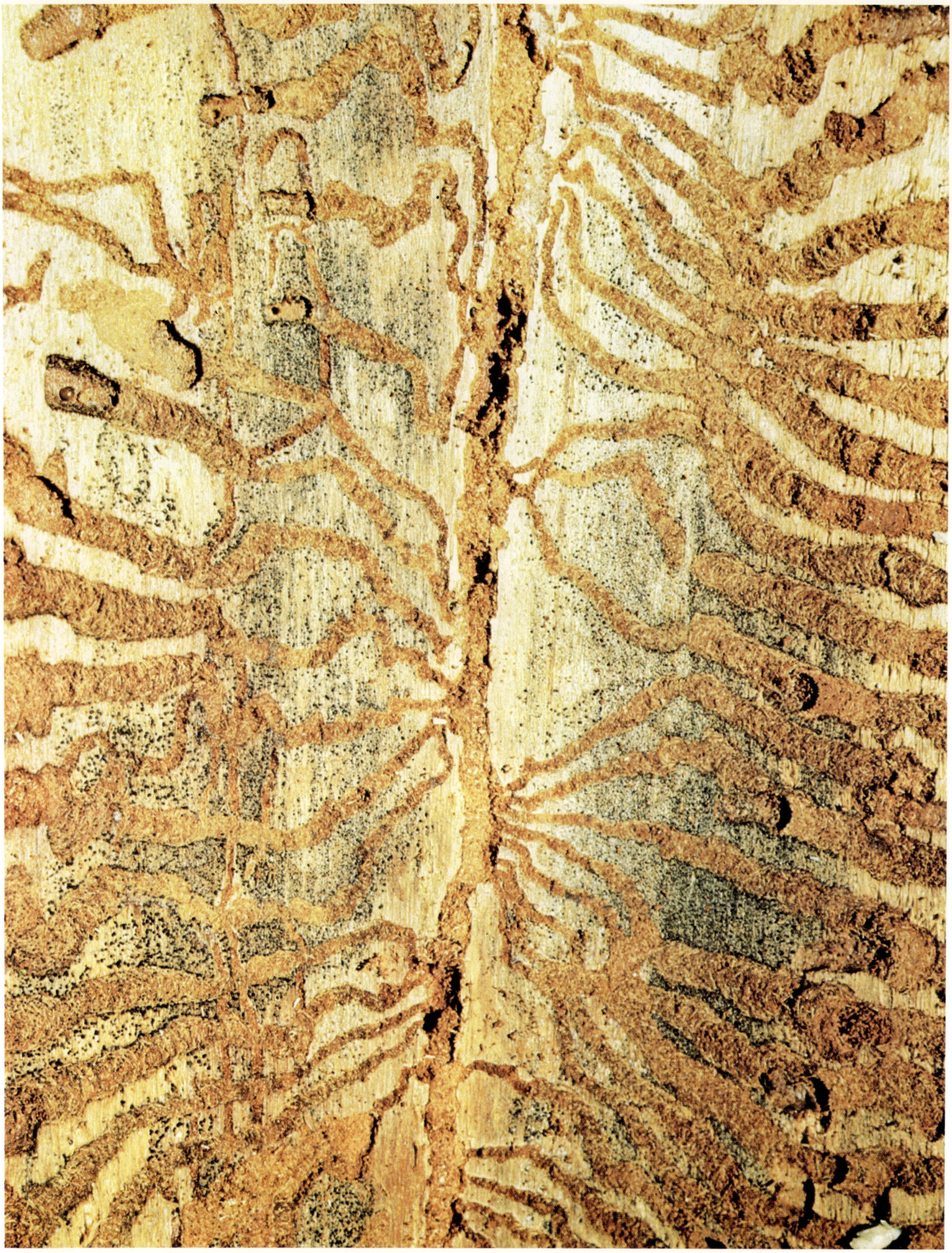

Bild 1: Im typischen Fraßbild des Douglasien-Borkenkäfers ist der senkrechte Gang in der Mitte der Muttergang, den das Weibchen gebohrt hat. Die beidseits wegstrebenden Gänge wurden von den fressenden Larven hinterlassen. Das Käferweibchen wählt im Frühjahr einen geeigneten Baum aus und beginnt, sich an der Grenze zwischen Rinde und Splintholz durch das Phloem, das nährstoffleitende System des Baums, zu bohren. Es paart sich mit einem hinzukommenden Männchen und legt die befruchteten Eier in Nischen am Muttergang ab. Während des Sommers schlüpfen hieraus Larven, fressen sich allmählich vom Muttergang weg und verpuppen sich schließlich. Die aus den Puppen schlüpfenden geschlechtsreifen Käfer bleiben bis zum Ende des Winters im Baum und schwärmen, nachdem sie sich einen Weg ins Freie gebohrt haben, an warmen Tagen im April aus. Für die Aufnahme von Malcolm M. Furniss von der Universität von Idaho wurde die äußere Rindenschicht des Baums entfernt.

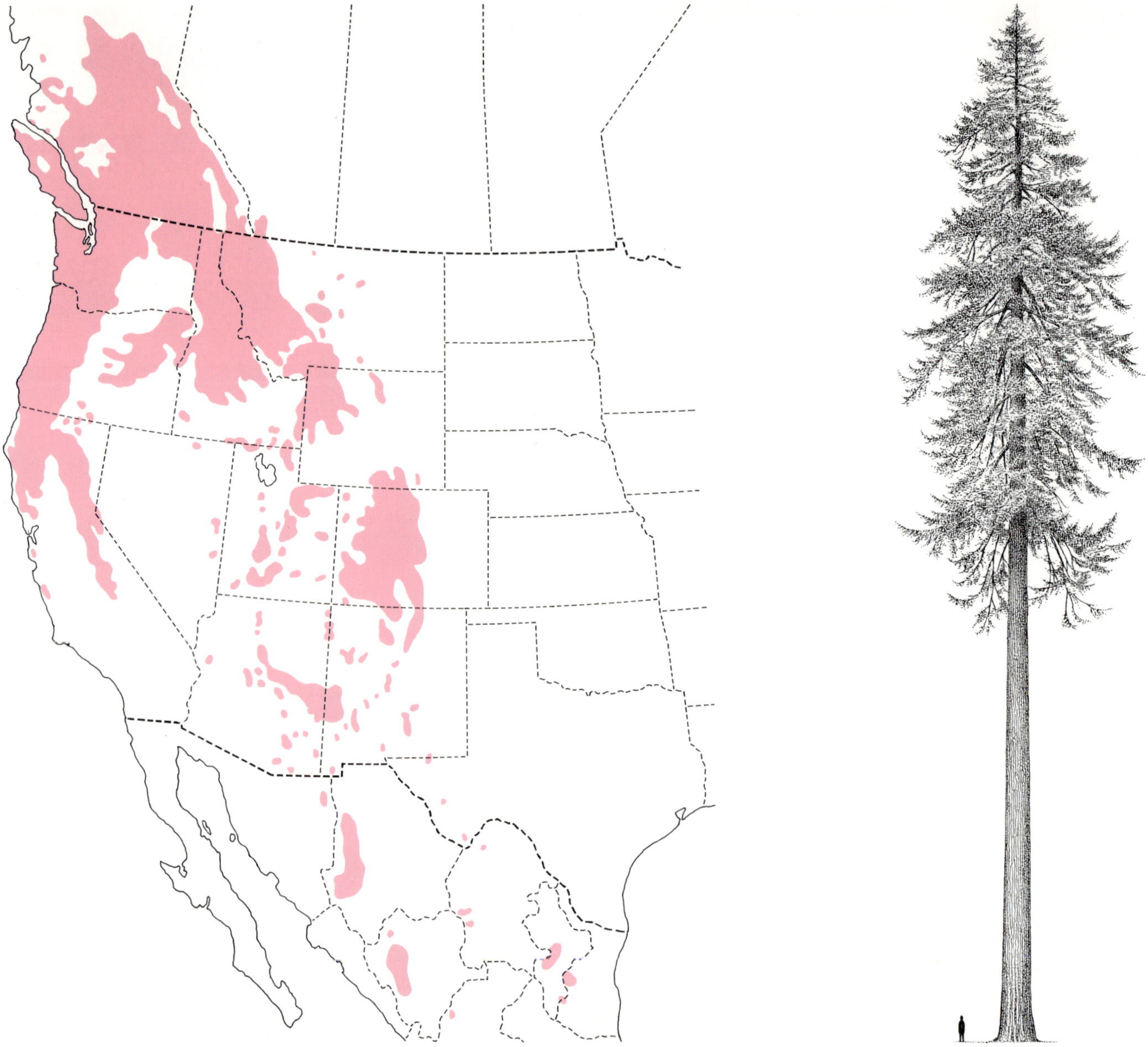

Bild 2: Die Douglasie (*Pseudotsuga taxifolia*), ein wichtiger Nutzholzbaum des westlichen Nordamerika, kann 100 Meter hoch werden und einen Stammumfang von mehr als fünf Metern erreichen. Ihre Rinde ist dann bis zu 30 Zentimeter dick. Häufig setzen die Äste erst im zweiten Drittel des Stammes an. Das Verbreitungsgebiet der Douglasie (farbige Fläche) erstreckt sich von der kanadischen Provinz British Columbia bis nach Mexiko. Die Douglasie, auch Douglasfichte genannt, wird in Deutschland seit 1827 als wertvoller Forst- und Parkbaum angepflanzt.

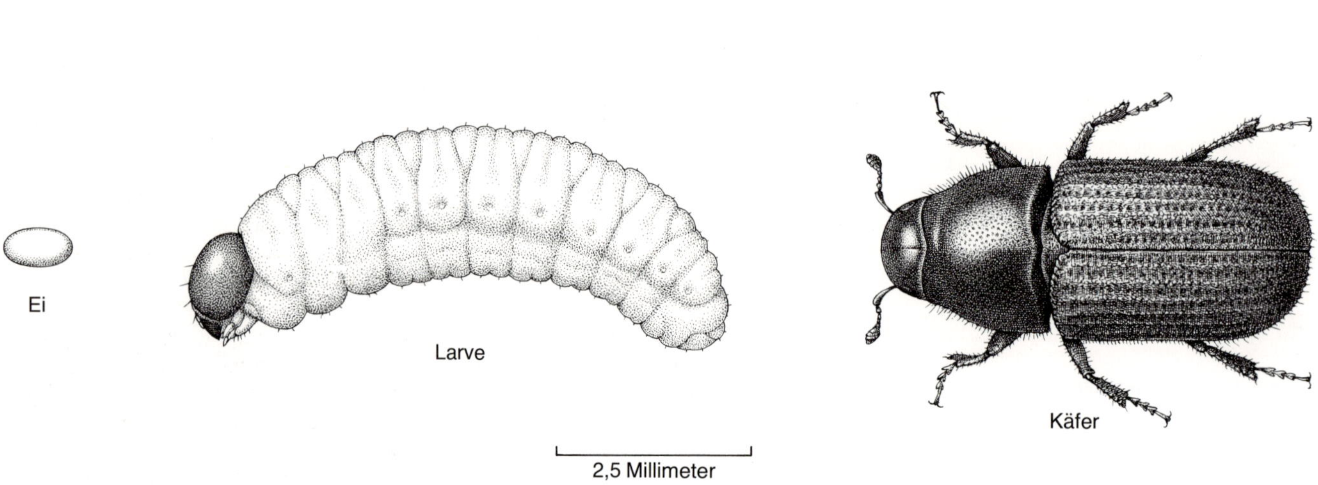

Bild 3: Der Douglasien-Borkenkäfer (*Dendroctonus pseudotsugae* Hopkins), ein spezialisierter Schädling, ist rund 6 Millimeter lang und mit Ausnahme der rötlichen Flügeldecken dunkelbraun gefärbt. Die weißliche Larve ist etwas größer als der Käfer, das Ei etwa 1,3 Millimeter lang.

portsystem blockiert, und der Käfer, weil seine Larven das Phloem, das nährstoffleitende System im Bast, auffressen.

Beschleunigt wird das Absterben auch dadurch, daß die Käfer bevorzugt schon irgendwie geschädigte Bäume wählen. So konnte Rudinsky 1963 zeigen, daß sie kränkelnde oder gefällte Bäume aufzuspüren vermögen. Teile frisch gefällter Stämme locken beide Geschlechter an, allerdings doppelt so viele Weibchen wie Männchen. Außerdem erwies sich das frische Harz der Douglasie als ebenso attraktiv wie die Stammstücke selbst. So war es nur folgerichtig zu versuchen, die derart wirksamen Komponenten des Harzes zu identifizieren.

Chemische und akustische Signale

Tests mit den Harz-Inhaltsstoffen zeigten, daß mehrere der flüchtigen Terpene männliche wie weibliche Käfer anlocken. Drei davon erwiesen sich als besonders wirksam: Alpha-Pinen (Bild 6), Camphen und Limonen. Solche Substanzen eines Wirtsbaumes, die fliegende Schadinsekten anziehen, bezeichnet man als primäre Lockstoffe.

Später entdeckten David L. Wood und seine Mitarbeiter von der Universität von Kalifornien in Berkeley, daß gewisse Substanzen, die von bestimmten Kiefern-Borkenkäfern synthetisiert werden, eine starke Lockwirkung entfalten, sobald sie mit Terpenen zusammenkommen. Rudinsky, der eine ähnliche Spur verfolgte, setzte weibliche Douglasien-Borkenkäfer an gefällte Douglasien-Stämme und ließ sie unter der Borke fressen. Die Anziehungskraft der Stammstücke stieg daraufhin für fliegende Käfer um den Faktor 15.

Was war die Ursache? Die Spur führte zum Fraß, dem feinen abgenagten Bohrmehl, das sich mit Kot vermischt am Eingang des Tunnels anhäuft. Das Pheromon, das die Lockwirkung verstärkte, fand sich dann in den Kotpartikeln, die unter das Bohrmehl gemischt sind.

Mitte der sechziger Jahre war das Pheromon-Konzept nicht mehr neu: Von Nachtfaltern und anderen Tiergruppen waren bereits Sexuallockstoffe bekannt. Da die Borkenkäfer-Substanz aber beide Geschlechter anzog, konnte sie nicht als Sexuallockstoff gelten. Sie wurde deshalb als Aggregations- oder Versammlungspheromon bezeichnet.

Im Jahre 1968 entdeckte Rudinsky, daß sich die Wirkung des Aggregationspheromons beim Douglasien-Borkenkäfer aufheben und sogar ins Gegenteil verkehren ließ: Sobald sich Männchen zu den Gänge bohrenden Weibchen gesellen, hören alle weiteren Anflüge auf. So zogen Stammstücke mit 30 allein fressenden Weibchen stündlich 700 bis 900 Käfer an; sobald jedoch Männchen auf die mit feinen Drahtnetzen versperrten Öffnungen der Muttergänge gesetzt wurden, verloren die Stämme innerhalb weniger Minuten ihre Anziehungskraft. Sie gewannen sie aber rasch zurück, wenn die Männchen entfernt wurden.

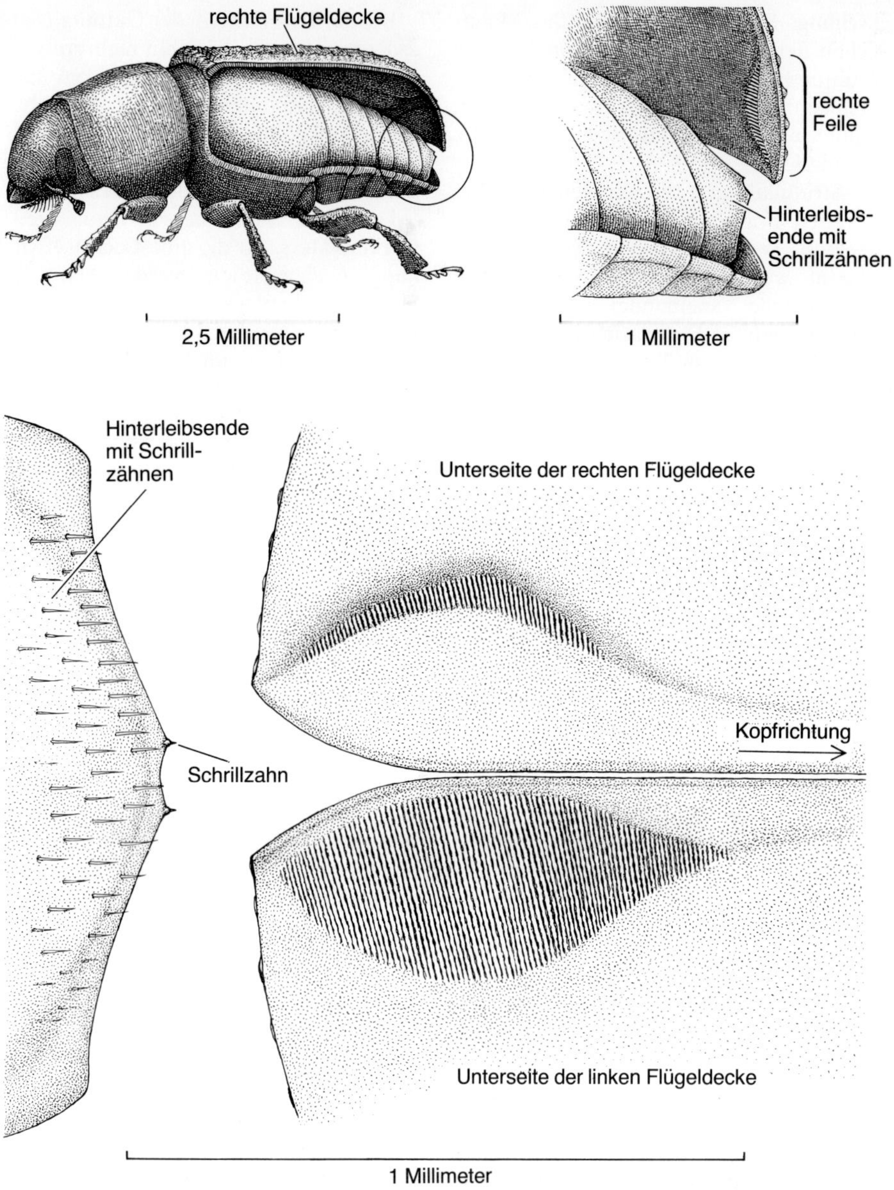

Bild 4: Douglasien-Borkenkäfer können stridulieren, also Laute erzeugen, indem sie spezielle Körperteile gegeneinander reiben. Auf der Innenseite der Flügeldecken liegt die Feile, eine verhärtete feingerippte Struktur. Am Hinterleibsende sitzt ein Paar winziger Schrillzähne, das der Käfer beim Stridulieren gegen die Feile reibt. Die Zirp- und Klicklaute, die sowohl Männchen wie Weibchen dabei erzeugen, sind ein wichtiges Kommunikationsmittel dieser Art.

Die Anti-Aggregationswirkung ließ sich auf ein zweites Pheromon zurückführen, das abgegeben wird, wenn männliche und weibliche Käfer beisammen sind. Die Existenz dieser zweiten Substanz bewies ein Versuch, bei dem ein Stammstück mit unbegatteten Weibchen neben ein solches mit Käferpärchen gelegt wurde. Beide Stücke verloren kurz darauf ihre Anziehungskraft für die anfliegenden Insekten: Die Aggregationswirkung des Pheromons im Fraß der unbegatteten Weibchen wurde von Duftstoffen aufgehoben, die von den verpaarten Käfern im benachbarten Stammstück ausgingen.

Die rasch eintretende ablenkende Wirkung des zweiten Pheromons war für Wissenschaftler, die sich mit der Kommunikation von Insekten beschäftigen, überraschend; denn allgemein galt, daß die Wirkung chemischer Signale langsam erlischt. Außerdem war der Fraß am Eingang des Muttergangs regelrecht mit dem Aggregationspheromon· durchtränkt.

Der Entdeckung des Ablenkpheromons folgte noch eine weitere Überraschung. Es zeigte sich, daß das Männchen das Weibchen nicht einmal zu berühren braucht, um die Abgabe des Ablenkstoffes auszulösen. Das Männchen gibt vielmehr ein akustisches Signal: Es striduliert.

Stridulation ist die am weitesten verbreitete Form der Lauterzeugung bei Insekten. Wie von Grillen allgemein bekannt, werden dabei zwei spezialisierte Körperteile aneinandergerieben. Die männlichen Douglasien-Borkenkäfer besitzen dazu ein Paar kräftiger Zähnchen am Ende ihres Hinterleibs sowie die sogenannte Feile, eine feingerippte verhärtete Fläche auf der Unterseite der Flügeldecken (Bild 4). Das Zirpgeräusch entsteht, wenn die Käfer mit den Schrillzähnen rasch über diese Schrilleisten streichen.

Rudinsky beobachtete, daß die Männchen stets dann stridulieren, wenn sie mit dem Fraß vor dem Muttergang eines Weibchens in Berührung kommen. Er konnte dann zeigen, daß die Stridulation die Abgabe des Ablenkpheromons auslöst. Dazu schnitt er männlichen Borkenkäfern die Spitzen der Flügeldecken ab und ließ die Wunden verheilen. Die stumm gemachten Männchen konnten dann nicht mehr die Abgabe des Ablenkpheromons auslösen, wie lange sie auch auf dem Drahtnetz vor der Gangöffnung saßen. So wurden umherfliegende Käfer weiterhin unbeirrt von den Stämmen mit den Weibchen angelockt.

Intakte Männchen pflegten am Eingang zu stoppen, im Fraß zu wühlen und zu stridulieren – selbst dann, wenn die Weibchen zuvor entnommen worden waren. Allerdings konnten die zirpenden Männchen allein die Lockwirkung des Fraßes nicht aufheben, denn auf den Drahtnetzen um die weibchenlosen Teststämme landeten auch weiterhin neue Käfer. Rudinsky schloß daraus, daß nur die weiblichen Käfer das Ablenkpheromon synthetisieren und absondern. Obwohl dies, wie wir noch sehen werden, nicht stimmt, war es damals eine vernünftige Hypothese, die auf die weitere Erforschung des Douglasien-Borkenkäfers befruchtend wirkte.

Das Lockstoff-Bouquet

Die Käfer-Pheromone waren weit schwieriger zu identifizieren als die primären Lockstoffe des Wirtsbaums. Denn die Substanzen, die so anziehend auf die Käfer wirken, entstammen, wie sich zeigte, dem Enddarm der Weibchen, und der enthält unglücklicherweise viele Stoffe: einige vom Wirtsbaum, andere vom Insekt selbst produziert. Das machte es so schwierig, die spezifischen käfereigenen Lockstoffe zu identifizieren.

Bei der Erforschung der Gattung *Dendroctonus* hatten bis dahin mehrere wissenschaftliche Teams in den USA und Kanada zusammengearbeitet. Nun begann der Wettlauf, welche Gruppe als erste die Substanzen im Aggregationspheromon identifizieren würde.

Die erste Substanz des Douglasien-Borkenkäfers, für die eine Lockstoffwirkung nachgewiesen wurde, war das Frontalin, ein dizyklisches Ketal (Bild 6). Es war bereits von G.W. Kinzer und seinen Mitarbeitern am Battelle Memorial Institute bei anderen Borkenkäfer-Arten entdeckt worden. Wenig später wurden vier weitere Substanzen mit Lockwirkung identifiziert: trans-Verbenol, Verbenon, Methylcyclohexenol und Methylcyclohexenon (MCH). Strukturell ähneln sich alle fünf; sie bestehen jeweils aus einem kleinen Einfach- oder Doppelring mit höchstens zehn Kohlenstoff-Atomen und ein bis zwei Sauerstoff-Atomen (Bild 6).

Jedes der fünf Pheromone trägt in etwas anderer Weise zur Wirkung der Aggregations-Mixtur bei. Allerdings reagieren die Käfer auf jedes nur schwach, wenn nicht gleichzeitig ein Terpen des Wirtsbaumes zugegen ist. So lockte reines Frontalin nur wenige Käfer an, aber zusammen mit Alpha-Pinen oder Camphen übt es auf beide Geschlechter eine starke Anziehungskraft aus. Wird einem Komponenten-Gemisch hingegen der Alkohol Methylcyclohexenol zugesetzt, so finden das überwiegend die Männchen attraktiv. Methylcyclohexenol ist offensichtlich ein Sexuallockstoff, der ganz ähnlich wirkt wie die Sexualpheromone anderer Insektenarten.

Die Wirkung von MCH, dem Keton, war verblüffend: Sie veränderte sich dramatisch mit der Konzentration. Während stark verdünntes MCH die Anziehungskraft der anderen Pheromone im Aggregationsgemisch erheblich verstärkt, hebt unverdünntes MCH sie fast vollständig auf (Bild 7). Die hemmende Wirkung von reinem MCH ließ vermuten, daß es sich bei dieser Komponente um das Ablenkpheromon handele.

Die Aggregationsreaktion insgesamt jedoch wurde nicht von einer einzelnen Substanz, sondern von einem ganzen Duftstoff-Bouquet ausgelöst: einem fein abgestimmten Verschnitt insekteneigener Pheromone mit Terpenen des Wirtsbaumes.

Lockstoff-induzierte Stridulation

Nach der Identifikation der Haupt-Pheromone ging es darum, das Zusammenspiel der chemischen und akustischen Signale zu untersuchen. Als hilfreich erwies sich dabei der Duft-Lauf-

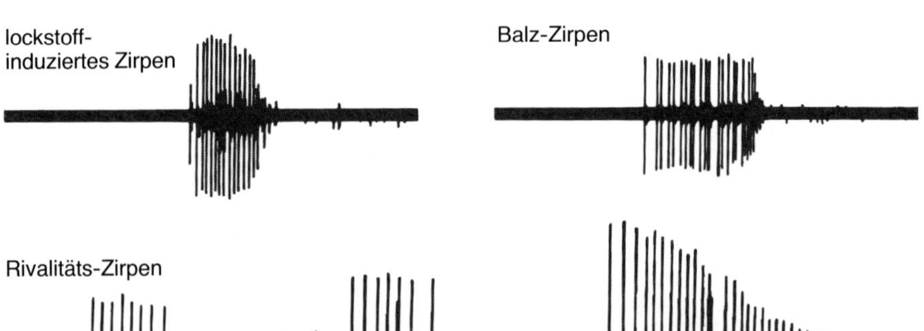

Bild 5: Die akustischen Signale der Douglasien-Borkenkäfer sind hier in Form von Oszillogrammen dargestellt. Das lockstoff-induzierte Zirpen (links oben) äußert das Männchen am Eingang zum Gang eines Weibchens, wenn es das Lockstoff-Bouquet wahrnimmt. Das Balz-Zirpen des Männchens (rechts oben) ist kurz vor der Kopulation zu hören. Das Rivalitäts-Zirpen (Mitte) enthält charakteristische kurze Pausen und klingt so, als ob das Männchen stottern würde; es ertönt beim Zusammentreffen zweier Männchen und auch in der aggressiven Phase der Balz. Das Streß-Zirpen (links unten) wird ausgestoßen, wenn man einen Käfer beispielsweise in die Hand nimmt. Das einzige akustische Signal der Weibchen sind gelegentliche Klicklaute, die sie beim Bauen und Bewachen des Mutterganges erzeugen (rechts unten).

gang, eine Versuchseinrichtung mit einem feinmaschigen Drahtnetz als Lauffläche, parallelen Seitenwänden und einer Lichtquelle am Ende.

Normalerweise bewegt sich der Käfer auf das Licht zu. Wurde jedoch zuvor ein Gefäß mit dem „attraktiven" Fraß eines Weibchens unter das Netz gestellt, so reagierte der Käfer in typischer Weise darauf. In den meisten Testläufen krabbelte er zunächst darüber hinweg, kehrte dann wieder um und schien regelrecht Pirouetten über dem Gefäß zu drehen. Gleichzeitig neigte er seinen Kopf nach unten, stridulierte und machte Grabbewegungen. Wenn ein Männchen in dieser Weise reagiert, sagt man, das Lockstoff-Bouquet habe es arretiert.

Zusammen mit dem Elektronik-Ingenieur Robert R. Michael machte sich Rudinsky nun daran, den Zirplaut genauer zu untersuchen, den die Männchen bei der Wahrnehmung des Fraßdufts erzeugen. Die Analyse mit einem Oszilloskop ergab, daß ein vom Fraß stimuliertes Männchen einen kürzeren Zirplaut mit weniger Einzelimpulsen hervorbringt als ein gestreßter Käfer. (Das Streß-Zirpen ertönt, wenn man das Insekt beispielsweise in die Hand nimmt.) Der in Gegenwart des Fraßes erzeugte Stridulationslaut wurde als lockstoff-induziertes Zirpen bezeichnet (Bild 5).

Nachdem ein Männchen – vom Lockstoff-Bouquet arretiert – zehn Minuten lang vor dem Muttergang eines Weibchens striduliert hatte, liefen 90 Prozent der Männchen, die in den folgenden zehn Minuten diese Stelle passierten, einfach am Fraßmehl vorbei. Sogar eine Tonbandaufnahme des lockstoff-induzierten Zirpens, die dicht an der Gangöffnung abgespielt wurde, konnte den gleichen Effekt herbeiführen, sofern ein Weibchen im Gang saß. Dagegen vermochten operativ stumm gemachte Männchen – wie erwähnt – die Anziehung nicht aufzuheben, selbst wenn sie sich länger als zehn Minuten vor der Öffnung aufhielten.

Für Rudinsky und seine Mitarbeiter lag es auf der Hand, daß das lockstoff-induzierte Zirpen die Abgabe des Ablenkpheromons auslöst; sobald der Stoff freigesetzt ist, verliert der Fraß sofort seine Anziehungskraft. Daß die Weibchen sehr genau zu unterscheiden wissen, zeigt sich darin, daß vom Tonband abgespieltes Streß-Zirpen keine Abgabe von Ablenkpheromon nach sich zieht. Nur das richtige akustische Muster wirkt als adäquater Reiz.

Da MCH die Anziehungskraft des Lockstoff-Bouquets aufzuheben vermochte, wollten Rudinsky und Michael nun feststellen, ob das Weibchen auf das lockstoff-induzierte Zirpen hin MCH abgibt. Zu diesem Zweck konstruierten sie

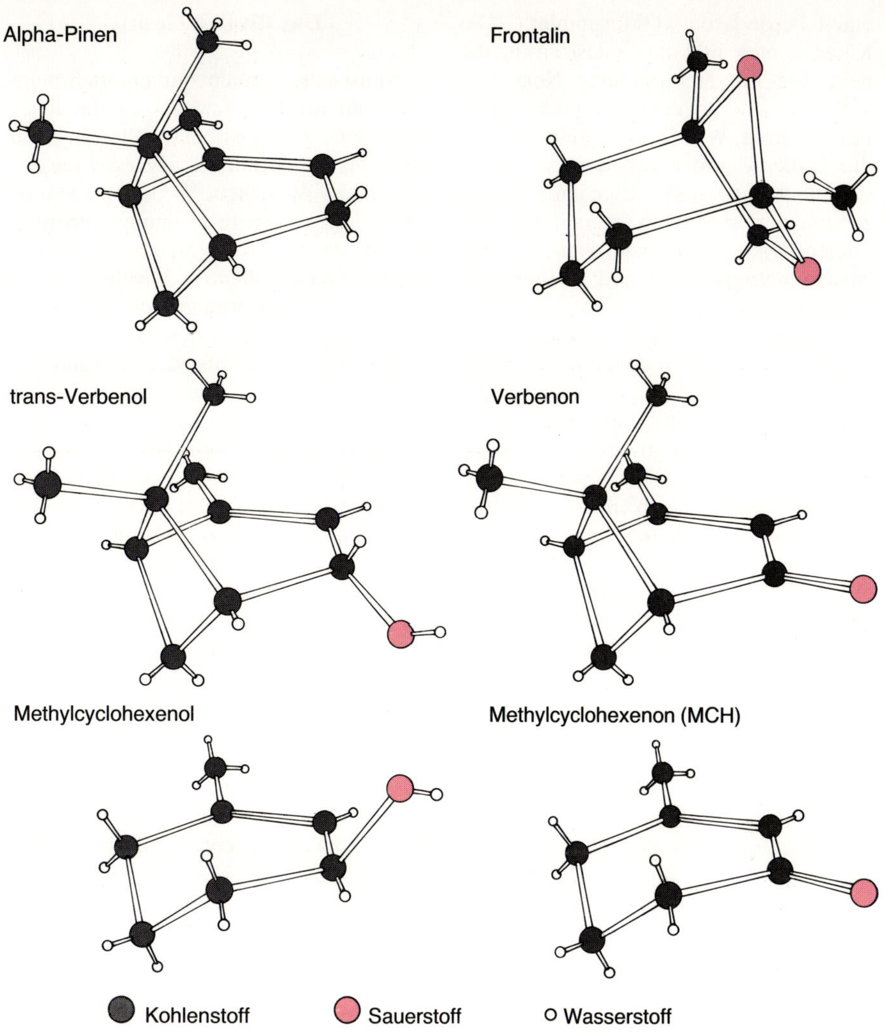

Bild 6: Pheromone sind Substanzen, die von einem Tier synthetisiert und abgegeben werden und bei Artgenossen bestimmte Reaktionen auslösen. Die Molekülstruktur fünf solcher Pheromone des Douglasien-Borkenkäfers ist hier zusammen mit dem von der Douglasie synthetisierten Alpha-Pinen dargestellt. Alle Moleküle bestehen aus einem Einfach- oder Doppelring mit insgesamt höchstens zehn Kohlenstoff-Atomen. Sie sind in dem vom Borkenkäferweibchen abgegebenen Substanzgemisch enthalten, das dazu dient, weitere Artgenossen zu einem Brutbaum hinzulocken. Das Methylcyclohexenon (MCH) kann außerdem die Wirkung dieses Lockstoff-Bouquets aufheben, aggressives Verhalten auslösen und die Balz einleiten.

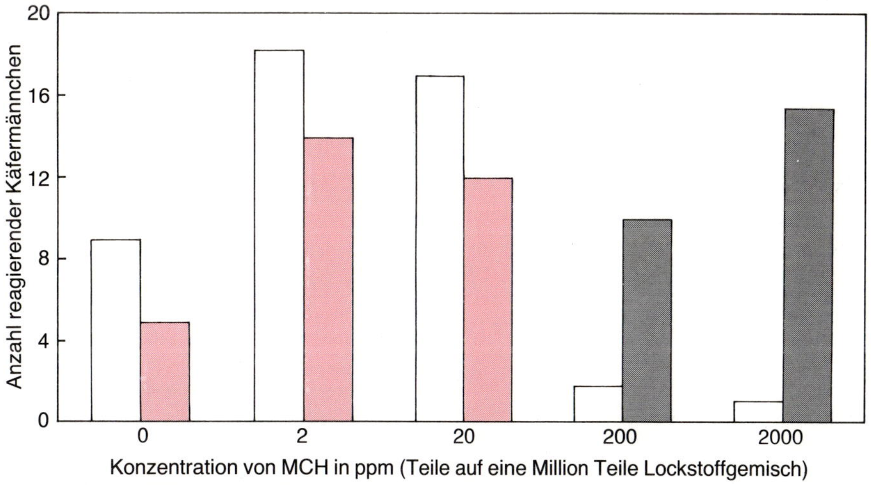

Bild 7: Wie MCH auf männliche Douglasien-Borkenkäfer wirkt, hängt entscheidend von seiner Konzentration ab. Die offenen Balken zeigen die Anzahl der Käfer, die von einem Gefäß mit einem Gemisch synthetischer Lockstoffe und MCH angelockt wurden. Die farbigen Balken kennzeichnen Käfer, die mit dem lockstoff-induzierten Zirpen reagierten, graue Balken solche, die das mit aggressivem Verhalten einhergehende Rivalen-Gezirp hören ließen. Bei einer Konzentration von bis zu 20 Teilen auf eine Million Teile Gemisch lockt MCH viele Käfer an und löst das lockstoff-induzierte Zirpen aus. Konzentrationen von mehr als 20 Teilen heben die Lockwirkung auf und veranlassen männliche Käfer, Rivalitätszirplaute abzugeben.

einen besonderen „Duftsammler“. Die Käfer kamen in kurze Glasröhren, die beidseitig mit einem feinen Netz verschlossen und in einer Kammer angebracht waren. Wurde nun gereinigte Luft durch die Kammer geblasen, so ließen sich die flüchtigen käfereigenen Substanzen in einem speziellen Gassammler auffangen. Diese Substanzen wurden dann gaschromatographisch und massenspektrometrisch analysiert.

Weibliche Käfer, die alleine in den Röhren saßen, gaben genau wie einzelne männliche kein MCH ab. Sobald jedoch jedes Weibchen ein Männchen erhielt, wurde dieser Stoff in großen Mengen freigesetzt. Während der Abgabe stupste das Männchen das Weibchen an und zirpte ununterbrochen.

Um zu zeigen, daß das MCH von den Weibchen stammte, entfernte Rudinsky die Männchen und spielte das lockstoffinduzierte Zirpen über Lautsprecher ab. Die Weibchen reagierten auf diesen akustischen Reiz genauso mit der Abgabe von MCH, wie sie es in Gegenwart eines Männchens getan hatten. Es bestand kein Zweifel mehr, daß MCH das natürliche Ablenkpheromon ist.

Das Klicken der Weibchen

Borkenkäfer-Experten hatten lange Zeit geglaubt, daß nur die männlichen Douglasien-Borkenkäfer stridulieren. Rudinsky hörte jedoch zufällig, wie ein Weibchen von *Dendroctonus ponderosae*, eines nahen Verwandten des Douglasien-Borkenkäfers, zirpte, als es von anderen in seiner Nähe bohrenden Weibchen gestört wurde. Tatsächlich konnte Rudinsky – dank Mikrophon und Oszilloskop – dann sehen, daß auch weibliche Douglasien-Borkenkäfer ein kurzes akustisches Signal aussenden: ein einfaches oder doppeltes Klicken, lauter als das Zirpen des Männchens, aber so kurz, daß es für Menschen unhörbar ist (Bild 5 unten).

Über das Klicken der Weibchen wird die Dichte der Muttergänge reguliert und damit einer Überbesiedlung entgegengewirkt. Alle Weibchen klicken von Zeit zu Zeit beim Gangbohren, auch wenn kein anderer Käfer in der Nähe ist. Die Klickfrequenz erhöht sich jedoch, sobald andere Weibchen in benachbarte Gänge gesetzt werden. Unterschreitet eine Nachbarin dabei die Fünf-Zentimeter-Grenze, so ist das Geräusch beinahe ununterbrochen zu hören. Weibchen, die außen die Rinde absuchen, drehen ab, wenn sie sich der Gangöffnung eines klickenden Weibchens bis auf zehn Zentimeter genähert haben. Infolge dieser territorialen Signale sind die Eingänge gleichmäßig über die Rinde verteilt.

Das Rivalen-Gezirp

Akustische Signale spielen auch beim Zusammentreffen zweier männlicher Käfer eine Rolle, wobei sie allerdings am Eingang viel deutlicher aggressiv reagieren als die Weibchen. Wenn zwei Männchen gleichzeitig am Eingang eintreffen, kommt es unausweichlich zum Kampf. Laut zirpend prallen die Rivalen aufeinander und attackieren sich mit ihren harten Beißwerkzeugen, den Mandibeln.

Das Zirpen kämpfender Douglasien-Borkenkäfer ist so charakteristisch, daß es sich nicht mit dem lockstoff-induzierten Zirpen verwechseln läßt. Es ist länger, besteht aus mehr Einzelimpulsen, hat aber eine niedrigere Frequenz (Bild 5 Mitte). Noch auffälliger sind die kurzen Pausen darin: Jedes Signal kann ein, zwei oder drei davon enthalten – was sich anhört, als ob der Käfer stottere. Gemäß der europäischen Terminologie nannte Rudinsky dieses zerhackte Signal „Rivalen-Gezirp“.

Wenn zwei Käfermännchen gemeinsam in die Pheromon-Sammelkammer kamen, kämpften sie unter lautem Rivalitätszirpen erbittert miteinander und gaben dabei eine beträchtliche Menge MCH ab. Einzelne Männchen setzten jedoch kein MCH frei, wenn das Rivalen-Zirpen über Lautsprecher ertönte. Offensichtlich reicht das akustische Signal allein nicht aus, die Abgabe des Pheromons auszulösen; Kontakt mit dem Rivalen ist erforderlich.

Zwar konnten Rivalitätszirplaute allein keine MCH-Abgabe veranlassen, aber umgekehrt konnte eine ausreichende Menge MCH das Rivalen-Gezirp auslösen. Rudinsky setzte Käfer in den Duft-Laufgang und beobachtete, wie sie auf steigende Konzentrationen von MCH in der Lockstoff-Mixtur reagierten. Bei einer sehr geringen Konzentration – etwa zwei Teile Pheromon auf eine Million andere Teile – arbeitete MCH zugunsten des Lockstoff-Bouquets und verstärkte die Wirkung der übrigen Komponenten (Bild 7). Auch bei 20 Teilen wurden die Versuchstiere vom Lockstoffgemisch in Bann geschlagen. Bei 200 Teilen jedoch geschah das nicht mehr: Die Männchen liefen nicht nur – ohne umzudrehen – über das Gefäß mit dem Lockstoffgemisch hinweg, sondern wechselten auch vom lockstoff-induzierten zum Rivalen-Zirpen über.

Dieser Wechsel bei steigender MCH-Konzentration wies darauf hin, daß das Rivalen-Gezirp zweier kämpfender Männchen eine Reaktion auf das MCH ist, das die Kontrahenten bei Kontakt-

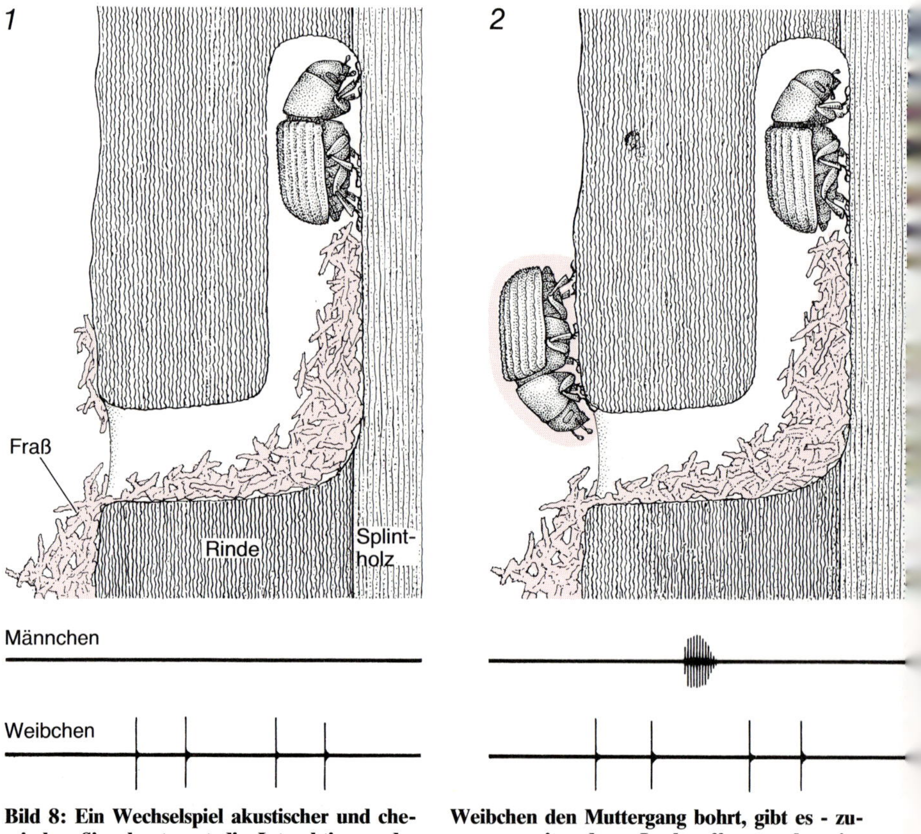

Bild 8: Ein Wechselspiel akustischer und chemischer Signale steuert die Interaktionen der Douglasien-Borkenkäfer. Das Pheromon MCH (farbig) spielt dabei eine wichtige Rolle. Seine Freisetzung ist eng mit den unten dargestellten akustischen Signalen verknüpft. Wenn das Weibchen den Muttergang bohrt, gibt es - zusammen mit anderen Lockstoffen - auch geringe Mengen von MCH mit ihren Kotpillen ab, die unter das Bohrmehl gemischt sind (1). Beim Bohren erzeugt das Weibchen auch seine typischen Klicklaute. Nach etwa zwölf Stunden ist

aufnahme abgeben. Diese Hypothese warf aber sofort eine Frage auf: Wenn männliche wie weibliche Käfer MCH abgeben, wie unterscheidet dann ein neu ankommendes Männchen einen anzugreifenden Geschlechtsgenossen von einem zu umwerbenden Weibchen?

Als Rudinsky und seine Mitarbeiter (zu denen auch ich inzwischen gehörte) das Verhalten der Käfer im Muttergang beobachteten, zeichnete sich eine Antwort ab. Unsere Beobachtungen zeigten nämlich, daß bei den Douglasien-Borkenkäfern Aggression und Balz auf interessante Weise zusammenhängen.

Aggression und Balz

Über Tonband haben wir die Lautäußerungen von Männchen und Weibchen aufgezeichnet, und zwar von dem Moment an, in dem ein Männchen im Fraß am Eingang eines Mutterganges zu wühlen begann. In den ersten Minuten ertönte das lockstoff-induzierte Zirpen des Männchens. Es hörte jedoch auf, kurz nachdem der Käfer den Eingang gefunden hatte und hineingekrochen war.

Die akustische Kommunikation bei Borkenkäfern war damals erst unzureichend geklärt; doch wir nahmen an, daß das Männchen nach Betreten des Mutterganges ein spezielles Balz-Gezirp hervorbringen würde. Stattdessen ertönte das Rivalen-Gezirp.

Um das Ganze besser beobachten zu können, haben wir ein flaches quadratisches Stück frischer Douglasienrinde einschließlich Bast fest zwischen zwei schwere Plexiglasscheiben geklemmt und durch ein Loch darin ein Weibchen in dieses „Rinden-Sandwich" schlüpfen lassen. Darüber kam ein schwarzes Tuch, da Weibchen Dunkelheit bevorzugen. Die meisten gewöhnten sich rasch an diese Bedingungen und begannen, einen Gang durch das Phloem, also den Bast, zu bohren. Nach zwölf Stunden waren sie dann paarungsbereit.

Die Käferpärchen verhielten sich allem Anschein nach auch bei schwacher Beleuchtung normal. So konnten wir gleichzeitig die Insekten beobachten und mit einem Mikrophon ihre Lautäußerungen abhören und aufzeichnen (Bild 8).

Wie vorher begann das Männchen mit dem lockstoff-induzierten Zirpen und wechselte dann zum Rivalen-Zirpen über – und zwar nicht beim, sondern nach dem ersten Kontakt mit dem Weibchen. Kaum war das Rivalen-Gezirp ertönt, begann das Männchen, das Weibchen zu schubsen und zu stoßen. (Ein solches Schubsen war auch schon bei anderen Käferarten als Teil des Balzverhaltens beschrieben worden.) Das Weibchen reagierte darauf mit häufigem Klikken und verkeilte sich in der Nähe des Tunneleingangs, um sich gegen das Männchen zu stemmen.

Nach ausgiebigen Beobachtungen wurde uns klar, daß die beiden Käfer sich anfänglich ganz und gar nicht freundlich gesinnt waren. Als wir einmal einen männlichen Käfer zufällig mit einem verletzten Weibchen zusammenbrachten, tötete er es und schaffte die Überreste aus dem Gang hinaus. Kurz darauf verließ auch er den Gang.

An ein unverletztes Weibchen dagegen schien sich das Männchen nach etwa einer Stunde Schubsen und Beißen gewöhnt zu haben. Es begann nun, die Rindenspäne, die das Weibchen am Vorderende des Mutterganges abgenagt hatte, zum Eingang zu schieben und dort auf die Außenseite der Rinde zu befördern. Dabei atmete das Männchen zwangsläufig immer wieder frische Luft ein. Wenn es dann in die pheromongesättigte Luft des Tunnels zurückkehrte, wiederholte es seine Attacke.

Allmählich aber wurden die Angriffe kürzer und hörten schließlich ganz auf. Das Männchen ging nun zu einer sanfte-

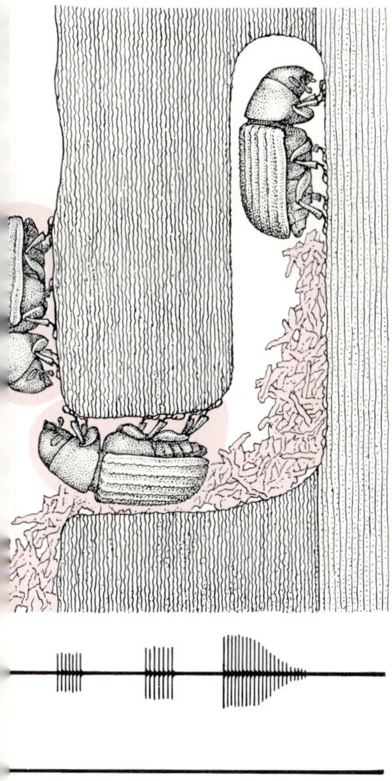

4

5

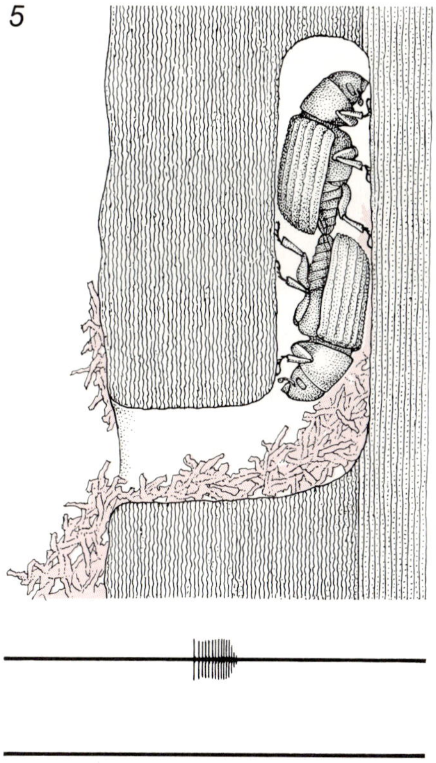

es paarungsbereit. Das Lockstoff-Bouquet zieht ein Männchen an (2). Es reagiert auf das Klikken mit lockstoff-induziertem Zirpen und gibt große Mengen MCH ab. Kommt ein zweites Männchen hinzu, beginnt ein Kampf (3). Beide Männchen setzen noch mehr MCH frei und lassen das Rivalen-Gezirp hören. Sieger ist meist der zuerst angekommene Käfer, und wenn er seinen Rivalen vertrieben hat, beginnt er zu balzen (4). Die erste Phase der Balz ist aggressiv. Das Männchen gibt MCH ab und zirpt wie beim Rivalenkampf. Es stößt und beißt das Weibchen, das sich verteidigt, indem es das Einbohrloch mit seinem gut gepanzerten Hinterleib blockiert. Nach etwa einer Stunde geht das Männchen zu einer sanfteren Balz über: Es läßt das Balz-Gezirp hören. Gewöhnlich kopuliert das Paar dann wenige Minuten danach (5).

ren Werbung über, wobei es mit seinen Vorderbeinen über die Flügeldecken des Weibchens strich. Auch sein Zirpen veränderte sich: Es wurde kürzer und einfacher und glich mehr dem lockstoff-induzierten Zirpen, das am Eingang zu hören gewesen war. Das Weibchen reagierte rasch auf diese sanfte Werbung, und gewöhnlich ließ es innerhalb weniger Minuten die Kopulation zu.

Es wurde schnell klar, daß das MCH sowohl beim aggressiven Balzverhalten als auch beim bedingungslosen Kampf der Männchen eine Rolle spielt. Einigen männlichen Käfern wurden in der Pheromon-Sammelkammer Klicklaute vorgespielt, mit denen ein Weibchen auf ein operativ stumm gemachtes Männchen reagiert hatte. Aus der hindurchströmenden Luft ließen sich anschließend große Mengen MCH extrahieren.

Das ließ darauf schließen, daß auch ein Freier am Eingang zum Tunnel erhebliche Mengen MCH freisetzt, wenn er das darin klickende Weibchen hört. Damit ließ sich nun die Aggression der balzenden Männchen neu interpretieren. Sowohl beim Rivalenkampf als auch bei der Balz reagiert das Männchen auf freigesetztes MCH mit dem typischen, durch Pausen zerhackten Zirpen. Und beide Male ist dieses Zirpen mit aggressivem Verhalten verquickt. Es könnte daher sein, daß MCH – neben seiner Aufgabe, fliegende Käfer entweder zum Baum zu locken oder ihre Anlockung zu verhindern – auch noch als hauptsächlicher Aggressionsreiz wirkt.

Die männlichen Käfer geben offenbar immer MCH ab, wenn sie in Kontakt mit einem anderen Käfer kommen – gleich welchen Geschlechts. Ist der andere Käfer ein Weibchen, so setzen sie sogar schon Pheromon frei, noch ehe es zum ersten physischen Kontakt kommt – allein auf das weibliche Klicken hin. Ist der andere ein Männchen, so zieht die Pheromonabgabe anhaltende Feindseligkeit nach sich. Im Falle eines Weibchens jedoch gewöhnt sich das Männchen nach einer Weile an seine Partnerin, und die nichtaggressiven Verhaltensmuster gewinnen die Oberhand.

Aggressive Annäherung – ein Überlebensvorteil

Es mag merkwürdig anmuten, daß die erste Annäherung an ein Weibchen so aggressiv verläuft; doch könnte die Aggression für den Fortpflanzungserfolg des Männchens von erheblichem Vorteil sein. Die männlichen Douglasien-Borkenkäfer sind monogam und investieren viel Zeit und Energie, um den Fraß aus dem Muttergang zu entfernen und den Eingang gegen Eindringlinge zu verteidigen. Es kann nicht in ihrem Interesse liegen, dies alles für ein krankes, schwaches Weibchen zu leisten.

Die heftige Balz scheint als Prüfstein zu dienen: Nur robuste und damit vermutlich fruchtbare Weibchen überstehen sie. Ein gesundes Weibchen vermag sich ohne weiteres zu verteidigen: Es blockt das Männchen mit dem gut gepanzerten Hinterteil ab.

Das Drücken und Schieben zu Beginn der Balz ist sogar ein ausgezeichneter Test für die genetische Fitness beider Partner. Es ist mehrfach beobachtet worden, wie schwache Männchen während der Balz aus dem Gang zurückwichen, den Halt verloren und vom Baum fielen.

Das während der Paarung abgegebene MCH ist sogar für die Männchen von Vorteil, die dadurch von einem besetzten Gang ferngehalten werden. Denn die Chancen, ein im Gang steckendes Männchen zu vertreiben, sind gering; und so ist es für einen vorbeifliegenden Käfer günstiger, wenn er von vornherein den kräftezehrenden Versuch unterläßt, den gegenwärtigen Besitzer zu verjagen. Und genau dazu ist das MCH, das die sich paarenden Käfer abgeben, vortrefflich geeignet. Da auch das balzende Männchen daran interessiert sein muß, seine Zeit nicht mit der Abwehr von Nachzüglern zu vergeuden, nutzt auch ihm als Erstankömmling die MCH-Abgabe.

Schließlich bringt sie auch den einzelnen weiblichen Käfern Vorteile, da MCH hilft, die Populationsdichte auf einer Douglasie zu regulieren. Zwar vermag nur ein Massenbefall die chemische Abwehr eines stehenden Baumes zu überwinden – eine Überbevölkerung aber kann die Brut stark dezimieren, weil das Phloem zu rasch aufgebraucht wird und viele Larven verhungern.

Einer solchen Überbesiedlung wirkt eine Kombination akustischer und chemischer Signale entgegen. Das Klicken der Weibchen hat zwar eine gleichmäßige Verteilung der Muttergänge zur Folge. Doch würden fortwährend neue Weibchen zu dem Baum gelockt, so lägen die Gänge trotz ihrer regelmäßigen Anordnung bald zu dicht beieinander, als daß sie noch einen optimalen Fortpflanzungserfolg gewährleisteten. Die zunehmende Zahl sich paarender Käfer läßt nun die MCH-Konzentration steigen, so daß neu ankommende Tiere abdrehen und sich weniger dicht besiedelten Teilen des Baums oder benachbarten Bäumen zuwenden. Sender und Empfänger des Signals profitieren gleichermaßen davon.

Daß das Pheromon MCH im Leben der Douglasien-Borkenkäfer so verschiedene Funktionen erfüllt, ist ein Musterbeispiel für das Konzept der pheromonalen Sparsamkeit, das M.S. Blum von der Universität von Georgia formuliert hat. Pheromonale Sparsamkeit bedeutet, daß die verschiedenen Ereignisse im Leben eines Organismus, der über chemische Signale kommuniziert, von so wenigen Substanzen wie möglich gesteuert werden. Der Douglasien-Borkenkäfer ist dabei besonders sparsam; eine einzige Substanz scheint bei fast allen wichtigen Interaktionen der erwachsenen Käfer eine Rolle zu spielen.

Neue Bekämpfungsmöglichkeiten

Unser Wissen über die Rolle des MCH könnte die Ausgangsbasis für Versuche abgeben, die Populationsdichte des Douglasien-Borkenkäfers in den Nutzholzwäldern des nordamerikanischen Westens in Grenzen zu halten. Die Douglasien, die als Sämlinge direktes Sonnenlicht benötigen, werden gewöhnlich im Kahlschlagverfahren gefällt. Brächte man in einem zum baldigen Aushieb vorgesehenen Bestand das Aggregationspheromon aus, so würden sich die fliegenden Käfer dort in großer Zahl einfinden. Wenn die Bäume dann vor Ablauf eines Jahres gefällt und verarbeitet würden, ließe sich die Brut zerstören. Das würde die Dichte der Käfer in den benachbarten Beständen reduzieren.

Eine andere Bekämpfungsstrategie wäre, die ablenkende Wirkung von MCH zu nutzen. Der Befall mit Douglasien-Borkenkäfern kann epidemische Ausmaße erreichen, wenn sich die Insekten in den durch Winterstürme umgebrochenen Bäumen vermehren. Ihre Überlebensrate darin ist hoch, weil dem geschädigten Holz die chemische Abwehr fehlt. Die Behandlung mit hohen Konzentrationen von MCH würde solche Bäume für fliegende Borkenkäfer unattraktiv machen und so einer Massenentwicklung vorbeugen.

Die Kenntnisse über die Kommunikation des Douglasien-Borkenkäfers könnten zweifellos beachtliche wirtschaftliche Bedeutung haben, vor allem für die Staaten im Westen der USA und von Kanada. Aber auch ohne das ist der Käfer ein lohnendes Forschungsobjekt. Er zeigt in einfacher Form viele von Wirbeltieren bekannte Verhaltensweisen, darunter Territorialität, Gruppenbildung, Rivalenkämpfe, ausgedehnte Balz und Kooperation zwischen Männchen und Weibchen.

Nach zwei Jahrzehnten Forschung beginnen wir jetzt die akustischen und chemischen Signale zu verstehen, von denen all diese Ereignisse gesteuert werden. Tieferes Eindringen in dieses Kommunikationssystem wird auch diese grundlegenden biologischen Prozesse weiter erhellen helfen.

Die gefälschten Signale der Glühwürmchen

Viele nordamerikanische Glühwürmchen verständigen sich mit blitzenden Leuchtzeichen. Doch ihr Code wird nicht nur von Eingeweihten, sprich Artgenossen, verstanden. Wie überall, so gibt es auch hier Betrüger und Betrogene, und was verführerisch als Braut lockt, kann sich als gefährlicher Räuber entpuppen.

Von James E. Lloyd

Das tausendfache Funkeln und Blitzen auf einer nächtlichen Wiese voller Glühwürmchen erweckt das trügerische Gefühl eines paradiesischen Friedens. In Wirklichkeit verbirgt sich hinter der glitzernden Fassade nur eines: der Kampf ums Dasein, geführt mit Arglist und Täuschung, und begleitet von Fressen und Gefressenwerden. Das begrenzte Angebot an Lebensraum, Nahrung und paarungswilligen Weibchen zieht einen harten Wettbewerb nach sich, der für alle Bewohner der Wiese ein fester Bestandteil ihres Lebens ist. Bei den Glüh„würmchen", oder besser den Leuchtkäfern, ist dieser Konkurrenzkampf allerdings auffälliger als bei anderen Insekten, weil er großenteils über die Signalsprache der Leuchtzeichen ausgetragen wird.

Blitzer, Glüher, Flackerer und Flimmerer

Die meisten der über eine Glühwürmchenwiese tanzenden Lichter sind nichts anderes als Leuchtsignale von Männchen, die ein Weibchen suchen und sich auf diese Weise anpreisen. Die Leuchtorgane liegen auf der Bauchseite der letzten Hinterleibssegmente (Bild 1) und bestehen aus drei Schichten: einer glasigen Oberfläche, einer lichterzeugenden Zellage und einer Art reflektierendem Spiegel. Das Licht selbst ist praktisch kalt und wird auf enzymatischem Wege hergestellt. Das Enzym Luciferase geht – vereinfacht dargestellt – mit einem als Luciferin bezeichneten Stoff eine Verbindung ein, die ihrerseits mit Sauerstoff reagiert und dabei kaltes Licht ausstrahlt. Zwar besitzen verschiedene Arten das gleiche Luciferin, senden aber Licht unterschiedlicher Farbe aus. Der jeweilige Farbton kommt durch bestimmte Varianten der Luciferase zustande.

Es macht wenig Mühe, verschiedene Arten von Leuchtkäfern allein anhand ihrer Blitze unterscheiden zu lernen. Eine allgemeine Regel besagt, daß in irgendeinem Gebiet jede einzelne Art ein für sie spezifisches männliches Signal und ein dazu passendes weibliches Antwortsignal benutzt. Als Unterscheidungsmerkmale dienen dabei die Dauer des einzelnen Lichtblitzes, die Anzahl der Blitze pro Signal und pro Sekunde sowie die Anzahl der pro Zeiteinheit wiederholten Signale. Viele der nahezu 2000 bekannten Arten blitzen jedoch nicht, sondern leuchten kontinuierlich, so auch die beiden in Mitteleuropa häufigsten Arten *Lampyris noctiluca* und *Lamprohiza splendidula.* (Beide leben nur als Larven räuberisch, als Erwachsene fasten sie.) Bis jetzt kennt man von ungefähr 130, rund um die Welt verteilten Arten die Signale der männlichen Tiere (zumindest bis zu einem gewissen Grad), und von mehr als 80 dieser Arten habe ich das Signalmuster frei fliegender Männchen aufgezeichnet und analysiert.

Ungefähr 50 der 130 Arten senden als Signal einen Einzelblitz aus, den sie in regelmäßigen, für die einzelne Art charakteristischen Intervallen wiederholen (Bild 3a). Bei dreißig Arten besteht das Signal aus einer Serie von zwei bis elf Blitzen, auf die eine Pause folgt (Bild 3b). Weitere dreißig Arten erzeugen ein flackerndes Licht, wobei ihr Signal gewöhnlich fünf bis elf Helligkeitsspitzen enthält und eine Frequenz von bis zu zwanzig Spitzen pro Sekunde erreicht (Bild 3c). Schließlich senden die restlichen Arten ein „versteckt" moduliertes Signal aus: Seine Helligkeitsspitzen folgen so rasch aufeinander (über dreißig Maxima pro Sekunde), daß das menschliche Auge das Flimmern nicht mehr auflösen kann und als einen einzigen Lichtblitz wahrnimmt (Bild 3d).

Die artcharakteristischen Signale lassen sich nicht nur anhand ihrer Frequenz, sondern auch am Intensitätsverlauf der Blitze und Flackerzeichen unterscheiden. Der kürzeste Blitz, den ich jemals beobachtet habe, ist der scharfe, nur vierzig Millisekunden dauernde Spike von *Photuris potomaca*, einem Leuchtkäfer, der an den Ufern des Potomac und dessen größeren Zuflüssen vorkommt. Zwar gibt es einige Arten von Leuchkäfern, die mehrere Minuten lang glühen, doch den längsten echten Blitz – ein fünf Sekunden dauerndes Crescendo – sah ich bei einer am Missouri lebenden Rasse von *Photuris lucicrescens*. Der schnellste „Flackerer" ist schließlich *Photuris* „D" (eine der zahlreichen noch nicht beschriebenen Arten Floridas), der an warmen Abenden in seinem Signal über vierzig Helligkeitsspitzen pro Sekunde erzeugt (Bild 4).

Bei allen Leuchtkäferarten verändert sich die Blitzfrequenz in voraussagbarer Weise mit der Temperatur der Umgebung. Da bei vielen dargebotenen Signalmustern zudem die artspezifischen Elemente in subtiler Weise variieren, lassen sich die einzelnen Arten erst sicher identifizieren, wenn verschiedene zusätzliche Informationen zur Verfügung stehen. Hierzu gehören Fluggeschwindigkeit, Flughöhe und Flugmanöver beim Aussenden von Leuchtzeichen, der Lebensraum und der darin genutzte Aktionsradius, die Aktivitätsphase sowie die jeweilige Jahreszeit.

Die männlichen Signale stellen aber nur eine Seite des artspezifischen Codes dar; denn im Dialog mit den werbenden Männchen müssen die Weibchen zum rechten Zeitpunkt die richtige Antwort geben. In der Regel erwidern die Weibchen die Werbung mit kurzen, unmodulierten Lichtblitzen. Ausnahmen, die die Regel bestätigen, findet man bei den

Bild 1: Glühwürmchen oder besser Leuchtkäfer werben umeinander mit auffälligen Lichtsignalen, die sie in besonderen Organen an der Bauchseite der letzten Unterleibssegmente erzeugen. Die Leuchtorgane haben sich – was ihre Färbung noch deutlich verrät – aus dem Fettkörper entwickelt. Die hellen keulenförmigen Gebilde am Ende des Hinterleibs sind allerdings Geschlechtsorgane, die – wie hier – bei der Paarung ausgestülpt werden. Die Aufnahme zeigt ein Käferpaar der nordamerikanischen Art *Photuris hebes* **bei der Kopulation.**

Bild 2: Die Weibchen der in Nordamerika heimischen Gattung *Photuris* **leben von der arglistigen Täuschung ihrer Freier. Mit gefälschten Signalen locken sie die Männchen anderer Leuchtkäferarten an, überwältigen sie und lassen sie sich schmecken. Hier verspeist ein Weibchen von** *Photuris versicolor* **gerade das wesentlich kleinere Männchen einer anderen Art.**

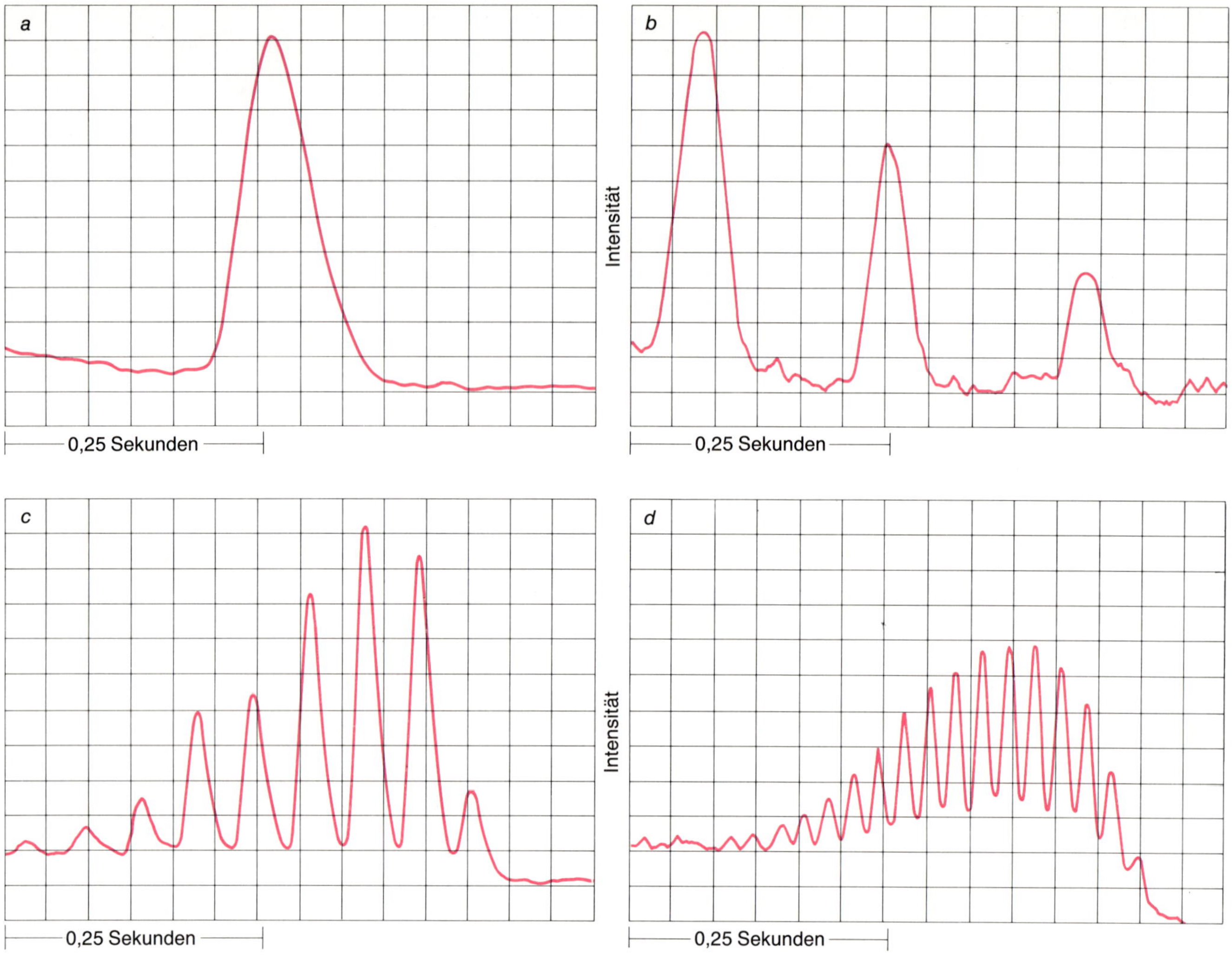

Bild 3: Die werbenden Signale männlicher Leuchtkäfer lassen sich vier Kategorien zuordnen, von denen jede hier mit einem charakteristischen Beispiel vertreten ist. Die Lichtsignale freilebender Männchen wurden mit einer Photozelle registriert und die so erhaltenen Spannungsänderungen auf Band „überspielt". Der zeitliche Verlauf der Spannungsänderungen spiegelt dann den zeitlichen Verlauf des Lichtsignals wider. (Kleinere Unebenheiten in diesen Diagrammen gehen auf elektronisches Rauschen oder Übersteuerung zurück.) Die einfachsten Signale bestehen aus einem einzelnen Blitz (links oben), der in unterschiedlichen, für die einzelne Art charakteristischen Intervallen ausgesandt wird. Das hier gezeigte Signal stammt von *Luciola peculiaris*, einer in Neuguinea heimischen Art. Neben ihr benutzen etwa noch fünfzig andere Arten derartige Einzelblitze. Weitere dreißig Arten senden Signale aus, die aus Gruppen von zwei bis elf Blitzen bestehen. So blinkt die in Florida lebende Art *Photuris versicolor* jeweils dreimal auf (rechts oben). Wieder dreißig Leuchtkäferarten – darunter die jamaikische Art *Photinus evanescens* – zählen zu den „Flackerern". Ihr Signal enthält bis zu elf Helligkeitsspitzen, die mit einer Frequenz von bis zu zwanzig Spitzen pro Sekunde ausgestoßen werden (links unten). Zur letzten Kategorie gehören schließlich jene zwanzig Arten, die extrem schnell flackern. Ihr Signal kann bis zu 45 Helligkeitsspitzen enthalten (rechts unten). Ein so rasches Flimmern vermag das menschliche Auge nicht mehr aufzulösen, so daß wir nur ein einfaches Leuchtzeichen wahrnehmen. Das im Diagramm gezeigte Signal stammt von *Photuris* „D", einer der noch unbekannten Arten Floridas. Es wurde bei 25 Grad Celsius Lufttemperatur, die übrigen Signale dagegen bei 22 Grad Celsius aufgenommen.

Weibchen von *Photinus obscurellus* und *Photinus tanytoxus*. Die eine Art – sie bewohnt sumpfige Gebiete im Nordosten der USA – sendet wiederholte Blitze aus, während die andere, in den Grassteppen Floridas heimische Art ihren Blitzzeichen gelegentlich ein sekundenlanges Glühen folgen läßt.

Häufig unterscheiden sich die weiblichen Signale in ihrer Form zwar klar von Art zu Art, aber das ausschlaggebende Merkmal ist die richtige zeitliche Abstimmung mit den männlichen Blitzzeichen. So wartet das Weibchen von *Photinus ignitus* – einer Leuchtkäferart, die im Osten der USA lebt – bei Temperaturen von 25 Grad Celsius etwa drei Sekunden, bis es dem Männchen antwortet (Bild 5). (Bei 13 Grad beträgt die Verzögerung etwa neun Sekunden.) Andere Arten erwidern das männliche Angebot schneller. Erst die Kombination aus männlichem Leuchtsignal und verzögerter weiblicher Antwort macht den artspezifischen Code aus. Er errichtet zwischen nebeneinanderlebenden Arten eine Fortpflanzungsbarriere – der Biologe spricht von reproduktiver Isolation – und trägt entscheidend zum Bestand solcher Arten bei.

Brautsuche – ein mühevolles Unterfangen . . .

Auf einer Wiese voller Leuchtkäfer ist das männliche Geschlecht stets in der Überzahl: Auf hundert „heiratswillige" Männchen kommen manchmal nur zwei Weibchen. Und folglich sieht sich jedes Männchen einer übermächtigen Konkurrenz gegenüber, wenn es endlich nach langer Suche ein paarungswilliges Weibchen entdeckt hat. Den Vorteil haben natürlich die Weibchen: Kaum geben sie Lichtzeichen, erhalten sie auch schon mehrere Angebote.

Um nun die vergeblichen wie erfolgreichen Werbungen zahlenmäßig erfassen zu können, habe ich die Männchen von *Photinus collustrans* auf ihrer abendlichen Brautschau verfolgt. Diese Art ist allabendlich nur kurze Zeit sexuell aktiv. Etwa zwanzig Minuten nach Sonnenuntergang fliegen die Männchen aus und weitere 15 bis 20 Minuten später, wenn das letzte Dämmerlicht verschwindet, stellen sie ihre Brautsuche ein. Ihr Terminplan ist deshalb so eng, weil die nahe verwandte Art *Photinus tanytoxus* nur wenige Minuten danach auf Brautschau ausgeht. (Die zeitliche Verschiebung zwischen den Aktivitätsphasen verhindert, daß die beiden Arten sich kreuzen.) Die kurze Aktivitätsphase und der praktisch zweidimensionale Aktionsradius machen die *Collustrans*-Männchen zu idealen Objekten für einen Forscher, der das Suchverhalten quantitativ erfassen möchte.

Während ich die Männchen verfolgte, benutzte ich ein Zählrad, um die zurückgelegten Strecken zu messen, gleichzeitig zählte ich die Lichtblitze sowie die Fehllandungen und stoppte die Dauer eines jeden Fluges. Von den insgesamt 199 verfolgten Männchen (der Ausbeute mehrerer Jahre) fanden nur zwei ein Weibchen ihrer Art, das sie auch begatten konnten. Auf die männlichen Lichtsignale – ein 0,3 Sekunden dauernder Blitz, der alle zwei Sekunden wiederholt wird – antworteten jedoch auch elf Weibchen einer anderen Leuchtkäferart, die dabei die Signale der *Collustrans*-Weibchen nachahmten. Nur elf Männchen ließen sich täuschen und landeten bei der falschen Braut, flogen aber nach durchschnittlich 15 Sekunden wieder ab. In einem Fall konnte ich allerdings beobachten, wie ein Männchen vier volle Minuten seiner knapp bemessenen Zeit verlor, bis es erkennen mußte, daß es auf die Signalfälschung eines fremden Weibchens hereingefallen war. Im Verlaufe eines Abends fliegt ein partnersuchendes *Collustrans*-Männchen durchschnittlich einen Kilometer und sendet dabei 455 Lichtblitze aus. Seine Chance, bei einem falschen Weibchen zu landen, stehen dabei fünfmal besser als die, eine Braut zu finden. Das bedeutet, daß jeder männliche Käfer im Mittel 7,1 Abende lang suchen muß, bis er ein passendes Weibchen findet.

Die weiblichen Tiere gelangen dagegen wesentlich rascher zum Ziel: Sobald ein *Collustrans*-Weibchen in der Dämmerung aus seiner Wohnhöhle herauskommt, kann es auch schon die Aufmerksamkeit eines vorbeifliegenden Freiers auf sich lenken, ihn zu sich auf den Boden locken und mit ihm kopulieren. Dann kehrt das Weibchen zu seiner Wohnhöhle zurück. Einschließlich der neunzig Sekunden dauernden Begattung ist die ganze Sache in nur sechs Minuten erledigt. Beide, sowohl Männchen wie Weibchen, riskieren nämlich, von einem Feind gefressen zu werden, wenn sie sich bei der Begattung zu viel Zeit lassen. Sobald das Weibchen verschwunden ist, hebt das Männchen ab, um sich erneut dem innerartlichen Wettbewerb zu stellen.

... und gefährlich dazu

Die meisten Leuchtkäfer leben nicht räuberisch, aber bei der Mehrzahl der gut sechzig Arten der Gattung *Photuris* bilden die Weibchen eine Ausnahme von dieser Regel. Mit gefälschten Signalen locken sie die Männchen anderer Leuchtkäferarten an und verspeisen die getäuschten Freier. Im Nachahmen, das heißt in der Mimikry anderer Weibchen, sind diese „Sirenen" bemerkenswert geschickt und vielseitig. Die räuberischen Weibchen fliegen in ein Beute versprechendes Gebiet und beziehen nahe oder direkt am Boden Stellung. Sobald die Leuchtzeichen eines Beute-Männchens aufblitzen, antwortet das *Photuris*-Weibchen mit dem passenden weiblichen Signal. Der angesprochene Freier fliegt nun näher heran und blinkt erneut. Für ihn ist Eile höchstes Gebot, denn zögert er zu lange, so ist stets ein Rivale in der Nähe, der auf die lockenden Signale eingeht. Ein Irrtum freilich könnte tödlich sein. Die meisten Leuchtkäfermännchen gehen auf die Lockungen ein, geben mehrfach Signal, wobei sie sich dicht heranwagen und wieder zurückweichen. Manche fliegen jetzt davon, andere zeigen sich unentschlossen, und manch eines landet neben dem Antwort gebenden Weibchen und sodann in dessen Magen (Bild 2). Bei den von mir beobachteten vier Beute-Arten fielen schätzungsweise 16 Prozent der angelockten Männchen auf eine solche Täuschung herein: Sie wurden sofort nach der Landung von dem räuberischen Weibchen gefressen. (Der Räuber kann seine Beute um ein Mehrfaches an Größe übertreffen.)

Die Weibchen zweier in Florida lebender *Photuris*-Arten haben ein umfangreiches Repertoire an Mimikry-Signalen und machen auf mehr als eine Art Jagd. Das *Photuris versicolor*-Weibchen vermag Männchen von mindestens fünf Leuchtkäferarten anzulocken, und zwar nicht nur solche aus der eigenen Gattung *Photuris*, sondern auch Vertreter aus den beiden anderen für Nordamerika bedeutenden Gattungen *Photinus* und *Pyractonema*. Es geht bei der Fälschung sogar so weit, nicht nur die Eigenheiten der Blitzform, sondern auch die „Sprechpausen" der zu erbeutenden Art zu imitieren. Entdeckt der Räuber die männlichen Signale einer anderen Beuteart, so schaltet er unverzüglich auf deren artgemäße Signale um.

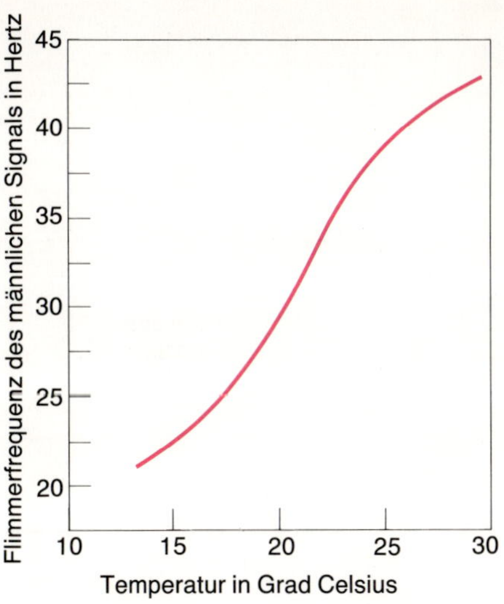

Bild 4: Die Frequenz, in der die männlichen Leuchtkäfer ihre Lichtblitze aussenden, hängt von der Lufttemperatur ab. So „flimmert" ***Photuris*** **„D" bei 15 Grad Celsius 22,5mal, bei 28 Grad Celsius 42,5mal pro Sekunde.**

Beispielsweise beantwortet ein Weibchen von *Photuris versicolor* die Halb-Sekunden-Blitze eines *Photinus tanytoxus*-Männchens mit dem richtigen Antwortsignal: einem langen Blitz, gefolgt von einem langsam verlöschenden Glühen. Entdeckt es dagegen zwei kurze Blitze im Abstand von zwei Sekunden (dem Signal der Männchen von *Photinus macdermotti*), reagiert der Räuber nach dem zweiten Blitz genau wie ein *Macder-*

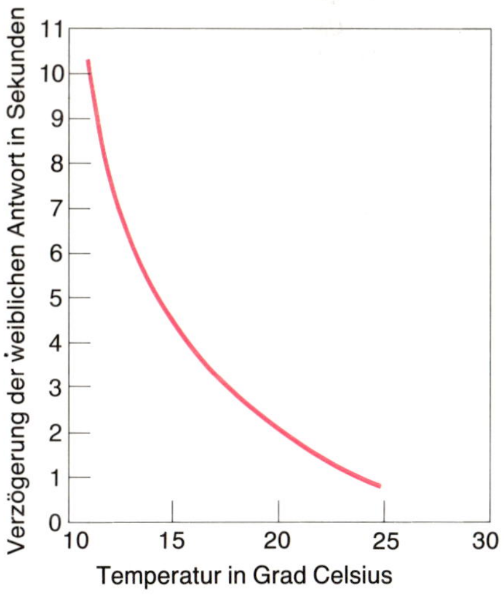

Bild 5: Die weiblichen Leuchtkäfer antworten auf die werbenden Signale der Männchen nicht sofort, sondern lassen erst eine charakteristische Pause verstreichen. Auch die Länge dieser Pause hängt – wie hier bei ***Photuris ignitus*** **gezeigt – von der Lufttemperatur ab. Bei elf Grad Celsius wartet das Weibchen über zehn Sekunden, bei 25 Grad Celsius weniger als 4 Sekunden, bis es dem männlichen Tier antwortet.**

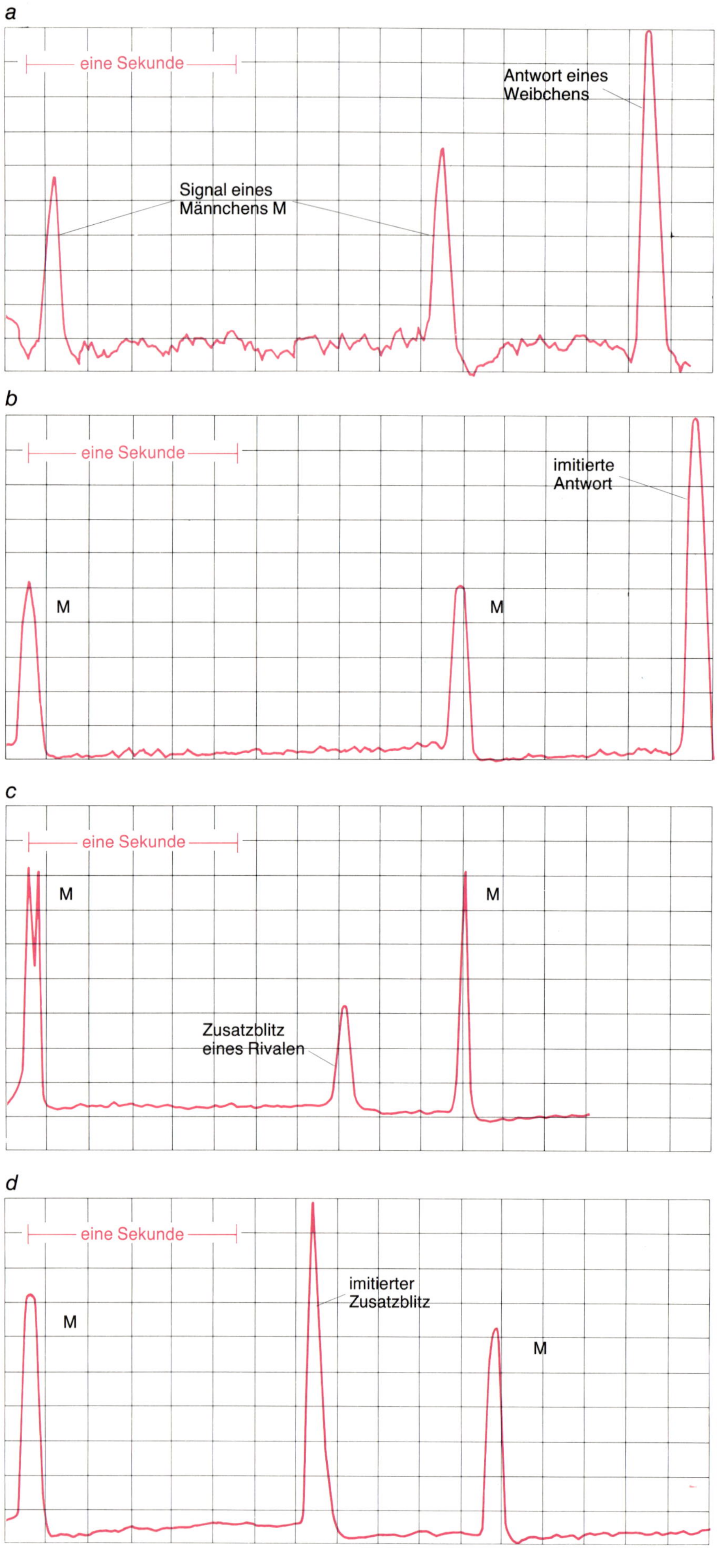

motti-Weibchen (Bilder 6b und 7). Ich habe mit diesen räuberischen Leuchtkäfern Freilandversuche angestellt und ihnen mit einer kleinen Stablampe die Lichtsignale verschiedener Beutetiere vorgeführt. Sobald ein Signal gebendes Leuchtkäfermännchen anflog, während ich gerade das Leuchtzeichen einer anderen Beuteart nachahmte, lockten meine Versuchstiere in der Signalsprache des Neuankömmlings.

Die *Photuris*-Weibchen scheinen darüber hinaus noch eine andere Taktik anzuwenden, wenn gefälschte Signale allein nicht ausreichen. In mehreren Fällen landeten die räuberischen Weibchen auf meiner Hand oder der blinkenden Stablampe oder flogen mir ins Gesicht. Fast könnte man meinen, sie unternähmen Luftangriffe auf zögernde und allzu vorsichtige Männchen.

Das Mimikry-Verhalten, das heißt die Signalfälschung der *Photuris*-Weibchen, hat das Werbeverhalten der *Photinus macdermotti*-Männchen tiefgreifend beeinflußt. Diese kleinwüchsige Art wird von den Weibchen mindestens dreier *Photuris*-Arten gefressen, und so nähert sich das Männchen einem antwortenden Weibchen äußerst vorsichtig. Anstatt die Braut im raschen Flug einzukreisen und sich – wie *Collustrans*-Männchen es tun – neben ihr niederzulassen, schwebt das angelockte *Macdermotti*-Männchen nur zögernd ein und landet nach mehrmaligem Blinken erst einmal in etwa ein Meter Entfernung vom Weibchen. Ein solches Vorgehen gibt anderen männlichen Artgenossen freilich genügend Zeit, ihrerseits das Weibchen zu entdecken oder die Werbung der beiden zu beobachten und sich gegebenenfalls einzumischen. Ich habe gelegentlich bis zu fünf *Macdermotti*-Männchen in der Nähe eines einzi-

Bild 6: Jede Leuchtkäferart verwendet für ihre Lichtzeichen einen eigenen Code, an dem sich Männchen und Weibchen einer Art erkennen. So sendet das Männchen von *Photinus macdermotti* einen Doppelblitz aus, auf den das weibliche Tier mit einem einzelnen Blitz antwortet (*a*). Die räuberisch lebenden Weibchen von *Photuris versicolor* imitieren diese Antwort (*b*), und locken damit die *Macdermotti*-Männchen an. Da das männliche Geschlecht bei weitem in der Überzahl ist, wird hart um die Gunst der Weibchen gebuhlt. Rivalen werfen gewöhnlich einen Zusatzblitz in das Doppelsignal eines Mitstreiters ein (*c*) und haben damit auch manchmal Erfolg. Die räuberischen *Photuris*-Weibchen machen sich das ihrerseits wieder zunutze und ahmen solche Zusatzblitze nach, um einem vorbeifliegenden Beutemännchen vorzutäuschen, daß unten im Gras ein heftig umworbenes Weibchen sitzt (*d*). Die in *b* und *d* gezeigten „männlichen" Signale wurden vom Autor mit Hilfe einer Stablampe erzeugt.

gen arteigenen Weibchens versammelt gefunden.

Die Tricks der Rivalen

Solche Mitstreiter können auf verschiedene Taktiken zurückgreifen, um die Gunst des Weibchens für sich zu gewinnen. Die häufigste Taktik besteht darin, zwischen den ersten und den zwei Sekunden später folgenden zweiten Blitz eines Rivalen einen zusätzlichen Blitz „hineinzufunken" (Bild 6c). Der einzelne Blitz innerhalb des Standardsignals weist eine einzige Helligkeitsspitze auf; der Zusatzblitz kann genauso aussehen, hat aber oft auch zwei, gelegentlich sogar drei Spitzen. Gewöhnlich wirft der Mitstreiter seine Zusatzblitze in die zweite Hälfte des Zwei-Sekunden-Intervalls seines Rivalen (Bild 8, oben), kann aber noch mindestens drei andere Taktiken anwenden (Bild 9).

Wenn der Mitstreiter einen zusätzlichen Blitz in das letzte Viertel des Zwei-Sekunden-Intervalls einwirft, bedeutet dies aus der Sicht des Weibchens, daß sich im Signal des Männchens das Intervall zwischen den Blitzen verkürzt. Das umworbene Weibchen wird oft dem Signalmuster mit dem kürzeren Intervall antworten, und das um so häufiger, je näher das Muster an den korrekten Zwei-Sekunden-Abstand herankommt. Dies begünstigt das Männchen mit den Extrablitzen, da das Weibchen seine Antwortsignale im allgemeinen dorthin richtet, wo der zweite Blitz des werbenden Männchens herkommt. Daher kann es geschehen, daß das Männchen mit den Zusatzblitzen ein sehr helles Antwortsignal erhält, während das Männchen mit den Standardblitzen im ungünstigsten Fall überhaupt kein Antwortlicht zu sehen bekommt. Auf diese Weise kann ein Männchen, das einen vorzeitigen zweiten Blitz aussendet, seinem Rivalen manchmal sozusagen die Antwort stehlen.

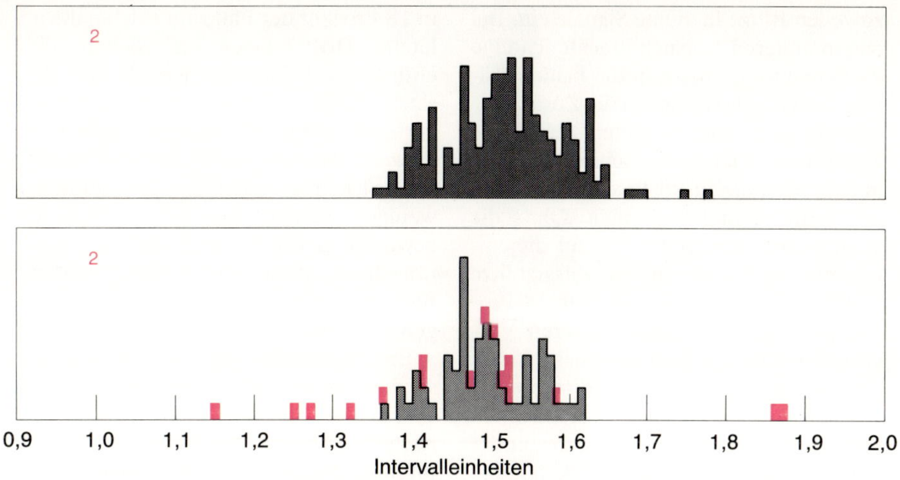

Bild 7: Die räuberischen *Photuris*-Weibchen müssen ihre gefälschte Antwort in der gleichen Weise auf die Signale ihrer männlichen Beute abstimmen, wie es die „richtigen" Weibchen tun. Da sich die zeitliche Abstimmung mit der Lufttemperatur verändert (Bild 5), wurden in dieser Darstellung keine absoluten, sondern relative Zeiteinheiten gewählt. Das Intervall innerhalb eines Doppelblitzes dient dabei als Maßeinheit und wird in Zehntelschritte (0 bis 1,0) unterteilt. Die Zahl 1,0 kennzeichnet dann das Ende des zweiten Blitzes (farbige Ziffer 2). Ein Weibchen von *Photinus macdermotti*, das bei der Zeitmarke 1,5 antwortet, hat demnach ein halbes Intervall (0,5) mit seiner Erwiderung gewartet. Wie das obere Diagramm zeigt, häufen sich die Antworten um diese Zeitmarke und ein ähnliches Bild ergibt sich für die gefälschten Signale der räuberischen *Photuris*-Weibchen (unten). Insgesamt wurden hier 234 richtige Antworten (oben) und 85 gefälschte Antworten (unten) ausgewertet (farbige Säulen: *Photuris* „B", graue Säulen: *Photuris versicolor*).

Der Vorteil eines solchen Verhaltens ist leicht einzusehen – vorausgesetzt, das vorwitzige Männchen steht einer Braut gegenüber und nicht einer arglistigen Sirene. Tatsächlich werden aber die meisten zusätzlichen Blitze bereits ins dritte Viertel des Standardintervalls eingeworfen (Bild 8, oben), liegen also deutlich vor dem optimalen Zeitpunkt, und es erhebt sich die Frage, ob mit diesen vorzeitigen Blitzen das Signal von Männchen einer verwandten, im gleichen Gebiet lebenden Art imitiert wird. Mit anderen Worten: Will der Mitstreiter bei dem Weibchen den Anschein erwecken, daß ein fremdes Männchen nur einen Blitz weit entfernt ist? Die natürliche Auslese hat zweifellos im Zuge der repoduktiven Isolation dazu geführt, daß die Weibchen Signale artfremder Männchen strikt ablehnen. So ist es mir nie gelungen, einem *Macdermotti*-Weibchen eine Antwort zu entlocken, wenn ich ihm Lichtsignale verwandter Arten anbot.

Um zu untersuchen, wie sich zusätzliche Blitze innerhalb eines männlichen Blitzmusters auf die Antwort eines Weibchens auswirken, bot ich gefangenen Weibchen simulierte Signale an und setzte gefangene Männchen der gleichen Art so in Sichtweite, daß sie den Dialog sehen konnten. Die Männchen warfen

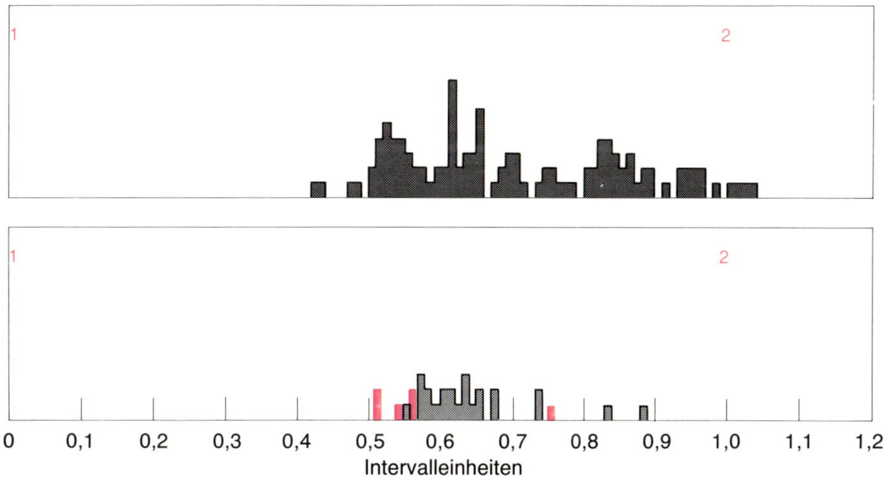

Bild 8: Die in Bild 7 geprüften *Photuris*-Arten ahmen nicht nur die weiblichen, sondern auch gewisse männliche Signale von *Photinus macdermotti* nach. Rivalisierende *Macdermotti*-Männchen senden Zusatzblitze aus, die sie zwischen den ersten (farbige Ziffer 1) und zweiten Blitz (farbige Ziffer 2) ihres Gegners einwerfen. Wie in Bild 7 wurde auch in dieser Darstellung das Intervall in Zehnerschritte unterteilt. Das obere Diagramm zeigt deutlich, daß die Männchen bevorzugt in die zweite Hälfte des gegnerischen Intervalls hineinblitzen (insgesamt 114 Blitze). Das gleiche tun die räuberischen *Photuris*-Weibchen, wenn sie die Zusatzblitze imitieren (insgesamt 49 Blitze). Die farbigen Säulen kennzeichnen *Photuris* „B", die grauen Säulen *Photuris versicolor*.

zuweilen Blitze in meine Signale ein. Bei einem anderen Versuch brachte ich eine Zwischenwand zwischen die beiden Käfige, so daß die Weibchen die Zusatzblitze nicht mehr sehen konnten. Sobald die weiblichen Tiere abgeschirmt waren, antworteten sie in 98 Prozent der Fälle auf meine Signalimitationen. Ohne die Trennwand antworteten sie auf diejenigen meiner Signale, in die Zusatzblitze eingeworfen waren, nur noch in 18 Prozent der Fälle. In einem weiteren Versuch benutzte ich zwei künstliche Lichtquellen, mit denen ich die Blitze zweier Rivalen vortäuschte. Die abgeschirmten Weibchen antworteten in 94 Prozent der Fälle auf die normalen Blitzmuster und in 18 Prozent der Fälle auf solche, die im letzten Drittel einen zusätzlichen Blitz enthielten. Sobald ich jedoch den Zusatzblitz auf die Mitte des Intervalls vorverlegte, stieg die Antwortrate auf 39 Prozent. Warum weibliche Leuchtkäfer bei solchen vorverlegten Zusatzblitzen weniger gehemmt sind als bei später eingeworfenen Blitzen und welcher Selektionsdruck diese Entwicklung herbeiführt, darüber kann man nur Vermutungen anstellen.

Ein Zusammenhang zwischen den Zusatzblitzen der *Macdermotti*-Männchen und den gefälschten Signalen des räuberischen *Photuris*-Weibchens ist jedoch offenkundig. Gewöhnlich antworten die Räuber auf den zweiten Blitz der *Macdermotti*-Männchen, manchmal jedoch auch auf den ersten Blitz. Diese frühe Antwort ist eigentlich kein Fehler, denn sie erfolgt zum gleichen Zeitpunkt, zu dem auch *Macdermotti*-Männchen Zusatzblitze einzuwerfen pflegen (Bild 6c). Der Räuber imitiert also nicht nur ein heißbegehrendes Weibchen, sondern auch ein rivalisierendes Männchen (Bilder 6c und 8 unten)

So gesehen erscheint die Bedeutung der von den *Macdermotti*-Männchen eingeworfenen Zwischenblitze klar. Die dazwischen funkenden Männchen ahmen tatsächlich die „Fehlblitze" eines räuberischen Weibchens nach und sorgen auf diese Weise dafür, daß sich ein sich ohnehin schon vorsichtig nähernder Mitbewerber noch mehr Zeit läßt. Eine solche wechselseitige Mimikry konnte sich herausbilden, weil mit derartigen Tricks einzelne *Photuris*-Weibchen erfolgreicher Beute machen, und andererseits einzelne Männchen von *Photinus macdermotti* leichter zu einem Geschlechtspartner gelangen. Die wechselseitige Mimikry wird so von beiden Seiten unterstützt und aufrecht erhalten. Doch wie läßt sich erklären, daß *Macdermotti*-Weibchen auf Zusatzblitze einmal mehr und einmal weniger antworten? Es könnte daran liegen, daß auch die Weibchen riskieren, von den räuberischen *Photuris*-Weibchen gefressen zu werden. Wenn sie nur gelegentlich auf die Zusatzblitze ihrer männlichen Artgenossen antworten, werden sie auch ebenso selten auf die gefälschten Zusatzblitze räuberischer Weibchen reagieren und so das Risiko für sich selbst verringern.

Versuche mit künstlichen Blitzen haben weitere Formen der Rivalität und noch andere Täuschungsmanöver im Sexualleben von *Photinus macdermotti* aufgedeckt. So senden zwei rivalisierende

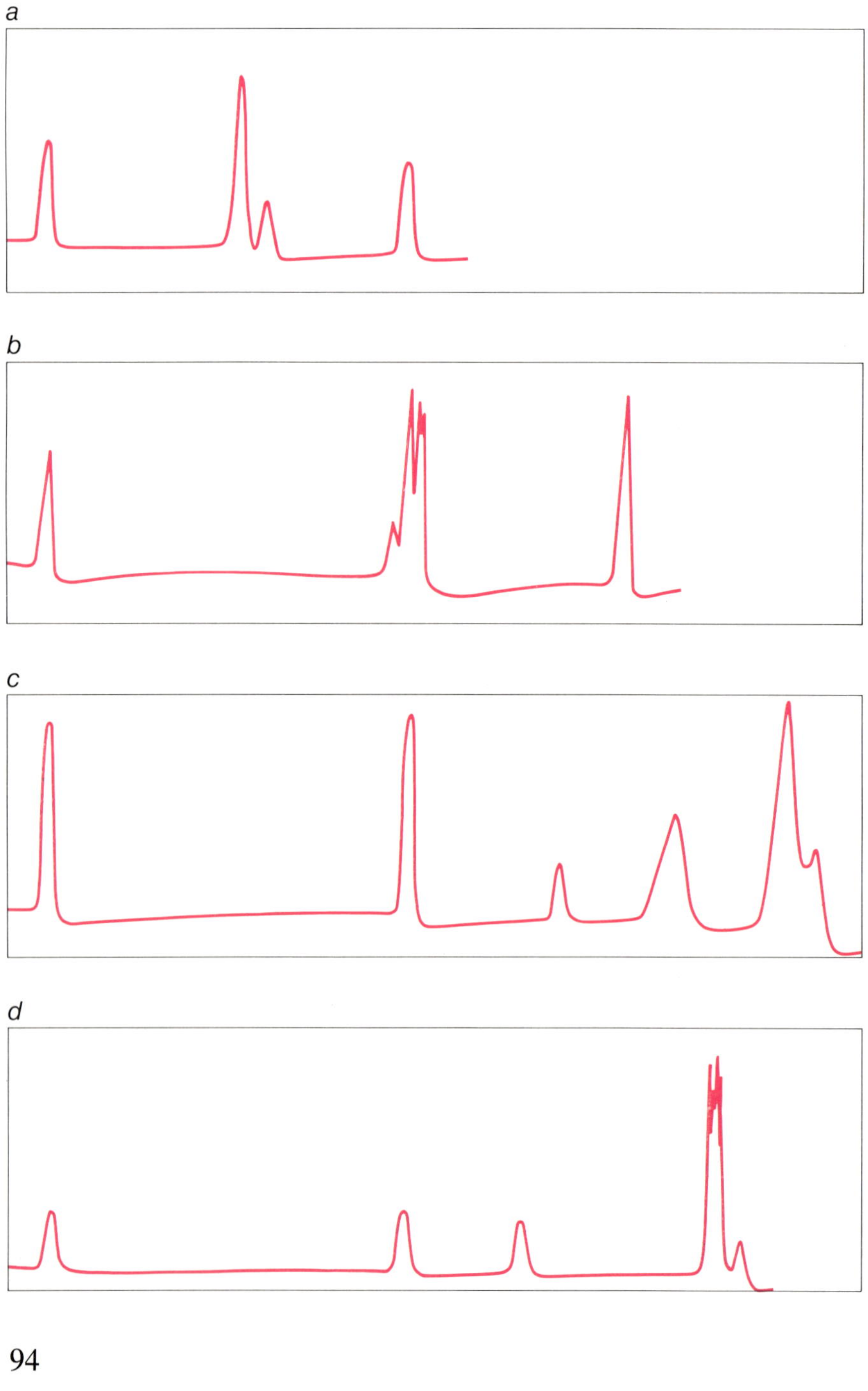

Bild 9: Rivalisierende Männchen von *Photinus macdermotti* können sich auf verschiedene Art und Weise in den Paarungsdialog ihres Gegners einmischen. Die häufigste Form der Einmischung ist ein in das gegnerische Intervall eingeworfener Zusatzblitz, der ein- oder mehrgipflig sein kann (*a*). Die gegnerischen Signale werden hier allerdings vom Autor mit Hilfe einer Stablampe vorgetäuscht. Der Rivale kann seinen Blitz aber auch gleichzeitig mit dem zweiten Blitz des Gegners abgeben (*b*), so daß ein überlagertes Signal entsteht. Der darauf folgende Einzelblitz ist die Antwort des Weibchens. In Spur *c* wartete der Rivale erst die Antwort des Weibchens ab, bevor er zwei lange helle Blitze einwarf. Ähnliches geschah in Spur *d*, wo der zweigipflige Zusatzblitz eine solche Helligkeit erreichte, daß die oberen Bereiche (wie in *b*) nur verzerrt wiedergegeben sind.

Bild 10: Die Männchen von *Photuris* „VR" (variables Rot) ahmen eigenartigerweise die männlichen Signale zweier fremder Arten nach. Sie gehen sogar so weit, auch deren charakteristische Flughöhe einzuhalten. Gewöhnlich fliegt „VR" zwischen 3 und 15 Meter über dem Boden (rote Balken der ersten Säule) und sendet seine eigenen pulsierenden Signale aus. Ist jedoch *Pyractomena barberi* – ein niedrig fliegender Leuchtkäfer – anwesend (dritte Säule), so verringert „VR" seine Flughöhe und ahmt das flackernde *Barberi*-Signal nach (zweite Säule). Auch wenn die gleichfalls niedrig fliegende Art *Pyractonema angustata* (fünfte Säule) aktiv ist, geht „VR" zum Niedrigflug über (vierte Säule) und sendet das charakteristische *Angustata*-Glühen aus. Die farbigen Zahlen innerhalb der Säulen geben an, wieviel Tiere in welcher Höhe fliegen.

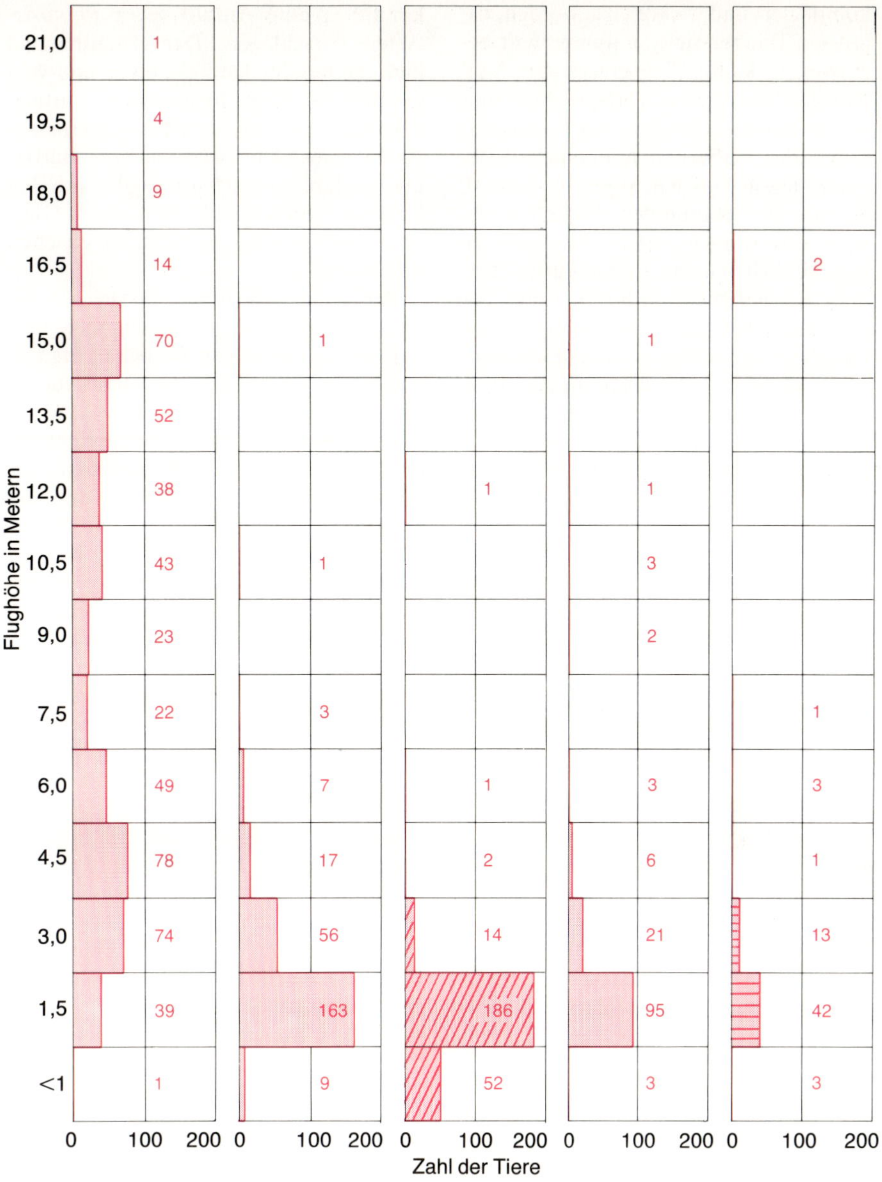

Männchen nicht nur Zusatzblitze aus, sondern blitzen auch synchron mit dem zweiten Blitz ihres Gegners (Bild 9b). Solche Synchronblitze kann man bei vielen Arten von Leuchtkäfern beobachten, wahrscheinlich immer, wenn es darum geht, Rivalen vor einer Braut auszustechen. Darüber hinaus imitieren die *Macdermotti*-Männchen weibliche Blitze und lassen auf die Antwort eines Weibchens einen Zusatzblitz, auch doppelte und dreifache Blitze oder Kombinationen folgen (Bild 9c und d). Als bei weitem davon häufigste Taktik benutzen die Männchen jedoch einen einzelnen Zusatzblitz.

Die Taktiken der Beutetiere

Die räuberischen *Photuris*-Weibchen wenden die Signalfälschung seit Millionen von Generationen an, und die Bandbreite ihrer Antworten ist bemerkenswert. Aber auch dies zeigt nur eine Seite des fein eingependelten Wechselspiels. Denn die Beutetiere müssen ihre Paarungssignale unter dem Druck der räuberischen Arten mehrfach und über verschlungene Seitenpfade verändert haben. Vermutlich hatten die Finten und Tricks der auf Beute lauernden *Photuris*-Weibchen den größten Einfluß auf die „sprachlichen" Veränderungen der neuweltlichen Leuchtkäfer. Wenn die Gattung *Photuris* auch nach Asien gelangt wäre, hätte sie sicher bald die in Massen im Gras sitzenden Schwärme und je nach Art sogar im Gleichtakt blitzenden Leuchtkäfer von der Bildfläche verdrängt. Bevor sich *Photuris* in der Neuen Welt ausbreiten konnte, dürften einige der dort lebenden Leuchtkäfer ähnlich synchrone Paarungssignale benutzt haben. Ohne Anpassung wären sie leicht zur willfährigen Beute geworden und bald ausgestorben.

Den Männchen, die als Beute in Frage kommen, mußte es gelungen sein, ihre Feinde anhand bestimmter Merkmale zu entdecken. So zeigten meine Freilandbeobachtungen, daß die Männchen von *Photinus collustrans* von mehr als fünfmal so vielen räuberischen Weibchen Antwort erhielten als von Weibchen ihrer eigenen Art, und trotzdem wurde kein einziges Männchen gefangen. Wenn ein *Collustrans*-Männchen ein arteigenes Weibchen erblickt, dann braucht es von diesem Zeitpunkt bis zur Landung und Begattung nur 42 Sekunden. Keines der elf Männchen, die von *Photuris*-Weibchen angelockt wurden, kam so nahe, daß es geschnappt werden konnte. Welchen Trick hatten die räuberischen Weibchen bei ihrem Täuschungsmanöver ausgelassen? Oder sind sie es, die umgekehrt von den Männchen ausgetrickst wurden?

Vermutlich richten sich die Männchen nach der Helligkeit und sicherlich auch nach der Form und der zeitlichen Abstimmung der weiblichen Signale. Wenn es die äußeren Lichtverhältnisse zulassen, können sie die Antwort gebenden Tiere sogar direkt erkennen. Ein auf Beute lauerndes *Photuris*-Weibchen würde sich einem *Photinus*-Männchen dann leicht durch seine abweichende Größe, Gestalt und Haltung verraten. Könnte dies der Grund dafür sein, daß die meisten *Photinus*-Männchen dämmerungsaktiv sind? (Bis jetzt ließ sich nicht nachweisen, daß der abweichende Farbton der räuberischen Lichtsignale gleichfalls ein Warnsignal ist, obwohl die *Photuris*-Arten grünlich, die *Photinus*- und *Pyractonema*-Arten hingegen gelblich leuchten.)

Die Paarungssignale mancher Leuchtkäferarten sind vielleicht deshalb so kompliziert und trickreich geworden, damit ein Räuber sie nur stümperhaft beantworten kann. Eine einzige, im Verlauf der Evolution erworbene Änderung würde bereits Schutz vor der Verfolgung durch die räuberischen *Photuris*-Weibchen bieten. Das hat folgenden Grund: Zu den Beutetieren der *Photuris*-Weibchen zählen auch andere Arten mit einem ähnlichen Code, und so dürfte es einem Räuber nicht gelingen, exakt den allmählichen Code-Änderungen einer einzigen Art zu folgen, denn er muß sich auch auf die Signale seiner anderen Beutetiere einstellen. Ein weiterer Trick bestünde darin, die zeitliche Abstimmung zwischen männlichem und weiblichem Signal zu verändern. Während dann ein räuberisches Weibchen noch den Anfang des von ihrem Opfer ausgesandten Blitzes als Taktgeber für seine gefälschte Antwort nimmt, richten sich die Weibchen der Beutetiere mit ihrer Antwort nach dem Ende des männlichen Blitzes. Damit würden die räuberischen Weibchen zu früh antworten und sich verraten. Wenn ein männliches Beutetier zudem die Dauer seines Blitzes verlängert, werden die Pausen zwischen Blitzende und gefälschter Antwort entsprechend kürzer, während sie bei den richtigen Antworten konstant bleiben.

Auch mit einem anderen Trick läßt sich ein Räuber entlarven. Die in Jamaika lebenden *Photuris*-Weibchen (*Photuris jamaicensis*) sind geschickte Räuber und ernähren sich von verschiedenen Arten von Leuchtkäfern. Eine dieser Arten – sie gehört der Gattung *Photinus* an – läßt auf zwei bis sechs Einzelblitze ein Flackerlicht folgen. Die einleitenden Blitze ähneln den männlichen Signalen der anderen Beutearten und lösen bei den lauernden *Photuris*-Weibchen verräterische vorzeitige Antworten aus. Möglicherweise hat der Wechsel zwischen männlichen und weiblichen Signalen, wie er bei rivalisierenden Männchen von *Photinus macdermotti* zu beobachten ist, auch eine solche Signal-Gegensignal-Bedeutung.

Ein Verwirrspiel

Die Gattung *Photuris* gilt als taxonomisch schwierig, eine Untergliederung scheint teilweise sogar schlichtweg unmöglich. Der Grund hierfür liegt in einer Anzahl verwirrender morphologischer Modifikationen, die ein „museumsgerechtes" Sortieren zu einem hoffnungslosen Unterfangen werden lassen. Im Jahre 1951 wurde jedoch posthum eine Beschreibung der artspezifischen Blitzmuster veröffentlicht, die H. S. Barber vom U.S.-Landwirtschaftsministerium dreißig Jahre zuvor zusammengetragen hatte. Aufgrund der Paarungssignale konnte er eine Anzahl neuer *Photuris*-Arten vorschlagen. Darauf aufbauend kam ich bei der gut bekannten und vergleichsweise klar abgegrenzten Gattung *Photinus* in ähnlicher Weise zu neuen Arten. Aus den Arbeiten von Barber und anderen Forschern ergibt sich bei Leuchtkäfern folgende Faustregel: Gleiches Signal zur gleichen Zeit am gleichen Ort = eine Art.

Bei Leuchtkäfern der Gattung *Photuris* versagt diese Regel jedoch. Nicht nur, daß die räuberischen Weibchen Signale anderer Arten aus dem gleichen Lebensraum aussenden, auch ihre eigenen Männchen bedienen sich gefälschter Signale. So leben im Nordwesten der Halbinsel Florida drei seltene Arten von Leuchtkäfern, die Zeit, Ort und Signal teilen. Im zeitigen Frühjahr fliegen sie an kühlen Abenden im gleichen Kiefernwälder- und Wiesengebiet und benutzen trotzdem gleiche Paarungssignale. Die männlichen Käfer von *Photuris* „VR" (Variables Rot) fliegen in größerer Höhe, insbesondere um die Wipfel der Kiefern, und senden dabei nur langsam pulsierendes Signal aus; die Männchen von *Pyractomena barberi* bevorzugen Bodennähe, und ihr synkopisch flackerndes Licht erinnert an Jazzrhythmen. *Pyractomena angustata* fliegt gewöhnlich gemeinsam mit den *Barberi*-Männchen in Bodennähe oder auch etwas höher und wirbt mit einem lang anhaltenden Glühen. Gelangen aber die *Photuris* „VR"-Männchen hinunter in den Flugbereich der beiden *Pyractomena*-Arten, so schalten sie auf deren Leuchtsignale um (Bild 10).

Die Tatsache, daß *Pyractomena angustata* lang anhaltend glüht, ist für sich allein schon bemerkenswert. Entstammen die „Glüher" doch fast ausnahmslos Gattungen mit primitivem Verhalten, während alle Gattungsgenossen von *Angustata* zu den „Blitzern" und „Flackerern" zählen. Daß *Photuris* „VR" aber als Vertreter einer anderen blitzenden Gruppe nicht nur das bemerkenswerte Glühen von *Pyractomena angustata*, sondern genauso das Flackern von *Pyractomena barberi* nachahmen kann, muß die Neugier eines jeden Forschers wecken. Und daß *Photuris* dabei in den Flugbereich der beiden Arten hinuntersteigt, ist sicher kein Zufall.

Die Männchen anderer *Photuris*-Arten zeigen sich ähnlich „sprachgewandt". So wirbt *Photuris* „AR" (Apalachicola-Rot) – eine Art, die die Baumkronen von Kiefern bevorzugt – normalerweise mit einzelnen Lichtblitzen. Sie beginnt aber wie *Pyractomena angustata* zu glühen, sobald diese Art ihre Leuchtsignale sehen läßt. In Gebieten, wo *Pyractomena angustata* fehlt, sendet *Photuris* „AR" niemals Glühsignale aus.

Die vielleicht vielseitigste dieser Arten dürfte *Photuris cinctipennis* sein. Obwohl die Untersuchungen noch nicht abgeschlossen sind, sieht es so aus, als ob die Männchen neben ihrem spektakulären Signalmuster (ein Feuerwerk aneinandergereihter, rasch heller werdender Blitze) über ein Repertoire von vier weiteren Signalmustern verfügen.

Was sind die Gründe für diese entwicklungsgeschichtliche Konvergenz? Eine mögliche Antwort gab bereits Barber: „Wer vielen antwortet, wird viele zufriedenstellen." Wissenschaftler, die sich mit der konvergenten Entwicklung bestimmter Warntrachten beschäftigen, dürften eine ähnliche Erklärung vorbringen, und andere, die sich mit Signalübertragung befassen, dürften argumentieren, daß sich bestimmte Signalformen in bestimmten Lebensräumen eben leichter ausbreiten. Mir sind mehr als fünfzehn verschiedene Erklärungen für die beobachtete Konvergenz eingefallen, aber nach sorgfältigem Abwägen habe ich die meisten verworfen, weil sie entweder zu unwahrscheinlich oder zu kompliziert sind. Möglicherweise kam es zu dieser Entwicklung, weil die *Photuris*-Männchen stets in der Überzahl auftreten, was natürlich eine erbitterte Konkurrenz um die wenigen paarungswilligen Weibchen zur Folge hat. Ich habe den Verdacht, daß die Männchen mit Hilfe der fremden Signale „Jagd" auf ihre eigenen Weibchen machen. Die räuberischen Weibchen sind nämlich so mit Beutefang beschäftigt, daß ein Freier im Gewand der Beute offenbar größere Chancen hat, ein Weibchen auf sich aufmerksam zu machen.

Das *Photuris*-Weibchen ist größer und kräftiger als das männliche Tier. Wie bringt es ein Männchen fertig, mit einem so übermächtigen Räuber zu kopulieren? Vermutlich gelingt es dem Freier zuweilen, ein Weibchen von seinen Gedanken ans Fressen abzulenken und auf Paarung umzustimmen. Allerdings „verführen" die Männchen damit ihre Weibchen nur zu einem Verhalten, das früher oder später sowieso aufgetreten wäre. Ich habe verschiedentlich „VR"-Männchen beobachtet, die neben einem blitzenden Leuchtzeichen am Grund landeten und dann vom Glühen oder Flackern auf ihr arteigenes Leuchtmuster übergingen. Dies paßt eher zum Bild einer Verführung als zu dem einer Vergewaltigung. Ob sich diese Erklärung nun als richtig erweist oder eine andere, soviel steht fest: Die Wechselbeziehungen zwischen den amerikanischen Leuchtkäfern sind weitaus vielfältiger, als irgend jemand sich vorstellen konnte. Stellen Leuchtkäfer hierin etwas Besonderes dar, oder sind die Wechselbeziehungen anderer Insekten ähnlich komplex?

Wie Affen sich verstehen

Einige Lautäußerungen von Primaten ähneln in ihrer Funktion in mancher Hinsicht menschlicher Sprache: Meerkatzen etwa signalisieren bestimmte Gefahrensituationen mit verschiedenen Rufen. Doch scheinen sich Primaten unterhalb der Stufe der Menschenaffen mentale Vorstellungen ihrer Artgenossen nicht zu vergegenwärtigen.

Von Robert M. Seyfarth und Dorothy L. Cheney

Beim Tennisturnier von Wimbledon im Sommer 1981 mußten die Funktionäre sich mit einem damals noch ungewöhnlichen Problem befassen. Einige der männlichen Teilnehmer, allen voran der Amerikaner Jimmy Connors, pflegten jeden Schlag mit tiefem Stöhnen zu begleiten. Etliche Gegner beschwerten sich und verlangten, diese Urlaute zu untersagen; sie seien dadurch abgelenkt und sähen darin die Absicht, sie nervös zu machen und aus dem Konzept zu bringen.

Die Störenfriede erklärten das vernehmliche Luftablassen allerdings ganz anders. Connors gab zwar zu, manche Spieler würden wohl absichtlich so laut ächzen, er selbst aber habe bei harten Schlägen Lunge und Kehlkopf nicht unter Kontrolle. Auch die meisten anderen Beklagten gaben an, diese Grunzer nicht unterdrücken zu können.

Die Veranstalter sahen sich das Spiel der beschuldigten Teilnehmer daraufhin genau an. Auch sie fanden die Geräusche einhellig störend, vermochten jedoch nicht festzustellen, wer mit Absicht stöhnte und wer unfreiwillig.

Vor ähnlichen Interpretationsschwierigkeiten steht, wer die Lautäußerungen von Affen erforscht. Die in Ostafrika beheimateten Vervet-Meerkatzen beispielsweise (Bild 1) verständigen sich untereinander durch Zurufe. Sehen die Tiere einen Raubfeind, so stoßen sie bestimmte Alarmschreie aus. Treffen sie auf eine andere Horde, geben sie ein wie *wrr* klingendes Grollen und eine Art rauhen Schnatterton von sich. Im Kampf mit Gruppenmitgliedern entfährt ihnen ein Drohgrunzen und ein anders klingendes Schnattern; und entspannte soziale Kontakte entlocken ihnen ein leises Grunzen. Dabei ist es grundsätzlich nicht möglich zu beurteilen, ob ein Tier absichtlich einem anderen etwas mitzuteilen sucht oder ob die Laute unwillkürlich das momentane Verhalten begleiten.

Wir wollten gerne wissen, ob Affen bestimmte Dinge oder Erscheinungen, beispielsweise verschiedene Raubfeinde, mit eigenen Lauten – gewissermaßen Wörtern – belegen und ob sie ähnlich wie der Mensch eine Vorstellung davon haben, daß einzelne Laute der Artgenossen für bestimmte Vorkommnisse oder Objekte stehen. Es geht also letztlich um die Frage, inwiefern Affen denken. Deshalb versuchten wir auch herauszufinden, ob die Tiere mentale Zustände erleben wie etwas zu wissen, zu erwarten oder zu wünschen und – sollte dies zutreffen – als wohl Wichtigstes, ob sie registrieren, daß auch ihre Artgenossen solche Vorstellungen haben.

Alarmrufe

Die ersten Freilandforscher, die Primaten beobachtet haben, vermuteten, daß selbst die Lautäußerungen von Menschenaffen kaum etwas – wenn überhaupt – mit der menschlichen Sprache gemein hätten. Damals galt, daß nur Menschen ihr Sprechen willkürlich kontrollieren und von Gefühlen loslösen können (etwa über Angst zu reden, ohne zugleich Angst zu empfinden) und daß dann höhere Zentren der Großhirnrinde aktiv seien. Die Lautäußerungen von Affen sollten hingegen ziemlich unbeabsichtigt nur in stark emotionsgeladenen Situationen vorkommen und lediglich in geringem Maße von höheren Hirnzentren gesteuert sein. Während Wörter der menschlichen Sprache Dinge und Ereignisse in der Außenwelt bezeichneten, wären die Rufe tierischer Primaten allenfalls ein Hinweis auf die Gefühlslage oder auf anstehendes Verhalten.

Zweifel an dieser Vorstellung ergaben sich erstmals aus zwei recht unterschiedlichen Untersuchungen. Im Jahre 1969 berichteten Allen und Beatrix Gardner von der Universität von Nevada in Reno, die junge Schimpansin Washoe habe mehr als 30 Handzeichen der amerikanischen Gebärdensprache gelernt; sie kommuniziere damit über Objekte, äußere Wünsche oder „rede einfach". (Später stellte sich heraus, daß Menschenaffen eine noch beträchtlich größere Anzahl von Zeichen erlernen können; auch Washoe benutzte schließlich einige hundert.)

Viele, die Washoe damals zu sehen bekamen, assoziierten ihre Leistung mit der eines radfahrenden Zirkusbären: Man habe ihr eine Fertigkeit antrainiert, die nicht zum normalen Verhaltensrepertoire eines Schimpansen gehöre. Andere wurden ob der verblüffend großen Zahl der von Washoe beherrschten Zeichen unsicher, ob diese Art der Verständigung denn Schimpansen oder anderen nichtmenschlichen Primaten tatsächlich gänzlich fremd sei.

Die andere Untersuchung hatte Thomas Struhsaker, der damals an der Universität von Kalifornien in Berkeley arbeitete, angestellt. Er veröffentlichte 1967 Befunde an ostafrikanischen Vervet-Meerkatzen: Sie gäben verschiedenartige Alarmrufe ab je nachdem, ob sie einen Leoparden, einen Adler oder eine Schlange gesichtet hätten. Auch würden Artgenossen in der Nähe entsprechend reagieren – galt der Alarmruf einem

Bild 1: Vervet-Meerkatzen lauschen den Rufen von Hordenmitgliedern. Deren Lautäußerungen verraten ihnen nicht nur, was in der Gruppe gerade vor sich geht, sondern auch, ob eine andere Meerkatzengruppe aufgetaucht ist oder etwa ein Raubfeind naht.

Leoparden, kletterten sie hastig in Baumkronen, wo sie vor der schwereren Raubkatze sicher sind; bei Adler-Alarm sähen sie zum Himmel oder verschwänden eilig im Dickicht, und bei Schlangen-Alarm richteten sie sich auf die Hinterbeine auf, so daß sie nach unten ins Gras spähen könnten (Bild 2). Wie die Schimpansin Washoe benutzten die Vervet-Meerkatzen, so schien es, verschiedene Zeichen für bestimmte Objekte oder Gefahrenarten.

Es gab aber auch vorsichtigere Deutungen. Demnach sollten die Rufe nicht Warnungen vor bestimmten Raubfeinden sein, sondern einfach generelle Signale, die Wachsamkeit auslösten und die Gruppengenossen veranlaßten, um sich zu blicken. Erspähten sie daraufhin auch selbst den Raubfeind, würden sie zwar spezifisches Schutzverhalten zeigen, aber dies sei nur die Reaktion auf das, was sie gesehen, nicht auf das, was sie gehört hätten. Eine andere Erklärung war, daß die verschiedenen Alarmrufe nicht vor drei bestimmten Arten von Räubern warnten, sondern unterschiedliche Grade von Angst ausdrückten. In beiden Fällen wäre die Analogie zwischen Alarmrufen von Vervet-Meerkatzen und menschlichen Wörtern voreilig gezogen worden.

Tonband-Experimente

Um diese Hypothesen zu prüfen, entwarfen wir 1977, nach unserer Promotion, in Peter Marlers Labor an der Rockefeller-Universität in New York geeignete Versuche und führten sie dann im Amboseli-Nationalpark in Südkenia durch. Dort, am Fuße des Kilimandscharo, hatte auch Struhsaker seine Beobachtungen gemacht. In dieser Region leben Vervet-Meerkatzen in Gruppen von 10 bis 30 Tieren – ein bis acht erwachsenen Männchen und zwei bis acht erwachsenen Weibchen mit ihren Jungen. Jede besitzt ein ungefähr vier Hektar großes Gebiet, aus dem sie andere Gruppen energisch fernhält.

Wie die Weibchen vieler anderer Altweltaffenarten – etwa fast aller Paviane, der Rhesusaffen oder der japanischen Rotgesichtsmakaken – bleiben die der Vervet-Meerkatzen lebenslang in ihrer Geburtsgruppe. Die Tiere einer weiblichen Linie halten auch eng zusammen, lausen sich oft untereinander, schlafen dicht beisammen und stehen sich in Auseinandersetzungen gegenseitig vehement bei. Die männlichen Tiere hingegen wechseln mit der Geschlechtsreife im Alter von etwa vier Jahren zu Nachbargruppen über.

Die erwachsenen Weibchen haben untereinander eine lineare soziale Rangfolge, wobei die Jungtiere in dieser Hierarchie jeweils direkt nach der Mutter kommen. Folglich stehen auch die einzelnen Familien der Gruppe in Dominanzverhältnissen zueinander: Sämtliche Mitglieder der Familie *A* sind ranghöher als die von Familie *B* und so fort. Auch die Männchen bleiben in den ersten Lebensjahren im Rang unmittelbar bei der Mutter. Nachdem sie dann zu einer anderen Gruppe übergewechselt sind, hängt ihr sozialer Status unter anderem von ihrer Kampfstärke und ihrem Alter ab, aber auch davon, wie die erwachsenen Weibchen sie aufnehmen.

Wir begannen unsere Felduntersuchungen damit, daß wir eine Anzahl Rufe auf Tonband aufzeichneten, die uns individuell bekannte Tiere gegenüber Leoparden, Kampfadlern (dem hauptsächlichen Luft-Raubfeind des Affen) und Pythonschlangen ausstießen. Diese Rufe spielten wir verschiedenen Affen von einem versteckten Lautsprecher aus vor und filmten die Reaktionen.

Es ergab sich, daß die Meerkatzen sich dabei nicht anders verhielten als unter natürlichen Bedingungen – so wie Struhsaker und wir es bereits beobachtet hatten. Bei Leoparden-Alarm flüchteten sie in Baumkronen, bei Adler-Alarm blickten sie in die Luft oder rannten ins Dickicht und bei Schlangen-Alarm richteten sie sich auf und spähten am Boden umher.

Dies bedeutete offenkundig, daß die Rufe nicht einfach allgemeine Warnsignale waren, sondern eine Information über die Art der Gefahr enthielten. Außerdem konnten wir belegen, daß die Schreie nicht lediglich die Angst oder Aufgeregtheit des Rufers wiedergeben: Als wir nämlich die Aufzeichnungen technisch manipulierten und mit Länge und Stärke den Erregungsgrad der Rufe variierten, änderte dies nichts an der spezifischen Reaktion.

Da bei diesen Tests keine Raubfeinde in der Nähe waren, konnten wir ausschließen, daß die Affen auf etwas Gesehenes reagierten. Die verschiedenen Alarmrufe ohne eine sichtbare Gefahr hatten offenbar die gleiche Wirkung wie der Anblick des betreffenden Raubtiers. Daraus schlossen wir, daß die Alarmrufe repräsentativ für etwas stehen, mithin als semantische Signale fungieren.

Test des Abstraktionsvermögens

Allerdings ist beim Vergleich mit menschlichen Wörtern Vorsicht geboten. Wir nennen die Alarmrufe der Vervet-Meerkatzen semantische Signale aufgrund ihrer Funktion im täglichen Leben der Tiere: Hört eines den Adler-Alarmruf, verhält es sich genau so, als hätte es den Adler selbst gesichtet. Das legt nahe, daß der Schrei in seiner Vorstellung gewissermaßen für den Feind aus der Luft steht und dessen Bild in ihm wachruft, selbst wenn es ihn noch nicht gesehen hat. Diese Schlußfolgerung ist jedoch nicht zwingend.

Als der russische Physiologe Iwan Pawlow (1849 bis 1936) Hunden jedesmal beim Füttern einen Glockenton vorspielte, reagierten sie bald allein beim Klang der Glocke mit Speichelfluß. Sie mögen sich dabei ein Stück Fleisch vorgestellt haben. Das heißt aber durchaus nicht, daß sie den besonderen Zusammenhang zwischen Glockenton und Futter genauso begriffen hätten wie wir etwa den zwischen dem Wort „Stuhl" und dem Möbelstück.

Der Affenruf wäre nur dann mehr als eine situationsbedingte Lautäußerung und würde zum Wort, wenn eine gewisse Übertragung stattfände. Nach Meinung des Psychologen David Premack, der früher an der Universität von Pennsylvanien in Philadelphia gearbeitet hat, wäre das der Fall, wenn dem Ruf im wesentlichen nicht mehr die Eigenschaften des Lautes, sondern die des bezeichneten Objektes zugeschrieben werden. Unsere Sprache hat dafür zahlreiche Beispiele: Bei Wörtern ähnlicher Bedeutung wie „Vergehen" und „Straftat" achten wir meistens gar nicht darauf, daß sie verschieden klingen. Umgekehrt ordnen wir Wörtern sehr ähnlichen Klangs wie „Vergehen" und „Vorgehen" spontan die unterschiedlichen Bedeutungen zu. Wir bewerten dabei also eher den Bezug zwischen den Wörtern und den von ihnen bezeichneten Dingen als die akustischen Merkmale.

Mithin galt es zu prüfen, ob die Rufe der Vervet-Meerkatzen für die Tiere Worteigenschaften auch in diesem engeren Sinne haben. Nur wenn das zutrifft, dürfen wir behaupten, die Affen verstünden die Bedeutung mancher ihrer Lautäußerungen.

Um herauszufinden, nach welchen Prinzipien Meerkatzen Lautäußerungen vergleichen, wandten wir ein Verfahren an, mit dem man sonst das Sprachverständnis von kleinen Kindern erforscht und das den Gewöhnungseffekt einbezieht. Man weiß, daß der Mensch in bestimmten Tests auf einen viele Male wiederholten Reiz immer weniger und schließlich gar nicht mehr reagiert; auf einen neuen Reiz, den die Versuchsperson als verschieden vom ersten empfindet, reagiert sie dann wieder deutlich stärker. Solch ein Test enthüllt also, ob zwei Reize als ähnlich oder unähnlich empfunden werden.

Ob die Meerkatzen sich bei der Beurteilung von Lauten an deren akustischen Eigenschaften orientieren oder an der wahrscheinlichen Bedeutung, prüften wir mit den beiden Rufen, die bei einer Begegnung mit einer Nachbargruppe ausgestoßen werden. Der eine – das langgezogene, laut rollende *wrr*, im folgenden als Grollen bezeichnet – ertönt, sobald die andere Gruppe gesichtet wird; dadurch werden offenbar die Mitglieder beider Gruppen auf die bloße Gegenwart der jeweils anderen aufmerksam gemacht. Der rauh gekrächzte Schnatterton begleitet erst territoriale Auseinandersetzungen, wenn das Aufeinandertreffen zu Bedrohungen, Verjagen oder Kämpfen eskaliert.

Die beiden Rufe sind in ihrem Bedeutungsgehalt recht ähnlich – zumindest insofern, als sie über eine andere Gruppe informieren; im Klang unterscheiden sie sich hingegen stark. In einem Gewöhnungstest müßten die Affen sie mithin auseinanderhalten, wenn sie sich allein nach dem akustischen Eindruck richteten. Andernfalls, wenn für sie kein wesentlicher Bedeutungsunterschied vorhanden wäre, sollten sie bei einer Gewöhnung zwischen beiden nicht sonderlich unterscheiden.

Gewöhnungseffekt

Ein Experiment dauerte zwei Tage. Am ersten spielten wir einem dafür von uns ausgewählten und abgesonderten Versuchstier den Schnatterton eines bestimmten erwachsenen Weibchens vor. Das war der Kontrollversuch, der uns die Bezugsgröße lieferte, wie stark diese Meerkatze normalerweise auf diesen Laut reagieren würde. Am zweiten Tag führten wir unserem Versuchstier das Grollen desselben Weibchens vor, und zwar achtmal hintereinander im Abstand von jeweils etwa 20 Minuten. Da sich sonst kein Artgenosse in der Nähe befand, würde sich das Tier nach unserer Einschätzung bald an den Schrei gewöhnen und nicht mehr darauf reagieren. Zum Abschluß dieser Serie, etwa 20 Minuten nach dem letzten vorgespielten Grollen, hörte der Affe dann noch einmal den Schnatterton vom Vortag (Bild 3); dies war der eigentliche Test.

Sollte das Tier beide Rufe als gleichartig bewerten, sich also nach der Bedeutung richten – dürfte es auch den zweiten Schnatterlaut nicht mehr groß beachten; eine Gewöhnung an den einen Schrei müßte gleichfalls eine an den

Bild 2: Mindestens drei ihrer hauptsächlichen Raubfeinde kündigen die Meerkatzen mit unterschiedlichen Warnrufen an: Leoparden (oben), Kampfadler (Mitte) und Schlangen wie die afrikanische Felsenpython (unten). Darauf reagieren die Artgenossen spezifisch mit jeweils anderem Fluchtverhalten – sogar dann, wenn man ihnen die Schreie vom Tonband vorspielt und sie die Gefahr selbst überhaupt nicht sehen. Diese Laute fungieren offensichtlich als repräsentative, semantische Signale.

Bild 3: Wie Gewöhnungsversuche zeigen, bewerten und unterscheiden die Meerkatzen Rufe nach ihrem Bedeutungsgehalt, nicht einfach nach dem Klang. Die beiden hier vorgespielten Laute, eine Art Schnattern und ein Grollen, klingen völlig verschieden und bedeuten auch nicht exakt das gleiche, aber sie werden beide bei der Begegnung mit einer anderen Gruppe geäußert. Hier hört ein Affe zunächst ein vom Band abgespieltes Schnattern eines bestimmten Gruppenmitglieds (ganz links), woraufhin er in Richtung der Geräuschquelle starrt. Später ertönt mehrmals ein Grollen desselben Urhebers, bis

anderen bedingen (zumindest solange er von demselben Individuum stammt). Schätzte das Versuchstier die beiden Ruftypen aber als verschiedenartig ein, beachtete es also die akustischen Merkmale, würde solch ein Gewöhnungseffekt nicht eintreten, und es müßte im Test ähnlich stark reagieren wie im Kontrollversuch.

Noch eine weitere Einflußgröße wollten wir einbeziehen. Wir wußten aus früheren Untersuchungen, daß Vervet-Meerkatzen ähnlich wie viele andere Säugetiere und auch Vögel bei der Reaktion auf Laute die Identität dessen einbeziehen, der sie hervorbringt. Um zu prüfen, ob sich der Gewöhnungseffekt auf Rufe von anderen Individuen überträgt, ließen wir das Versuchstier den Schnatterton von Tier *A* und das Grollen von Tier *B* hören. Wiederum spielten wir ihm am ersten Tag, im Kontrollversuch, einmal den Schnatterton vor, am zweiten achtmal das Grollen und schließlich noch einmal den Schnatterton.

In einem dritten Experiment ließen wir zwei verschiedene Rufe vom selben Individuum ertönen, die nach den vorherigen Beobachtungen für das Versuchstier verschiedene Bedeutungen haben: den Leoparden- und den Adler-Alarm. Und in einem vierten Experiment prüften wir noch die Gewöhnung an Rufe mit verschiedener Bedeutung von verschiedenen Artgenossen – den Adler-Alarm von *A* und den Leoparden-Alarm von *B*.

Die Ergebnisse

Eindeutig halten die Vervet-Meerkatzen sich demnach an die Bedeutung der Schreie und nicht einfach an die akustischen Kennzeichen. Stammten Grollen und Schnatterton vom selben Artgenossen, so übertrug sich der Gewöhnungseffekt von dem einen Schrei auf den anderen: Wenn die Versuchstiere sich an seinem Grollen nicht mehr störten, reagierten sie auch nicht mehr auf den Schnatterton (Bild 3).

Hatten aber, wie beim Raubfeind-Alarm, die Rufe desselben Individuums einen spezifischen Bedeutungsgehalt für die Affen, dann fand keine solche Übertragung statt: War das Versuchstier gegenüber dem Leoparden-Alarm abgestumpft, reagierte es auf den Adler-Alarm desselben Artgenossen trotzdem ähnlich heftig wie vorher.

Außerdem war die Identität des Rufers offensichtlich nicht gleichgültig. Wenn Groll- und Schnatterlaut verschiedene Urheber hatten, spielte es keine Rolle mehr, daß die beiden Schreie an sich ziemlich Ähnliches besagen. Obwohl das Versuchstier vom Grollen von *A* keine Notiz mehr nahm, beachtete es den Schnatterlaut von *B* doch in üblicher Stärke (Bild 4).

Das gleiche geschah, wie vorauszusehen, wenn die beiden Rufe sich sowohl in ihrer Bedeutung unterschieden als auch von verschiedenen Tieren stammten: Bei zwei auf verschiedene Raubfeinde gemünzten Warnschreien, ausgestoßen von zwei verschiedenen Artgenossen, fand eine Gewöhnungsübertragung nicht statt.

Diese Versuchsreihe ergab im Vergleich zu den anfänglichen Experimenten mit den Alarmschreien direkten Aufschluß darüber, was die verschiedenen Rufe für die Meerkatzen besagen. Denn diesmal veranlaßten wir die Tiere, zwei Lautäußerungen zu vergleichen, sie auf ihre Ähnlichkeit hin zu beurteilen und die Unterscheidungskriterien zu erkennen zu geben. Nach den Reaktionen darf man vermuten, daß diese Primaten, sowie sie den Ruf eines Artgenossen vernehmen, sich eine Vorstellung von dessen Bedeutung machen. Ertönt bald darauf ein weiterer Schrei, vergleichen die Tiere nicht einfach die akustische Qualität, sondern eben vor allem den Bedeutungsgehalt beider Laute.

Sofern man überhaupt den Gedanken mitvollzieht, daß ein Affenlaut zum Wort avanciert, wenn ihm nicht mehr vornehmlich sein Klangcharakter beigemessen wird, sondern er ein Objekt oder eine Situation kennzeichnet, muß man wohl das Grollen und den Schnatterlaut bereits als Wörter interpretieren. In diesem Sinne scheinen die Vervet-Meerkatzen über ein elementares semantisches System zu verfügen, in dem manche Rufe –

Bild 4: Dieser Versuch beweist, daß die Vervet-Meerkatzen nicht nur den Bedeutungsgehalt einer Vokalisation, sondern

der Affe sich daran gewöhnt hat und sich davon nicht mehr stören läßt. Wenn nun wieder das Schnattern erklingt, reagiert er auch darauf nicht mehr – die Gewöhnung hat sich auf den anderen Ruf übertragen.

so wie Leoparden- und Schlangen-Alarmschreie – recht unterschiedliche Sachverhalte bezeichnen; andere wiederum, eben das Grollen und der Schnatterlaut, beziehen sich offenbar auf eine für die Affen ähnliche Situation – sie könnten abgestufte Inhalte innerhalb einer übergeordneten Bedeutungsklasse wiedergeben.

Betrachten wir unsere Befunde nun im Zusammenhang mit Kenntnissen der ökologischen Verhältnisse und des sozialen Verhaltens von Vervet-Meerkatzen, so läßt sich auch verstehen, wieso diese Art der Verständigung den Tieren nützt und warum die ihr zugrundeliegenden kognitiven Fähigkeiten sich in der Evolution herausgebildet haben. Kann man beispielsweise verschiedenen Raubfeinden nur mit unterschiedlichen Fluchtstrategien entkommen, dann haben spezifische Alarmrufe offenkundig einen hohen Anpassungswert. Des weiteren rufen die Affen sich häufig zu, wenn sie einander nicht sehen können, so daß die Evolution solcher Lautäußerungen begünstigt ist, die für sich allein – ohne zusätzliche optische Information – verstanden werden.

Zudem wird die jeweils passende Reaktion je nach der Situation individuell sein. Ein Affe, der sich am Boden auf einer freien Fläche aufhält und einen Adler-Alarmschrei ausstößt, wird dabei vermutlich zum Himmel sehen. Die anderen Affen um ihn herum sollten sich allerdings schleunigst ins Dickicht begeben und diejenigen hoch in den Baumwipfeln herunterkommen. Unter solchen Umständen ist es günstig, wenn die Nachricht eine Form hat, die vom Verhalten des Informanten relativ unabhängig ist, und wenn der Empfänger ihre Bedeutung auch ziemlich unabhängig von dem versteht, was der Rufende gerade zu tun vorhat. Nur dann bringt eine Kommunikation auf semantischer, repräsentativer Ebene Vorteile.

Ein Konzept geistiger Prozesse bei nichtmenschlichen Primaten?

Trotz allem klären diese Befunde nicht, ob die Affenrufe auch in anderer Hinsicht menschlichen Äußerungen gleichen. Zu unserer menschlichen sprachlichen Verständigung gehört mehr, als ein Ding oder Ereignis mit Worten zu belegen; wenn wir miteinander kommunizieren, setzen wir auch beim Gegenüber mentale Zustände und Prozesse – Kenntnisse, Ansichten, Wünsche und Absichten – voraus und wissen, daß sie für sein Verhalten bedeutsam sind.

Dies zeigt sich etwa, wenn wir kleine Kinder ermahnen, beim Warten an der Ampel nicht auf die Straße zu hüpfen. Ist die Situation gerade nicht riskant, veranlaßt uns nicht das Verhalten des Kindes dazu, sondern die Annahme, es würde die Gefahr noch nicht richtig einschätzen können. Ältere Kinder nehmen die gleiche Warnung empört und widerwillig auf, denn sie haben bereits gelernt, daß die Worte ihrer Eltern deren Gedanken spiegeln, und sie wehren sich dagegen, wenn man ihnen zu wenig zutraut.

Das Vermögen, anderen Menschen Anschauungen, Wissen und Gefühle zuzuschreiben, besagt nach psychologischer Auffassung, daß man sich gewissermaßen ein Konzept des geistigen Geschehens macht. Uns interessierte nun, ob Affen zwischen ihren eigenen Kenntnissen und dem Wissen und den Vorstellungen anderer unterscheiden können und ob sie etwas unternehmen, um einen nicht oder falsch informierten Artgenossen auf die richtige Fährte zu führen.

Hinweise, daß Tiere dazu vielleicht imstande sind, erbrachten kürzlich Verhaltensbeobachtungen an Vögeln und Säugetieren. Peter Marler, der inzwischen an der Universität von Kalifornien in Davis tätig ist, wiederholte mit seinen Kollegen ein klassisches Experiment des niederländischen Zoologen Nikolaas Tinbergen (1907 bis 1988; Nobelpreis 1973): Sie zogen die künstliche Silhouette eines Falken an einer Schnur über eine Gruppe von Bankivahühnern (die Stammart der Haushühner) hinweg. Wie sie herausfanden, ließen die Hähne nur in Anwesenheit von Hennen ihrer eigenen Art Alarmrufe hören, nicht aber, wenn nur Hennen einer anderen Spezies bei ihnen waren. Und Paul Sherman von der Cornell-Universität in Ithaca (New York) beobachtete bei wild lebenden Zieseln (Nagetieren aus der Familie der Hörnchen), daß erwachsene Weibchen,

auch die Identität des rufenden Tiers beachten. Stammen das Schnattern und das Grollen von zwei verschiedenen Individuen (rot und grün) seiner Gruppe, gewöhnt das Versuchstier sich zwar an den wiederholt gehörten gleichen Schrei, doch die Gewöhnung überträgt sich nicht auf den anderen Ruf. Auf diesen reagiert es wieder genauso intensiv wie beim ersten Mal.

Bild 5: Das richtige Verhalten in verschiedenen Situationen müssen junge Meerkatzen ohne direkte Anleitung durch die Mutter oder andere Artgenossen durch eigenes Ausprobieren lernen. Anscheinend können tierische Primaten – zumindest unterhalb der Stufe von Menschenaffen – sich nicht vorstellen, was und wieviel ein Jungtier weiß; jedenfalls unternehmen sie nichts, um es in situationsgerechtem Verhalten zu bestärken oder Fehler, die es macht, zu korrigieren. Deutet man entsprechende Experimente richtig, dann verfügen sie nicht über ein Konzept von mentalen Zuständen und Vorgängen und können sich folglich auch nicht vergegenwärtigen, daß ihre Artgenossen bestimmte Gefühle, Vorstellungen, Kenntnisse und Absichten haben.

wenn sie mit nahe verwandten Tieren zusammen waren, häufiger Alarmrufe abgaben als sonst. Wir selbst stellten fest, daß erwachsene weibliche Vervet-Meerkatzen, die wir in Gehegen hielten, häufiger Alarm schlugen, wenn sie ihre eigenen Jungen bei sich hatten, als wenn nichtverwandte Jungtiere gleichen Alters und Geschlechts bei ihnen waren.

Daß Tiere spüren, ob ein Gegenüber da ist, das sie hört, bedeutet nun allerdings noch nicht, daß sie sich auch dessen geistigen Zustand vergegenwärtigen. Es deutet sogar einiges darauf hin, daß sie zwischen Artgenossen, die über einen bestimmten Sachverhalt informiert sind, und ahnungslosen nicht zu unterscheiden vermögen. Beispielsweise stoßen sowohl Hähne als auch die Meerkatzen weiterhin Alarmrufe aus, wenn ihre Kumpane den Raubfeind längst gesichtet haben und geflohen sind.

Vergegenwärtigung geistiger Prozesse bei anderen

Um zu prüfen, ob Affen sich in Artgenossen hineinzuversetzen vermögen, experimentierten wir am Kalifornischen Primatenforschungszentrum in Davis mit jeweils zwei Gruppen von Rhesusaffen und Rotgesichtsmakaken. Natürlicherweise leben diese beiden Arten in größeren Gruppen als die Vervet-Meerkatzen, die aber sonst in gleicher Weise gegliedert sind. In den großen Außengehegen des Forschungszentrums ließen sich ähnliche Gruppen halten wie im Freiland; aber der Vorteil war, daß wir gezielt einzelnen Tieren Kenntnisse verschaffen konnten, die andere nicht haben sollten.

Wir testeten jeweils ein erwachsenes Weibchen und sein zwei- oder dreijähriges Junges. Im ersten Fall konnten beide von einem Laufgang aus zusehen, was in der angrenzenden großen, kreisförmigen Arena geschah: Entweder füllte einer der Mitarbeiter einen Futterbehälter mit Apfelstückchen und ging wieder fort, oder er tauchte mit einem Fangnetz auf, machte bedrohliche Gebärden und versteckte sich dann hinter einer Wand.

Im zweiten Fall wurde zunächst das Jungtier demonstrativ von der Mutter mit einem Blechschieber getrennt, und zwar so, daß nur die Mutter die Vorgänge in der Arena sehen konnte. Jeweils nach den Aktionen des Mitarbeiters durfte das Jungtier auf den Platz laufen.

In den Versuchen der zweiten Art hatte das Muttertier zugeschaut, wie ihr Junges abgesondert wurde. Es kam also darauf an zu prüfen, ob sie – wie ein Mensch in einer solchen Situation – sich darüber im klaren war, daß das Junge von dem versteckten Futter beziehungsweise dem erschreckenden Zweibeiner nichts wissen konnte. Falls Affen tatsächlich eine Vorstellung davon haben, was im Kopf eines Artgenossen vorgeht, sollten diese Weibchen sich anders verhalten als die in den Experimenten der ersten Art, zum Beispiel mehr Rufe ausstoßen.

Anhaltspunkte für den Kenntnisstand ihres Jungen hatten sie nicht nur durch das Einschieben der undurchsichtigen Trennwand. Die isolierten Jungtiere verhielten sich in der Arena auch völlig anders als jene, die das Geschehen hatten beobachten können. Diese nämlich entdeckten die Apfelstücke rasch beziehungsweise blieben, wenn sie erschreckt worden waren, in der Nähe der Mutter; die isolierten Äffchen fanden die Leckerbissen allenfalls zufällig beziehungsweise strolchten herum, als gäbe es keine Gefahr. Dies schien jedoch ihre Mütter nicht zu kümmern. Soweit wir erkennen konnten, unterschied sich ihr Verhalten in nichts von dem der anderen: In keiner Art von Experiment suchten die Weibchen ihren Jungen durch Zurufe etwas zu signalisieren.

Trotz des negativen Ausgangs dieser Versuchsserie wäre zu überlegen, ob Rhesusaffen und Rotgesichtsmakaken nicht doch den geistigen Zustand von Artgenossen einschätzen können, nur dies in ihrem Verhalten nicht umsetzen. Allerdings wäre eine derart verborgene Fähigkeit sehr erstaunlich.

Schimpansen – also Menschenaffen – scheinen dagegen zumindest ansatzweise eine Vorstellung, ein Konzept von mentalem Geschehen zu haben. Im Jahre 1978 führten Premack und Guy C. Woodruff, der damals ebenfalls an der Universität von Pennsylvanien arbeitete, der Schimpansin Sarah Videofilme vor, in denen Trainer, die sie gewöhnlich unterrichteten, sich mit verschiedenen kniffeligen Aufgaben abmühten. So versuchte jemand vergeblich, einen Plattenspieler in Gang zu setzen, während der Stecker herausgezogen war. Nach jedem Film erhielt Sarah mehrere Photos. Eines davon zeigte die Lösung, und genau dies wählte sie sicher aus.

Daraus schlossen die Forscher, Sarah habe erkannt, daß die Filme ein Problem vorstellten, und wollte ihren Trainern die Lösung zeigen. Interessanterweise behandelte sie diese nicht gleich. In einem Vergleichstest wählte sie bei dem, den sie am liebsten mochte, die richtigen Bilder und bei dem, den sie nicht gut leiden konnte, falsche.

Zu diesen Beobachtungen passen jüngere Befunde von Daniel J. Povinelli, der jetzt an der Universität von Südwest-Louisiana in Lafayette arbeitet, und seinen Kollegen. In ihren Experimenten mußten Schimpansen zwischen Situationen mit informierten und solchen mit nicht-informierten Menschen differenzieren.

Bei ihren Studien von Schimpansen am Gombe-Strom in Tansania ertappte die englische Forscherin Jane Goodall den noch nicht voll erwachsenen Figan bei einem Täuschungsmanöver, mit dem er offensichtlich bezweckte, sich einen von der Forscherin versteckten Bananenvorrat allein einzuverleiben. Mehrere Schimpansen hatten sich bei der Fütterungsstelle eingefunden, als Figan plötzlich demonstrativ aufstand und auf eine Weise in den Wald marschierte, daß alle anderen in der Nähe sich ihm anschlossen. Nicht lange, dann verließ er die Gruppe und kehrte auf einem Umweg allein zurück – nun konnte er sich ungestört an das Futter heranmachen. Doch bei derartigen Anekdoten ist Vorsicht geboten, daß man nicht zuviel hineininterpretiert. So gäbe es für Figans Verhalten auch einfachere Erklärungen, die ein Einsichtsvermögen in die Gedanken und Absichten der Artgenossen nicht voraussetzen.

Andererseits enthält die wissenschaftliche Literatur über Schimpansen erstaunlich viele Berichte von Täuschungsmanövern – bei durchaus verschiedenen Anlässen und mittels einer außerordentlichen Vielfalt an Gesten, Posen und mimischen Ausdrücken. Schon durch die Zahl und den Abwechslungsreichtum solcher Beobachtungen gewinnt die weitergehende Interpretation an Überzeugungskraft. Die Möglichkeit, daß Menschenaffen eine Vorstellung vom Fühlen und Denken ihrer Artgenossen haben, läßt sich jedenfalls nicht mehr ausschließen.

Offenkundig ist der Handlungsspielraum von Tieren, die dazu nicht imstande sind, entsprechend begrenzt. Junge Meerkatzen etwa machen, wenn sie Alarmrufe abzugeben oder auf sie zu reagieren anfangen, zunächst viele Fehler. Manche sind relativ harmlos, etwa wenn sie einen Adler-Warnschrei ausstoßen, obgleich nur eine Taube über sie hinwegfliegt. Aber wenn das Äffchen bei einem Schlangen-Alarm in die Luft aufschaut anstatt nach unten und nicht unverzüglich flieht, kann das sein Leben kosten.

Dennoch greifen die erwachsenen Tiere dann nicht ein. Wir haben niemals beobachtet, daß sie etwa Jungtiere bei einem korrekt gegebenen Warnruf bestärkten oder bei einer völlig unpassenden Reaktion korrigierten. Die jungen Meerkatzen lernen demnach allein durch Beobachtung, ohne jede direkte Anleitung (Bild 5).

Diese Passivität der erfahrenen Tiere ist bei vielen Arten zu finden. Evolutiv erklärt sich das Vorherrschen von Lernen durch Beobachtung wohl daraus, daß die erwachsenen Tiere eben nicht erkennen, wieviel Wissen sie ihren Jungen voraushaben.

Die Erforschung der Verständigung unter Tieren ist unausweichlich mit der Frage verknüpft, wie sie denken. Unsere Beobachtungen an den Vervet-Meerkatzen erlauben den Schluß, daß die Lautäußerungen von Primaten keineswegs als bloß unwillkürlich abgetan werden dürfen. Vielmehr werden sie selektiv von Individuen benutzt, die auf ihre Zuhörerschaft achten und über bestimmte Vorkommnisse in der Umgebung mit jeweils anderen Rufen informieren. Wie menschliche Wörter bezeichnen die einzelnen Affenrufe unterschiedliche Dinge oder Ereignisse. Vielleicht erkennen die Tiere sogar den Bezug zwischen einem Ruf und dem Objekt oder Inhalt, für den er steht.

Allmählich erkennen wir aber auch genauer, inwiefern Kommunikation und Kognition bei Affen anders sind als beim Menschen. Während menschliche Kommunikation weitgehend darauf ausgerichtet ist, dem Verhalten zugrundeliegende Momente – Wissen, Überzeugungen und Beweggründe – zu beeinflussen, gibt es bislang keinen Hinweis darauf, daß Primaten unterhalb der Stufe der Menschenaffen jemals darauf abzielten, durch Kommunizieren auf entsprechende mentale Zustände eines Artgenossen einzuwirken. Sie vermögen dessen Kenntnisse, Planen und Verhalten offenbar nicht absichtlich zu beeinflussen – möglicherweise können das nicht einmal die Menschenaffen gezielt. Der Grund dürfte sein, daß sie vom Vorhandensein mentalen Geschehens selbst keine Vorstellung haben.

Akustische Verständigung bei Grillen

Weibliche Grillen lassen sich vom zirpenden Gesang des Männchens anlocken. Ihre Reaktion bietet eine hervorragende Möglichkeit, tierisches Verhalten bis zur neuronalen Ebene im Detail zu untersuchen.

Von Franz Huber und John Thorson

Grillenmännchen locken ihre Weibchen mit Gezirp an. Es entsteht, wenn sie ihre Flügel gegeneinander reiben, und von diesen Tönen lassen sich die Weibchen leiten. Schon in der Antike hat man das Gezirp als Lockgesang gedeutet, doch erst im Jahre 1913 wurde der experimentelle Beweis erbracht. Damals ließ Johann Regen, ein Gymnasiallehrer aus Wien, ein Grillenmännchen über Telephon einem Weibchen „vorsingen". Sobald am anderen Ende der Leitung das Zirpen einsetzte, näherte sich das Weibchen der Hörmuschel. Damit waren andere – nichtakustische – Reize, chemische Signale etwa, als Auslöser für das weibliche Verhalten auszuschließen.

Moderne elektronische und physiologische Methoden ermöglichen es inzwischen, tiefer in den Fragenkomplex einzudringen. Welche Gesangsmerkmale veranlassen das Weibchen, nach der Schallquelle zu suchen? Wie können die Nervenzellen im Zentralnervensystem den Lockgesang von anderen Gesängen und Tönen unterscheiden? Wie vermag das Weibchen – trotz der merkwürdigen Lage seiner Hörorgane unterhalb der „Knie" – die Richtung zu bestimmen, aus der das Gezirp kommt?

Mehr als ein Dutzend Forschungslabors in aller Welt bemühen sich derzeit, diese Fragen zu beantworten. Im folgenden wollen wir versuchen, das Besondere an einigen der neueren Erkenntnisse zu vermitteln.

Ein zentrales Anliegen der Neurowissenschaften ist, das Verhalten eines Tieres auf der Basis von Aktions- und Interaktionsmustern individueller Nervenzellen, also Neuronen, zu erklären. Häufig werden für solche Untersuchungen wirbellose Tiere gewählt, denn sie bieten gleich mehrere Vorteile: stereotype Verhaltensweisen, ein Nervensystem mit vergleichsweise wenigen, teils sogar recht großen Nervenzellen, und viele der größeren kann man heute überdies bei allen Individuen einer Art leicht identifizieren – ähnlich, wie ein Zahnarzt eine bestimmte Art von Zahn bei sämtlichen seiner Patienten auf Anhieb erkennt.

Am erfolgreichsten ist bislang die Analyse der Ausgangsseite, also der motorischen Seite der neuronalen Organisation, gewesen. So hat man etwa festgestellt, daß bei Blutegeln, Gliederfüßern und Weichtieren komplexe Bewegungsmuster des Körpers durch das Zusammenspiel ganz bestimmter Neuronengruppen zustande kommen.

Das neuronale Geschehen in den höheren Instanzen, insbesondere die Verarbeitung komplexer sensorischer Signale, ist dagegen schwerer zu erfassen. Dazu gehört auch die subtile „Entscheidung" des Grillenweibchens: nämlich die neuronale Erkennung des Lockgesangs und das Auslösen des sogenannten phonotaktischen Verhaltens, des zielgerichteten Anmarschs auf die Schallquelle.

Eben diese „Weichenstellungen" im Gehirn sind Gegenstand der Untersuchungen, die wir hier beschreiben wollen. Zunächst aber möchten wir einmal zusammenfassen, was über den Lockgesang und die Hörorgane von Grillen bekannt ist. Anschließend werden wir uns jenen Verhaltensversuchen und neurophysiologischen Experimenten zu-

Bild 1: Die als Laufkompensator konstruierte kugelige „Tretmühle" macht es möglich, eine laufende weibliche Grille (oben) völlig frei ihre Geschwindigkeit und Richtung wählen zu lassen, sie aber dennoch in konstanter Entfernung zu Lautsprechern zu halten, über die verschiedene Lautmuster eingespielt werden. Das Tier läuft auf dem höchsten Punkt einer Kugel von 50 Zentimeter Durchmesser, die in einer schalltoten Kammer aufgestellt ist (rechts). Auf seinem Rücken klebt ein Stück reflektierender Folie, das Licht aus einer darüber angebrachten Infrarot-Lampe zu Photodetektoren reflektiert. Diese registrieren die Position der Grille und geben Korrekturbefehle an die Motoren, die die Kugel antreiben. Sie drehen die Kugel so weit gegen, daß die Grille am höchsten Punkt bleibt. Aus der fortlaufenden Aufzeichnung der Korrektursignale lassen sich Geschwindigkeit und angestrebte Laufrichtung der Grille ablesen. Die Lautsprecher übertragen das Zirpen, also den natürlichen Lockgesang des Männchens, oder speziell veränderte computer-erzeugte Gesänge, und zwar aus jeweils unterschiedlichen Richtungen. Durch ihr Laufverhalten verrät die Grille, welche Merkmale der Testgesänge für sie relevant sind, also was sie als Lockgesang erkennt. Ihm wird sie zustreben. Die Aufnahmen stammen von Theo Weber. Er arbeitet bei einem der Autoren (Huber) am Max-Planck-Institut für Verhaltensphysiologie in Seewiesen.

wenden, die ersten genauen Aufschluß über das geben, was im Gehirn des Grillenweibchens beim Erkennen des Lockgesangs geschieht.

Ein Großteil dieser Untersuchungen wurde am Max-Planck-Institut für Verhaltensphysiologie in Seewiesen durchgeführt, und zwar in enger Zusammenarbeit mit unseren Mitarbeitern, von denen besonders Theo Weber, Hans-Ulrich Kleindienst, Klaus Schildberger, David W. Wohlers, Dietmar Otto, George Boyan, Eckehart Eibl, Harald Esch und Leslie Williams zu nennen sind.

Das Hörorgan...

Wir haben uns speziell mit dem Lockgesang zirpender Grillen wie der beiden europäischen Feldgrillen *Gryllus campestris* und *G. bimaculatus* beschäftigt. Die Männchen dieser Arten besitzen an jedem ihrer Vorderflügel einen sogenannten Stridulationsapparat. Er besteht aus einer mit Chitinzähnchen besetzten Schrillader und einer harten Schrillkante. Zum Zirpen heben sie die Vorderflügel leicht an und bewegen sie gegeneinander (Bild 2, links). Dabei reibt beim Schließen die Schrillkante jeweils über die Zähnchen der anderen Schrillader; dadurch geraten beide Flügel kurz in Schwingung – mit einer Frequenz von fünf Kilohertz (5000 Schwingungen pro Sekunde). Auf diese Weise entsteht bei jedem „Bogenstrich" ein nahezu reiner Fünf-Kilohertz-Ton von 15 bis 20 Millisekunden Dauer, eine Silbe, wie ein solcher Stridulationslaut häufig genannt wird. In Ohrnähe abgegeben, kann er für uns Menschen schmerzhaft laut sein. Geöffnet werden die Flügel dagegen lautlos.

Die einzelnen Schließbewegungen – und damit die Silben – folgen in etwa 35 Millisekunden Abstand aufeinander, was eine Rate von rund 30 Silben pro Sekunde bedeutet (Bild 2a). Der am häufigsten zu hörende männliche Zirplaut besteht aus einem Vers von vier solchen Silben, gefolgt von einer kurzen Pause, und wird in der Regel zwei- bis viermal in der Sekunde wiederholt. (Die angegebene Silbenrate bezieht sich daher auf die Anzahl der Silben während der Dauer eines Verses.)

Wie nimmt das Grillenweibchen nun das Zirpen wahr? Sein Hörorgan ähnelt im Konstruktionsprinzip dem menschlichen: Ein schall-leitendes System mit Trommelfellen erregt eine Reihe von Hörsinneszellen, die ihrerseits entsprechende Nervenzellen aktivieren. Bei der Grille liegen die beiden Hörorgane allerdings nicht am Kopf, sondern in den Vorderbeinen unterhalb des „Knies". Das zugehörige Glied des Insektenbeines wird Tibia genannt. An seiner Oberfläche sind je zwei Trommelfelle zu erkennen, die 55 bis 60 aneinandergereihte Hörsinneszellen überspannen.

Die Axone – die langen Nervenfasern – dieser Sinneszellen treten zum Hörnerven zusammen, der das Bein aufwärts zieht und im Prothorakalganglion, einem „Nervenknoten" des Zentralnervensystems, endet (Bild 3). Ableitungen der elektrischen Aktivität am Hörnerven oder an jenen Prothorakalneuronen, die von ihm Signale empfangen, haben ergeben, daß die Hörsinneszellen auf Luftschall von drei Kilohertz aufwärts bis in den Ultraschall-Bereich hinein ansprechen. Das Empfindlichkeitsmaximum der meisten dieser Zellen liegt jedoch offenbar bei etwa fünf Kilohertz, der Trägerfrequenz des männlichen Lockgesanges.

Interessanterweise sind die beiden Hörorgane über eine vierarmige luftgefüllte Trachee miteinander gekoppelt, die nicht mehr allein der Atmung dient (Bild 3). Von dieser akustischen Trachee geht auf jeder Körperseite nach unten ein langer Ast ab, der ins Vorderbein zu den Trommelfellen zieht, und nach oben ein Ast, der nach außen in einem seitlich gelegenen Spiraculum, einer Atemöffnung, mündet. Dadurch wird jedes Trommelfell an zwei Seiten vom Schalldruck getroffen: direkt an seiner Außenfläche sowie indirekt – über die luftgefüllte Trachee – an seiner Innenfläche.

...und seine Funktionsweise

Die Beziehungen zwischen innerem und äußerem Schalldruck lassen sich nur schwer durch direkte Messungen überprüfen, denn die Tracheenröhre ist dazu mit 0,1 bis 0,3 Millimeter Durchmesser zu dünn. Das bedeutet, daß man nur indirekt auf die akustischen Verhältnisse schließen kann. Doch haben zahlreiche Untersuchungen, insbesondere die Laser-Vibrometrie-Messungen von Axel Michelsen und Ole Naesbye-Larsen an der Universität Odense (Dänemark), einige Eigenschaften dieses Systems aufgedeckt. Bei solchen Messungen wird eine Membran, hier das Trommelfell auf dem Vorderbein einer Grille, mit einem Laser beleuchtet und ihre Auslenkungsgeschwindigkeit anhand der Doppler-Verschiebung in der Frequenz des reflektierten Lichtes bestimmt.

Die Ergebnisse sind etwas überraschend gewesen. Denn es zeigte sich, daß beispielsweise ein Fünf-Kilohertz-Ton, der über das linke Spiraculum eindringt, besser die linken Trommelfelle auslenkt – durch Druck von hinten über die Tracheenröhre – als ein gleichlauter Fünf-Kilohertz-Ton, der von außen auf diese Trommelfelle trifft. Offensichtlich besitzt die akustische Trachee eine Resonanz im Bereich um fünf Kilohertz. Welchen Nutzen hat sie aber? Wenn ein Weibchen ein zirpendes Männchen aufsucht, schlägt es im charakteristischen Fall einen Zick-Zack-Kurs ein. Es ist, als ob es dabei folgender einfachen Regel folgt: Wende dich stets in Richtung jenes „Ohres", das gerade den lautesten Ton empfängt.

Die Grille muß jedoch beim Richtungshören mit einem Problem fertigwerden. Während ihre Vorderbeine und damit ihre Hörorgane nur etwa einen Zentimeter weit auseinanderliegen, mißt die Wellenlänge eines Fünf-Kilohertz-Tones etwa sieben Zentimeter. Unter diesen Umständen beträgt der Lautstärke-Unterschied zwischen beiden Hörorganen, wenn von irgendwoher Schallwellen außen an den Trommelfellen einlaufen, höchstens einige wenige Dezibel. Das reicht aber nicht aus, um das Weibchen zu dem zirpenden Männchen zu leiten.

Die akustische Trachee dagegen gewährleistet offenbar, daß sich wesentlich größere Unterschiede zwischen beiden Ohren ergeben: weil sich Wellen in ihr aufgrund von Laufzeiten, Resonanzen und Phasenverschiebungen gegenseitig löschen oder verstärken. Höchstwahrscheinlich hat sich also dieses Röhrensystem – mit seiner Resonanz nahe der Trägerfrequenz des Lockgesangs – als Hilfsmittel für das Richtungshören entwickelt.

Was die akustische Trachee alles zum Hören beiträgt, ist noch nicht völlig geklärt. Bis vor kurzem wußte man beispielsweise noch nicht, ob eigentlich die Auslenkung des Trommelfells oder der Schalldruck in der Tracheenröhre die Hörsinneszellen reizt. Beide Variablen können in Amplitude und Phase stark voneinander abweichen, wenn sich Frequenz und Einfallswinkel der Schallwellen ändern. Die Frage haben inzwischen Kleindienst und Wohlers in Seewiesen in Zusammenarbeit mit Naesbye-Larsen in Odense geklärt. Sie konnten die beiden Variablen mit Hilfe von Schall-Interferenzexperimenten trennen.

Dazu wird das eine Vorderbein der Grille in ein kleines schalldichtes Gehäuse mit einem Lautsprecher gesteckt (Bild 4 links). Dieser „Beinhörer" sorgt dafür, daß ein darüber eingespielter Ton nur auf die Trommelfelle dieses Beines trifft. Von dort teilt sich der Schalldruck durch die Tracheenröhre den Trommelfellen des gegenüberliegenden Beines mit. Dieses Bein wird nun mit entsprechender Amplitude und Phase von außen beschallt. Ein Laser-Vibrometer zeichnet die Bewegungen des hinteren Trommelfelles auf, während gleichzeitig die Aktivität eines Hörneurons im Prothorakalganglion über eine Mikroelektrode abgeleitet wird (Bild 4 oben). Der Hörnerv der anderen Seite wird vorher durchtrennt.

Zweck dieser Anordnung ist, äußere Schallpulse eines Fünf-Kilohertz-Tones so abzustimmen, daß beim Zusammentreffen von inneren und äußeren Schallpulsen das Vibrometer keine Bewegung des Trommelfells mehr anzeigt. Unter diesen Bedingungen sind die Befunde eindeutig. Bei reiner Außen- oder Innenbeschallung bewegt sich das Trommelfell, die Hörsinneszellen feuern Salven von Nervenimpulsen ab (spikeartige elektrische Signale, die sich entlang der Nervenfaser fortpflanzen), und die Hörneuronen antworten daraufhin mit mehreren eigenen Spikes. Treffen aber die inneren und äußeren Schallpulse zeitlich so aufeinander, daß keine Auslenkung des Trommelfells auftritt, bleiben die Hörneuronen stumm. Dabei kann der Schalldruck in solchen Momenten in der Trachee bis zu 80 Dezibel erreichen. Nach alledem ist es die Auslenkung des Trommelfells und nicht der

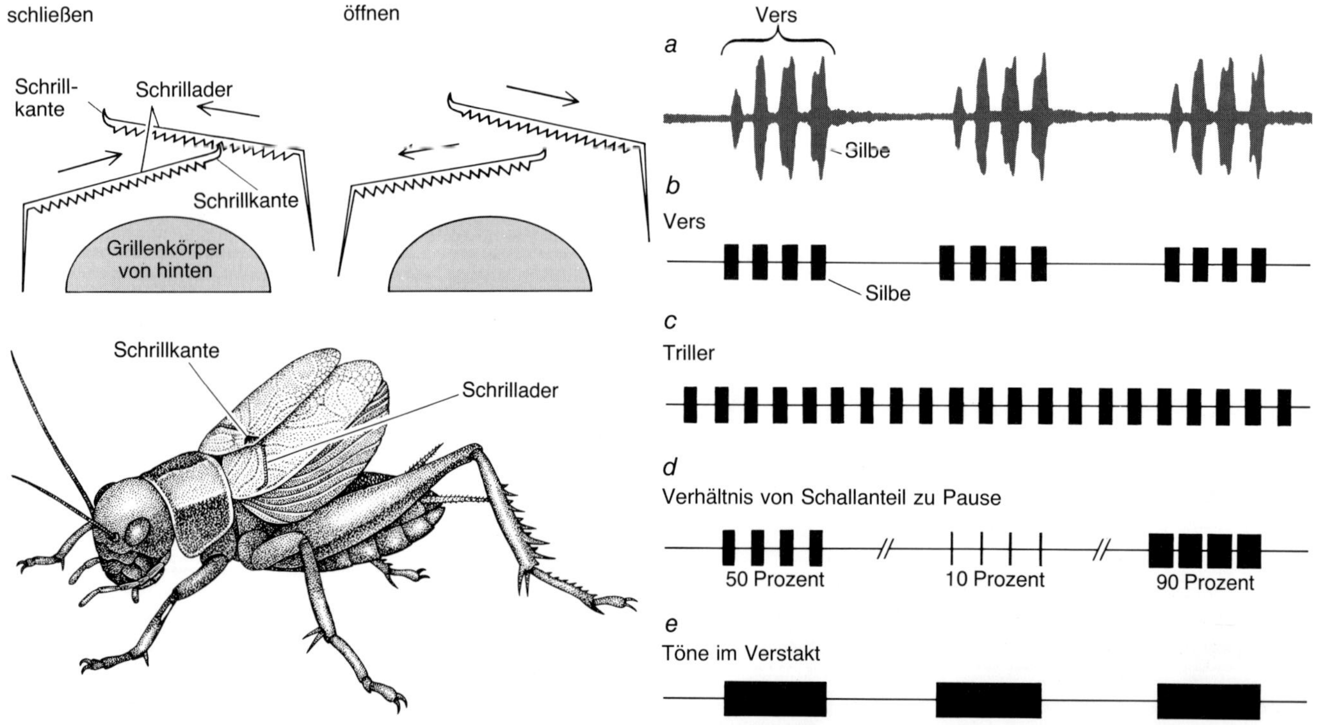

Bild 2: Bei Grillen zirpen nur die Männchen. Sie erzeugen ihren Gesang, indem sie ihre Flügel anheben und gegeneinander reiben (links unten). Die stark schematisierte Darstellung darüber veranschaulicht den lautbildenden Mechanismus: Die Flügel sind mit je einer zähnchentragenden Schrillader und einer scharfen Schrillkante ausgestattet und werden beim Schließen durch das Gegeneinanderreiben kurz in Schwingung versetzt – mit einer Frequenz von fünf Kilohertz (5000 Schwingungen pro Sekunde). Das Öffnen geschieht dagegen lautlos. Das natürliche Gezirp (*a*) setzt sich aus einzelnen Silben eines Fünf-Kilohertz-Tones zusammen. Beim typischen Lockgesang bilden vier Silben einen Vers. Sie folgen innerhalb des Verses mit einem bestimmten Abstand aufeinander: Die Silbenrate darin liegt bei 30 Silben pro Sekunde. Unter dem Zeitmuster des natürlichen Gezirps (*a*) sind die einiger computererzeugter Gesänge schematisiert wiedergegeben. Der Testgesang in *b* behält die Grundmerkmale des natürlichen Gezirps bei. Dem Dauertriller darunter (*c*) fehlt die Untergliederung in Verse. Bei anderen (*d*) wurde zwar die Vers- und Silbenrate beibehalten, aber die Silbendauer variiert, also das Verhältnis zwischen Silben und Pausen innerhalb eines Verses. Der letzte Testgesang (*e*) besteht aus Tonsalven von fünf Kilohertz im korrekten Versmaß, ist aber nicht wie die anderen in Silben gegliedert.

tracheale Schalldruck, der die Hörsinneszellen erregt. Direkte mechanische Effekte dürften also bei der Schallübertragung eine Rolle spielen.

Der Laufkompensator

Der Verhaltensforscher untersucht das Hörvermögen von Grillen im allgemeinen, indem er beobachtet, wie sich das Weibchen beim Vorspielen verschiedener Lautmuster über Lautsprecher verhält. Im klassischen Fall kommt das Weibchen in einen Y-förmigen Laufgang oder ein ebenes Rund oder Halbrund, eine Arena; über Lautsprecher werden dann aus verschiedenen Richtungen ausgewählte Laute oder Lautmuster eingespielt.

Störend bei solchen Experimenten ist, daß das Weibchen nach jedem Testlauf wieder eingefangen und zum Ausgangspunkt zurückgebracht werden muß. Bei einer Wahl zwischen mehreren Schallquellen kommt außerdem hinzu, daß ein zufälliges Vorrücken zu einer der Schallquellen diese für das Tier lauter werden läßt – einfach deshalb, weil sie ihm jetzt näher ist als vor dem Start.

Diese Störfaktoren lassen sich vermeiden, wenn man dafür sorgt, daß das Weibchen während der Tests an Ort und Stelle läuft: oben auf einer steuerbaren Kugel, welche die Laufbewegungen des Tieres durch entsprechende Gegendrehungen kompensiert (Bild 1). Die Grille kann dann ihre Laufgeschwindigkeit und Laufrichtung frei wählen und bleibt doch immer in annähernd gleicher Position zu den Schallquellen.

Auf diese Weise läßt sie sich – häufig über Stunden – ununterbrochen testen, wobei umfangreiche Lautfolgen geboten werden können. Dadurch läßt sich auch prüfen, ob ihre Verhaltensreaktionen reproduzierbar sind und ob die Reihenfolge der gebotenen Laute oder Lautmuster das Ergebnis beeinflußt. (Einige dieser Vorteile bieten auch jene Methoden, die Andrew Moiseff, Ronald R. Hoy und Gerald S. Pollack von der Cornell-Universität in Ithaca/New York entwickelt haben, um das Hörvermögen stationär fliegender, an der Brust fixierter Grillen zu studieren.)

Unsere Versuchsapparatur, eine Art kugelförmige „Tretmühle“, haben Ernst Kramer und Peter Heinecke in Seewiesen konstruiert. Ihr Laufkompensator ist heute in verschiedenen Labors in Gebrauch. Die Grille bewegt sich dabei völlig frei auf dem höchsten Punkt einer Plastik-Kugel von 50 Zentimetern Durchmesser. Auf ihrem Rükken klebt ein kleines Stück reflektierender Folie, die mit Infrarot-Licht von 963 Nanometer Wellenlänge – es ist auch für die Grille unsichtbar – von oben angestrahlt wird. Über das reflektierte Licht erfassen dann Photodetektoren die Bewegungen der Grille. Sobald diese sich vom höchsten Punkt zu entfernen beginnt, setzen sie Motoren in Gang, die die Kugel so gegendrehen, daß die Fortbewegung kompensiert wird.

Für die Grille freilich ist das Laufen auf der Kugel nicht ganz dasselbe wie auf festem Boden. Die korrigierenden Anfahrbewegungen bedeuten Beschleunigungen, die – da der Grillenkörper unweigerlich als träge Masse wirkt – vom Tier wohl über Sinneszellen in den Beinen wahrgenommen werden. Doch können wir die Motoren so fein abgestimmt auf die empfangenen Befehle ansprechen lassen, daß die Grille nicht mehr als eine halbe Körperlänge, das heißt, etwa einen Zentimeter weit, aus dem höchsten Punkt herauskommt und ihr Bewegungsfluß dennoch erhalten bleibt. Anhand der Positions- und Geschwindigkeitssignale, die von den Photodetektoren an die Motoren gehen, sind wir imstande, die Laufgeschwindigkeit und die Richtung aufzuzeichnen, die das Tier jeweils einzuschlagen versucht.

Das entscheidende Gesangselement

Die Grillenweibchen entscheiden sich auf dem Laufkompensator häufig ganz eindeutig: Ihr Verhalten gibt uns gewöhnlich klar mit Ja oder Nein zu erkennen, was sie bevorzugen.

Wird dem Tier beispielsweise ein computersimuliertes Zirpen aus verschiedenen Richtungen über Lautsprecher vorgespielt, so zeigt es gewöhnlich ein charakteristisches Antwortverhalten: Es steuert in einer Folge kurzer Laufphasen den Lautsprecher an, aus dem die Töne kommen. Die Genauigkeit wächst, wenn sich die Lautstärke von 50 auf 70 Dezibel erhöht. Sobald wir auf einen anderen Lautsprecher umschalten, ändert auch die Grille entsprechend ihre Laufrichtung. (Die Experimente finden in einer schalltoten Kammer statt, damit kein Echo von anders-

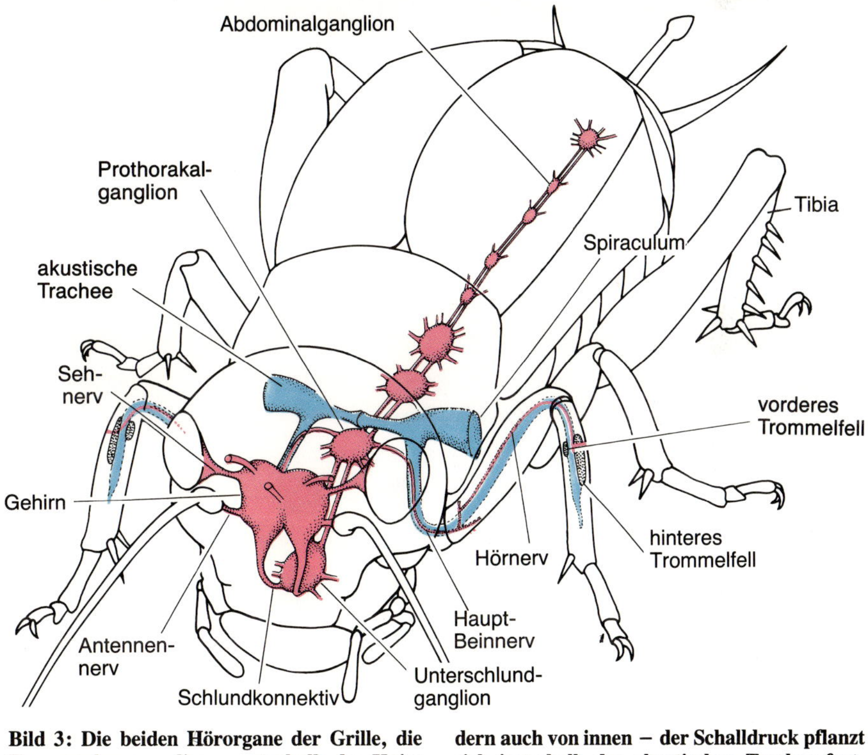

Bild 3: Die beiden Hörorgane der Grille, die Tympanalorgane, liegen unterhalb des Knies an der Schiene (Tibia) eines jeden Vorderbeines. Auffälliges Verbindungselement zwischen beiden ist die etwa H-förmige akustische Trachee. Im oberen Bereich gehen von ihr zwei dicke trichterförmige Äste ab, die seitlich in je einer Öffnung, einem sogenannten Spiraculum, an der Körperoberfläche münden. Die beiden langen unteren Äste erstrecken sich bis zwischen die beiden Trommelfelle eines jeden Vorderbeines. Die Trommelfelle, auch Tympana genannt, überspannen reihenförmig angeordnete Hörsinneszellen. Somit erreicht der Schall das Hörorgan nicht nur von außen, sondern auch von innen – der Schalldruck pflanzt sich innerhalb der akustischen Trachee fort. Das Zentralnervensystem der Grille ist ein Strickleiter-Nervensystem (rot). Es besteht aus knotigen Ansammlungen von Nervenzellen, den Ganglien, die über Konnektive, die gebündelten Fasern der Nervenzellen, miteinander verbunden sind. Das vorderste Ganglion fungiert als Gehirn, in das die Seh- und Antennennerven führen. Darunter liegt das Unterschlundganglion, dem die drei dicken Thorakalganglien und fünf kleinere Abdominalganglien folgen. Die sensorischen Signale aus den Hörsinneszellen laufen in das vorderste Thorakalganglion, das Prothorakalganglion, ein.

wo ans Grillenohr dringt.) Die meisten Weibchen ignorieren dagegen Salven eines Fünf-Kilohertz-Tons, die zwar genauso lange dauern wie ein Vers des natürlichen Gesangs, aber nicht wie dieser in Silben unterteilt sind (Bild 2e und Bild 5 oben).

Aufgrund unserer leistungsstarken Versuchsapparaturen konnten wir genau erarbeiten, welche zeitlichen Gesangsparameter als Auslöser für das Anmarschieren des Weibchens entscheidend sind. In Frage kamen vor allem die Vers- und Silbenrate sowie die Anzahl der Silben pro Vers. Frühere Untersuchungen hatten bereits erkennen lassen, daß die Silbenrate bedeutsam ist. Dies und anderes ließ uns zunächst als Arbeitshypothese annehmen, daß die natürliche Silbenrate von etwa 30 Silben pro Sekunde das einzige Erkennungsmerkmal für das Weibchen ist, das es braucht, um den Lockgesang als solchen zu erkennen und daraufhin die Schallquelle aufzusuchen.

Im Falle der Feldgrille *Gryllus campestris* hielt diese Arbeitshypothese überraschend vielen Prüfungen stand. So beachteten die Weibchen beispielsweise Verse mit nur einer Silbe nicht, während sie auf drei- oder höhersilbige Verse reagierten, sobald die Silben mit einer Häufigkeit von 30 pro Sekunde geboten wurden. Die Rate und nicht die Anzahl der Silben ist also entscheidend.

In einer weiteren Versuchsserie veränderten wir das Verhältnis von Silbe zu Pause in einem Vers. Bei einem natürlichen Vers beanspruchen die Silben etwa die Hälfte der Zeit, das heißt das Verhältnis von Schallanteil zur Pause beträgt 50 Prozent. Wir erzeugten per Computer künstliche Verse mit derart verkürzten beziehungsweise verlängerten Silben, daß sich – bei einer beibehaltenen Rate von 30 Silben pro Sekunde – der Schallanteil auf 10 Prozent verringerte beziehungsweise auf 90 Prozent erhöhte (Bild 2d). Das Weibchen strebte in beiden Fällen auf die Schallquelle zu. Auch hier ist offensichtlich die Silbenrate entscheidend, die Silbendauer hingegen nicht. Allerdings mußten abweichende Testgesänge mit kurzen Silben gewöhnlich lauter eingespielt werden als natürliche Gesänge, da ja der Lautanteil in den Silben deutlich reduziert war.

Schließlich erzeugten wir Dauertriller aus Fünf-Kilohertz-Silben (wieder mit einer Rate von 30 pro Sekunde), die nicht in Verse untergliedert waren (Bild 2c). Früheren Berichten zufolge sollten die Grillenweibchen nicht auf Dauertriller reagieren, wenn sie nicht zuvor normales Zirpen vernommen hatten. Doch wir stellten fest, daß die Mehrzahl der Weibchen selbst dann auf einen Triller zustrebt, wenn dies der erste Gesang des Tages ist. Die Rate von 30 Silben pro Sekunde, das heißt, die Silbenfrequenz von 30 Hertz, erweist sich als wichtigstes Merkmal (Bild 5 unten).

Daß wir die Hypothese, die Frequenz von 30 Hertz sei entscheidend, verfolgt haben, war ganz im Sinne von Alfred North Whitehead's Parole, stets die einfachste Erklärung zu suchen, sie aber immer wieder zu hinterfragen. Und tatsächlich gibt es einige interessante Ungereimtheiten. Eine Minderheit der getesteten Weibchen ignorierte, wie er-

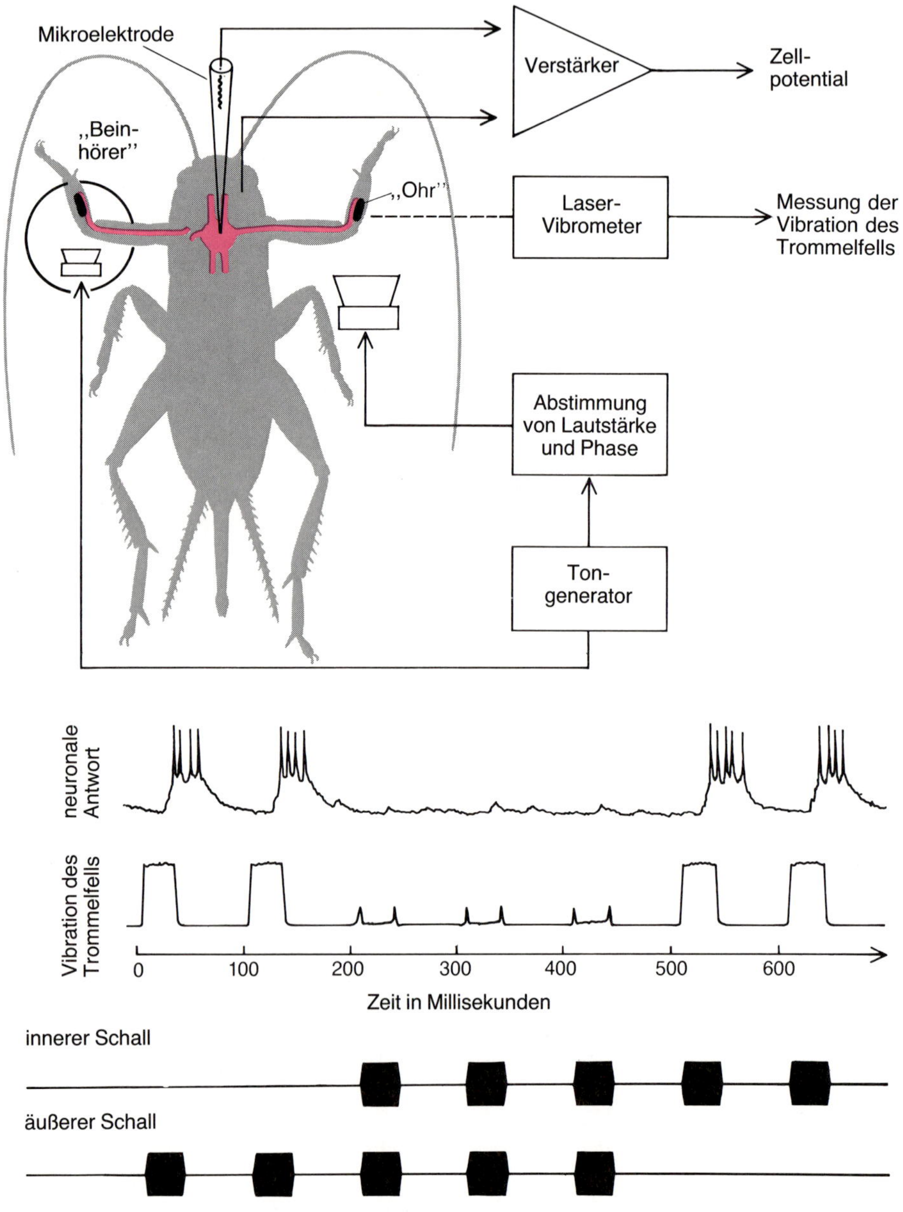

Bild 4: Entscheidend für die Schallübertragung ist die Deformation des Trommelfelles, wie Hans-Ulrich Kleindienst mit dem von ihm entwickelten Schall-Interferenzexperiment nachweisen konnte. Eines der beiden Grillenvorderbeine steckt dabei in einer kleinen schalldichten Kammer (links), in die kurze Fünf-Kilohertz-Töne eingespielt werden. Das Tier trägt also eine Art „Beinhörer". Der Schall pflanzt sich durch die akustische Trachee fort und erregt die Hörsinneszellen im gegenüberliegenden Bein, indem er durch Druck von innen die beiden Trommelfelle auslenkt. Die Bewegung des hinteren Trommelfelles wird mit Hilfe eines Laser-Vibrometers registriert (rechts). Dasselbe Bein läßt sich zugleich von außen beschallen. Phase und Amplitude der Außenbeschallung können dabei so abgestimmt werden, daß sie die auslenkende Wirkung des Innenschalles am Trommelfell kompensieren und dieses sich nicht mehr bewegt. Eine Mikroelektrode registriert die Antwort eines im Prothorakalganglion gelegenen Hör-Interneurons. Damit keine Signale aus dem „Ohr" mit dem Beinhörer einlaufen, wird der entsprechende Hörnerv durchtrennt. Die Ergebnisse eines dieser Experimente sind hier dargestellt. Gelangt Schall von außen oder von innen in das rechte Hörorgan, so bewegt sich das Trommelfell, und das Neuron wird erregt. Treffen beide Schallpulse derart aufeinander, daß das Trommelfell bewegungslos bleibt, so wird das Neuron nicht erregt, selbst wenn der innere Schalldruck in der akustischen Trachee hoch ist: Er genügt also nicht, um die Hörsinneszellen zu aktivieren; er muß das Trommelfell auch auslenken können. Dessen Bewegung ist für die Übertragung entscheidend.

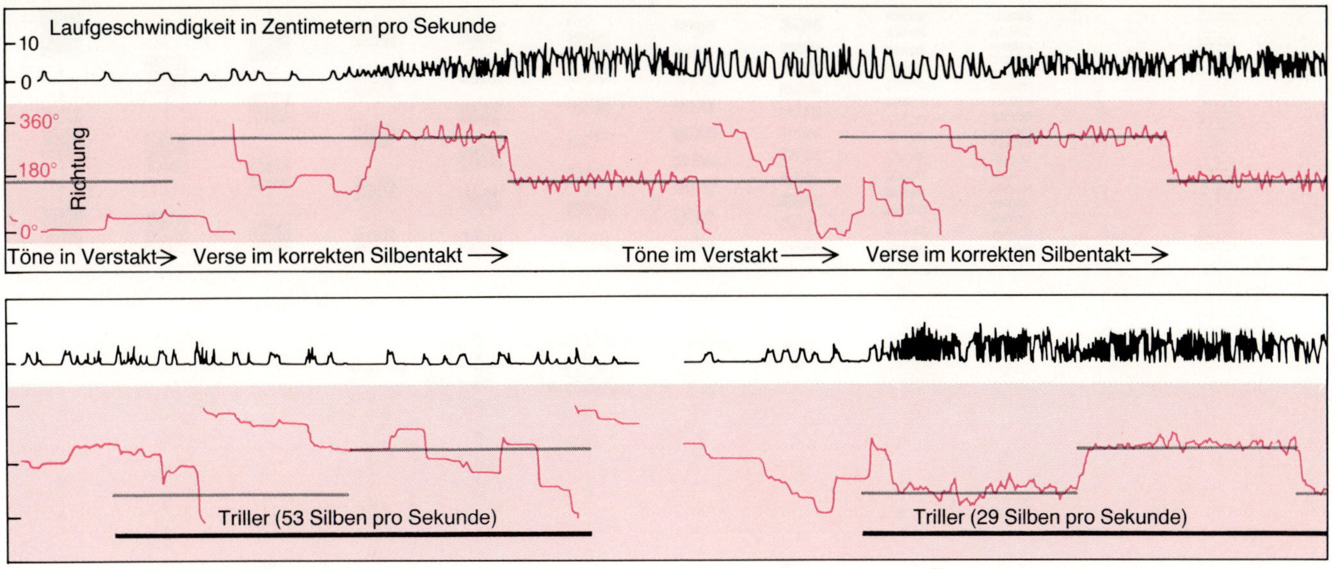

Bild 5: Wie ein Grillenweibchen auf verschiedene computer-erzeugte Gesänge reagiert, zeigen diese Aufzeichnungen von Richtung und Geschwindigkeit auf dem Laufkompensator. Die jeweils obere Spur (schwarz) gibt seine jeweilige Laufgeschwindigkeit an. Beim Zustreben auf die Schallquelle schlägt das Weibchen gewöhnlich einen Zickzack-Kurs ein, wobei es manchmal pausiert, streckenweise aber auch eine Geschwindigkeit bis zu sechs Zentimeter pro Sekunde (216 Meter pro Stunde) erreicht. Bei den jeweils unteren, farbig unterlegten Spuren geben die grauen horizontal versetzten Striche die Richtung der Schallquelle an (die durch Umschalten zwischen verschiedenen Lautsprechern geändert wird), während die farbigen „kritzeligen" Kurven die Laufrichtung des Weibchens anzeigen. Im Experiment oben wurden Serien von Fünf-Kilohertz-Tonsalven im Verstakt alle zwei Minuten im Wechsel mit Serien von viersilbigen Versen geboten, die das natürliche Zirpen simulieren. Das Weibchen beachtet die Salven nicht, strebt aber begierig dem Zirpen zu. Dabei ändert es sofort seine Laufrichtung, wenn sich die Schallrichtung ändert. Im Experiment unten wurden zwei Dauertriller geboten, der eine mit einer Silbenrate von 53 pro Sekunde, der andere mit 29 pro Sekunde wie im natürlichen Vers. Das Weibchen ignoriert den „falschen" 53er Triller, strebt aber dem 29er Triller zu.

wähnt, die Dauertriller völlig, setzte sich aber sofort gerichtet in Bewegung, sobald der Triller periodisch unterbrochen wurde, so daß Verse im natürlichen Zeittakt entstanden.

Ein weiteres widersprüchliches Ergebnis erzielte John Doherty, als er an unserem Laufkompensator in Seewiesen das Verhalten von Grillenweibchen der Art *Gryllus bimaculatus* untersuchte, die mit *G. campestris* nah verwandt ist. Zwar reagierten einige Weibchen auf Triller, doch ließ sich eine Minderheit auch von silbenlosen Fünf-Kilohertz-Salven anlocken. Damit wäre unsere Arbeitshypothese, daß die Silbenrate von 30 Silben pro Sekunde das alleinige verhaltensrelevante Merkmal des männlichen Lockgesangs ist, eindeutig widerlegt.

Noch unklar ist, was hinter solchen Befunden steckt: Zeugen sie von einem ab und zu durchblitzenden komplexen Erkennungsprozeß oder einfach von mangelnder sensorischer Selektivität im Zentralnervensystem einzelner anomaler Grillen?

Solche Unterschiede machen zugleich auf einen wichtigen Punkt aufmerksam. Sobald man mit den einzelnen Grillenweibchen während ihrer langen Tests auf dem Laufkompensator unter den verschiedensten experimentellen Bedingungen vertraut wird, lassen sich stets individuelle Unterschiede in den Fähigkeiten feststellen – selbst in qualitativer Hinsicht. Diese sind aber in den üblichen statistischen Zusammenfassungen solcher Experimente nicht immer erkennbar.

Die neuronale Ebene

Wie dem auch sei, ein Fünf-Kilohertz-Ton mit der charakteristischen natürlichen Silbenrate ist zweifellos der sicherste Weg, ein Grillenweibchen anzulocken. Darauf aufbauend gingen wir als nächstes – wieder gemeinsam mit Weber – daran, ein Reizprogramm zu entwickeln, mit dem sich gesangserkennende Neuronen im Zentralnervensystem des Weibchens ausfindig machen ließen. Das grundlegende Problem dabei ist, daß die meisten akustisch aktivierbaren zentralen Neuronen des Grillenweibchens nicht nur auf den Lockgesang des Männchens ansprechen, sondern auch auf Töne, die, wie wir wissen, für das Weibchen unattraktiv sind.

Jedes fragliche Neuron muß daher mit einer Reihe von Lautmustern getestet werden, von denen einige anlockend wirken und andere nicht. (Und dies alles muß in der – manchmal frustrierend kurzen – Zeitspanne geschehen, in der die Mikroelektrode plaziert und das Neuron aktiv bleibt). Als Testprogramm benutzen wir eine Reihe computer-erzeugter Gesänge, bei denen sich systematisch die Silbenrate ändert, aber Dauer, Lautstärke und Wiederholungsrate der Verse nahezu konstant bleiben. Unter diesen Reizbedingungen zeigt das Verhalten des Grillenweibchens eine Bandpaß-Charakteristik: Das Tier spricht nur auf ein schmales Silbenfrequenzband gut an. So strebt es bei Raten um 30 Silben pro Sekunde fast fehlerlos der Schallquelle zu, während sich seine Leistung bei Raten von weniger als 20 oder mehr als 40 Silben drastisch verschlechtert (Bild 6).

Die nächste Frage war nun, wie die zentralen Hörneuronen auf solche Folgen richtiger und falscher Gesänge reagieren. Um das weitere zu verstehen, ist es nötig, erst einmal die neuroanatomischen Verhältnisse zu beschreiben. Der Hörnerv zieht von der Tibia in den Femur (den „Oberschenkel"), wo er sich mit dem eigentlichen Beinnerv vereinigt (Bild 3). Doch bleiben seine Axone als kompaktes, leicht unterscheidbares Bündel erhalten, bis sie in das Prothorakalganglion eintreten. Dieser neuronale Komplex ist unter anderem die erste zentrale Verarbeitungsstation für eingehende Schallreize.

Um die genaue Verteilung der Höraxone im Ganglion zu bestimmen, wird der Hörnerv durchschnitten und eine Cobaltsalz-Lösung an der Schnittstelle aufgebracht. Die Salz-Ionen wandern dann die Fasern hinauf. Nach Ausfällen des Salzes läßt sich erkennen, daß die Fasern auf derselben Seite bleiben, in

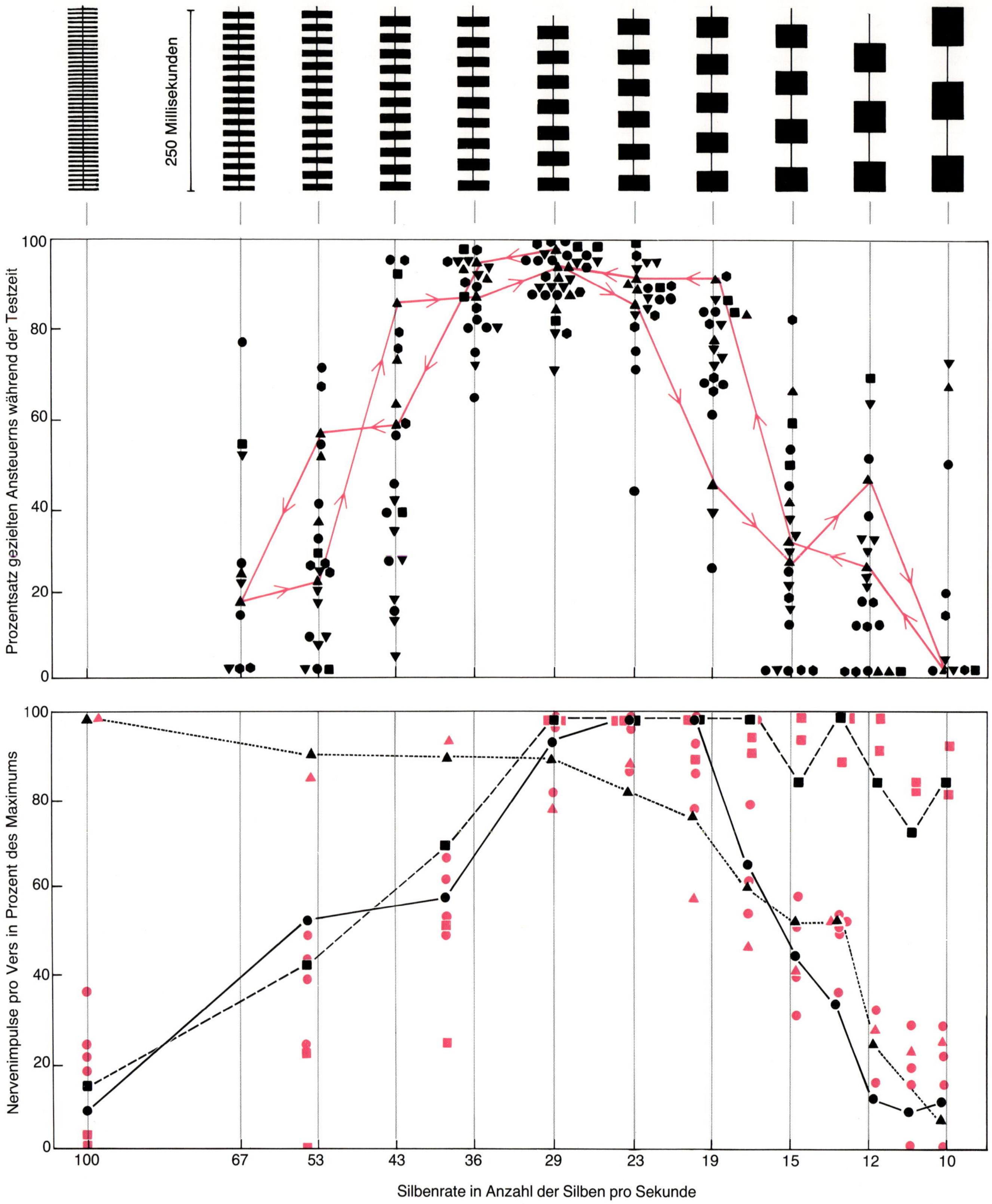

Bild 6: Zwischen dem Verhalten des Grillenweibchens und der Aktivität gewisser Hirnneuronen zeigen sich enge Parallelen, wenn künstliche Gesänge mit unterschiedlichen Silbenraten geboten werden. Ganz links und nur im neurophysiologischen Experiment wurden Verse mit extrem hohen Silbenraten verwendet. In der weiteren Serie wurden energiegleiche Verse mit unterschiedlichen Silbenraten geboten, gewisse andere Merkmale aber möglichst konstant gehalten (oben). Jedes Tier bekommt auf dem Laufkompensator die gesamte Serie vorwärts und rückwärts vorgespielt. Die Vorliebe des Weibchens für Raten von nahezu 30 Silben pro Sekunden geht aus seinem Laufverhalten hervor (Mitte). Es zeigt eine Bandpaß-Charakteristik, also hohe Empfindlichkeit für eine bestimmte Bandbreite von Silbenraten. Insgesamt wurden verschiedene Grillenweibchen (geometrische Symbole) mehr als einmal durchgetestet. Die Ergebnisse aus einem dieser Durchgänge sind mit farbigen Pfeilen verbunden, um die Hin- und Rückfolge des Tests zu zeigen. Im Gehirn ließ sich bei gewissen Neuronen eine ganz ähnliche Bandpaß-Charakteristik nachweisen. Diese Zellen (Kreissymbole) sprechen am stärksten auf Silbenraten nahe 30 pro Sekunde an (erkennbar an der Zahl ihrer Impulse). Andere Zellen besitzen eine Tiefpaß-Charakteristik (Quadrate), reagieren also am besten bei Raten von 30 oder weniger Silben pro Sekunde. Wieder andere zeigen eine Hochpaß-Charakteristik (Dreiekke), sprechen also bevorzugt auf 30 und mehr Silben pro Sekunde an. Die Werte für jeweils eines dieser Neuronen sind durch Linien verbunden. Die Verhaltensergebnisse wurden an der Feldgrille *Gryllus campestris* gewonnen. Die Neuronen untersuchte Klaus Schildberger an *G. bimaculatus*, einer nahe verwandten Art mit ähnlichem Verhalten.

der sie in das Prothorakalganglion vom Bein kommend eintreten. Sie kreuzen also nicht die Mittellinie.

Die Fasern verzweigen sich in ihrer Ganglienhälfte und enden in einem eng umgrenzten Gebiet, das als Hörneuropil bezeichnet wird (Bild 7). Dort treten ihre Endverzweigungen in synaptischen Kontakt mit sogenannten Interneuronen: Nervenzellen, die akustische Information verarbeiten und innerhalb des Zentralnervensystems weiterleiten.

In den letzten Jahren wurde eine ganze Reihe solcher Zellen identifiziert. „Identifiziert" ist hier ein Terminus technicus mit zweifacher Bedeutung. Als erstes hat man zeigen können, daß sich die Zellen durch ein besonderes Aktivitätsmuster und eine typische anatomische Struktur auszeichnen, und als zweites, daß sie bei den einzelnen Individuen einer Art immer wieder aufzufinden sind.

Die erste Instanz

Zu den auffälligsten identifizierten Hörneuronen im Prothorakalganglion gehören die beiden Omega-1-Neuronen, und mit ihnen beschäftigen sich auch viele Wissenschaftler (Bild 7). Ihren Namen, abgekürzt ON-1, verdanken sie ihrer eigenartigen Form , ähnlich dem griechischen Buchstaben Omega (Ω). Sie treten als Paar symmetrisch zur Körperlängsachse auf, so daß das eine Neuron das Spiegelbild des anderen ist.

Jedes Omega-1-Neuron bleibt mit den feinen Verzweigungen seiner Fortsätze, über die es Signale aufnimmt oder weiterleitet, innerhalb der beiden Hörneuropile im Prothorakalganglion. Erregende Signale erhält ein solches Neuron ausschließlich von jenem Ohr, das auf der gleichen Seite wie sein Zellkörper liegt. Befindet sich also sein Zellkörper in der rechten Hälfte des Prothorakalganglions, so laufen nur Erregungen vom Hörorgan des rechten Vorderbeins ein, und zwar an den rechten Verzweigungen, dem sogenannten Dendritenbaum. Zwar spricht das Omega-1-Neuron auf ein breiteres Band von Frequenzen an, doch „kopiert" es besonders gut den Lockgesang des Grillenmännchens – das heißt, es erzeugt eine Folge von Impulsen, die weitgehend dem Zeitmuster des Lockgesangs entspricht. In weniger als einer Millisekunde werden dann diese Impulsfolgen entlang der omega-förmigen Bahn des Axons zur anderen Seite des Ganglions weitergeleitet. Dort laufen sie an den axonalen Endverzweigungen ein.

Seltsamerweise hemmt eine Reizung des gegenseitigen Ohres die ON-1-Zelle; und diese Hemmung geht von ihrer spiegelbildlichen, von eben diesem Ohr erregten Partnerin aus. Dies wurde bereits aufgrund von Wohlers Arbeit vermutet und kürzlich nun von Allen I. Selverston von der Universität von Kalifornien in San Diego in Zusammenarbeit mit Kleindienst in Seewiesen bewiesen. Im Prinzip also könnte die wechselseitige Hemmung dazu dienen, die Unterschiede zwischen den Hörsignalen aus beiden Ohren zu verschärfen, um die Empfindlichkeit für die Schallrichtung oberhalb und unterhalb des Verstärkerbereiches der akustischen Trachee zu erhöhen.

Andere neuronale Interaktionen im Prothorakalganglion sind weniger leicht zu analysieren. So liegt dicht an den Omega-1-Neuronen ein zweites Paar omega-förmiger Zellen, die Omega-2-Neuronen. Sie haben jedoch ein anderes sensorisches Aktivierungsmuster. Außerdem gibt es zahlreiche kleinere Neuronen, die alle noch nicht genau untersucht sind.

Die aus dem Prothorakalganglion austretenden Bahnen scheinen, wenn nicht alles täuscht, einheitlich zu verlaufen. Insbesondere besitzen einige große identifizierte Prothorakalneuronen Axone, die hirnwärts ziehen. Unter diesen sogenannten aufsteigenden Neuronen (abgekürzt AN) gibt es zwei auffällige Typen: die AN-1- und die AN-2-Zellen, die ebenfalls als spiegelbildliche Paare auftreten.

Die AN-1-Zellen sprechen hochempfindlich auf die Fünf-Kilohertz-Trägerfrequenz des Lockgesanges an, die AN-2-Zellen hingegen vorwiegend auf höhere Frequenzen. Anders als die Omega-Neuronen erhalten die AN-1-Zellen ihre sensorischen Signale jeweils vom Hörorgan der Gegenseite. Eingänge von der gleichen Seite scheint es allen Anzeichen nach nicht zu geben. Das dendritische – informationssammelnde – Feld einer jeden AN-1-Zelle überschneidet sich mit den axonalen – informationsübermittelnden – Endverzweigungen eines Omega-1-Neurons.

Interessanterweise sind unter all diesen identifizierten Prothorakalneuronen (Omega- wie aufsteigenden Neuronen) keine auszumachen, die speziell den männlichen Lockgesang „erkennen" könnten, das heißt, nur auf diesen reagieren. Wir finden lediglich Neuronen, die das Zirpen und andere Laute kopieren und das Zeitmuster zum Gehirn weiterleiten (oder in einigen wenigen Fällen in entgegengesetzter Richtung zu hinteren Thorakalganglien). Präsentieren wir unsere computer-erzeugten Gesänge mit systematisch variierter Silbenrate, zeigen diese Zellen keinerlei Präferenz für die kritischen Raten um 30 Silben pro Sekunde, jene also, die das Weibchen zum Anmarsch auf das singende Männchen veranlassen.

Gesangserkennende Neuronen im Gehirn

Die Suche nach den gesangserkennenden Neuronen verlagert sich daher auf das Gehirn. Dort bilden nämlich die Endverzweigungen des von jeder AN-1-Zelle entsandten Axons nach vorn zu ein dichtes Feld, wie erstmals von Boyan und Williams gezeigt wurde. Es überschneidet sich mit den Aufzweigungen einer Population von Hirn-Interneuronen, die auf jeder Seite des Gehirns anzutreffen sind und von Schildberger identifiziert wurden (Bild 8 links). Diese Interneuronen werden als BNC-1-Zellen bezeichnet (nach englisch *brain neuron, class 1*). Ihre Endverzweigungen überlappen sich wiederum mit den Feldern einer anderen beidseitig vorhandenen Population von Hirn-Interneuronen, den BNC-2-Zellen, die Schildberger ebenfalls identifiziert hat.

Diese Überlappungen lassen vermuten, daß die Hörsignale auf ihrem Weg zum Gehirn zunächst über das Axon einer AN-1-Zelle an die BNC-1-Zellen weitergeleitet und von dort auf die BNC-2-Zellen übertragen werden. In diesem Zusammenhang bemerkenswert ist, daß die BNC-1-Zellen das Zeitmuster des eingespielten Lockgesangs in ihrer elektrischen Aktivität weniger genau kopieren als die Neuronen des Prothorakalganglions. Noch ungenauer kopieren es die BNC-2-Zellen: Die von ihnen erzeugten Nervenimpulse sind hier nur selten erkennbar mit den Silben der Verse synchronisiert (Bild 8).

Da die BNC-Zellen klein sind, läßt sich ihre elektrische Aktivität nur schwer über längere Zeit ableiten. Ferner muß nach der Ableitung über dieselbe Mikroelektrode noch ein Farbstoff injiziert werden, damit sich die Zelle anatomisch identifizieren läßt.

Trotz all dieser Schwierigkeiten beginnen sich die Mosaiksteine aus Schildbergers Arbeit zu einem Bild zusammenzufügen. Unter den BNC-2-Zellen gibt es nämlich eine Gruppe, in der jedes einzelne Neuron vorzugsweise auf Gesänge mit Raten nahe 30 Silben pro Sekunde anspricht – erkennbar an der Anzahl der Impulse, die es erzeugt, wenn die Silbenrate variiert. Das ist eben jener Bereich, der das Weibchen am verläßlichsten zum Anmarsch veranlaßt. Damit zeigt das Neuron in seiner elektrischen Aktivität eine ganz ähnliche Bandpaß-Charakteristik wie das Verhalten der Grillenweibchen

(Bild 6). Unseres Wissens ist Schildberger damit der erste, dem es bei einem Insekt gelungen ist, zweifelsfrei ein neuronales Korrelat für einen Zeitmuster-Erkennungsprozeß nachzuweisen.

Die BNC-2-Population enthält auch Neuronen, die fast nur auf Signale mit einer Silbenrate ansprechen, die in oder oberhalb des Erkennungsbandes liegt (Bild 6 unten). Es handelt sich also um sogenannte Hochpaß-Zellen. Die BNC-1-Population dagegen schließt Neuronen ein, die nur bei Silbenraten in oder unterhalb des Erkennungsbandes antworten; sie sind also Tiefpaß-Zellen. All diese Zellen sind eine auffällige Parallele zu den Bandpaß-, Hochpaß- und Tiefpaß-Neuronen, die Gary Rose und R. R. Capranica kürzlich an der Cornell-Universität unter den Hörneuronen des Froschgehirns entdeckt haben.

Was die Bandpaß-Zellen der BNC-2-Population im Gehirn des Grillenweibchens machen, wenn sie den Lockgesang des Männchens erkannt haben, ist noch unbekannt. Die weitgehende Übereinstimmung ihres Empfindlichkeitsbereiches mit den verhaltensrelevanten Silbenraten ermutigen uns zu der Hypothese, daß die BNC-2-Zellen ziemlich direkt die zentralen Mechanismen aktivieren, die für die Reaktion des Weibchens verantwortlich sind. Möglicherweise veranlaßt die Aktivität der BNC-2-Zellen irgendwie die Freisetzung eines Neuropeptides, einer kurzen Kette von Aminosäuren, die als Botenstoff fungiert und wiederum das Folgeverhalten auslöst. Es könnte aber auch sein, daß die BNC-2-Zellen auf absteigende Neuronen verschaltet sind, die Schildberger ebenfalls identifiziert hat. Wie auch immer, Schildbergers Entdekkungen regen zu Spekulationen über die Einzelheiten des Erkennungsprozesses selbst an.

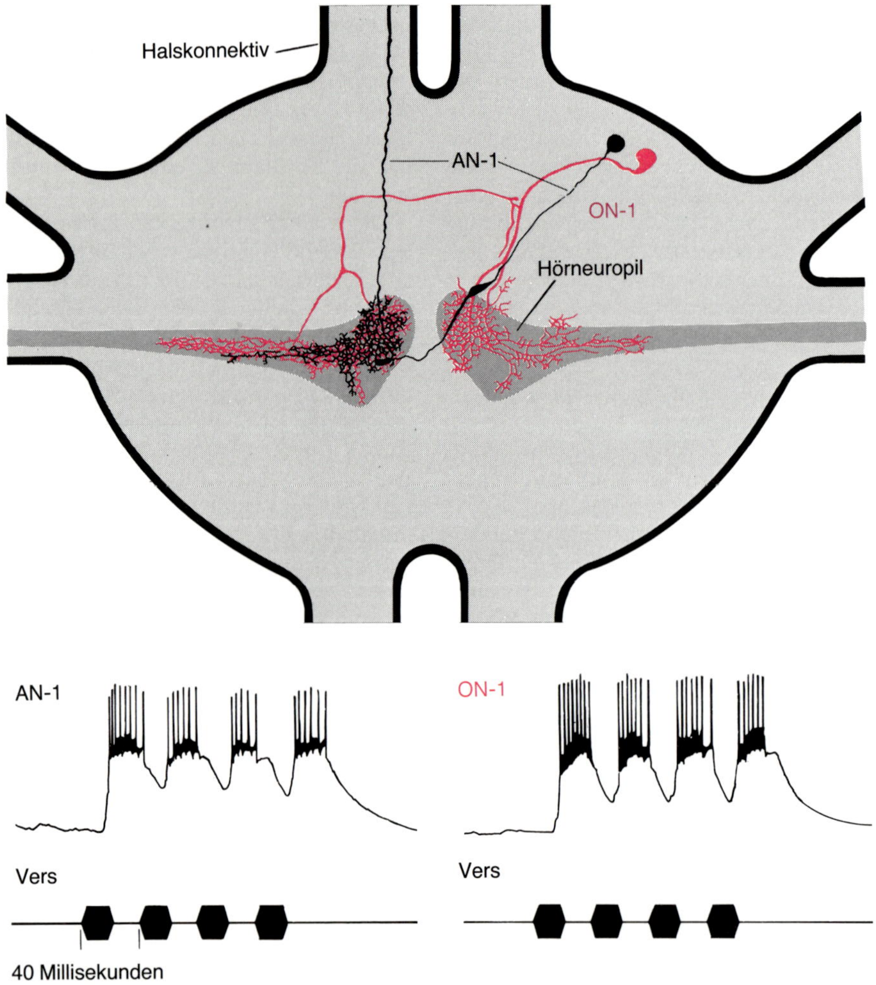

Bild 7: Hörneuronen im Prothorakalganglion bilden die erste zentrale Verarbeitungsstation für Signale aus den Hörsinneszellen, die über die Fasern des Hörnerven (dunkelgraue Fläche) einlaufen. In einer bestimmten Region des Prothorakalganglions, dem Hörneuropil, werden sie vom Dendritenfeld einer Nervenzelle, des Omega-1-Neurons (abgekürzt ON-1), aufgenommen (farbig). Die Signale laufen dann weiter über die hier omega-förmige Nervenfaser, also über das Axon, das zum Hörneuropil auf der anderen Seite des Prothorakalganglions zieht. Von dort aus zieht ein Axon eines aufsteigenden Neurons (abgekürzt AN-1) hirnwärts (schwarz). Anhand von Ableitungen der elektrischen Aktivität dieser beiden Zelltypen läßt sich erkennen, daß die ON-1- wie auch die AN-1-Zelle das Zeitmuster des Lockgesangs kopieren (unten). Die spiegelbildlichen, hier nicht dargestellten Partner dieser Neuronen, deren Zellkörper auf der linken Seite des Ganglions liegen, verhalten sich ebenso. Die Zellen wurden mit Hilfe des fluoreszierenden Farbstoffes Lucifer-Gelb sichtbar gemacht, der über die intrazellulär plazierte Ableitelektrode nach beendetem Versuch injiziert wurde.

Der Erkennungsprozeß – drei Hypothesen

Nach welcher Methode könnte ein Neuron arbeiten, das auf das Erkennen einfacher zeitlicher Muster spezialisiert ist? Darüber gibt es drei völlig verschiedene Vorstellungen. Sie beruhen auf Vorschlägen, die zahlreiche Wissenschaftler während der letzten beiden Jahrzehnte unterbreitet haben – unter ihnen Masakazu Konishi vom California Institute of Technology, der sich mit dem Vogelgesang befaßt, Richard D. Alexander von der Universität von Michigan sowie Ronald R. Hoy und seine Mitarbeiter an der Cornell-Universität, die sich mit dem Grillengesang beschäftigen, und schließlich H. Carl Gerhardt und Doherty von der Universität von Missouri, die Froschrufe untersuchen.

Kerngedanke ist, daß auch das Weibchen einen eingebauten Mustergenerator besitzt. Dieser soll eine Matrize erzeugen, die mit den Mustern der sensorischen, im Zentralnervensystem einlaufenden Signale verglichen wird.

Im Falle der Grille ist dies eine besonders bestechende Idee. Von Insekten ist nämlich bekannt, daß sie über neuronale „Mustergeneratoren" für rhythmische Verhaltensweisen wie Laufen, Fliegen und Singen verfügen. Das Grillenweibchen selbst zirpt zwar nicht, doch ist es wie das Männchen mit dem entsprechenden neuronalen und motorischen Apparat ausgestattet. Als Indiz dafür kann gelten, daß es manchmal, wenn es aggressiv wird, seine Flügel in der gleichen Weise wie ein singendes Männchen bewegt.

Andererseits ist unklar, wie eine Matrize mit einem einlaufenden männlichen Gesangsmuster verglichen werden könnte, da beide zeitlich aufeinander abgestimmt sein müßten. Offensichtlich muß hier ein Auslösemechanismus für das Aktivieren der Matrize gefordert werden. Dieser Gedanke bleibt jedoch vorerst reine Spekulation.

Die zweite Vorstellung wurde vor mehr als zwei Jahrzehnten von Richard Reiss von dem Unternehmen General Precision in Glendale (Kalifornien) aufgebracht. Sie geht von dualen Nervenbahnen aus, über die Signale zur Erkennungsinstanz laufen. Nehmen wir einmal an, eine Bahn verzögere die Signarie, die dem Verhalten der Grille zugrunde liegt.

Bei diesem Problem sehen wir uns jedoch einer verwirrenden Vielfalt von Möglichkeiten gegenüber. Denn mit den bekannten Wechselbeziehungen unter den Neuronen läßt sich in der Tat bereits mehr erklären, als notwendig ist. Anders ausgedrückt, Erregung und Hemmung, beides fundamentale Eigenschaften von Neuronen, liefern bereits eine breite Ausgangsbasis für ausgefeilte Rechenoperationen.

Die wohlbekannte Erscheinung der zeitlichen Summation beispielsweise, bei der nur rasch nacheinander einlaufende Signale ein Neuron erregen, ist im Prinzip ein Hochpaß-Filter. Doch wollen wir hier nur soviel sagen, daß die genauen Wechselbeziehungen der identifizierten Neuronen im Grillengehirn auf ihre rechnerischen Möglichkeiten durchleuchtet werden. Wir alle wissen aber, wie schwierig es ist, ein undokumentiertes Computerprogramm zu verstehen, das irgendjemand anderes geschrieben hat.

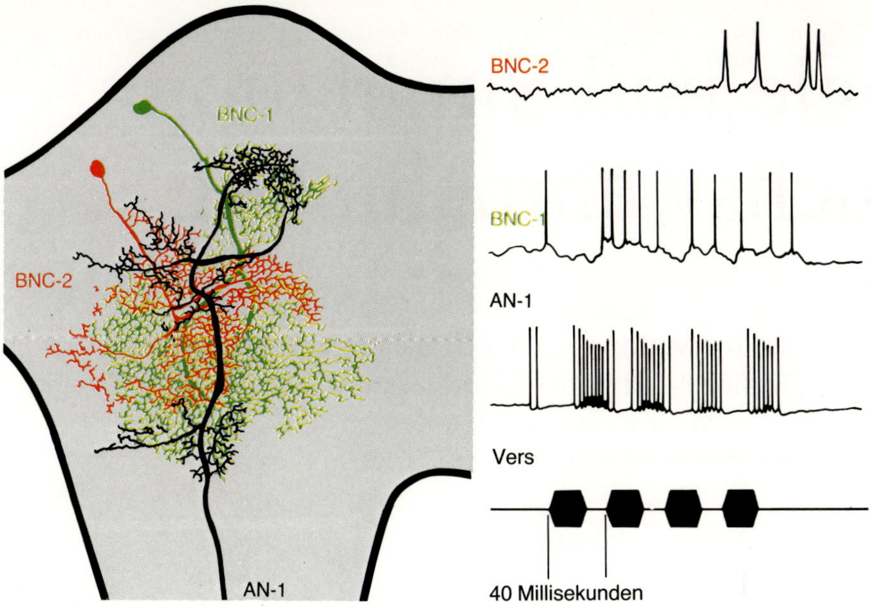

Bild 8: Im Gehirn der Grille gibt es Neuronen, die offenbar das Zeitmuster des Lockgesanges erkennen helfen und es nicht nur einfach kopieren. Hier ist die linke Hirnhälfte von oben mit zwei ihrer Neuronen dargestellt. Das Axon der AN-1-Zelle (schwarz) kommt aus dem Prothorakalganglion. Seine vordersten axonalen Endverzweigungen überlappen mit dem vordersten Dendritenfeld einer Population von Nervenzellen, die als Hirnneuronen der Klasse 1 (abgekürzt BNC-1 für englisch *brain neuron class 1*) bezeichnet werden. Ein solches Neuron ist grün eingezeichnet. Das axonale Verzweigungsfeld der BNC-1-Zelle wiederum überlappt mit dem Dendritenfeld eines anderen Neuronentyps, einer BNC-2-Zelle (rot). Wie Ableitungen zeigen (rechts), kopieren nur die AN-1-Neuronen das Zeitmuster des Lockgesanges. Einige BNC-1-Zellen antworten dagegen auf das Spektrum künstlicher Gesänge (Bild 6, obere Zeile) mit Tiefpaß-Reaktionen, einige BNC-2-Zellen zeigen Bandpaß- und andere Hochpaß-Antworten. Das läßt vermuten, daß diese Neuronen an der Erkennung des männlichen Lockgesanges beteiligt sind und die Reaktionen des Weibchens dann auslösen.

le um eine vorgegebene Zeitspanne stärker als die andere Bahn. Nehmen wir ferner an, an der Erkennungsinstanz müßten die über beide Bahnen einlaufenden Signale zeitlich zusammenfallen, dann wird die Erkennungsinstanz nur auf solche Zeitmuster ansprechen, bei der die Verzögerung einer Periodizität im Muster entspricht, beide Signale also zur Deckung kommen. Auch dies muß reine Spekulation bleiben. Eine Schwierigkeit liegt darin, daß die Erkennungsinstanz dann auch solche Silbenraten akzeptiert, die ein Vielfaches von der eigentlich zu erkennenden Silbenrate sind. Weder unsere Verhaltensversuche noch Schildbergers Ableitungen an den Grillen-Hörneuronen geben jedoch irgendwelche Anhaltspunkte für eine solche fälschliche Erkennung.

Die dritte Vorstellung beruht nun auf den jüngsten Entdeckungen, daß sowohl im Grillen- als auch im Froschgehirn Bandpaß-Neuronen in enger Nachbarschaft zu Hochpaß- und Tiefpaß-Neuronen vorhanden sind. Vielleicht können uns diese Zellen, wie Schildberger meint, etwas über den Erkennungsmechanismus verraten.

Möglicherweise verbirgt sich dahinter ein allgemeines Prinzip, daß nämlich das Nervensystem einfache, sich wiederholende Lautmuster in einem zweistufigen Prozeß erkennt. Im ersten Schritt entscheiden zwei Gruppen von Neuronen, ob die Wiederholungsrate über einem vorgegebenen Wert (Hochpaß-Zellen) und unter einem anderen vorgegebenen Wert liegt (Tiefpaß-Zellen). Im zweiten Schritt werden die Bandpaß-Neuronen als Erkennungsinstanz nur aktiviert, wenn sowohl die Hochpaß- als auch die Tiefpaß-Zellen aktiv sind. In der mathematischen Logik oder in Computer-Schaltkreisen entspricht diese Folge einer logischen UND-Operation.

Die anatomischen Befunde laufen dieser Vorstellung nicht zuwider. Die Tiefpaß-BNC-1-Zellen scheinen Signale an die Bandpaß-BNC-2-Zellen zu übermitteln. Zudem antworten die BNC-1-Zellen häufig früher auf Schallreize als die BNC-2-Zellen. Es wäre interessant zu wissen, ob vergleichbare Verhältnisse auch beim Froschgehirn vorliegen.

Wie können die Interaktionen zwischen Neuronen aber Hochpaß- und Tiefpaß-Antworten auf die sensorischen Signale hervorbringen? Dies zu klären ist ein weiterer Schritt auf der Suche nach der neuronalen Maschinerie, die dem Verhalten der Grille zugrunde liegt.

Überraschende Effekte

In der Zwischenzeit halten die Untersuchungen des Grillenverhaltens auf dem Laufkompensator weitere Überraschungen bereit. In Zusammenarbeit mit Weber haben wir beispielsweise nun festgestellt, daß künstliche Lockgesänge mit unnatürlichen Trägerfrequenzen das Weibchen dazu verleiten, ein imaginäres Männchen unter einem bestimmten Winkel zur eigentlichen Schallquelle anzulaufen. Ferner hat sich herausgestellt, daß Weibchen, die aufgrund von Entwicklungsstörungen nur mit einem intakten „Ohr" aufwachsen, Schallquellen häufig recht genau ausmachen können. Solche Befunde sind von grundlegender Bedeutung für unsere Vorstellungen über das Richtungshören von Grillen.

Vor zwei Jahrhunderten wurde der deutsche Kupferstecher und Miniaturmaler August Johann Roesel von Rosenhof derart vom Verhalten der Insekten gefesselt, daß er das Portraitieren von Menschen aufgab, um sich ausschließlich der Darstellung und dem Studium von Insekten zu widmen. Von ihm stammt folgende lebhafte Schilderung über die Grillen: „Des Männchens Lust hält es am Singen, fast pausenlos, bis es schließlich bekommt, was es begehrt; denn falls ein Weibchen in der Nähe ist, geht es dem Gesang nach." Die Leistungen des Weibchens sind auch heute noch eine Herausforderung an jene, die Akustik, Verhalten und Neurophysiologie untersuchen.

Physiologie und Simulation der Geruchswahrnehmung

Fast augenblicklich setzt das Gehirn Meldungen der Sinnesorgane in bewußte Wahrnehmungen um. Wesentlich für dieses blitzartige Erkennen scheint die chaotische, kollektive Aktivität von Millionen Nervenzellen zu sein.

Von Walter J. Freeman

Im selben Augenblick, in dem wir das Gesicht eines berühmten Schauspielers erblicken, den Duft einer Lieblingsspeise einziehen oder die Stimme eines Freundes hören, haben wir das Wahrgenommene auch schon erkannt. Nur Sekundenbruchteile nach der Reizung von Augen, Nase, Ohren, Zunge oder Haut wissen wir, daß es sich um vertraute Dinge handelt, und sind uns klar darüber, ob sie angenehm oder gefährlich sind. Wie kann dieses Erkennen – Psychologen sprechen von präattentiver Wahrnehmung – derart schnell und genau erfolgen, obwohl die Reize höchst komplex sind und meist in ganz unterschiedlichen Situationen auftreten?

Über die ersten Schritte bei der Analyse von Sinnesreizen durch die Großhirnrinde (die äußere Hirnschicht) wissen wir recht genau Bescheid. Wie aber erbringt das Gehirn Leistungen, die über das reine Feststellen einzelner Merkmale von Objekten hinausgehen? Wie verbindet es Sinneswahrnehmungen mit früheren oder erwarteten Eindrücken, so daß es den Reiz selbst und seine Bedeutung für die jeweilige Person erkennt? An Antworten auf solche viel schwierigeren Fragen tastet sich die Forschung erst jetzt langsam heran.

Meine Arbeitsgruppe an der Universität von Kalifornien in Berkeley untersucht seit mehr als 30 Jahren Wahrnehmungsprozesse. Unsere Ergebnisse deuten immer klarer darauf hin, daß allein mit der Kenntnis der Eigenschaften einzelner Nervenzellen (Neuronen) Wahrnehmung nicht zu erklären ist: Dieser sozusagen mikroskopische Forschungsansatz, der gegenwärtig in den Neurowissenschaften dominiert, greift entschieden zu kurz. Nach unseren Erkenntnissen beruht Wahrnehmung vielmehr auf der gleichzeitigen, gemeinschaftlichen Aktivität von Millionen Nervenzellen, die über weite Bereiche der Großhirnrinde verteilt sind. Eine solche übergreifende Aktivität läßt sich aber nur erkennen, messen und erklären, wenn man dem mikroskopischen Ansatz eine makroskopische Betrachtungsweise an die Seite stellt.

Das ist ähnlich wie in der Musik. Um ein Chorstück in seiner ganzen Schönheit zu erfassen, reicht es eben nicht, sich die einzelnen Stimmen nacheinander vorsingen zu lassen. Vielmehr muß man alle Sänger gemeinsam hören, wie sie aufeinander reagieren und ihre Stimmen und Einsätze einander anpassen.

Ein zweites wichtiges Ergebnis unserer Untersuchungen ist die Entdeckung, daß im Gehirn statt genau geregelter Abläufe vielmehr eine Art von Chaos herrscht: ein komplexes Verhalten, das als zufällig erscheint, tatsächlich jedoch eine versteckte Ordnung aufweist. Besonders deutlich manifestiert sich dieses Chaos in der Neigung riesiger Gruppen von Neuronen, auf die kleinste eintreffende Erregung hin plötzlich als Ganzes von einem komplexen Aktivitätsmuster in ein anderes überzuwechseln.

Dieses synchrone Umschlagen ist ein Hauptkennzeichen vieler chaotischer Systeme. Statt die Funktion des Gehirns zu stören, macht es im Gegenteil – so unsere Überzeugung – Wahrnehmung überhaupt erst möglich. Außerdem vermuten wir, daß Chaos die Basis dafür bildet, daß das Gehirn flexibel auf die Außenwelt zu reagieren und neuartige Aktivitätsmuster zu erzeugen vermag – zum Beispiel solche, die wir als überraschende Einfälle erleben.

Ungeachtet der gleichsam globalen Natur der Wahrnehmung muß man, um sie im einzelnen zu verstehen, freilich auch die Eigenschaften der daran beteiligten Neuronen kennen. Bei den entsprechenden Untersuchungen haben sich meine Mitarbeiter und ich auf das Riechsystem konzentriert.

Das Riechsystem

Seit Jahren kennt man die grundlegenden Vorgänge beim Riechen. Wenn die Moleküle eines Duftstoffs in die Nasengänge eines Tiers oder Menschen geraten, werden sie von einigen wenigen aus der immensen Zahl vorhandener Rezeptorneuronen festgehalten, die jeweils bevorzugt auf bestimmte Duftstoffarten ansprechen. Die erregten Zellen erzeugen Aktionspotentiale, das heißt elektrische Impulse, die über bestimmte Zellfortsätze – die Nervenfasern oder Axone – zu einem Rindengebiet wandern, das als Riechkolben (*Bulbus olfactorius*) bezeichnet wird (Bild 2 rechts). Die Zahl der aktivierten Rezeptoren zeigt an, wie stark der Reiz ist, und ihre Lage innerhalb der Nase enthält Informationen über die Art des Geruchs.

Jeder Geruch wird somit als ein räumliches Muster aktivierter Rezeptoren dargestellt und als solches an den Riechkolben übermittelt. Dieser analysiert die einlaufenden Muster und bildet daraus eine eigene Botschaft, die er über Axone an einen anderen Teil des Riechsystems schickt, den man Riechrinde oder olfaktorischen Cortex nennt. Von dort werden neue Signale an viele weitere Hirnteile übermittelt – nicht zuletzt an die sogenannte entorhinale Rinde, wo sie mit den Signalen anderer Sinnessysteme verknüpft werden. Daraus ergibt sich eine umfassende, sinntragende Wahrnehmung, eine sogenannte Gestalt, die für jedes Wesen einzigartig ist.

Erkennt beispielsweise ein Hund den Geruch eines Fuchses, so erinnert er sich möglicherweise sogleich an einen wohlschmeckenden Happen und erwartet, etwas in den Magen zu bekommen. Bei einem Kaninchen weckt der gleiche Geruch dagegen vermutlich Erinnerungen an Gejagtwerden und Todesangst.

So wertvoll diese Erkenntnisse für das Verständnis des Riechvorgangs sind, lassen sie doch zwei wichtige Punkte ungeklärt. Der eine betrifft das klassische Problem der Trennung von Vorder- und Hintergrund: Wie unterscheidet das Gehirn einen Geruch von all den anderen, die daneben auftreten? Der zweite offene Punkt ist, wie das Gehirn über gleichwertige Rezeptoren zu generalisieren vermag; denn durch die Verwirbelung des Luftstroms in der Nase werden während jedes Atemzugs nur wenige – und immer andere – der auf den Duftstoff ansprechenden Rezeptoren erregt. Wie erkennt das Gehirn, daß die Signale von unterschiedlichen Rezeptorgruppen alle auf den gleichen Reiz zurückgehen? Aus unseren Untersuchungen beginnen sich erste Antworten auf beide Fragen abzuzeichnen.

Viele unserer Erkenntnisse stammen aus der intensiven Erforschung des

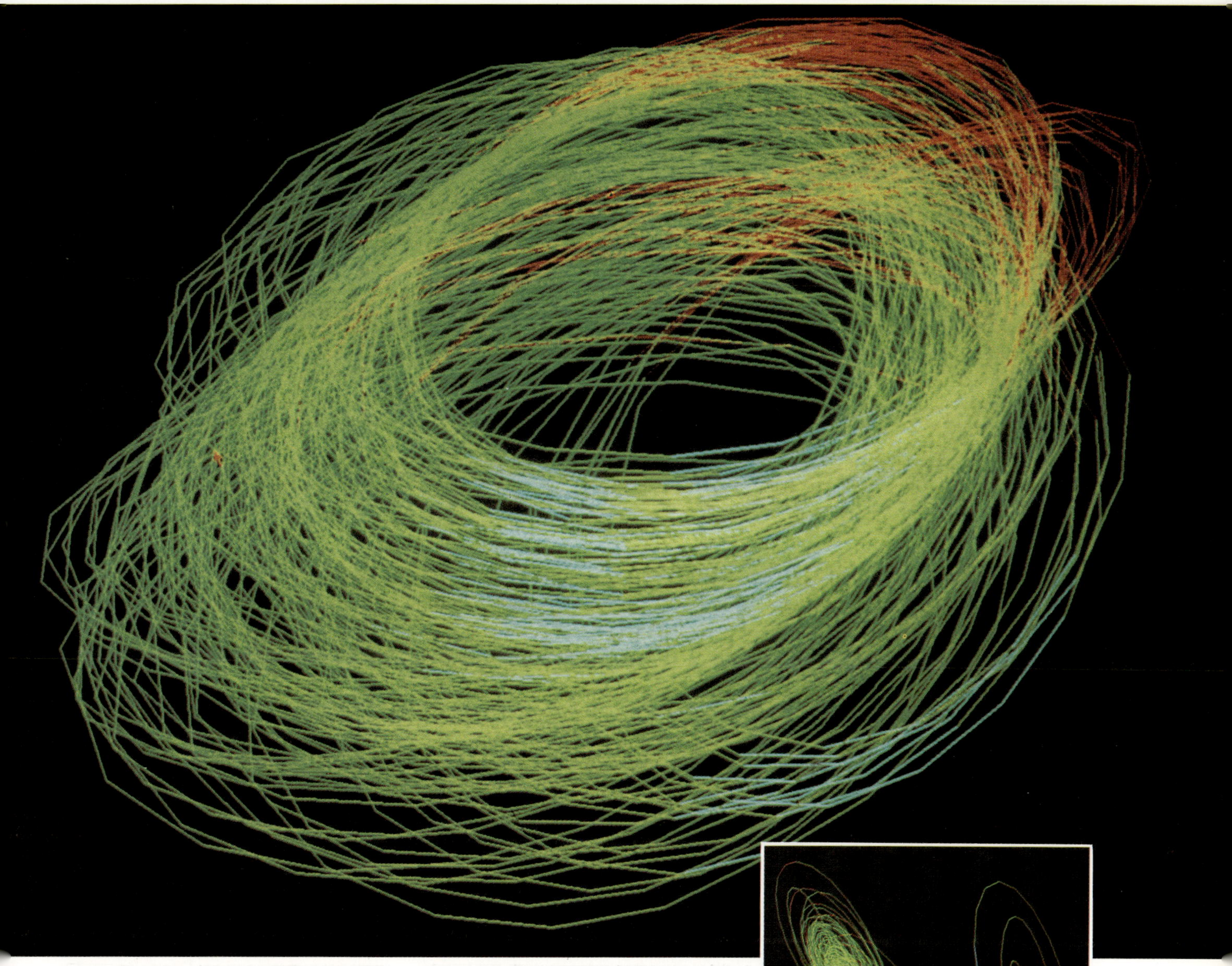

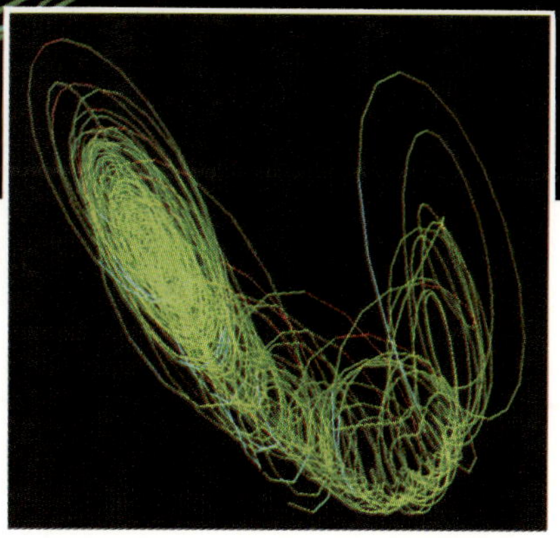

Bild 1: Diese sogenannten Phasenporträts sind von künstlichen Elektroencephalogrammen (EEGs) abgeleitet, die ein Computer für ein simuliertes Riechsystem erzeugt hat; sie zeigen dessen Gesamtaktivität im Ruhezustand (rechts) und bei der Wahrnehmung eines bekannten Eingangssignals, quasi eines Geruchs (oben). Ihre Ähnlichkeit mit unregelmäßigen, aber nicht völlig strukturlosen Drahtknäueln verrät, daß die Hirnaktivität in beiden Fällen chaotisch ist: komplex, aber gelenkt von unterschwelligen Ordnungsprinzipien. Das obere Bild gleicht einer ziemlich sauber aufgewickelten Drahtspule mit deutlich voneinander abgegrenzten Farbbereichen. Beides legt den Schluß nahe, daß EEGs des Riechsystems beim Riechen einen höheren Ordnungsgrad aufweisen – eher periodisch erscheinen – als im Ruhezustand.

Riechkolbens. So zeigte sich, daß an einer Geruchswahrnehmung stets alle Bulbus-Neuronen mitwirken. Die wesentliche Information über den Reiz steckt also in einem bestimmten Aktivitätsmuster des gesamten Riechkolbens und nicht in der Reaktion einiger merkmal-erkennender Neuronen, die etwa ein fuchsähnlicher Geruch erregt hat.

Zudem ist diese kollektive neurale Aktivität zwar für den Duftstoff charakteristisch, aber nicht allein durch ihn bestimmt. Ein grundlegendes Funktionsprinzip des Riechkolbens ist das der Selbstorganisation; dabei hängt die Gesamtaktivität in hohem Maße von internen Faktoren ab, zu denen auch die Empfindlichkeit der Neuronen gegenüber einlaufender Erregung zählt.

Informationen aus dem Elektroencephalogramm

Die Experimente, mit denen wir die kollektive Aktivität entdeckten, waren von der Idee her einfach. Wir konditionierten Versuchstiere, vorwiegend Kaninchen, verschiedene Duftstoffe mit der Bereitstellung von Wasser oder Nahrung zu assoziieren, so daß sie beim Erkennen dieser Duftstoffe mit Leck- oder Kaubewegungen reagierten. Bevor wir mit dem Training begannen, befestigten wir ein Bündel aus 60 bis 64 Elektroden rasterartig über einem großen Bereich der Oberfläche des Riechkolbens.

Mit dieser Apparatur konnten wir beim Training und unmittelbar danach, während die Tiere manchmal bekannte, manchmal unbekannte Gerüche wahrnahmen, simultan 60 bis 64 Elektroencephalogramm-Spuren aufzeichnen. Jede solche EEG-Spur zeigt den mittleren Erregungszustand einer Gruppe von Neuronen, die in einer fest umrissenen Cortexschicht direkt unter der Elektrode liegen. Ein verstärkter Ausschlag der wellenförmigen Kurve läßt eine Zunahme, ein verringerter eine durch Hemmung verursachte Abnahme der Erregung erkennen.

Die EEGs dürfen nicht mit Ableitungen von Impulsen verwechselt werden, die einzelne Axone oder Gruppen von Neuronen abfeuern. Allerdings besteht durchaus ein Zusammenhang zwischen einer EEG-Spur und dem Impulsmuster benachbarter Neuronen innerhalb eines bestimmten, winzigen Abschnitts der Hirnrinde. Im Grunde enthalten EEG-Kurven die gleichen Informationen, auf deren Grundlage auch Neuronen gewissermaßen entscheiden, ob sie feuern sollen oder nicht; nur zeichnet das EEG diese Informationen für Tausende von Zellen gleichzeitig auf.

Um genauer zu verstehen, was das EEG zeigt, sind einige Detailkenntnisse über die Arbeitsweise von Neuronen hilfreich (Bild 3). Diese empfangen unablässig elektrische Impulse von den Axonendigungen von Tausenden anderer Nervenzellen. Als Empfangsstellen dienen dabei spezielle Verbindungen, die Synapsen; sie liegen üblicherweise an Zellfortsätzen, die man als Dendriten bezeichnet. Bestimmte einlaufende Impulse erzeugen in den Dendriten der Empfängerzelle erregend wirkende, andere hemmend wirkende Stöße elektrischer Ströme. Diese dendritischen Ströme, die sich in ihrer Polarität unterscheiden, werden durch den Zellkörper (er enthält den Zellkern) zum Axonhügel am Anfang des Axons geleitet (Bild 4).

Dort durchqueren sie die Zellmembran und gelangen in den Extrazellulärraum. Dabei bestimmt die Zelle die Gesamtstärke der Ströme (ausgedrückt als Änderungen der Spannung zwischen beiden Seiten der Membran), indem sie im wesentlichen einfach erregende Ströme addiert und hemmende abzieht. Liegt das Ergebnis dieser Berechnung über einem Schwellenwert, feuert die Zelle ihrerseits, das heißt schickt einen Impuls durch ihr Axon.

Durch einen ähnlichen Mechanismus werden auch beim EEG die an den Dendriten erzeugten Ströme aufsummiert – allerdings erst nach Verlassen der Zelle. Da der Extrazellulärraum von den Strömen Tausender von Zellen durchquert wird, repräsentieren die EEG-Aufzeichnungen den Erregungszustand ganzer Neuronengruppen und nicht einzelner Nervenzellen.

Aufschlußreiche Salven

Die bei unseren Experimenten gemachten parallelen EEG-Aufzeichnungen der rasterartig angeordneten Elektroden scheinen auf den ersten Blick ebenso unvorhersagbar und unregelmäßig wie freihändige Kritzeleien. Bei genauerem Hinsehen allerdings erkennt man durchaus wichtige wahrnehmungsbezogene Details.

EEG-Kurven schwingen grundsätzlich mehr oder weniger stark auf und ab, wobei der Verlauf dieser Schwingungen gewöhnlich sehr unregelmäßig ist. Atmet ein Tier jedoch einen vertrauten Geruch ein, so läßt sich etwas beobachten, was wir als Salve (englisch *burst*) bezeichnen: Die Wellen sämtlicher Elektroden eines Rasterbündels werden für wenige Schwingungsperioden plötzlich regelmäßiger und geordneter – bis das Tier wieder ausatmet (Bild 5). Dabei haben sie oft eine höhere Amplitude (Ausschlaghöhe) und Frequenz (Ausschlaghäufigkeit) als normalerweise.

Die Salvenwellen werden häufig 40-Hertz-Wellen genannt, was unterstellt, sie würden ungefähr 40mal in der Sekunde auf- und abschwingen. Da die Frequenz tatsächlich jedoch von 20 bis 90 Hertz reichen kann, spreche ich in Anlehnung an den Ausdruck für hochfrequente Röntgenstrahlen lieber von Gamma-Wellen.

Daß die Salven eine gemeinschaftliche, sich wechselseitig beeinflussende Aktivität widerspiegeln, geht aus den EEG-Kurven nicht unmittelbar hervor. Die entsprechenden Abschnitte in den einzelnen, simultan aufgezeichneten EEG-Spuren eines Elektrodenbündels unterscheiden sich nämlich durchaus in ihrer Form. Aber wenn wir unsere Computer bei der Suche nach einem Muster genügend strapazieren, gelingt es uns dennoch, aus dem undurchschaubaren Signalhintergrund Anzeichen für ein kollektives Verhalten herauszufiltern.

So läßt sich in jedem Satz simultan aufgenommener Salven eine gemeinsame Wellenform – die sogenannte Trägerwelle – erkennen: ein übereinstimmendes Muster von Ausschlägen, das in allen Kurven enthalten ist (Bild 7 links). Die durchschnittliche Amplitude dieser Ausschläge variiert zwar innerhalb der Gruppe – teils ist die Trägerwelle flach, teils steil –, aber alle diese Wellen verlaufen in ihren Auf- und Abwärtsbewegungen fast synchron. Diese synchronen Bereiche umfassen ein bis drei Viertel der Gesamtaktivität der Neuronen im Bereich einer Elektrode.

Überraschenderweise ist es allerdings nicht die besondere Form der Trägerwelle, die verrät, um welchen Geruch es sich handelt; denn mit jedem Atemzug des Tiers verändert sich die Welle, auch wenn der Duftstoff derselbe bleibt. Zuverlässig zu erkennen ist ein Duftstoff vielmehr am räumlichen Muster der Trägerwellenamplituden über den gesamten Riechkolben hinweg.

Ein solches Muster erhält man, wenn man die durchschnittliche Amplitude der an den einzelnen Elektroden registrierten Trägerwellen in eine entsprechende rasterförmige Darstellung der Kolbenoberfläche einträgt und Orte gleicher Amplitude miteinander verbindet. Das resultierende Konturdiagramm erinnert an eine Landkarte mit Höhenlinien, welche die Umrisse von Bergen und Tälern widerspiegeln (Bild 7 rechts). Solange wir das Training unserer Tiere nicht ändern, erscheint beim Riechen

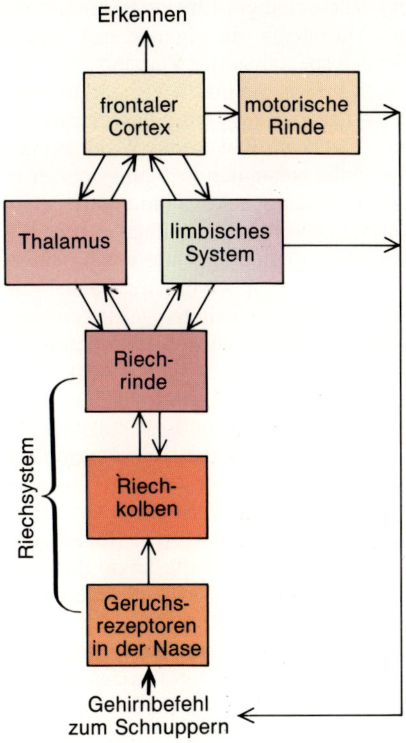

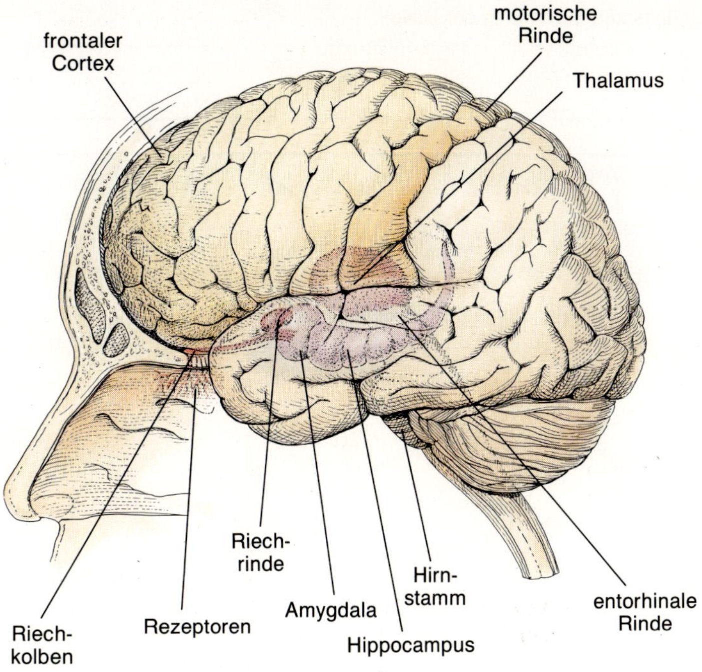

Bild 2: Die Wechselwirkung zwischen Riechrinde und Riechkolben sowie Rückkopplungen mit anderen Hirnteilen (links) sind entscheidend für die Aufrechterhaltung und Steuerung des Chaos im Riechsystem. Ausgangspunkt der Geruchswahrnehmung ist die selbstorganisierte Aktivität des limbischen Systems (eines Hirnteils, zu dem unter anderem der entorhinale Cortex, der Hippocampus und die Amygdala gehören und das am Erzeugen von Gefühlen und an Gedächtnisprozessen beteiligt ist). Als Ergebnis dieser Aktivität geht ein Befehl an das motorische System, einen Schnuppervorgang einzuleiten. Zugleich verbreitet das limbische System eine sogenannte Reafferenz-Meldung, die alle Sinnessysteme in Bereitschaft versetzt, auf neue Informationen zu reagieren. Die infolge des Schnupperns eingehenden Signale der Geruchsrezeptoren gelangen über Riechkolben und Riechcortex (rechts), wo sie jeweils verarbeitet und gebündelt werden, zurück ins limbische System und werden dort – unter anderem durch Kombination mit den Botschaften anderer Sinnesorgane – mit Bedeutung versehen, ehe man sie schließlich im frontalen Cortex bewußt wahrnimmt.

eines bestimmten Duftstoffs trotz unterschiedlicher Form der Trägerwelle stets das gleiche Amplitudenprofil.

Solche Konturdiagramme machen deutlich, daß für den Wahrnehmungsprozeß der Riechkolben als Ganzes aktiv sein muß. Zugleich zeigen sie, daß auch der Bulbus schon daran beteiligt ist, Geruchsreizen eine Bedeutung beizumessen. Das zu einem bestimmten Duftstoff gehörende Amplitudenprofil verändert sich nämlich drastisch, wenn man die damit gekoppelte Verstärkung (Belohnung) ändert oder das Tier auf einen anderen Duftstoff konditioniert (Bild 8). Würde der Riechkolben keine Erfahrungen in die Wahrnehmung einfließen lassen, müßte das Profil auch bei Umkonditionierung des Reizes immer gleich bleiben.

Die Bedeutung von Nervenzellverbänden

Unseres Erachtens bilden Verbände (englisch *assemblies*) von Nervenzellen ein entscheidendes Speicherreservoir für gelernte Assoziationen und spielen zugleich eine wesentliche Rolle beim Auslösen der kollektiven Salven im Riechkolben. Ein solcher hypothetischer Verband setzt sich aus Neuronen zusammen, die während eines Lernvorgangs gleichzeitig erregt worden sind.

Vor mehr als 20 Jahren machten meine Mitarbeiter und ich bereits eine für diese Theorie wichtige Entdeckung. Wenn wir Versuchstiere darauf konditionierten, verschiedene Geruchsreize mit Ereignissen wie der Fütterung zu verbinden, wurden bestimmte synaptische Kontakte zwischen Neuronen innerhalb von Riechkolben und Riechrinde selektiv verstärkt. Dieser Effekt kommt dadurch zustande, daß die Empfindlichkeit der postsynaptischen Zellen gegenüber einlaufenden, erregenden Signalen ansteigt, so daß diese einen stärkeren dendritischen Strom hervorrufen, als wenn das Tier nicht trainiert worden wäre. Man spricht auch von Signalausbeute (englisch *gain*) und definiert sie allgemein als das Verhältnis von Output zu Input, in diesem Falle also als Quotient aus der Summe der dendritischen Ströme und der Anzahl der eintreffenden Signale.

Wohlgemerkt, nicht die Synapsen zwischen den Axonen sensorischer Neuronen (wie Geruchsrezeptoren) und den davon erregten, nachgeschalteten Nervenzellen (zum Beispiel im Riechkolben) werden verstärkt; vielmehr erhöht sich die Signalausbeute an solchen Synapsen, die als Querverschaltungen zwischen Neuronen dienen, die während des Lernvorgangs gleichzeitig (durch sensorische Neuronen) erregt werden. Die Nervenzellen im Riechkolben sind nämlich ebenso wie die in der Riechrinde vielfach untereinander verknüpft.

Eine solche Verstärkung hat bereits 1949 der Physiologe Donald Hebb von der McGill-Universität in Montreal in einer heute weithin anerkannten Regel postuliert. Danach werden Synapsen zwischen gemeinsam feuernden Neuronen verstärkt, sofern ihre synchrone Aktivität mit einer Belohnung einhergeht. (Heute weiß man, daß an der synaptischen Verstärkung modulierende Substanzen beteiligt sind, die der Hirnstamm während der Konditionierung in Riechkolben und Hirnrinde freisetzt.)

Aus unseren Forschungsergebnissen schließen wir, daß sich beim Belohnen

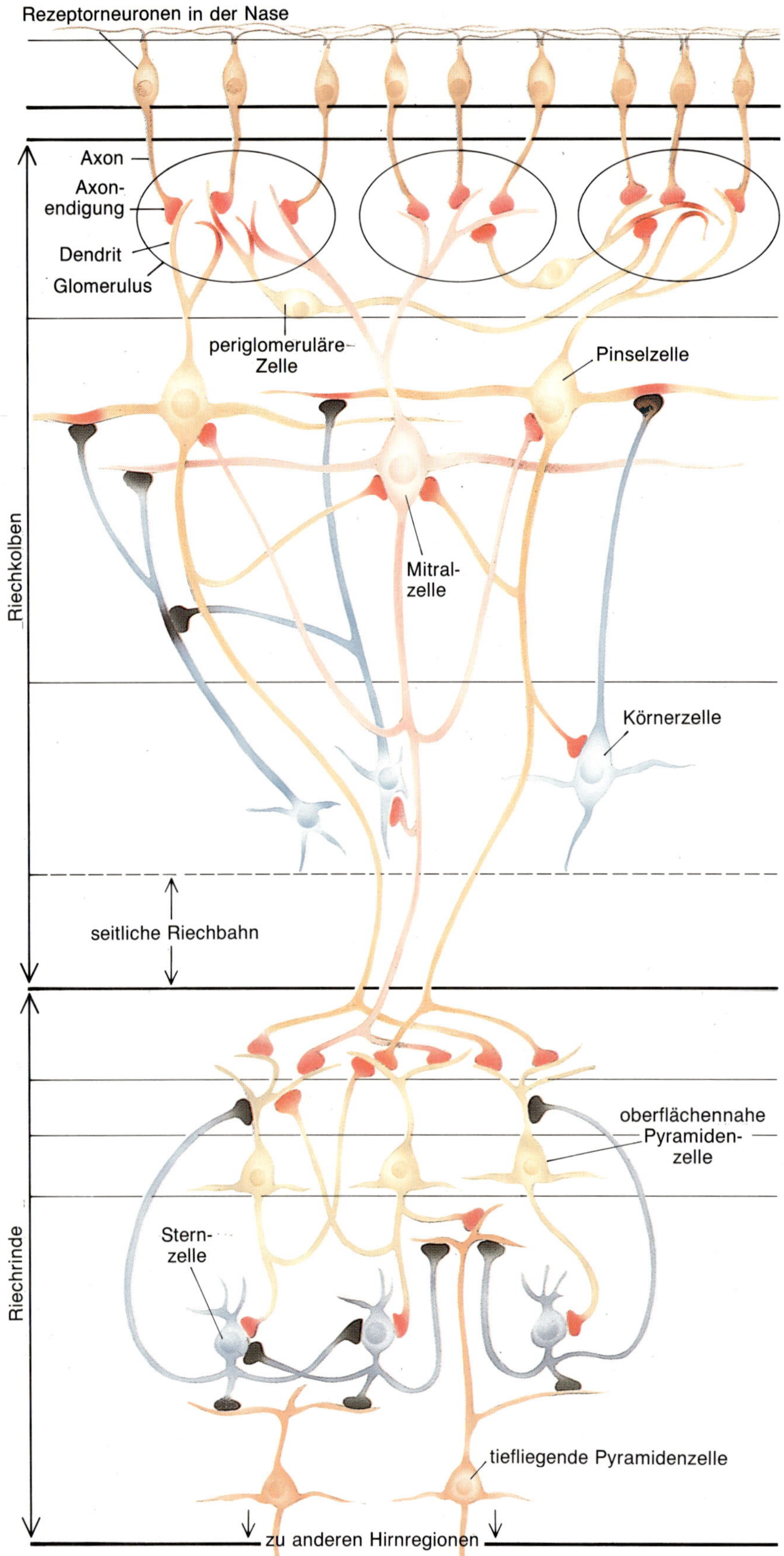

Bild 3: Die Neuronen des Riechsystems tauschen über ein dichtes, weitverzweigtes Netz von Synapsen Informationen aus. Synapsen sind Verbindungsstellen, an denen Signale von einem Neuron zum nächsten fließen. Normalerweise werden die Signale von den Axonen (langgestreckten Nervenfasern) auf die Dendriten (baumartig verzweigte Fortsätze) übertragen. Die umfassende Verschaltung ergibt eine meist kollektive Aktivität. Erregende Neuronen sind orange, hemmende blau gezeichnet.

des Versuchstiers für das Erkennen eines Duftstoffs ein eigener, auf diesen Geruch spezialisierter Verband aus Neuronen bildet, die durch Verstärkung ihrer synaptischen Verbindungen miteinander verknüpft werden. Wann immer fortan die bekannten Erregungsmuster in einem beliebigen Ausschnitt dieses Zellverbands auftreten, können erregende Signale, die sich über die entsprechenden Hebb-Synapsen bevorzugt ausbreiten, in kürzester Zeit den gesamten Verband aktivieren. Dieser prägt dann seinerseits auch dem übrigen Riechkolben ein bestimmtes Aktivitätsmuster auf.

Wenn unsere Hypothese zutrifft, läßt sich mit den Nervenzell-Assemblies sowohl die Trennung zwischen Vorder- und Hintergrund als auch die Generalisierung über gleichwertige Rezeptoren erklären. Die Trennung käme dadurch zustande, daß der Verband jene Reize bevorzugt fortleitet, welche die in den Hebb-Synapsen gespeicherte Erfahrung als besonders wichtig für das Individuum ausweist. Und die Generalisierung würde erreicht, weil der Verband gewährleistet, daß sich die von einer beliebigen Untergruppe von Rezeptoren gelieferten Informationen – unabhängig von deren Lage in der Nase – sofort über den gesamten Verband und von dort über den restlichen Riechkolben ausbreiten.

Sensibilisierung

So wichtig Nervenzellverbände für die Wahrnehmung sind – für sich allein vermögen sie allerdings noch keine kollektiven Aktivitätsausbrüche im gesamten Riechkolben zu erzeugen. Damit ein Duftstoff eine Salve auslösen kann, muß außer den zum Verband gehörenden Neuronen auch der Riechkolben als Ganzes sensibilisiert sein. Erst dann ist eine starke Reaktion auf einlaufende Signale möglich.

Dementsprechend vervollständigen zwei wichtige Vorgänge die durch die Bildung von Hebb-Synapsen erreichte Sensibilisierung. Beide verändern nicht die Stärke von Synapsen, sondern die Empfindlichkeit des Axonhügels. In diesem Falle entspricht die Signalausbeute also dem Verhältnis aus der Anzahl der abgegebenen Impulse (dem Output) zur Summe der dendritischen Ströme (dem Input). Die Gesamtausbeute ist dann gleich dem Produkt aus der Signalausbeute an den Synapsen und der an den Axonhügeln.

Der erste sensibilisierende Einfluß besteht in Wachsamkeit. Unsere Experimente zeigen, daß die Signalausbeute in

Nervenzellkollektiven des Riechkolbens und Riechhirns zunimmt, wenn die Tiere hungrig, durstig, bedroht oder sexuell ansprechbar sind (Bild 9). Für diese Form der Sensibilisierung scheinen Axone aus anderen Hirnregionen verantwortlich zu sein, die modulierende Substanzen (andere als die an der Bildung von Hebb-Synapsen beteiligten) freisetzen.

Der zweite sensibilisierende Stimulus sind die einlaufenden Signale selbst. Reizt man Neuronen der Hirnrinde, dann erhöht sich ihr Output: Jedes weitere Signal, das eintrifft, während die Rindenneuronen noch erregt sind, steigert ihre Signalabgabe merklich. Offensichtlich erhöht also vermehrter Signaleingang die Signalausbeute. Dies gilt für einen weiten Bereich von Input-Raten. Einerseits werden zwar überhaupt keine Impulse abgefeuert, wenn der Nettoinput stark hemmend ist, und andererseits können die Neuronen bei sehr hohem Erregungsniveau, wenn sie bereits mit maximaler Geschwindigkeit feuern, die Signalabgabe auch bei zunehmendem Input nicht noch weiter steigern. Im gesamten Bereich dazwischen aber folgt der Impulsausgang einer logistischen oder sigmoiden (S-förmig ansteigenden) Kurve, deren Steigung die Signalausbeute angibt (Bild 9).

Daß die Signalausbeute mit der Erregung zunimmt, ist eine besonders bemerkenswerte Entdeckung. Bei den meisten Nervennetzmodellen schreibt man ihr nämlich in ruhenden Neuronen den höchsten Wert zu; durch Hemmung wie auch Erregung soll sie sich verringern, damit die Stabilität des Netzes stets gewahrt bleibt. Diese Annahme wird jedoch der Situation im Gehirn nicht gerecht, weil sie den Nervennetzen keine Möglichkeit zu solch explosiven Veränderungen gibt, wie sie im Riechkolben und im Riechhirn in Form der Salven tatsächlich auftreten.

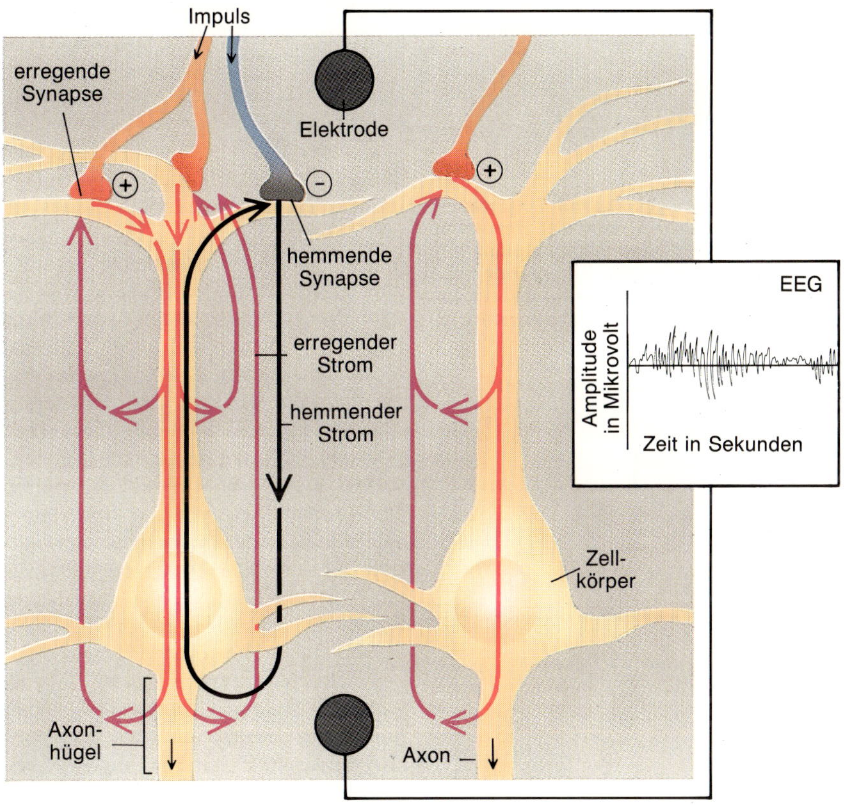

Bild 4: In EEG-Wellen spiegelt sich die durchschnittliche Erregung einer Gruppe von Nervenzellen wider. Erregende Signale, die an einer Synapse eintreffen, erzeugen elektrische Ströme. Diese fließen innerhalb der Empfängerzelle die Dendriten entlang in Richtung Axon, durch die Zellmembran in den Extrazellulärraum und wieder zurück zur Synapse (rote Pfeile). Die von hemmenden Eingangssignalen erzeugten Ströme kreisen dagegen in umgekehrter Richtung (schwarze Pfeile). Am Axonhügel summiert die Zelle die Stromstärken (genauer: die dazu proportionalen Änderungen der an der Membran anliegenden Spannung) und schickt, wenn die Summe einen bestimmten Grenzwert übersteigt, Impulse das Axon entlang. Mit Elektroden auf der Hirnoberfläche lassen sich die dendritischen Ströme messen, nachdem sie die Zellen verlassen haben. Das auf diese Weise erhaltene EEG zeigt die Erregung ganzer Zellgruppen und nicht von Einzelzellen an, weil durch den Extrazellulärraum, von dem das EEG abgeleitet wird, die Ströme Tausender von Zellen fließen.

Insgesamt ergibt sich also folgendes Bild. Nur wenige Rezeptoren leiten die Geruchsinformation eines Duftstoffs an eine noch kleinere Zahl von Zellen im Riechkolben weiter. Handelt es sich um einen bekannten Geruch und ist der Bulbus durch Wachsamkeit entsprechend sensibilisiert, dann breitet sich die Information erst einmal blitzartig über den Nervenzellverband aus. Dabei greift die in einem Teil des Verbands eingehende Erregung über die Hebb-Synapsen zunächst auf andere Assembly-Bereiche über. Anschließend wirken diese Bereiche auf den ersten erregend zurück, erhöhen dabei dessen Signalausbeute, und so weiter. Dadurch schaukelt sich die eintreffende Erregung sehr schnell zu einem Schwall kollektiver Aktivität im gesamten Verband auf. Die Aktivität des Verbands erfaßt dann ihrerseits den gesamten Bulbus und zündet auf diese Weise eine vollentwickelte Salve.

Daraufhin schickt der Riechkolben über parallel verlaufende Axone gleichzeitig eine Art gemeinsames Votum an den Riechcortex. Der muß es dann von der Hintergrundaktivität aus weiteren Reizen unterscheiden, die fortwährend aus dem Riechkolben und anderen Hirngebieten eintreffen. Wiederum erhebt sich die Frage, wie das gelingt.

Zweifellos hängt die Antwort mit der Verschaltung von Bulbus und Riechcortex zusammen (Bild 3). Die vom Riechkolben erzeugten Impulsketten laufen gleichzeitig über parallele Axone zum Cortex. Jedes Axon ist vielfach verzweigt und überträgt Impulse auf viele tausend Neuronen überall im Riechcortex. Umgekehrt laufen bei jedem Zielneuron Signale von Tausenden von Bulbus-Zellen ein.

Die synchronisierte Trägeraktivität der einlaufenden Impulsketten hebt sich vermutlich deshalb aus dem allgemeinen Signalgewirr heraus, weil sich die koordinierten Signale aufsummieren. Nicht-synchronisierte Eingangssignale, die nicht mit der Trägerfrequenz und -phase übereinstimmen, löschen sich dagegen weitgehend aus. Jedes Empfänger-Neuron in der Riechrinde nimmt daher einen Teil des gemeinschaftlichen Riechkolben-Signals auf und leitet die summierten Signale simultan an Tausende von Nachbarzellen weiter.

Als Reaktion darauf erzeugen die hochgradig vernetzten Rindenneuronen, die ihrerseits Nervenzellverbände gebildet haben, spontan eigene kollektive Salven. Die zugehörige Trägerwelle und das räumliche Amplitudenmuster unterscheiden sich allerdings von denen im Bulbus. Im Grunde wirkt der Umweg über den Riechkolben wie ein Filter:

Dabei wird das Rauschen in den Rezeptorsignalen eliminiert und nur die ihnen gemeinsame, quasi geläuterte Botschaft an die Riechrinde weitergegeben. Genau wie eine Salve im Bulbus sicherstellt, daß eine einheitliche Botschaft den Cortex erreicht, sorgt vermutlich auch die übergreifende Salve im Cortex dafür, daß sich dessen Botschaft vom allgemeinen Signalgewirr abhebt, wenn sie in andere Hirnabschnitte gelangt.

Das Chaos kommt ins Spiel

Viele Gründe sprechen für unsere bereits zu Anfang geäußerte Auffassung, daß die Hirnaktivität während der Salven und in den Zwischenphasen nicht rein zufällig, sondern chaotisch sei. Bevor ich jedoch auf diese Gründe näher eingehe, möchte ich genauer erklären, was Chaos bedeutet.

Auf die Gefahr hin, zu stark zu vereinfachen, verdeutliche ich den Unterschied zwischen Chaos (im Sinne der modernen mathematisch-physikalischen Chaostheorie) und völliger Unordnung gerne anhand des Vergleichs zwischen dem Gewimmel von Berufspendlern auf einem Bahnhof zur Stoßzeit und einer großen, in Panik geratenen Menschenmenge. Einem Beobachter, der noch nie einen Bahnhof betreten hat, mag es erscheinen, als würden die Menschen dort ziellos durcheinanderrennen. Das Verhalten der Pendler ist jedoch insofern nur chaotisch statt völlig regellos, als sich unter der verwirrend komplexen Oberfläche durchaus eine Ordnung verbirgt: Jeder Pendler hastet zu einem ganz bestimmten Zug. Dabei ließen sich die Pendlerströme ganz einfach umlenken, indem man über Lautsprecher einen Gleiswechsel ankündigte. Demgegenüber ist die Massenpanik ein Zufallsprozeß: Die verstörte Menschenmenge würde einer Ansage keinesfalls gemeinschaftlich Folge leisten.

Einer der überzeugendsten frühen Hinweise auf Chaos im Gehirn war die Beobachtung, daß eine aperiodische (sich nicht wiederholende) Trägerwelle überall im Riechkolben auftritt. Diese erscheint nicht nur in den Ausbruchsphasen, sondern auch dazwischen – und zwar selbst dann, wenn es außerhalb des Bulbus überhaupt keinen Reiz gibt, der die kollektive Aktivität auslösen könnte. Aktivität ohne externen Auslöser aber muß vom Riechkolben selbst hervorgebracht sein. Diese Fähigkeit zur Selbstorganisation ist ein typisches Merkmal chaotischer Systeme (siehe „Chaos" von James B. Crutchfield, J. Doyne Farmer, Norman H. Packard und Robert S. Shaw, Spektrum der Wissenschaft, Februar 1987).

Ein weiterer Hinweis auf Chaos war, daß die Nervenzellkollektive in Bulbus und Cortex augenscheinlich fähig sind, fast übergangslos und in ihrer Gesamtheit in den Ausbruchszustand hinein- und wieder zurückzuspringen. Plötzliche Zustandsänderungen bezeichnen Physiker als Phasenübergänge, während Mathematiker von Bifurkationen sprechen, wenn sich ein Attraktor eines rückgekoppelten Systems (den man physikalisch mit einem Zustand gleichsetzen kann) unvermittelt aufspaltet. Doch unabhängig von der Benennung sind dramatische Änderungen als Reaktion auf schwache Auslöser jedenfalls ein weiteres Kennzeichen chaotischer Systeme.

Noch mehr Hinweise auf Chaos ergaben sich, als wir für das Riechsystem als Ganzes – Bulbus, Cortex und die Verbindungen dazwischen sowie die zugehörigen sensorischen Eingänge – Computermodelle entwickelten. Wir simulierten seine Gesamtaktivität, indem wir Systeme gewöhnlicher Differentialgleichungen lösten, welche die Dynamik abgegrenzter Gruppen von Neuronen beschreiben.

Zuerst wiesen wir nach, daß das Modell das Verhalten des Riechsystems tatsächlich exakt reproduzierte. So löste schon ein einziger Impuls als Eingabe (was der Reizung weniger Geruchsrezeptoren entspricht) in dem künstlichen

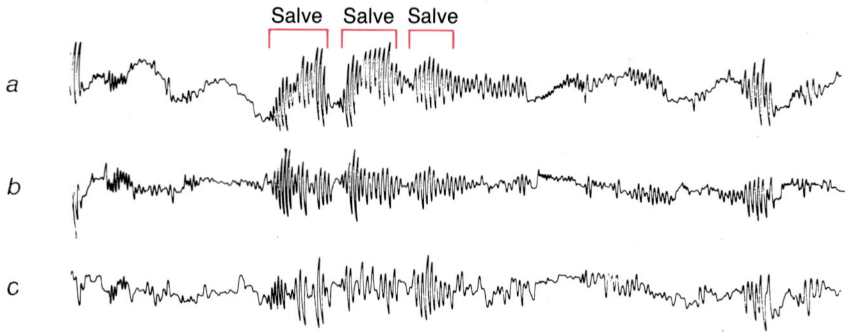

Bild 5: EEG-Kurven, die gleichzeitig aus dem Riechkolben (*a*), sowie dem vorderen (*b*) und hinteren Abschnitt (*c*) des Riechcortex der Katze abgeleitet wurden, zeigen flache, niederfrequente Wellen, die von „Salven" (*bursts*) unterbrochen sind: starken, raschen Ausschlägen mit Amplituden von ungefähr 100 Mikrovolt. Derartige Salven entstehen beim Wahrnehmen von Gerüchen in der kurzen Zeitspanne zwischen Ein- und Ausatmen und dauern jeweils lediglich wenige Sekundenbruchteile.

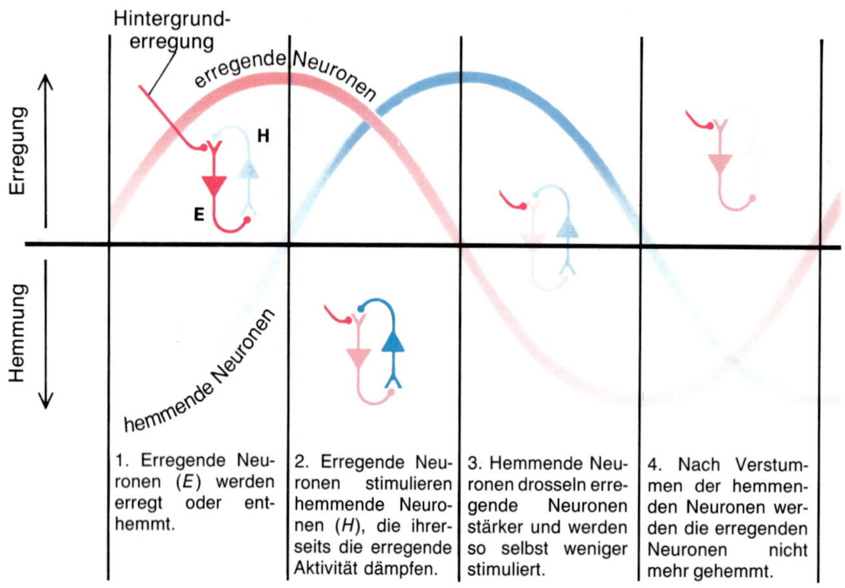

Bild 6: Die Amplituden von EEG-Kurven schwanken auf Grund von negativen Rückkopplungen zwischen Gruppen erregender und hemmender Nervenzellen. Im sensibilisierten Zustand können die Neuronen einer solchen Gruppe auch auf schwache Signale mit einer Salve starker Oszillationen reagieren. In den Diagrammen sind die vier Stadien eines Rückkopplungszyklus dargestellt. Dunkle Färbung bedeutet starke, helle dagegen schwache Aktivität der entsprechenden Gruppe von Nervenzellen.

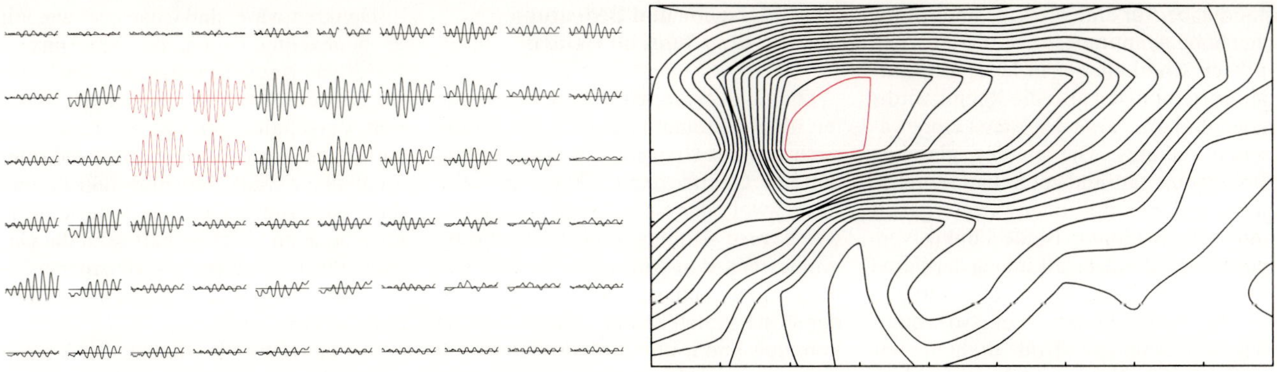

Bild 7: In den 60 Spuren eines EEGs von der Riechrinde eines Kaninchens, das gerade einen Geruch erkennt, zeigt sich eine nahezu identische gemeinsame Trägerwelle, die nur in der Gesamt-Amplitude variiert (links). Ihre Form gibt über die Art des Geruchs allerdings keinen Aufschluß. Diese Information steckt im räumlichen Amplitudenmuster der gesamten Cortexoberfläche, das sich – ähnlich wie die Topographie einer Gegend auf Landkarten – als Höhenprofil darstellen läßt (rechts). Die farbige Linie verbindet die höchsten Amplitudenwerte miteinander; die darauffolgenden Linien entsprechen zunehmend kleineren Amplituden.

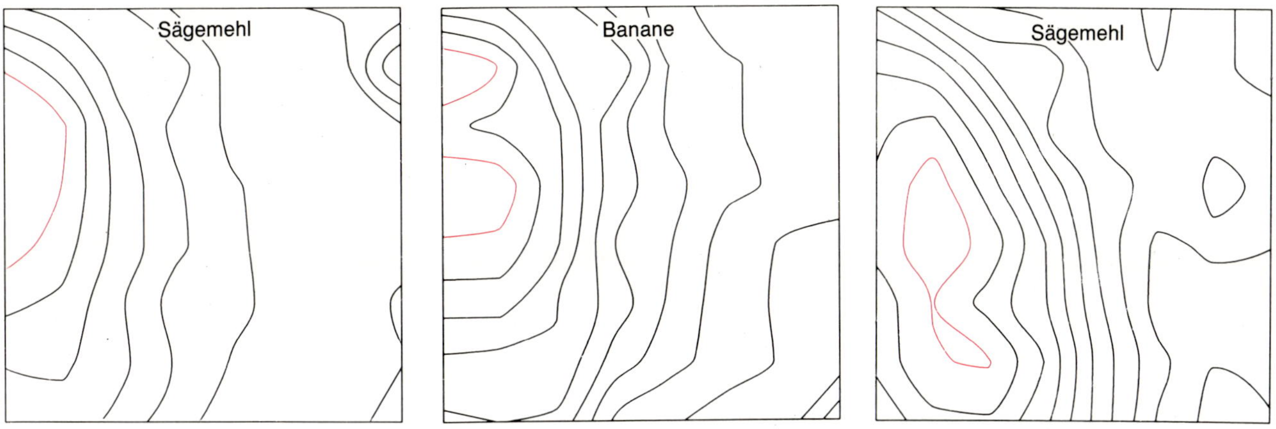

Bild 8: Das Höhenliniendiagramm eines Geruchs ändert sich beim Konditionieren auf einen neuen Geruch. Nachdem einem Kaninchen beigebracht worden war, den Geruch von Sägemehl mit der Erwartung zu verbinden, daß es einen Leckerbissen erhält, zeigte das Riechkolben-EEG beim Wahrnehmen dieses Geruchs reproduzierbar ein bestimmtes Amplitudenprofil (links). Anschließend wurde das Tier auf den Geruch von Bananen konditioniert, wobei es dafür ein eigenes Amplitudenprofil im Riechkolben entwickelte (Mitte). Brachte man es nun erneut in Kontakt mit Sägemehl, ergab sich für diesen altvertrauten Geruch ein verändertes Konturdiagramm (rechts). Dies zeigt, daß die Aktivität des Bulbus weniger durch den Reiz selbst als durch die Erfahrung des Tiers in Verbindung damit bestimmt ist; sonst nämlich hätte der Geruch von Sägemehl immer das gleiche Höhenliniendiagramm ergeben.

System eine dauerhafte Aktivität aus – ganz ähnlich derjenigen, die sich in aperiodischen Bulbus-EEGs widerspiegelt. Nachdem wir das Modell gleichsam darauf trainiert hatten, bestimmte Eingangssignale – äquivalent zu Duftstoffen im natürlichen System – zu erkennen, reagierte der simulierte Riechkolben auf diese Signale mit Aktivitätsausbrüchen. Dabei ergaben die Amplituden der den Salven gemeinsamen Trägerwellen reproduzierbare, charakteristische Konturdiagramme.

Doch die Übereinstimmung mit der Wirklichkeit ging noch weiter. Wenn wir das Wahrnehmungsrepertoire unseres simulierten Wesens um ein neues Duftstoff-Äquivalent ergänzten, erzeugte es ein globales Amplitudenprofil, an dem dieses eindeutig erkennbar war. Gleichzeitig änderten sich – ganz wie man es von einem echten assoziativen Gedächtnis erwarten würde – die Konturdiagramme der anderen, bereits bekannten Duftstoffe. Das gleiche hatten wir ja auch bei Versuchstieren beobachtet, wenn wir sie auf neue Stimuli konditionierten.

EEGs von einem simulierten Riechsystem

Dieses Computer-Riechsystem lieferte nun weitere Anzeichen für die Existenz von Chaos. Sie ergaben sich, als wir das Modell so weit gebracht hatten, künstliche EEGs von ausgedehnten Aktivitätsphasen mit einer Reihe von Salven und den ruhigen Intervallen dazwischen zu erzeugen. Diese simulierten EEGs dauerten länger als die echten. Daher konnten wir sogenannte Phasenporträts des zu erwartenden Verhaltens des Riechsystems erstellen, und zwar sowohl während der Salven als auch in den Phasen dazwischen.

Solche Porträts zeigen dem Eingeweihten auf einen Blick, ob die Aktivitäten chaotisch sind oder nicht. Wie man sie erhält und warum sie die globale Aktivität des Riechsystems getreu widerspiegeln, ist zu kompliziert, um es hier im einzelnen zu erläutern. Für Leser, die sich damit auskennen, möchte ich trotzdem unser Vorgehen skizzieren.

Wir stellten die Porträts in einem dreidimensionalen Gitter dar und gaben die vierte Dimension durch ein Farbspektrum wieder. Jede der drei Achsen repräsentierte dabei die EEG-Amplitude an irgendeinem Ort des Riechsystems, etwa im Bulbus oder in einem Abschnitt der Riechrinde, und das Farbspektrum verschlüsselte die Höhe der EEG-Wellen aus einem vierten Teilbereich; blau stand dabei für eine niedrige und rot für eine hohe Amplitude.

Vier simultan gemessene Amplitudenwerte bildeten also die Raumkoordinaten und die Farbe des zuerst eingetragenen Punktes. Die an den gleichen Stellen eine tausendstel Sekunde später gemessenen Amplitudenwerte ergaben den zweiten Punkt. Beide Punkte verbanden wir durch eine Linie in der Farbe des ersten Punktes. Anschließend trugen wir den dritten Punkt ein und so weiter. Das so erhaltene Bild drehten wir schließlich im Raum, um den aufschlußreichsten Blickwinkel herauszufinden.

Diese Darstellungen erinnern an lose gewickelte Drahtschleifen in verschiedenen Formen und Farben (Bild 1). Genau das aber ist ein Hinweis auf das Wirken von Chaos. Wäre das Verhalten des simulierten Riechsystems rein vom Zufall bestimmt, würden sich keine zusammenhängenden Figuren ergeben, sondern nur wahllos verstreute Punkte, wie Schnee auf einem Fernsehschirm nach Sendeschluß. Verhielte sich das System andererseits völlig vorhersagbar, hätten wir einfachere Formen erhalten, die vielleicht einer Spirale, einem gefalteten Kreis oder einem Torus (Reifen) ähnelten.

Die von uns entdeckten Formen verkörpern sogenannte chaotische Attraktoren. Jeder Attraktor entspricht dem Verhalten des Systems unter dem Einfluß eines bestimmten Eingangssignals, etwa eines vertrauten Duftstoffs. Die Bilder lassen vermuten, was bei einem Wahrnehmungsvorgang geschieht: Das dynamische System springt explosionsartig aus dem Einzugs- oder Sogbereich eines chaotischen Attraktors in den eines anderen. Ein solcher Einzugsbereich ist der Satz von Anfangsbedingungen, aus denen heraus das System ein bestimmtes Verhalten annimmt. Um ein grobes, stark vereinfachtes Bild zu gebrauchen, bildet für einen Ball in einer Schüssel beispielsweise der Schüsselboden einen (allerdings nicht chaotischen) Attraktor und die Schüsselwand dessen Einzugsbereich. Bei unseren Experimenten wäre der Sogbereich eines jeden Attraktors durch jene Rezeptorneuronen definiert, die beim Training aktiviert worden sind und sich zu dem zugehörigen Neuronenverband zusammengeschlossen haben.

Wir glauben, daß in Riechkolben und Riechcortex zahlreiche chaotische Attraktoren vorgebildet sind – einer für jeden Duftstoff, den ein Mensch oder Tier unterscheiden kann. Wann immer ein neuer Geruch irgendwie Bedeutung erlangt, kommt ein weiterer Attraktor hinzu, und alle anderen werden leicht abgewandelt.

Ursache und Bedeutung des Chaos im Gehirn

Die Entdeckung von Chaos beantwortet nicht automatisch auch die Frage nach seinem Ursprung. Wir vermuten, daß im Gehirn dann Chaos entsteht, wenn zwei oder mehr Areale, beispielsweise also Bulbus und Riechcortex, mindestens den folgenden beiden Bedingungen genügen: Sie erregen einander so stark, daß keiner völlig zur Ruhe kommen kann, und sie vermögen sich dennoch nicht auf eine gemeinsame Schwingungsfrequenz einzupendeln. Eine Art Tauziehen zwischen den Teilbereichen würde die Empfindlichkeit und Anfälligkeit des Systems für Störungen erhöhen und damit das Auftreten von Chaos begünstigen. Für die Bedeutung der Wechselwirkung zwischen Riechkolben und -cortex spricht vor allem, daß die Entkopplung beider Hirnabschnitte das Chaos zum Verschwinden bringt – beide Teile werden abnorm stabil und ruhig.

Wie erwähnt, erhöhen auch modulierende Substanzen, die das Gehirn andernorts produziert und in das Riechsystem freisetzt, dessen Empfindlichkeit gegenüber eintreffenden Signalen, indem sie entweder die Bildung der Hebb-Synapsen in Nervenzellverbänden fördern oder die allgemeine Wachsamkeit steigern. Weil also verschiedene Einflüsse einen Zustand hoher Empfindlichkeit aufrechterhalten, genügen selbst schwächste Signale – ein Hauch, ein Flüstern, ein Schimmer –, um grundlegende, kollektive Zustandsänderungen herbeizuführen.

Denkbar wäre, daß Chaos, so wie wir es beobachtet haben, nur eine unvermeidliche Begleiterscheinung der Komplexität des Gehirns mit seiner Unzahl von Verschaltungen ist. Nach unseren Befunden scheint jedoch mehr dahinter zu stecken. Statt Nebenprodukt könnte das kontrollierte Chaos in Wahrheit die entscheidende Eigenschaft sein, die Gehirne von Computern mit künstlicher Intelligenz (oder was man dafür ausgibt) unterscheidet.

Ein denkbarer weitreichender Vorteil eines chaotisch organisierten Gehirns wäre, daß solche Systeme unablässig neue Aktivitätsmuster produzieren. Unseres Erachtens sind derartige Muster von entscheidender Bedeutung für die Bildung neuer Nervenzellverbände. Allgemeiner ausgedrückt: Die Fähigkeit zum Erzeugen von Aktivitätsmustern ist möglicherweise die Grundlage jeglicher Einsicht und befähigt unser Gehirn, immer wieder jene neuen Hypothesen aufzustellen, die für das Lösen eines Problems durch Versuch und Irrtum erforderlich sind.

Auch in anderen Hirnpartien scheint nach unseren Befunden chaotisches Verhalten weit verbreitet. Das beweist zwar noch nicht, daß alle Sinnessysteme wie das Riechsystem funktionierten. Dennoch glauben wir, daß sie es tun.

Immerhin haben wir und andere Wissenschaftler Gamma-Salven von großen Bereichen der Großhirnrinde aufgezeichnet, die am Erkennen von Bildern mitwirken. Wie beim Riechsystem gehen bekannte visuelle Reize mit spezifischen Amplitudenprofilen gemeinsamer Trägerwellen einher. Ich wage zu be-

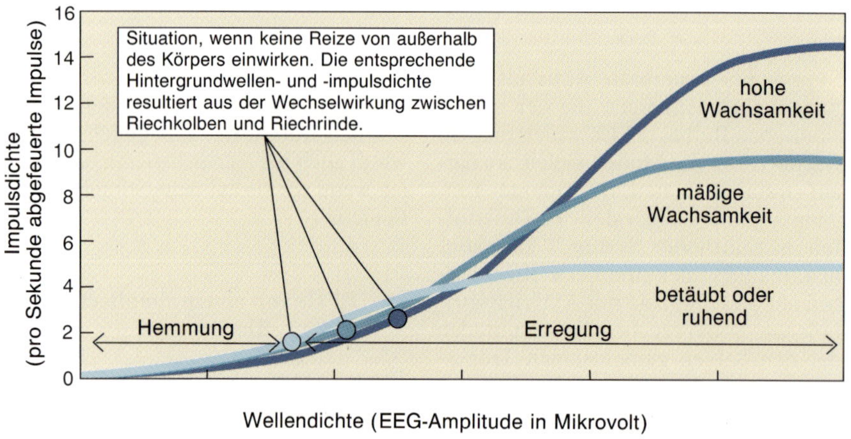

Bild 9: Das Verhältnis zwischen Signaleingang (Wellendichte) und Signalausgang (Impulsdichte) an den Axonhügeln einer Gruppe von Neuronen läßt sich durch S-förmige Sigmoidkurven darstellen. (Die Diagramme gelten nicht für einzelne Nervenzellen.) Die Kurven sind um so steiler, je wachsamer das betreffende Tier ist. Offenbar nimmt also die Empfindlichkeit gegenüber einem eintreffenden Signal, die auch Signalausbeute genannt wird und gleich der lokalen Steigung der Kurve ist, mit der Wachsamkeit zu. Zugleich steigt sie aber auch mit dem Erregungsgrad selbst – also dann, wenn bereits erregte Neuronen (diejenigen an den Kreisen und rechts davon) noch stärker stimuliert werden. Dieser vom Signaleingang abhängige Anstieg der Signalausbeute ist eine Voraussetzung für die Entstehung von Salven.

haupten, daß man bei Menschen, die eines der bekannten mehrdeutigen Kippbilder mit austauschbarem Vorder- und Hintergrund betrachten und dabei bald das eine und bald das andere Objekt wahrnehmen, entsprechend alternierende Amplitudenprofile feststellen wird.

Die Dynamik des Wahrnehmungsprozesses

Langsam beginnt in meinem Kopf eine allgemeine Vorstellung von der Dynamik des Wahrnehmungsprozesses Gestalt anzunehmen (Bild 2 links). Ausgangspunkt aller Wahrnehmung ist das stete Streben des Gehirns, sich Informationen zu beschaffen – hauptsächlich dadurch, daß es seinen Träger anweist, zu schauen, zu hören und zu riechen. Dieses Informationsbedürfnis resultiert aus der selbstorganisierten Aktivität des limbischen Systems (eines Hirnteils, zu dem auch der entorhinale Cortex gehört und von dem man vermutet, daß es am Erzeugen von Gefühlen und an Gedächtnisprozessen beteiligt ist).

Als Ergebnis dieser Aktivität geht ein Befehl zur Informationsbeschaffung an das motorische System. Anschließend verbreitet das limbische System eine sogenannte Reafferenz-Meldung, die alle Sinnessysteme in Bereitschaft versetzt, auf neue Informationen zu reagieren.

Und das tun sie dann auch, wobei sich jedes Neuron in einer bestimmten Region an einer kollektiven Aktivität – einer Salve – beteiligt. Die synchronen Aktivitäten in den einzelnen sensorischen Systemen werden schließlich zurück ins limbische System übertragen und dort zu einer Gestalt kombiniert. Anschließend wird innerhalb von Sekundenbruchteilen die nächste Informationssuche gestartet und eine entsprechende Reafferenz-Meldung an die Sinnessysteme geschickt.

Vielleicht ist Bewußtsein das subjektive Erleben dieses sich immerzu wiederholenden Vorgangs aus motorischer Aktivierung, Reafferenz und Wahrnehmung. In diesem Falle könnte das Gehirn jeweils auf der Grundlage zurückliegender Handlungen, sensorischer Informationen und ihrer Zusammenfassung zur Wahrnehmung neue Aktionen planen und vorbereiten.

Ein Wahrnehmungsakt besteht also nicht im Kopieren eines eingehenden Sinnesreizes. Er ist vielmehr ein Schritt in einer Entwicklung, die das Gehirn vollzieht, während es seine Fähigkeiten erweitert, sich umgestaltet und in einer Weise in die äußere Welt hineinwirkt, daß sie sich für das Individuum positiv verändert.

Von dem englischen Dichter und Maler William Blake (1757 bis 1827) stammt der Satz: „Wären die Pforten der Wahrnehmung vom Schmutz befreit, alles erschiene dem Menschen so, wie es ist – grenzenlos.“ Doch wäre dies gar nicht erstrebenswert. Denn ohne die schützenden Pforten der Wahrnehmung – also ohne die selbstkontrollierte chaotische Aktivität der Hirnrinde, aus der Wahrnehmungen entspringen – würde die Grenzenlosigkeit Mensch und Tier schlicht überwältigen.

III.
Senden und Empfangen von Signalen beim Menschen

Viele Leser werden sich besonders für Formen der Kommunikation zwischen Menschen interessieren. Eine Zusammenstellung von Artikeln zu diesem Thema fiel jedoch aus verschiedenen Gründen nicht leicht. Obwohl die Regeln und Konflikte zwischen Sender und Empfänger im Tierreich aus biologischer Sicht gut bekannt sind, wurde dieses Wissen bei der Erforschung der menschlichen Kommunikation nur wenig berücksichtigt. In den vergangenen 30 Jahren hat sich ein Großteil der Forschung über menschliche Kommunikation primär auf einen einzigen Signalkanal, nämlich die Sprache, konzentriert. Aufbau und Anwendung wie auch Störungen des Sprachkanals sind unter ganz verschiedenen Gesichtspunkten von vielen Autoren sehr ausführlich untersucht worden. Andere Möglichkeiten der Informationsübertragung zwischen Individuen wurden dabei oft vernachlässigt. Dennoch ist vielen Forschern – vor allem den Psychologen – bewußt, daß es nicht günstig ist, in sozialen Beziehungen nur über einen einzigen Signalkanal zu kommunizieren, da die Kunst der Überzeugung oft in der Vielfalt des Angebots liegt. Die gleichzeitige Untersuchung mehrerer Signalkanäle stellt jedoch eine schwierige methodische Aufgabe dar. Wörter sind zwar machtvolle Signale, doch sie sind hinsichtlich ihres Inhalts vereinfacht und generalisiert. Folglich ist eine verbale Aussage für den Empfänger manchmal nicht eindeutig. Außerdem hängt ihre Interpretation oft stark von den vorangegangenen Erfahrungen und dem momentanen emotionalen Zustand des Empfängers ab. In den letzten Jahren hat sich die Forschung daher verstärkt mit der Art und Weise befaßt, wie Signale durch verschiedene Kanäle übertragen werden.

Diese Überlegungen haben die Auswahl der Artikel für diesen Buchabschnitt beeinflußt. In der ersten Arbeit zeigt Luc Ciompi, auf welche Weise wichtige Erfahrungen und Emotionen in unser Kognitionssystem eingebettet sind und welche neuronalen Strukturen der Verarbeitung solcher Stimuli zugrunde liegen. Wie es scheint, ist die grundlegende Affektstimmung für Kommunikation und die Aufnahme kognitiver Botschaften von erstrangiger, der Inhalt der Mitteilung dagegen nur von zweitrangiger Bedeutung – eine Schlußfolgerung mit durchaus praktischen Konsequenzen. Der Artikel von Antonio und Hanna Damasio sowie der Exkurs von Philip Ross behandeln die neuronalen und motorischen Aspekte der Spracherzeugung. Ein interessantes Beispiel, wie die Signale eines Kommunikationskanals ihrer Funktion entsprechend angepaßt werden, liefert der Beitrag von Peter Damerow, Robert Englund und Hans Nissen über die Entstehung der Schrift. Er zeigt den Prozeß der Umwandlung „flüchtiger" akustischer Mitteilungen in feste optische Signale in Anpassung an ökonomische Notwendigkeiten. Der nachfolgende Exkurs, der für diesen Band neu verfaßt worden ist, befaßt sich mit der Informationsaufnahmefähigkeit verschiedener Signalkanäle sowie ihrer Nutzung und zeigt anhand einiger Beispiele, wie Menschen diese Kanäle manipulieren, um bestimmte Ziele zu erreichen. Die zwei letzten Beiträge verlassen (wie schon der Schrift-Beitrag) das engere Feld der Biologie und Psychologie und beleuchten einige politische und technische Aspekte der Kommunikation. Daniel Freis Artikel über die Ost-West-Einschätzung ist ungeachtet der seitherigen politischen Veränderungen insofern aktuell, als er einen sehr wichtigen allgemeinen Punkt unterstreicht, nämlich die Tatsache, daß Kommunikationspartner ständig ein Selbstbild und Projektionsbild aus der Sicht des Gegenübers vor sich haben und damit agieren. Im Schlußbeitrag untersuchen Lee Sproull und Sara Kiesler, wie Menschen miteinander arbeiten können, wenn ihre Kommunikation auf eine elektronische Netzwerkverbindung beschränkt ist. Die Entscheidung, ob es sich hier um einen Wunsch- oder Alptraum der Weiterentwicklung menschlicher Kommunikation handelt, sei dem Leser überlassen.

Die Hypothese der Affektlogik

Nach diesem Konzept besteht die Psyche aus zwei untrennbar verbundenen komplementären Funktionseinheiten: einem qualifizierenden Emotions- und einem quantifizierenden Kognitionssystem. Bewußte oder unbewußte affektive Faktoren beeinflussen das Denken selbst noch in der wissenschaftlichen Logik. Zahlreiche Befunde aus verschiedenen Forschungsgebieten stützen dieses integrative psycho-sozio-biologische Modell.

Von Luc Ciompi

Fühlen und Denken, Emotion und Kognition, Affekte und Logik sind in der wissenschaftlichen Psychologie und Soziologie bisher vorwiegend isoliert, kaum aber in ihrem regelhaften Zusammenwirken untersucht worden. In der psychischen Wirklichkeit dagegen sind sie immer untrennbar miteinander verknüpft. Diese Tatsache an sich ist zwar schon lange bekannt, aber in ihrer Bedeutung noch nicht hinreichend erfaßt. Das gab den Anstoß zu meinem Konzept der Affektlogik, das vor rund zehn Jahren im Zusammenhang mit dem Problem der Schizophrenie erstmals formuliert und seither kontinuierlich weiterentwickelt und verallgemeinert wurde.

Es beruht auf der ökonomischen Annahme, daß die ganze Komplexität psychischer Strukturen und Prozesse aus dem Wechselspiel von nur zwei grundlegenden und in ihrer Wirkung komplementären Funktionseinheiten erwächst: einem qualifizierenden Fühlsystem, das mit einer kleinen Zahl von affektiven Grundzuständen operiert (wie sie zumindest allen höheren Tieren gemeinsam sind) und einem quantifizierend-abstrahierenden Denksystem, das sich im Laufe der Evolution bis zum heutigen Menschen enorm verfeinert hat. Durch die – meist repetitive – Aktion, das heißt im weitesten Sinne die gesamte erlebte Erfahrung, verbinden sich beide zu funktionell integrierten affektiv-kognitiven Bezugssystemen oder Fühl-, Denk- und Handlungsprogrammen. In ihrer Kombination bilden diese ein hochdifferenziertes Gesamtsystem zur Bewältigung der begegnenden Wirklichkeit.

Auf dieser Basis nun schlage ich ein neues psycho-sozio-biologisches Modell der Psyche vor, in dem den Affekten oder Emotionen – beziehungsweise ihren neurophysiologischen Korrelaten – grundlegende organisatorische und integrative Funktionen zukommen. So verbinden sie zusammengehörige kognitive Inhalte zu kontextabhängigen Fühl-, Denk- und Verhaltensprogrammen mit gleicher emotionaler Färbung. Auch spielen sie bei der funktionsgerechten Speicherung und Mobilisierung von Gedächtnisinhalten eine zentrale Rolle. Darüber hinaus wirken affektive Faktoren bei der Weiterentwicklung kognitiver Funktionssysteme auf höheren Abstraktionsebenen mit. Zahllose Fühl-, Denk- und Verhaltensprogramme stellen somit – und das ist die zentrale Annahme der Affektlogik – auf verschiedensten hierarchischen Stufen die eigentlichen Bausteine der Psyche dar, die entsprechend als ein höchst komplex organisiertes Gefüge solcher Programme verstanden werden kann.

Diese Hypothese verwertet eine Vielzahl gleichlaufender Befunde aus der jüngeren neurobiologischen und neuropsychologischen Forschung ebenso wie aus der sogenannten genetischen Epistemiologie des Schweizer Psychologen Jean Piaget (1896 bis 1980) und der Psychoanalyse von Sigmund Freud (1856 bis 1939). Zugleich stellt sie eine Verbindung zwischen individueller Psychodynamik und soziodynamisch-systemtheoretischen Konzepten her und bezieht auch Erkenntnisse über die nichtlineare Dynamik komplexer selbstorganisatorischer Systeme fern vom Gleichgewichtszustand ein. Somit vereinigt die Hypothese Beiträge aus verschiedenen Wissensgebieten zu einem übergeordneten theoretischen Konzept und scheint insofern geeignet, zu einer besseren Integration zwischen den in eine Vielzahl von Spezialdisziplinen und Schulen aufgesplitterten Wissenschaften von der Psyche beizutragen. Auch das vielbeklagte Theoriendefizit der Psychiatrie könnte durch eine Sichtweise, die neben dem Denken auch das Gefühl wieder als gleichwertiges, überlebenswichtiges Instrument zum Erfassen und Bewältigen der Realität begreift, gemildert werden.

Grundelemente der Affektlogik

Affekte, Emotionen, Stimmungen oder Gefühle wie Wut, Freude, Ärger, Trauer und Angst werden in der Affektlogik definiert als umfassende qualitative Gestimmtheiten, deren Dauer von wenigen Sekunden (Emotionen im Sinn der Physiologie) bis zu vielen Stunden, ja Tagen und Wochen (Stimmungen im Sinn der Psychologie) reichen kann. Ihr gemeinsamer Nenner ist, daß es sich dabei immer um ganzheitliche – psychische, zentralnervöse wie peripher körperliche – Phänomene handelt, deren vegetative Begleiterscheinungen hormonal vermittelt werden.

Gefühle finden also keineswegs bloß im Kopf statt, sondern sie fahren – wie der Volksmund sagt – in den Bauch, rauben den Atem, lassen das Herz höher schlagen, laufen den Rücken herunter und lassen die Haare sich sträuben. Objektiv meßbar ist dies beispielsweise an Veränderungen von Puls, Blutdruck und Atmung, Muskelspannung, elektrischem Hautwiderstand und Hautdurchblutung. Auch müssen Gefühle oder Affekte in diesem Sinne nicht unbedingt bewußt erlebt werden. Sie bewegen sich, vereinfacht gesehen, zwischen einem positiven und einem negativen Pol (nach Freud zwischen Lust und Unlust) und umfassen – vermutlich als Mischung und Abwandlung einiger weniger Grundgefühle – den ganzen Reichtum aller erdenklichen Gefühlsschattierungen.

Unter Denken, also den kognitiv-intellektuellen Funktionen, ist dagegen der quantifizierende, analysierende Umgang mit Größenverhältnissen, Zeiten, Distanzen, Winkeln und anderen Beziehungen zwischen kognitiven Elementen zu verstehen, und zwar von einzelnen Wahrnehmungen bis zu umfassenden abstrakten Begriffen. Kognition ist Informationsverarbeitung von sensorischen Reizen bis zur Etablierung derartiger Beziehungen. Aus der Art der Selektion und Verknüpfung kognitiver Elemente entsteht eine ganz bestimmte Logik. Ähnliche Informationsverarbeitungsleistungen erbringt auch ein Computer.

Ein einfaches Beispiel mag verdeutlichen, was gemeint ist: Wenn ich eine Reise in eine bestimmte Stadt plane, so ist das typisch Kognitive daran etwa mein Wissen von deren geographischer Lage, von Entfernungen, Verkehrsverbindungen und Zeiten, die Kenntnis des Stadtplans und der Lage meines Hotels. Das Affektive dagegen sind sämtliche aufgrund früherer Erfahrungen oder an-

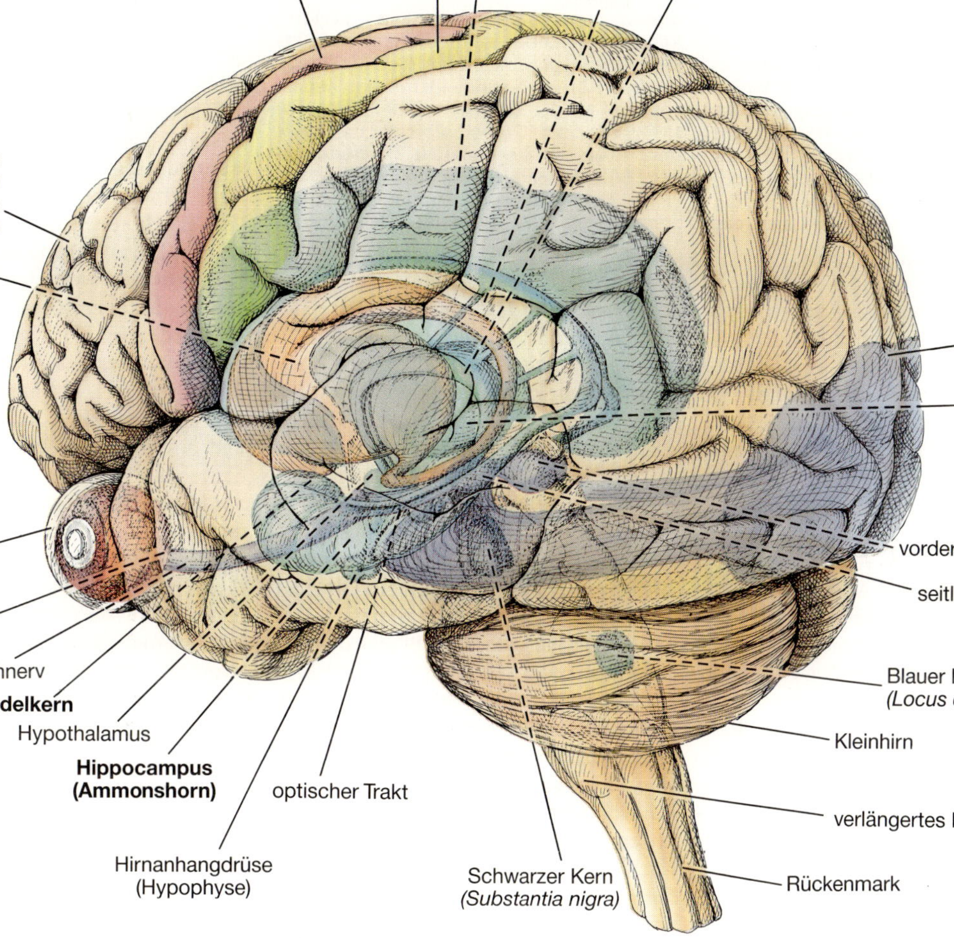

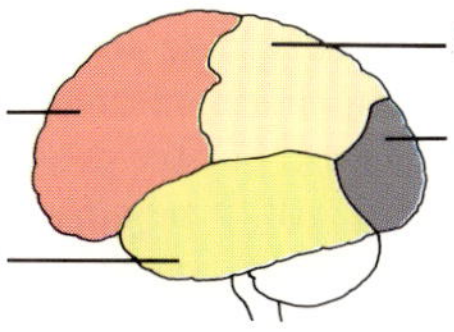

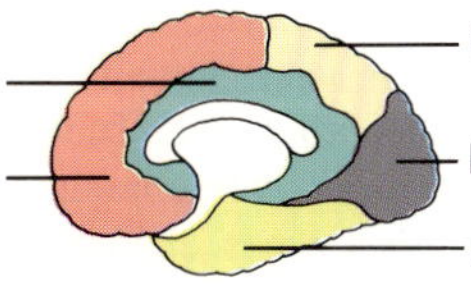

Bild 1: Nach der Hypothese der Affektlogik versieht das Gehirn alle von den Sinnesorganen her einlaufenden kognitiv-sensorischen Informationen mit einer qualitativen affektiven Färbung und Wertung. Dadurch entsteht eine auch für die Erinnerungsfähigkeit wichtige Organisation und innere Ordnung kognitiver Inhalte. Der Affektregulation im limbischen System (blau) kommt dabei eine entscheidende Rolle zu. Die genaue Abgrenzung der zerebralen Strukturen, die diesem auch an der Gedächtnisbildung beteiligten System zuzuordnen sind, steht noch nicht sicher fest. Die wichtigsten Bestandteile sind in jeder Hirnhälfte der Hippocampus (das Ammonshorn) und die Amygdala (der Mandelkern), die Septumkerne und bestimmte Windungen der Großhirnrinde wie der *Gyrus cinguli* und der *Gyrus parahippocampalis*, der den – von der Hirnmitte aus nicht sichtbaren – Hippocampus trägt.

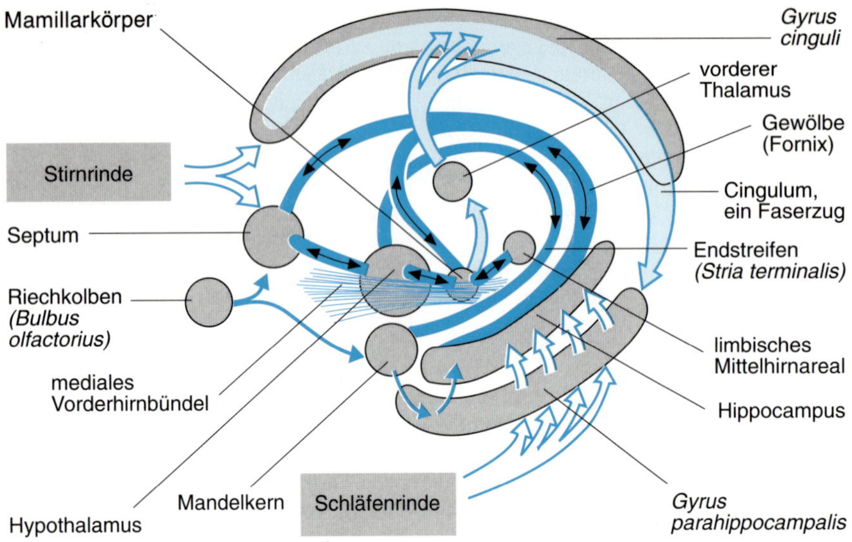

Bild 2: Die Teile des limbischen Systems sind untereinander und mit anderen Regionen sehr vielfältig verschaltet. Von verschiedenen Hirnrindenbezirken her laufen kognitiv-sensorische Informationen ein, denen vermutlich speziell die Mandelkerne eine affektive Färbung verleihen. Da diese Kerne zudem eng mit den Rindenbereichen des Stirnhirns verknüpft sind, die der höchsten integrativ-kognitiven Leistung dienen, können sich umfassende affektiv-kognitive Schaltkreise im Sinne der affektlogischen Hypothese bilden. Der Thalamus ist ein wichtiges Schaltzentrum für Signale von und zu der Großhirnrinde. Über den tiefergelegenen Hypothalamus und von dort über die hormonalen Regulationen der Hypophyse, der Hirnanhangdrüse, bestehen enge Verbindungen zur vegetativen „Stimmung" des gesamten Organismus.

derweitiger Informationen mit diesen kognitiven Elementen bewußt oder unbewußt verbundenen positiven oder negativen Gefühle beziehungsweise affektiven Wertungen. Sie färben und bestimmen mein ganzes Denken und Handeln – meine Logik – dieser Stadt gegenüber in entscheidender Weise und sind bei positiver Einstellung dafür verantwortlich, daß ich überhaupt für diese Reise motiviert bin, daß ich meine Aufmerksamkeit genügend lange und intensiv darauf einstelle und daß ich mich – vielleicht über Monate hin – auch entsprechend verhalte und organisiere.

Das Beispiel illustriert zugleich, daß komplementäre affektive und kognitive Elemente sich zu funktionell integrierten Bezugssystemen – eben Fühl-, Denk- und Verhaltensprogrammen – verbinden; man könnte die kognitiven Elemente hierbei mit den zeichnerischen Strukturen eines Gemäldes oder besser noch eines bewegten Films vergleichen, die Affekte dagegen mit dessen Farben. Solche (Farb-)Qualitäten sind gemäß der Affektlogik sämtlichen kognitiven Inhalten zugeordnet – von den elementarsten Wahrnehmungen (etwa eines einfachen Gegenstandes) bis zu den komplexesten intellektuellen Begriffen und Theorien, insbesondere auch allen Wert- und Normensystemen, politische und religiöse Ideologien nicht ausgenommen.

Von Interesse ist ferner ein zeitliches und gleichzeitig strukturelles Moment: Affekte dauern Minuten, Stunden oder gar Tage, während gedankliche Inhalte binnen Sekunden wechseln können. Insofern erscheint das Gefühl zumeist als eine relativ langsame, tragende Grundschwingung oder Invarianz, auf welche die raschen, präziseren Gedanken dann sozusagen als Varianz aufmoduliert sind. (Wesentlich seltener können allerdings auch die Gefühle ein und demselben kognitiven Inhalt – etwa einem Ort oder einer Person – gegenüber plötzlich umschlagen. Man sieht das Objekt dann in einem ganz anderen Licht).

Aus der Kombination von bestimmten Invarianzen mit bestimmten Varianzen ergeben sich – ganz allgemein gesprochen – typische Strukturen jeder Art. Aus der Kombination von bestimmten Emotionen mit bestimmten Kognitionen erwächst somit potentiell die ganze Vielfalt innerpsychischer Strukturen, mit denen wir die – ihrerseits strukturierte – äußere Welt erfassen und bewältigen.

Differenzierung affektiv-kognitiver Strukturen

Mit der Frage, wie affektiv-kognitive Strukturen entstehen und sich bis ins Erwachsenenalter weiterentwickeln, haben sich, wenn auch auf sehr unterschiedliche Weise, vor allem zwei wissenschaftliche Richtungen beschäftigt: die Freudsche Psychoanalyse und die genetische Epistemiologie von Piaget. Erstere studierte dabei vorwiegend die affektive, letztere dagegen die kognitive Seite dieses Prozesses.

Obwohl zwischen den beiden sich eher ablehnend gegenüberstehenden Theorien und Forschungsbereichen erst wenige konzeptuelle Brücken geschlagen worden sind, gibt es auf beiden Seiten doch sich frappant entsprechende und ergänzende Befunde. Am deutlichsten ist dies für das erste Lebensjahr. Piaget und seine Mitarbeiter haben hier minutiös erforscht, wie sich elementare kognitive Vorstellungen insbesondere von alltäglichen Gegenständen wie einfachen Spielzeugen oder der Milchflasche herausbilden. Die Psychoanalytiker suchten hingegen die Entwicklung der frühkindlichen Vorstellungswelt vornehmlich anhand einer genauen Analyse der affektiven Beziehungen zwischen Mutter und Kind zu rekonstruieren.

Piaget erkannte dabei, daß die kognitiv-mentalen Begriffe allesamt aus bestimmten sensomotorischen Aktionsmustern hervorgehen, die sich auf der Basis der angeborenen Reflexe vom ersten Lebenstage an anhand der Erfahrungen – von Aktion im weitesten Sinne – entwikkeln und weiterdifferenzieren. Ein Beispiel dafür sind die angeborenen Saug- und Greifreflexe. Aus ihnen erwachsen innerhalb weniger Monate, während die Bewegungen von Händen, Kopf, Augen und des ganzen Körpers immer koordinierter und feiner werden, bereits überaus komplexe Schemata für den Umgang etwa mit der Milchflasche oder mit der ganzen Muttergestalt. Daß derartige Abläufe mit wachsender Automatisierung zunehmend verinnerlicht und mentalisiert werden, zeigt sich daran, daß bestimmte sensomotorische Muster zunächst von symbolischen Gesten und mimischen Ausdrücken begleitet werden und schließlich auch von symbolischen sprachlichen Lauten in Form einfachster sogenannter Ein- oder Zweisilbensätze wie da, mäh, meh, dada. Aus solchen Elementen entwickelt sich – ebenfalls aus der Aktion im weitesten Sinne – mit der Zeit die gesamte Wortsprache.

Psychoanalytisch orientierten Beobachtungen zufolge sondert sich die Welt des Neugeborenen zunächst in eine affektiv völlig positiv getönte „Alles-gut-" und eine völlig negativ getönte „Alles-schlecht-Welt". Im Laufe eines komplexen Differenzierungsprozesses werden dann in jede dieser Affektwelten immer neue Wahrnehmungs- oder Erlebniselemente, die eine ähnliche Affekttönung aufweisen, mit entsprechenden Verhaltensweisen sozusagen eingetragen. Elementare Lust- und Unlustgefühle scheinen also von Anfang an als fundamentale Organisatoren und Integratoren zu wirken, indem sie sinnvollerweise ermöglichen, alles Begegnende erst einmal grob zu klassifizieren: in Nützliches und Erstrebenswertes einerseits und in Gefährliches, strikt zu Vermeidendes andererseits. Am prägnantesten wirken nach psychoanalytischer Auffassung die für das anfängliche Überleben entscheidenden oralen Vorgänge um Hunger und Sättigung in der Interaktion mit der Mutter (sofern sie die wichtigste Bezugsperson ist).

Ein wichtiger Entwicklungsschritt ist erreicht, wenn gegen den achten Monat hin die anfänglich bloß fragmentarisch erfaßten affektiv-kognitiven Teilaspekte der Mutter sich zu einer ganzen, im Gedächtnis haftenden Muttergestalt verbinden. Diese sogenannte Objektkonstanz zeigt sich vornehmlich daran, daß Säuglinge zu fremdeln beginnen. Sie werden ängstlich und abwehrend gegenüber Unbekannten, da diese nun als deutlich von der Mutter verschiedene Personen erkannt werden.

Beinahe gleichzeitig treten erste, sich verstärkende Verweigerungs- und Trotzreaktionen auf, schließlich auch Symbollaute für nein und ich. In all dem zeichnet sich ab, daß parallel zu den Objektrepräsentanzen auch Selbstrepräsentanzen, also verinnerlichte mentale Vorstellungen der eigenen Person, im Entstehen begriffen sind.

Gerade an dem von Piaget bevorzugten Objekt der Milchflasche beziehungsweise dem von den Psychoanalytikern mehr beachteten Partialobjekt der Mutterbrust wird deutlich, daß beide Ansätze ein- und denselben Prozeß von verschiedener Warte aus beleuchten. Die Zusammenschau zeigt, wie affektive und kognitive Elemente von Anfang an bei der Entstehung psychischer Strukturen untrennbar zusammenwirken. Dies wird denn auch von keiner der beiden Forschungsrichtungen bestritten. Bemerkenswerterweise fand Piaget, als er sich ausnahmsweise doch einmal mit der emotionalen Seite der kognitiven Entwicklung befaßte, daß ebenfalls etwa vom achten Monat an eine sogenannte Affektkonstanz zustande kommt; das heißt, die Verbindung bestimmter Gefühle mit bestimmten kognitiven Inhalten stabilisiert sich weitgehend.

Für das erste Lebensjahr gibt es somit praktisch keinerlei Widersprüche von Belang zwischen den Befunden beider Forschungsrichtungen – abgesehen davon, daß die Zeitpunkte der jeweiligen Entwicklungsetappen etwas unterschiedlich angesetzt und die affektiven und kognitiven Komponenten anders ge-

Affekte und Kognition

Fast alle wichtigen Systeme chemischer Botenstoffe, die Signale zwischen Nervenzellen weiterleiten, stehen mit limbischen Strukturen in Verbindung. Solche Neurotransmitter stehen wiederum mit bestimmten Affekten in Beziehung: das Noradrenalin-System mit aggressiven Zuständen, das Serotonin-System mit traurig-depressiven Gefühlen und das Dopamin-System vermutlich mit Angst.

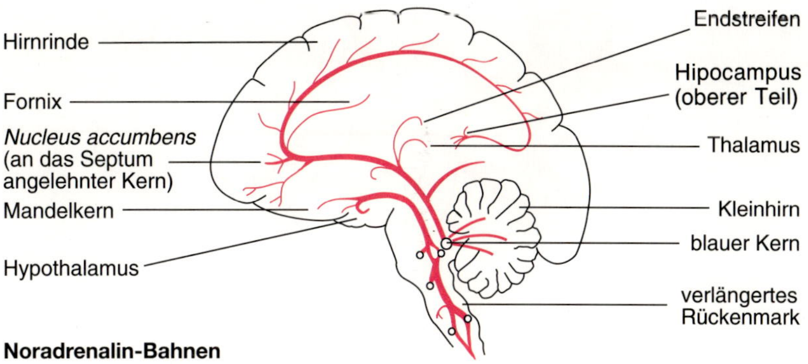

Noradrenalin-Bahnen

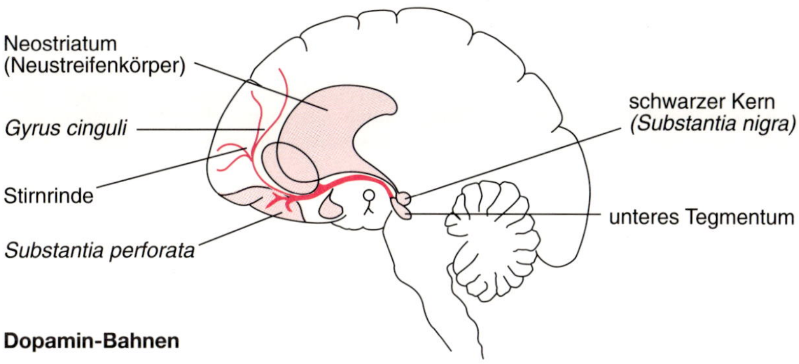

Dopamin-Bahnen

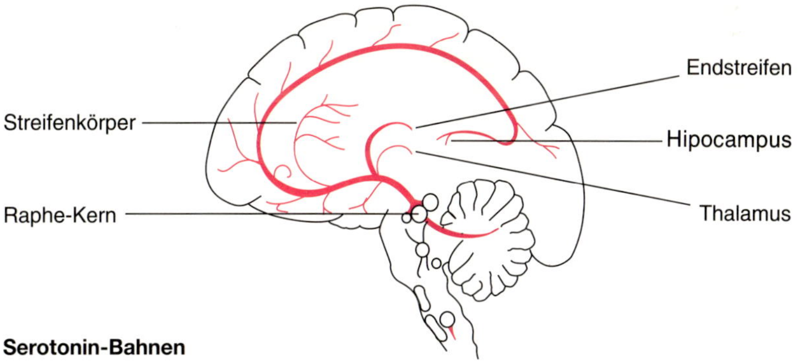

Serotonin-Bahnen

Nach der Hypothese der Affektlogik besteht das kognitive Element (die Logik) von affektiv-kognitiven Funktionseinheiten aus der spezifischen Konstellation der durch Erfahrung gestalteten neuronalen Verknüpfungen, während das affektive Element durch die jeweils beteiligten Neurotransmitter der Assoziationsbahnen gegeben ist. Diese werden durch gleichartige affektive oder kognitive Reize reaktiviert. Ein neurochemisch vermittelter affektiver Imprint könnte am Zustandekommen solcher Verknüpfungen beteiligt sein, indem er vielleicht eine engere Koppelung energetisch erleichtert. Mit dieser einfachen Zusatzannahme lassen sich sämtliche für die Affektlogik wichtigen Phänomene erklären – gesetzmäßige Verknüpfung bestimmter Kognitionen mit bestimmten Affekten, mobilisierende und organisatorische Wirkungen der Affekte, zustandsabhängiges Lernen und Erinnern, konditionierte Reaktionen und Übertragungsphänomene.

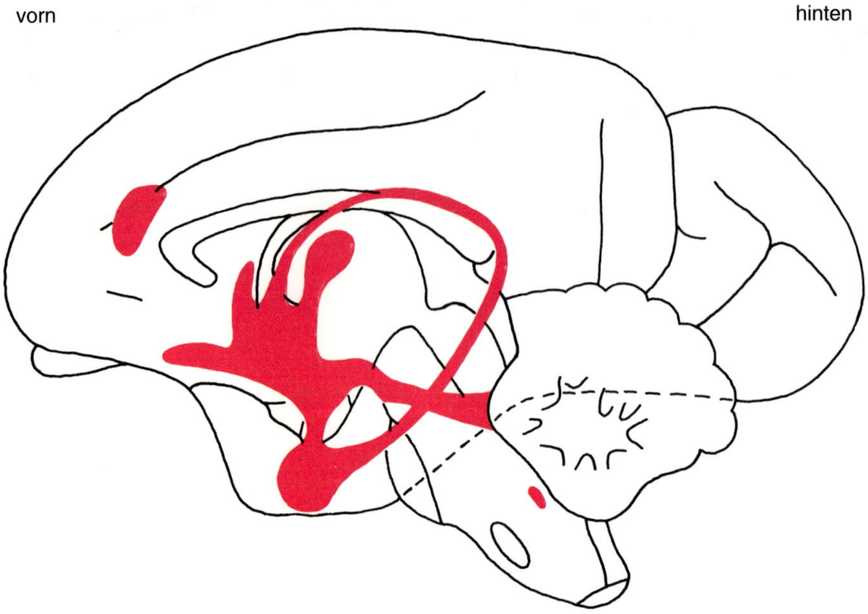

Bild 3: Auf diesem Längsschnitt durch ein Affengehirn sind die Bereiche farbig hervorgehoben, in denen man das sogenannte Belohnungssystem vermutet. Sie gehören teilweise zum limbischen System. Gibt man dem Tier die Möglichkeit, durch Drücken eines Hebels diese Regionen selbst elektrisch zu reizen, so wiederholt es die Stimulierung manchmal bis zur Erschöpfung. Offenbar empfindet es den Reiz als besonderes Lustgefühl, vor allem, wenn die Elektrode im medialen Vorderhirnbündel sitzt, das in etwa dem ungefähr waagerecht verlaufenden Teil der farbigen Struktur entspricht. Die Untersuchungen wurden von Uwe Jürgens, damals am Max-Planck-Institut für Psychiatrie in München, durchgeführt. Einem Menschen können auch stimmige, plausible Denkwege und gekonnte Fähigkeiten Hochgefühl bereiten.

wichtet werden. Für die späteren Lebensjahre gehen die Ansichten zwar weiter auseinander, doch ergänzen sich auch dann noch die Befunde im Grundsätzlichen sowie in manchen Einzelaspekten.

Stimmige Denkwege sind lustvoll

Besonders interessant ist in diesem Zusammenhang Piagets Analyse der sogenannten majorisierenden Äquilibration. Er versteht darunter die Weiterentwicklung bestehender kognitiver Strukturen (oder Schemata, wie er sie nannte) auf einer höheren Abstraktionsebene. Anhand sinnreich ausgeklügelter Experimente – etwa mit einer bestimmten Menge Flüssigkeit, die von einem niedrigen weiten Glas in ein schmales hohes umgeschüttet wurde – untersuchte Piaget detailliert, wie sich bei Kindern im Alter zwischen fünf und sechs Jahren das Abstraktionsvermögen entwickelt. Von einem elementaren kognitiven Erklärungsschema (höher etwa bedeutet mehr, also ist im hohen Glas mehr Wasser) gelingt in dieser Phase der Sprung zu einem wesentlich abstrakteren Konzept: Das höhere, aber dünnere Glas enthält nach dem Umschütten gleich viel Wasser wie zuvor das niedrigere, aber weitere. Ausgelöst wird dieser Sprung durch zunehmend als störend empfundene Widersprüche bei der Anwendung des ursprünglichen Konzepts, und er vollzieht sich in mehreren Stufen.

Die dabei beobachtbaren Zeichen einer intensiven Affektbeteiligung – zum Beispiel ärgerliche oder erstaunte Ausrufe in einer ersten Phase, ängstliche Unsicherheit in einer durch Ambivalenz geprägten Zwischenphase, triumphale Freude in der letzten – zeugen von einem keineswegs rein kognitiven Prozeß. Sie bleiben bei Piaget indes, obwohl in den Beobachtungsprotokollen vermerkt, in seinem Konzept der kognitiven Entwicklung genauso unbeachtet wie die ebenfalls nicht selten deutlich zutage tretenden affektiven Interaktionen zwischen Kind und Versuchsleiter, die wie Übertragungsphänomene im psychoanalytischen Sinne anmuten. Aus der Sicht der Affektlogik dagegen sind gerade die positiven und negativen Gefühle ein ebenfalls notwendiger integrierender Bestandteil des ganzen Vorgangs. Sie wirken nicht bloß als motivierender Motor, der zur Bildung neuer kognitiver Strukturen beiträgt, wie Piaget immerhin annimmt; vielmehr weisen und bahnen sie zugleich den Weg von schlechten zu guten Lösungen, indem sie Stimmigkeiten durch entsprechende – gute – Gefühle regelrecht anzeigen und unstimmige Elemente über gegenteilige Emotionen aussondern. Angenehme Gefühle der Entspannung heften sich in der Folge an gute Lösungen und festigen sie. Stimmige Denkwege sind lustvoll – sowohl innerhalb schon gebahnter Bezugssysteme wie zu neuen hin. Gleichartige positive Affekte verleimen schließlich mehrere stimmige Elemente regelrecht zu einem funktionellen Ganzen.

Gibt es ein affektfreies Denken?

Insgesamt sind affektive Komponenten also zumindest in der Kindheit mit praktisch sämtlichen kognitiv-denkerischen Leistungen verbunden. Besteht diese Verquickung indes auch noch im Erwachsenenalter? Gibt es nicht in Wissenschaft und Technik oder wenigstens in der Mathematik ein völlig emotionsfreies Denken?

Nach der eingangs gegebenen Definition der Affekte ist es unmöglich, nicht in irgendwelcher Weise affektiv gestimmt zu sein. Sogar Entspannung, Harmonie, Gelassenheit und Nüchternheit, ja Indifferenz sind in diesem Sinne noch Stimmungen mit entsprechenden psychischen und körperlichen Begleiterscheinungen. Wie sehr in der Tat selbst im scheinbar emotionslosen Denken gefühlshafte Elemente mehr oder weniger unbewußt immer mitschwingen, hat nach der psychoanalytischen beispielsweise auch die Vorurteilsforschung gezeigt: Affektbefrachtet sind danach keineswegs nur Reizworte wie Palästinenser oder Israelis, Weiße oder Schwarze, Hiesige oder Fremde, sondern selbst zunächst neutral anmutende alltägliche Begriffe und Selbstverständlichkeiten wie etwa die normalen zwischenmenschlichen Denk- und Verhaltensregeln.

Sogar bei der Entstehung wissenschaftlicher Begriffe und Theorien, ja selbst bei abstrakten mathematischen Operationen spielen Emotionen eine nicht unwesentliche Rolle: Das begeisterte „heureka“ des Archimedes, als er die Menge verdrängten Wassers als Maß für den Auftrieb erkannte, macht augenfällig, wie sehr gerade auch in der Wissenschaft stimmige, plausible Lösungen – ein eminent affektbetontes Wort – von Lust- und Entspannungsgefühlen begleitet sind. Unstimmigkeiten und Widersprüche dagegen gehen mit Unlust und Ärger einher. Zwischen dem Grundschüler, der erstmals mit freudigem Erstaunen die Umkehrbarkeit elementarer Rechenoperationen wie 2 x 2 = 4 und 4 : 2 = 2 entdeckt, und dem künftigen Wissenschaftler, den ähnliche Gefühle beim Erfassen der Stimmigkeit von Formeln wie Albert Einsteins berühmtes $E = mc^2$ bewegen mögen, bestehen Unterschiede nur im Abstraktionsgrad und vielleicht in der Intensität, nicht aber in der grundsätzlichen Qualität der affektiv-kognitiven Vorgänge.

Freilich flaut die anfänglich bewußte emotionale Hochstimmung bei solchen Entdeckungen mit zunehmender Automatisierung der entsprechenden Fühl- und Denkprozesse stark ab. Aber auch dies ist nicht gleichbedeutend mit völliger Emotionslosigkeit. Gut eingeschliffene kognitive Fähigkeiten bereiten, wie Freud gezeigt hat, eine ähnliche untergründige Funktionslust wie etwa das gekonnte Ski- oder Autofahren, also motorische Fertigkeiten. Etwas vom ursprünglichen Hochgefühl schwingt selbst beim scheinbar emotionslosen, gelassenen Umgang mit eingeschliffenen kognitiven Lösungen und Operationen immer noch mit; es äußert sich zum Beispiel darin, daß Wissenschaftler und Mathematiker gerne von der Schönheit oder Eleganz einer bestimmten Formel oder Theorie reden.

Tauchen aber in solchen liebgewordenen Theorien plötzlich irritierende Widersprüche auf oder werden diese Theorien gar – wie etwa bei den Entdekkungen eines Nikolaus Kopernikus, eines Charles Darwin, eines Freud, eines Einstein – durch ein gänzlich neues Paradigma radikal in Frage gestellt, so treten ihre versteckten emotionalen Besetzungen schlagartig wieder an die Oberfläche: Noch heute sind bekanntlich die Flutwellen der Empörung oder Bewunderung nicht gänzlich abgeklungen, welche die von diesen Männern ausgelösten wissenschaftlichen Revolutionen anfänglich aufgeworfen hatten.

Auch im Rahmen der sogenannten Ich-Psychologie ist übrigens die Frage, ob es affektfreie Bereiche des Denkens und Verhaltens überhaupt geben könne, seinerzeit heiß diskutiert worden. So postulierte Heinz Hartmann, ein in den dreißiger Jahren nach USA ausgewanderter Psychoanalytiker, 1937 eine durch Übung und Gewohnheit affektiv neutralisierte konfliktfreie Zone, analog dem ruhigen Hinterland eines an seinen Grenzen bedrohten Staates. Sie könne jedoch durch Einbrüche von der Front der Affekte her jederzeit wieder rekonfliktualisiert werden. Obwohl diese These umstritten blieb, wird niemand bezweifeln, daß ursprüngliche Wut oder Angst, aber auch Freude oder Begeisterung über eine neue Fähigkeit oder Theorie mit zunehmender Routine ruhigeren – und unter Umständen sogar gegenteiligen – Gefühlen zu weichen pflegen. Eine wirkliche Affektfreiheit von kognitiven Funktionen dagegen ist – ebenso wie eine völlige Kognitionsfreiheit von Affekten – zumindest bei intakten Hirnstrukturen nach der Hypothese der Affektlogik eine Fiktion.

Affektlogische Psycho- und Soziodynamik

Selbstverständlich darf die komplexe Hierarchie affektiv-kognitiver Bezugssysteme in keiner Weise als etwas Statisches verstanden werden. Vielmehr handelt es sich nach dem Konzept der Affektlogik um ein neuronal verankertes Gefüge aus Fühl-, Denk- und Verhaltensprogrammen, das sich unter dem Einfluß des aktuellen Erlebens zumindest in Teilbereichen fortwährend umgestaltet. Zugleich speichert und kondensiert es das gesamte vergangene Erleben in einem synchronen Mit- oder Nebeneinander, das sich in ähnlichen Situationen dann gewissermaßen immer wieder zu einem diachronen Nacheinander entrollt. Auf diesem Mechanismus beruhen einfache bedingte Reflexe (konditioniertes Lernen) ebenso wie die komplexesten psychoanalytischen Übertragungsreaktionen. Da sich in solchen Programmen nicht allein das psychische, sondern auch das ganze zwischenmenschliche und umweltbezogene Erleben niederschlägt, ergibt sich zugleich eine konzeptuell klare logische Verbindung zwischen Bereichen, die bisher zumeist mit getrennten Theorien angegangen wurden. So befaßt sich die Psychoanalyse vorzugsweise mit Psychodynamik, während Familien-, Gruppen- und andere soziale Prozesse oft ganz ohne Bezug zum

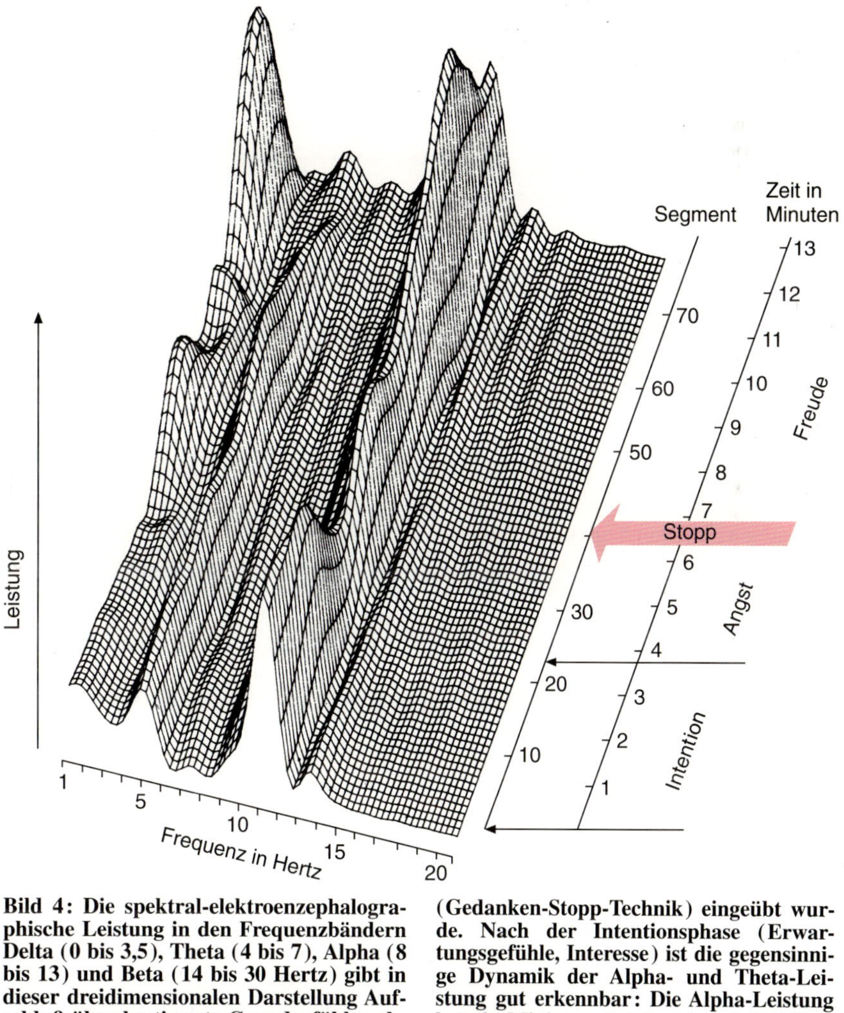

Bild 4: Die spektral-elektroenzephalographische Leistung in den Frequenzbändern Delta (0 bis 3,5), Theta (4 bis 7), Alpha (8 bis 13) und Beta (14 bis 30 Hertz) gibt in dieser dreidimensionalen Darstellung Aufschluß über bestimmte Grundgefühle; abgeleitet wurden die Hirnströme in Form von EEGs am Kopf der Versuchsperson. Rechts sind die emotionalen Qualitäten von intensiv wiedererinnerten Erlebnissen angegeben, deren Evokation zuvor mit einer Spezialmethode zur Selbstkontrolle gedanklicher und emotioneller Abläufe (Gedanken-Stopp-Technik) eingeübt wurde. Nach der Intentionsphase (Erwartungsgefühle, Interesse) ist die gegensinnige Dynamik der Alpha- und Theta-Leistung gut erkennbar: Die Alpha-Leistung hat ein Minimum bei Angst und ein Maximum bei Freude; bei der Theta-Leistung verhält es sich umgekehrt. Grundgefühle lassen sich anhand dieser Kriterien verläßlich identifizieren. Durchgeführt haben die Untersuchung Wielant Machleidt und seine Mitarbeiter an der Universitätsklinik für Neurologie und Psychiatrie in Köln.

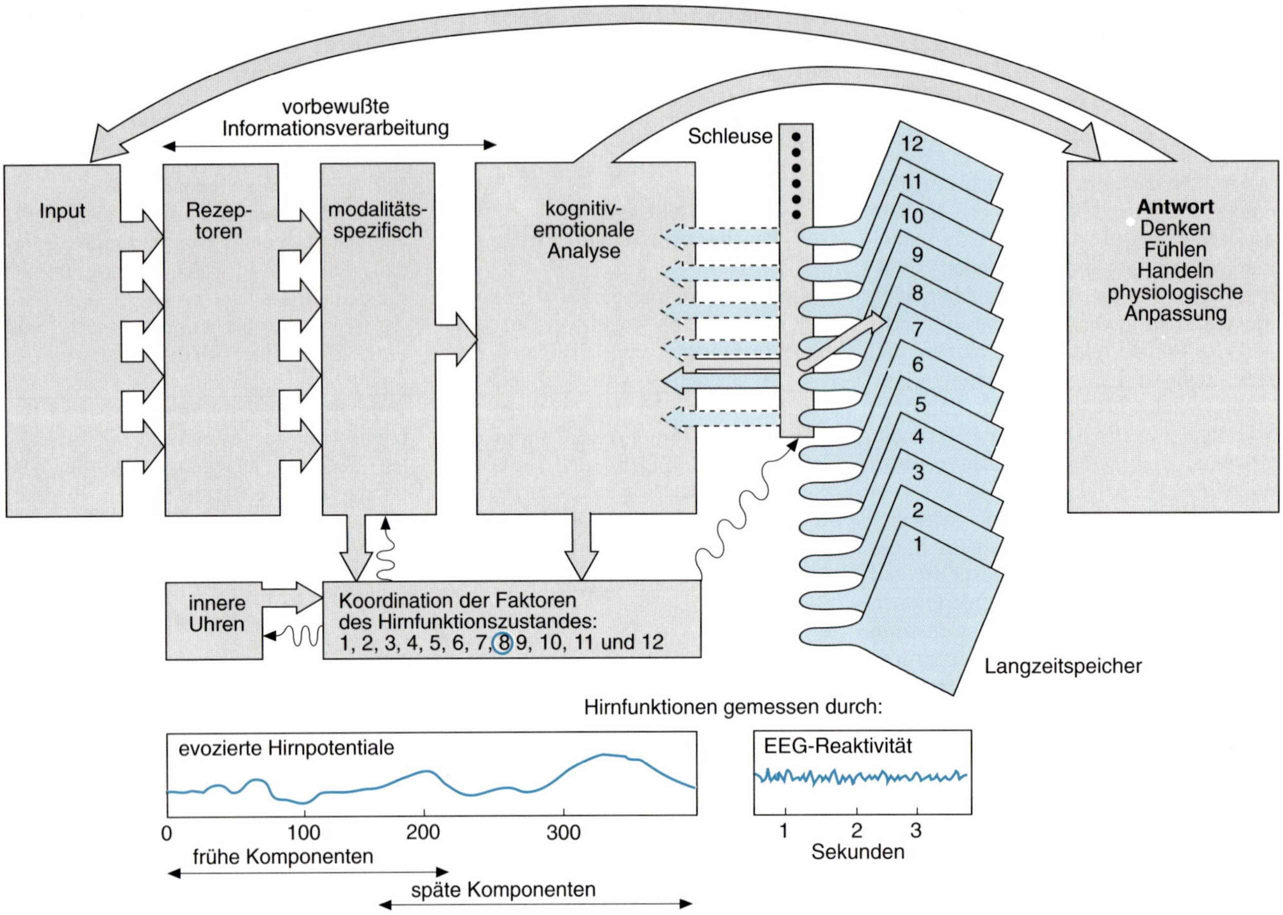

Bild 5: Zustandsabhängiges Lernen und Erinnern nach dem Modell der zerebralen Informationsverarbeitung von Martha Koukkou und Dieter Lehmann von den Universitäten Bern und Zürich. Je nach dem globalen Hirnfunktionszustand, den äußere Reize, Emotionen, hormonale Reaktionslagen und biologische Rhythmen (innere Uhren) beeinflussen, werden verschiedenartige kognitive Langzeitspeicher geöffnet oder geschlossen. Gewellte Pfeile bedeuten Steuereinflüsse, unterbrochene Pfeile hingegen, daß zwar abgerufen, aber nicht eingespeichert werden kann. Im Wachbewußtsein herrschen Hirnfunktionszustände höherer, im Traum solche mäßiger und im Tiefschlaf solche niedriger Ordnung. In Zuständen mäßiger Ordnung sind die bei höherer Ordnung gespeicherten Informationen nur teilweise zugänglich und die bei tieferer so gut wie gar nicht. Das Schema zeigt den Fall, daß der Speicher 8 aktiviert ist, während die Speicher 1 bis 6 gesperrt und 7 sowie 9 bis 12 nur für Abruf zugänglich sind.

Individuum systemtheoretisch verstanden werden.

Die einmal angelegten Fühl-, Denk- und Verhaltensprogramme bleiben also wandel- und erweiterbar durch Lernen, und gerade dabei spielen affektive Komponenten wiederum eine wichtige organisatorisch-integrative Rolle. Wie die Alltagserfahrung lehrt, werden Ereignisse und Fakten, die mit prägnanten Gefühlen – etwa Freude, Schreck, Angst oder Wut – verbunden waren, besonders gut im Gedächtnis behalten. Rein kognitive Informationen dagegen lassen kalt, werden – wie auch Werbungsexperten und Journalisten sehr wohl wissen – praktisch gar nicht beachtet. Das Phänomen des sogenannten zustandsabhängigen Lernens und Erinnern zeigt, daß Affekte wie Filter oder Schalter wirken, die darüber entscheiden, was überhaupt gespeichert oder abgerufen wird. So registriert etwa der Verliebte, der Glückliche und Euphorische völlig andere Aspekte der gleichen Umwelt als der Traurige, der Wütende oder der Verängstigte; und entsprechend ist seine Erinnerung.

Außer hirnphysiologischen Befunden zu diesen Phänomenen, mit denen wir uns noch näher befassen werden, sprechen auch rein psychologische Beobachtungen dafür, daß durch gleiche Affekte verknüpfte kognitive Gedächtnisinhalte in eben diesen Affektzuständen bevorzugt mobilisiert werden. Eindrucksvoll demonstrierten das beispielsweise die Experimente von Stanislaw Grof in den siebziger Jahren an der Johns-Hopkins-Universität in Baltimore (Maryland). Als er mit Hypnose oder mit die Psyche beeinflussenden Drogen Gefühle von Angst, Freude oder Scham induzierte, kamen über das gesamte Leben verstreute, aber verdrängte Erinnerungen mit gleichartiger Gefühlsqualität sozusagen *en bloc* wieder zum Vorschein; er bezeichnete solche Blöcke als Coex-Erinnerungen (nach englisch *condensed experiences*, kondensierte Erfahrungen).

Wie auch immer die Aktivierung affektiv-kognitiver Schaltkreise ausfällt, sie hängt nach dem vorgestellten Konzept mindestens ebensosehr von der Struktur der bestehenden affektiv-kognitiven Bezugssysteme selber ab wie von der Natur der Auslöser – seien sie nun kognitiv, affektiv, sensomotorisch oder zentralnervös-biochemisch. Dies vermag zwanglos zu erklären, warum gleiche Stimuli auf verschiedene Individuen derart unterschiedlich wirken können, daß Experimente widersprüchlich ausfallen. Zugleich macht dies klar, warum die nun schon Jahrzehnte dauernde Kontroverse, ob Affekt oder Kognition das Primäre seien, vermutlich nie zugunsten der einen oder der anderen Richtung entschieden werden kann.

Selbst der sogenannte freie Wille zeigt eine typisch affektiv-kognitive Struktur: Er hat einen kognitiven Inhalt (ich will ein Haus bauen, nach Paris reisen, diesen oder jenen Gegenstand kaufen) und entspricht zugleich einem intensiven dominierenden Affekt. Piaget schloß aus der Analyse aller einschlägigen Hinweise und Indizien sogar, der Wille sei eine „affektive Regulation von Regulationen", sprich ein hierarchisch übergeordneter Gefühlsimpuls.

Seine Interpretation steht ganz im Einklang mit den von der Affektlogik postulierten mobilisatorischen und organisatorisch-integratorischen Funktionen der Affekte: Der gebündelte, dominierende „Willensaffekt" kanalisiert und polarisiert das Denken stärker als sämtliche untergeordneten Affekte auf ein bestimmtes Ziel hin; er ist deshalb bekanntlich imstande, Berge zu versetzen. Nur beim Menschen jedoch gehen seine Wirkungen so weit, daß gewisse Gefühlsregungen entweder willentlich unterdrückt oder aber simuliert werden können.

Nicht übersehen werden sollte dabei allerdings, daß solche „Regulationen" ihrerseits wieder letztlich unter der Herrschaft übergeordneter Affekte wie Scham, Angst oder Aggression stehen. Da ein Großteil dieser Affektschaltungen – wie zahlreiche Befunde belegen – weitgehend unbewußt bleiben, wird man von einem „freien Willen" nur mit größter Vorsicht zu sprechen wagen.

Affekte als Motoren und Organisatoren der sozialen Dynamik

Als letzter Aspekt der affektlogischen Psycho- und Soziodynamik sei hervorgehoben, daß sich praktisch sämtliche mobilisierenden und integrierenden Wirkungen der Affekte, die ich hier vorwiegend auf der – individuellen – Mikroebene aufgezeigt habe, in abgewandelter Form auf der sozialen Makroebene wiederfinden: Kollektive emotionale Impulse, Stimmungen, Haltungen und Wertvorstellungen bewegen und motivieren nicht nur soziale Systeme beliebiger Größe, sondern verleihen ihnen sowohl in einer aktuellen Situation wie auch über die Zeit erst den erforderlichen Zusammenhalt. Ohne eine gemeinsame emotionale Basis fallen Paare wie Familien, Gruppen und ganze Nationen auseinander: Gemeinsames Handeln ist nur aufgrund bestimmter gemeinsamer Gefühle – etwa Angst, Wut, Freude, Enthusiasmus – möglich.

Affekte wie diese sind bekanntlich überaus ansteckend; Massenpanik und Massenhysterie bieten spektakuläre Beispiele. Subtiler äußert sich die ansteckende Wirkung darin, daß Stimmungen innerhalb eines Paares oder einer Gruppe sehr rasch überspringen und dann alle weitere Kommunikation unterschwellig beeinflussen. So können untergründige Affekte wie Wut, Scham oder Angst das gesamte soziale Verhalten entscheidend bestimmen.

Interessanterweise funktionieren Affekte zudem auch im sozialen Bereich bei der Bildung und dem Abruf von Gedächtnisinhalten wie eine Art Schalter: Gewisse kollektive Erinnerungen versinken unter der Wirkung aktueller übermächtiger Emotionen oder tauchen wieder auf – was sich gerade jetzt besonders kraß in der Reaktivierung gewisser Kriegserinnerungen im früheren Jugoslawien oder im Wiederaufflammen nationalsozialistischer Denkinhalte in Deutschland zeigt. Auf der gleichen affektregulierten Verschiebung des Bewußtseinsfokus beruhen auch die periodisch überall zu verzeichnenden „Umschreibungen der Geschichte".

Das psychisch-mentale Geschehen ist mithin über weiteste Bereiche keineswegs allein von denkerischer Logik, sondern von Affektlogik beherrscht: Es gibt eine Logik der Angst, der Wut oder der Trauer ebenso wie eine Logik der Freude oder der Liebe. Jede kann den Menschen um den Verstand bringen. Irgendwo zwischen den Extremen dürfte allerdings die erwähnte neutralisierte Zone – eine Stimmung ausgeglichener Entspannung und Gelassenheit – liegen, in der die Welt der scheinbar emotionsfreien alltäglichen Automatismen und auch der wissenschaftlichen Gewißheiten angesiedelt ist, die dem konventionellen Begriff von Logik besser entsprechen. Welche dieser Logiken jeweils in der Hierarchie dominiert, ist eine Frage des gesamten Kontextes.

Neurobiologische Grundlagen von Gefühlen

Die Erforschung der anatomischen und physiologischen Grundlagen von Emotionen wie auch von Kognitionen im Gehirn hat in den letzten Jahrzehnten markante Fortschritte erzielt. Insbesondere hat sich die Hypothese von Paul McLean bestätigt, wonach jene Hirnstrukturen, die er 1952 – während seiner Tätigkeit an der Yale-Universität in New Haven (Connecticut) – unter dem Begriff des limbischen Systems zusammenfaßte, für die Regulation von Affekten eine zentrale Rolle spielen. Die wichtigsten Strukturen sind der Mandelkern und der Hippocampus, die an der Innenseite des Schläfenlappens liegen, die *Area septalis* und verschiedene Regionen der Großhirnrinde (Bild 1). Eine experimentelle elektrische Reizung bestimmter Zellgruppen in diesem System kann, wie sich gezeigt hat, Wut, Angst, Freude oder sexuelle Erregung auslösen.

McLean zufolge sollten die affektregulierenden Hirnteile eine Mittlerfunktion einnehmen: zwischen den entwicklungsgeschichtlich ältesten Hirnbereichen einerseits, welche die biologischen Grundfunktionen (wie Atmung, Herzschlag, Blutdruck, Schlaf-Wach-Rhythmus) sichern, und der Großhirnrinde (dem Neocortex) andererseits, die für höhere kognitiv-intellektuelle Funktionen zuständig ist. Das hat sich inzwischen vielfach bestätigt.

Von den Bereichen der Großhirnrinde, die Sinneseindrücke aus dem Wahrnehmungsapparat getrennt oder vermischt verarbeiten, gehen Nervenbahnen zu den Mandelkernen. (Patienten wie auch tierische Primaten mit zerstörtem Mandelkern verhalten sich so, als sei die Verbindung zwischen Innen- und Außenwelt defekt; komplexe Reize vermögen nicht mehr adäquate Emotionen zu wecken.) Es scheint aber nach neuesten Erkenntnissen auch eine Art direkten Draht zu vorverarbeitenden Schaltstationen wie dem Thalamus zu geben.

Aller Wahrscheinlickeit nach verleihen speziell die Mandelkerne sämtlichen einlaufenden kognitiv-sensorischen Stimuli eine affektive Färbung. Da sie zudem eng mit den Rindenbereichen des Stirnhirns verknüpft sind, die den höchsten integrativ-kognitiven Leistungen dienen, sind grundlegende Voraussetzungen dafür erfüllt, daß sich umfassende affektiv-kognitive Schaltkreise im Sinne der affektlogischen Hypothese bilden können. Gleichzeitig bestehen aber auch enge Verbindungen zum Hypothalamus und von dort – über die hormonalen Regulationen der Hypophyse, der Hirnanhangdrüse – zur vegetativen „Stimmung" des gesamten Körpers (Bild 2).

Ebenfalls für die Hypothese der Affektlogik spricht, daß teilweise dieselben limbischen Strukturen, welche die Affekte regulieren, auch für Gedächtnisleistungen entscheidend sind. Ohne intakte Mandelkerne und Hippocampi erlischt praktisch jede dauerhafte Erinnerungsfähigkeit an Neues. Zunächst vermutete man deshalb dort zu Unrecht den eigentlichen Sitz des Gedächtnisses. Heute dagegen setzt sich mehr und mehr die Erkenntnis durch, daß die gesamte, sich selbstorganisatorisch herausbildende Struktur der Assoziationsbahnen als Speicher dient. Synaptische Verbindungen zwischen Nervenzellen können geschwächt oder gestärkt, deren Fortsätze umgestaltet werden. Man spricht direkt von Plastizität des Gehirns. Sie bedeutet, daß das neuronale Netzwerk sich modifiziert und Schaltkreise um so enger zusammenarbeiten, je häufiger sie gemeinsam aktiviert werden. Dies ist die biologische Grundlage der postulierten aktionsgenerierten Fühl-, Denk- und Handlungsprogramme.

Praktisch sämtliche komplexen Beziehungen zwischen limbischem System, Gedächtnis und Affekten ließen sich in Weiterführung der affektlogischen Hypothese vermutlich mit der einfachen Zusatzannahme erklären, daß ein spezifischer affektiver Imprint erforderlich ist, damit integrierte affektiv-kognitive Bezugssysteme (also Programme) entstehen, die bei der Mobilisierung der entsprechenden Kognitionen durch gleichartige Affekte dann wieder aktiviert würden. Meines Wissens nach ist diese Annahme jedoch noch nicht experimentell untersucht worden.

Die limbischen Strukturen sind zudem spezifische Kreuzungs- und Knotenpunkte für fast alle wichtigen Systeme von Neurotransmittern (siehe Kasten auf Seite 131). Diese chemischen Botenstoffe, die Signale von einer Nervenzelle zur anderen weiterleiten, stehen mit bestimmten Affekten in Beziehung. So spielt das Noradrenalin-System bei aggressiven Zuständen eine entscheidende Rolle, das Serotonin-System bei traurig-depressiven Gefühlen und das Dopamin-System wahrscheinlich bei Angst. Neurotransmitter und -hormone wie die Endorphine – im Gehirn produzierte körpereigene Morphine – vermitteln freud- und lustvolle Emotionen.

Aufgrund ihrer anatomischen Beziehungen scheinen all diese Botenstoffsysteme dazu prädestiniert, weit auseinanderliegende Gehirnteile miteinander zu verbinden, das heißt, je nach Affektzustand zu großräumigen operationalen Einheiten zusammenzufassen. So lassen sich anhand von Tierexperimenten sowie von Beobachtungen an Hirnverletzten zumindest Teile mehrerer weitläufiger Funktionssysteme unterscheiden, die durch bestimmte Emotionen charakterisiert sind: etwa ein Ärger-Wut-System, das von der Hirnmitte zugewandten Bereichen des Mandelkerns und des Schläfenlappens reguliert wird, ein Furcht-Angst-System im Zentrum des Mandelkerns sowie ein Panik-Trauer-System, das mit dem vorderen *Gyrus cinguli* (einer Windung an der Innenseite der beiden Großhirnhälften) in enger Verbindung steht (Bild 1). Ferner hat man ein Freude-Lust- oder Belohnungssystem (Bild 3) sowie ein sogenanntes Interesse-Erwartungs-System beschrieben.

Allerdings sind solche Strukturen vermutlich wieder nur Elemente von noch weiter ausgedehnten, kontextorientierten Funktionssystemen, die auch sensorische und motorische Anteile umfassen. Erst diese würden die postulierten integratorischen Fühl-, Denk- und Verhaltenssysteme darstellen. Dafür sprechen beispielsweise auch die ausgedehnten affektspezifischen Erregungsmuster im Gehirn, die parallel zu affektbelegten Rufen beim Totenkopfäffchen nachgewiesen wurden.

Für die Hypothese der Affektlogik besonders bedeutsam sind schließlich gewisse Untersuchungen des Hirnstrombildes, des Elektroenzephalogramms (EEG), bei denen das gesamte Frequenzband erfaßt wurde. So ist es Wielant Machleidt und seinen Mitarbeitern von der Klinik und Poliklinik für Neurologie und Psychiatrie in Köln 1989 gelungen, insgesamt fünf sogenannte Grundgefühle (Erwartungsgefühle, Wut, Angst, Trauer und Freude) im Spektral-Enzephalogramm verläßlich zu identifizieren. Sie hatten Versuchspersonen darauf trainiert, sich für einige Minuten intensiv auf ganz bestimmte, stark mit spezifischen Affekten befrachtete Erlebnisse zu konzentrieren. Bei Freude etwa stieg regelmäßig die Leistung des Alpha-Wellen-Bandes, während die der flankierenden Frequenzbänder – der Theta- und der Beta-Wellen – sich reduzierte (Bild 4). Bei Angst dagegen erhöhte sich die Theta-Leistung, während bei den Alpha-Wellen die Leistung sank, die Gipfelfrequenz und die Bandweite aber zunahmen. Bei Mischgefühlen entstanden entsprechende Mischbilder.

Andere, ebenfalls spektral-elektroenzephalographische Untersuchungen zum zustandsabhängigen Lernen und Erinnern haben zudem ergeben, daß die neuronale Informationsverarbeitung erheblich vom aktuellen globalen Hirnfunktionszustand abhängt: ob man nun wacht, schläft, träumt oder unter Drogen beziehungsweise Hypnose steht. Die EEGs für ein und dieselbe neuronale Tätigkeit – etwa die unmittelbare Orientierungsreaktion auf einen einfachen Reiz hin oder das Speichern und Abrufen von komplexerem kognitivem Material – unterscheiden sich dann in charakteristischer Weise. In höher differenzierten Zuständen (wie im Wachen) gespeicherte Informationen blieben dabei interessanterweise in weniger differenzierten Zuständen (wie im Traum) weiterhin verfügbar, nicht aber umgekehrt – Geträumtes vergißt man, sofern man nicht unmittelbar danach geweckt wird.

Die seit langer Zeit mit derartigen Untersuchungen befaßten Schizophrenie-Forscher Martha Koukkou und Dieter Lehmann von der medizinischen Fakultät der Universität Bern und Zürich schlagen deshalb ein Modell vor, wonach bestimmte Gedächtnisspeicher registerartig jeweils nur in bestimmten

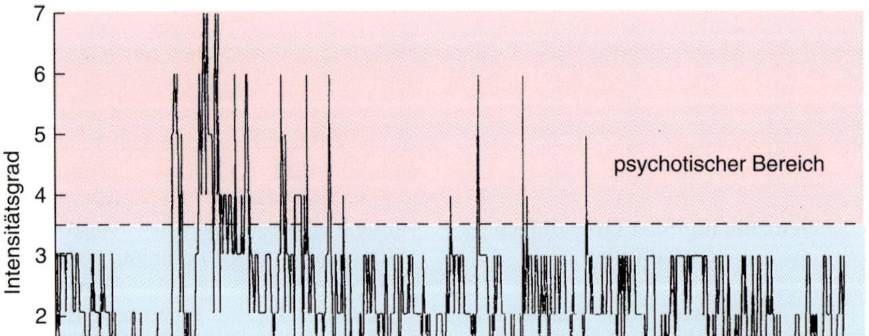

Bild 6: Chaotische tägliche Fluktuationen der psychotischen Symptomatik bei Schizophrenie, einer herkömmlich als Denkstörung angesehenen Erkrankung. Die beobachtete Intensität der psychotischen Realitätsentfremdung wird durch geschulte Beobachter täglich auf einer Sieben-Punkte-Bewertungsskala registriert. Die Grade 0 bis 2 bezeichnen zunehmende psychische Spannung noch im Normbereich, 3 und 4 psychopathologische Symptome im Übergangsbereich zwischen Norm und Psychose (sogenannte Depersonalisations- und Derealisationserscheinungen), 5 bis 7 manifest psychotische Erscheinungen wie Wahn und Halluzinationen. In den unregelmäßigen Schwankungen dieser Symptomatik ließen sich mittels einer speziellen Berechnungsmethode von Peter Grassberger von der Universität Wuppertal und Itamar Procaccia vom Weizmann-Institut in Rehovoth (Israel) Anhaltspunkte für eine versteckte Regelmäßigkeit im Sinne eines fraktalen seltsamen Attraktors finden.

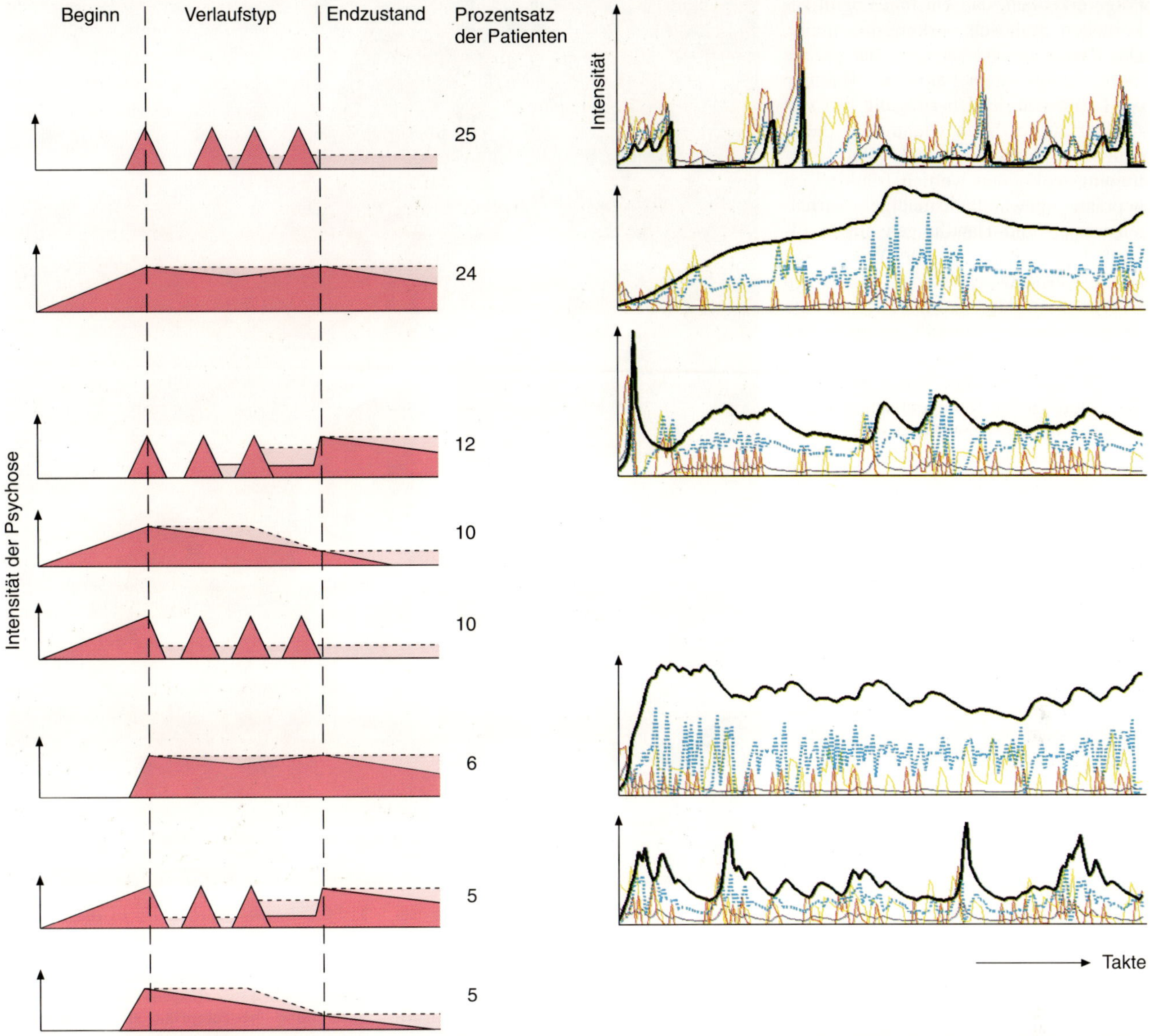

Bild 7: Klinisch beobachtete Prototypen des Langzeitverlaufs der Schizophrenie (links) und computersimulierte Verläufe (rechts). Aufgrund eines nicht-linearen synergetischen Modells der Interaktionen zwischen den verlaufsbeeinflussenden Variablen – kognitiven Störungen (violett), Stress (rot), Rückzugsverhalten (blau), affektiven Reaktionen durch die Umgebung (gelb) sowie Wahn (schwarz) – gelang es, mehrere den beobachteten Verlaufstypen ähnliche Muster zu reproduzieren, sozusagen lebensnahe Varianten der Prototypen. Die Langzeitbeobachtungen stammen von Luc Ciompi und Christian Müller (früher an der Universität Lausanne), die Computersimulationen hingegen von Günter Schiepek und Wolfgang Schoppek an der Universität Bamberg.

Hirnfunktionszuständen abrufbar sind (Bild 5). Bestimmte Schubladen sozusagen lassen sich in manchen Zuständen nicht öffnen. Da auch Affekte mit bestimmten globalen Veränderungen des Hirnfunktionszustandes (erkennbar am EEG) einhergehen, sollten sich ähnliche Unterschiede beim Speichern und Abrufen von Gedächtnismaterial nachweisen lassen, wenn sich der emotionale Zustand ändert. Solche kombiniert affektiv-kognitiven Untersuchungen stehen freilich noch aus.

Falls die Grundannahmen der Affektlogik stimmen, zeichnet sich eine Fülle praktischer und theoretischer Konsequenzen auf verschiedenen Gebieten ab – von der gezielten Kommunikation einschließlich Journalismus, Werbung und Unterhaltung über die Psychiatrie und Psychotherapie bis zur Wissenschaftstheorie und Philosophie. Nur einige wenige davon kann ich hier anreißen.

Praktische Konsequenzen

Für jede Art von Kommunikation und Informationsübermittlung hieße dies, daß für die Aufnahme kognitiver Botschaften die grundlegende Affektstimmung von erstrangiger, der Inhalt der zu übermittelnden Informationen dagegen nur von zweitrangiger Bedeutung ist. Wie jeder gute Lehrer, Redner, Verkäufer, Entertainer oder Werbefachmann weiß, muß er sein Publikum erst einmal emotional einstimmen, um überhaupt gehört zu werden. Zudem hat, wie die Alltagserfahrung lehrt, ein sympathisch wirkender Mensch große, ein unsympathischer dagegen kaum Chancen, sich Gehör zu verschaffen – ganz gleich, was er mitzuteilen hat.

Dies ist auch im Bereich der kognitiven Therapien und Verhaltenstherapien allmählich klar geworden: Lautete aus theoretischen und forschungsbedingten Gründen hier eine Zeitlang die Devise, emotionale Faktoren seien möglichst aus dem Spiel zu lassen, so mußte man in der

Folge erkennen, daß ein rein kognitives Vorgehen praktisch wirkungslos bleibt. Die Psychoanalyse dagegen hat gerade diesen emotionalen Faktor im Rahmen der Lehre von der Übertragung fast von Anfang an zu ihrem wichtigsten therapeutischen Hebel gemacht. (Bei Übertragungsreaktionen werden frühkindlich geprägte gewohnheitsmäßige Verhaltensweisen und Handlungen einem Elternteil gegenüber auf alle Autoritätsfiguren übertragen; solch unbewußte Übertragungshaltungen werden im Laufe des psychoanalytischen Prozesses gezielt reaktiviert und bearbeitet).

Sehr vernachlässigt wurde und wird die grundlegende therapeutische Bedeutung der emotionalen Atmosphäre paradoxerweise in der traditionellen Psychiatrie, obwohl gerade hier solche Zusammenhänge besonders gut bekannt sein müßten. So werden in den psychiatrischen Krankenhäusern vielerorts noch heute mehr als dreißig Akut-Schizophrene, delirierende Alkoholiker, desorientierte Alterskranke, schwer depressive und selbstmordgefährdete Patienten zusammen in einen sogenannten unruhigen Wachsaal gepfercht, obwohl sich diese verängstigten und verwirrten Menschen vielfach gegen ihren Willen zum ersten Mal in einer für sie völlig fremdartigen, labyrinth- und gefängnisartigen Institution mit unvertrauten Regeln und Riten finden. Kein Wunder, daß manche von ihnen noch kränker und erregter werden als zuvor und dann gewaltsam isoliert, fixiert und mit hohen Dosen von Neuroleptika ruhiggestellt werden müssen.

Beachtet man dagegen zuvörderst den emotionalen Faktor und stellt eine möglichst normale, entspannte Situation in einer freundlichen, überschaubaren Therapie-Einrichtung her, so läßt sich – wie im Pilotexperiment „Soteria Bern", einer kleinen offenen therapeutischen Wohngemeinschaft für akut erkrankte junge Schizophrene gezeigt – die Schaltkraft der Affekte oft in verblüffender Weise nutzen: Selbst hochgradig gespannte und aggressive Patienten beruhigen sich dort nicht selten schlagartig und benötigen dann keine oder nur noch geringe Dosen von Medikamenten (nach einer derzeit laufenden Untersuchung im Schnitt weniger als halb so viel wie eine traditionell behandelte Kontrollgruppe), um gleichwertige therapeutische Resultate zu erzielen (Bild 8). Ob und wie sich freilich solche Methoden auch in großem Maßstab anwenden lassen, ist offen, denn „Soteria Bern" nimmt nicht mehr als sechs bis acht Patienten gleichzeitig auf, und die Behandlung einschließlich der jeweiligen sozialen Wiedereingliederung dauert meist mehrere Monate.

Bild 8: Eine praktische Anwendung des affektlogischen Konzepts ist das Pilotexperiment „Soteria Bern" für akut an einer schizophrenen Psychose erkrankte Patienten. Anders als in der unruhigen Aufnahmeabteilung eines psychiatrischen Großkrankenhauses werden sie in dieser offenen therapeutischen Wohnumgebung Tag und Nacht behutsam mitmenschlich begleitet und gestützt. Hier gelingt es oft, die psychotischen Störungen fast oder sogar ganz ohne Neuroleptika zu überwinden.

Weitere mögliche Konsequenzen des affektlogischen Konzepts für die Medizin betreffen die traditionelle psychiatrische Krankheitslehre und das Verständnis wichtiger psychopathologischer Phänomene. So erscheint es aus der Sicht der Affektlogik zunehmend als fraglich, ob tatsächlich, wie in allen gängigen Klassifikationssystemen vorausgesetzt, bloß die Depression und die Manie und nicht auch die Schizophrenie als eine in ihrem Wesen zutiefst affektive Psychose zu verstehen sei. Gerade die seit jeher als zentral betrachteten psychopathologischen Phänomene der Schizophrenie – psychotische Ambivalenz, Spaltung und Zersplitterung von Denken und Fühlen (Schizophrenie bedeutet Spaltungsirresein) sowie Sprunghaftigkeit und Inkohärenz des Verhaltens – könnten Ausdruck einer fundamentalen Fehlregulation und Entstabilisierung der Affekte sein. Denkbar wäre angesichts der geforderten funktionellen Einheit von Emotion und Kognition, daß das limbische System und sein Zusammenspiel mit dem Frontalhirnbereich gestört sind.

Einige Anhaltspunkte für eine solche „Limbopathie" liegen in der Tat bereits vor. Wie die EEG-Untersuchungen von Machleidt sowie klinische Beobachtungen belegen, ist die Angst bei der Schizophrenie der dominierende Affekt. Dies zusammen mit dem Umstand, daß Neuroleptika – die bislang einzigen antipsychotisch wirksamen Psychopharmaka – an dem mit dem Angstsyndrom offenbar eng verbundenen Dopamin-Stoffwechsel angreifen, spricht für die Bedeutung affektiver Störungen. Entgegen gängigen Lehrmeinungen könnten deshalb vielleicht auch die Neuroleptika – und nicht nur die als Stimmungsaufheller eingesetzten Thymoleptika – primär das Fühlen und erst sekundär auch das Denken beeinflussen.

Theoretische Überlegungen

Auch auf theoretischem Gebiet eröffnet das affektlogische Modell der Psyche neue Perspektiven, insbesondere die Möglichkeit, moderne system- und chaostheoretische Erkenntnisse zur Dynamik komplexer Systeme auch auf den mentalen Bereich anzuwenden. Ein offenes System, das unter fortgesetzter Energiezufuhr weit von seinem Gleichgewicht abtreibt, kann an einem bestimmten kritischen Bifurkationspunkt über plötzliche Sprünge in ein anderes dynamisches Organisations- oder Energieverteilungsmuster hineingezwungen werden. Die Annahme liegt nahe, daß auch die plötzlichen Entwicklungssprünge psychischer Systeme – die Piagetschen majorisierenden Äquilibrationen ebenso wie das pathologische Überschnappen in psychotisch verrückte Zustände – etwas Derartiges darstellen, wobei bestimmte Affekte (beziehungsweise affektiv-kognitive Bezugssysteme) als Attraktoren wirken könnten, quasi als Anziehungspunkte im Raum der möglichen Zustände.

Tatsächlich ließen sich in eigenen chaostheoretisch fundierten Untersuchungen zur psychotischen Verlaufsdynamik bereits erste Anhaltspunkte für das Vorliegen eines fraktalen seltsamen Attraktors in den chaotisch anmutenden täglichen Schwankungen der schizophren-psychotischen Symptomatik über längere Zeit nachweisen (Bild 6). von Gunter Schiepek und Wolfgang Schoppek an der Universität Bamberg ist es zudem gelungen, unter Berücksichtigung affektiver Faktoren und anhand eines differenzierten Modells der schizophrenen Verlaufsdynamik mehrere der von uns beobachteten schizophrenen Langzeitverläufe durch Veränderung bestimmter Kontrollparameter in der Computersimulation recht wirklichkeitsgetreu zu reproduzieren (Bild 7).

Die wesentlichen Träger der Energie, die hinter der Dynamik psycho-sozio-biologischer Systeme steckt, sind nach dem Konzept der Affektlogik wiederum die Affekte. Da nach diesem Konzept auch jegliche Information als etwas Affektiv-Kognitives (und nicht bloß Kognitives) aufzufassen ist, wird die wechselseitige Kopplung zwischen den biologischen, psychischen und sozialen Bereichen besser verständlich: Einerseits beeinflussen die neuronal vorgebahnten Fühl-, Denk- und Handlungsmuster jegliche soziale Wahrnehmung, Kommunikation und Aktion, und andererseits werden diese Bahnungen durch alles soziale Erleben, ja durch die ganze Umwelt fortwährend beeinflußt und weiter differenziert. Der spezifisch psychische, also bewußtseinsfähige Phänomenbereich, der mit dem jeweils gerade aktivierten Aufmerksamkeitsfokus wie die Spitze eines Eisbergs aus dem breiten Untergrund des Unbewußten aufragt, kann als Ergebnis einer auf immer höhere Abstraktionsebenen vorangetriebenen Verdichtung von Information (von „psychischer Energie") verstanden werden. Bei dieser Verdichtung wird Invariantes (Gemeinsames) sukzessive aus der zunächst chaotisch anmutenden Varianz des Begegnenden extrahiert.

Wenn man zudem die Beziehungen zwischen dem biologischen, psychischen und sozialen Bereich aus der Sicht der Synergetik betrachtet, wie sie der Physiker Hermann Haken von der Universität Stuttgart entwickelt hat, lassen sich die psychischen und biologischen Vorgänge auf der Ebene des Individuums als ein Mikrogeschehen auffassen; aus ihm kann bei genügender Energie- beziehungsweise Informationszufuhr dann auf der sozialen und sozio-kulturellen Ebene ein Makrogeschehen hervorgehen, das unendlich viele ungeordnete Einzelprozesse zu einem Gesamtprozeß höherer Ordnung zusammenbündelt – analog wie beim Laser durch das Dominantwerden einer bestimmten Schwingung ein intensiver Strahl von kohärentem Licht bestimmter Wellenlänge entsteht.

Was schließlich die angedeuteten Querverbindungen der Affektlogik zu wissenschaftstheoretischen und philosophischen Fragen betrifft, so liegen diese gänzlich auf der Linie des aktuellen Konstruktivismus, der zu klären versucht, wie ein Konstrukt von Wirklichkeit in unserem Kopf zustande kommt: Analog zu den relativistischen Welten der modernen Physik tritt aus affektlogischer Sicht in all unseren „Wahrheitssystemen" bis in die strenge Logik und Wissenschaft hinein an die Stelle einer einzigen und absoluten Wahrheit eine operationale, kontext- und bedürfnisspezifische und damit relative, multiple und lokale Wahrheit, die erheblich von teilweise unbewußten affektiven Gestimmtheiten und Wertvorstellungen mitbestimmt ist. Ob man die Welt (und sich selber) durch die Brille einer Liebes- oder einer Haßlogik, einer Aggressions- oder einer Angstlogik betrachtet, macht einen gewaltigen Unterschied. Wie weitreichend die Konsequenzen derartiger Fühl-, Denk- und Verhaltensprogramme sein können, hat auf der kollektiven Ebene während des Golfkriegs der französische Präsident François Mitterrand eindrücklich vor Augen geführt, als er von der Logik des Krieges und der Logik des Friedens sprach.

Damit sind wir – nicht zufällig – zum Schluß bei ethischen Fragen angelangt. Die Hypothesen der Affektlogik sind, sollten sie zutreffen, keineswegs harmlos; man denke nur an die Möglichkeiten der Denkbeeinflussung über manipulierte Affekte oder an Anwendungsmöglichkeiten auf dem Gebiet der Künstlichen Intelligenz. Es macht deshalb auch einen Unterschied, mit welcher Art von Logik diese Hypothesen aufgenommen und weiterverwendet werden.

Sprache und Gehirn

Eine ganze Batterie neuronaler Strukturen dient der Darstellung von Begriffen, eine kleinere findet Wörter und bildet Sätze daraus; als wichtige Instanz vermittelt eine dritte zwischen den anderen beiden.

Von Antonio R. Damasio und Hanna Damasio

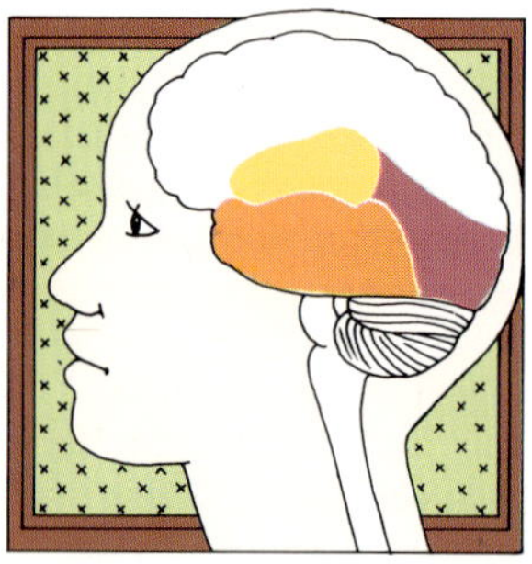

Was versteht man in den Neurowissenschaften unter Sprache? Offenbar ist die Fähigkeit gemeint, Wörter zu gebrauchen – oder Gebärden, falls es sich um eine Sprache für Gehörlose handelt – und sie so zu Sätzen zu verbinden, daß unsere gedanklichen Konzepte oder Begriffe sich anderen Menschen mitteilen lassen. Man betrachtet aber auch das Umgekehrte: wie wir die von anderen gesprochenen Worte erfassen und für uns in Begriffe verwandeln.

Die Sprache hat sich entwickelt und durchgesetzt, weil sie ein höchst wirksames Kommunikationsmittel ist – insbesondere für abstrakte Konzepte (Bild 1). Man versuche etwa, den Aufstieg und Niedergang der kommunistischen Staaten zu erklären, ohne ein einziges Wort zu verwenden. Doch die Sprache leistet außerdem, was Patricia S. Churchland von der Universität von Kalifornien in San Diego treffend „kognitive Verdichtung" nennt: Sie hilft, die Welt nach Kategorien zu ordnen und die Komplexität der begrifflichen Strukturen auf ein erträgliches Maß zu reduzieren.

Zum Beispiel steht das Wort „Schraubenzieher" für viele Darstellungen und mentale Repräsentationen eines solchen Werkzeugs – unter anderem bildliche Beschreibungen seines Gebrauchs und Zwecks, Beispiele spezifischer Anwendungen, das Gefühl beim Anfassen und Benutzen oder die zugehörige Handbewegung. Oder man denke an die immense Vielfalt der begrifflichen Repräsentationen, die ein Wort wie „Demokratie" bezeichnet. Aufgrund der kognitiven Sparsamkeit der Sprache – ihrer Tendenz, viele Begriffe unter einem Symbol zusammenzuziehen – vermögen die Menschen immer komplexere Begriffe einzuführen und damit ansonsten undenkbare Abstraktionsebenen zu erreichen.

Doch am Anfang gab es keine Wörter. Anscheinend ist die Sprache in der Evolution erst aufgetreten, nachdem die Vorfahren des Menschen nicht nur fähig geworden waren, Handlungen zu planen und einzuordnen, sondern auch mentale Repräsentationen von Objekten, Ereignissen und Beziehungen zu bilden und zu kategorisieren.

Ganz analog ist das Gehirn eines Säuglings schon emsig dabei, Begriffe zu repräsentieren und abzurufen sowie unzählige Handlungen in Gang zu bringen, lange bevor das Kleinkind sein erstes wohlgewähltes Wort auszusprechen, geschweige denn Sätze zu bilden und tatsächlich Sprache zu gebrauchen vermag. Allerdings muß das Reifen der Sprachprozesse nicht immer von dem begrifflicher Prozesse abhängen, denn einige Kinder mit unvollkommen entwickelten Begriffssystemen haben sich dennoch grammatische Strukturen angeeignet. Die für gewisse syntaktische Operationen – also das Ordnen sprachlicher Elemente zu Sätzen – erforderlichen neuronalen Mechanismen entwickeln sich anscheinend autonom.

Die Sprache existiert einerseits als ein Artefakt – eine Ansammlung von Symbolen in zulässigen Kombinationen – in der Außenwelt, andererseits als neurale Verkörperung dieser Symbole und ihrer Kombinationsregeln („neural" bedeutet allgemein die Nerven – hier meist das Zentralnervensystem – betreffend, „neuronal" bezieht sich spezifischer auf die Nervenzellen mit ihren Fortsätzen, die Neuronen). Für die Repräsentation von Sprache benutzt unser Gehirn die gleichen Mechanismen wie für die Darstellung anderer Dinge. Indem Wissenschaftler die neurale Grundlage für die Wiedergabe externer Objekte, Ereignisse und ihrer Beziehungen zu verstehen suchen, gewinnen sie gleichzeitig auch Einblick in die neurale Repräsentation von Sprache – und in die Mechanismen, die beides miteinander verbinden.

Ein dreiteiliges System

Wir sind überzeugt, daß das Gehirn die Sprache mittels dreier wechselwirkender Gruppen von Strukturen verarbeitet. Die erste, eine ganze Batterie neuraler Systeme sowohl in der rechten als auch in der linken Hemisphäre, ist für den nichtsprachlichen, durch verschiedene sensorische und motorische Systeme vermittelten Austausch zwischen dem Organismus und seiner Umgebung vorhanden – das heißt, für all das, was eine Person tut, wahrnimmt, denkt oder fühlt.

Das Gehirn ordnet diese nichtsprachlichen Darstellungen nach Kategorien (wie Gestalt, Farbe, Reihenfolge oder emotionaler Zustand), aber es schafft auch eine weitere Repräsentationsebene für die Ergebnisse dieser Klassifikation. Auf diese

Weise organisiert der Mensch Objekte, Ereignisse und Beziehungen. Aufeinanderfolgende Ebenen von Kategorien und symbolischen Repräsentationen bilden die Grundlage für Abstraktionen und Metaphern.

Die zweite Gruppe – eine kleinere Anzahl neuronaler Systeme, die zumeist in der linken Hirnhälfte lokalisiert sind – repräsentiert Phoneme, Phonem-Kombinationen und syntaktische Regeln für das Kombinieren von Wörtern (zur Erklärung siehe Kasten auf Seite 142). Werden diese Systeme vom Gehirn selbst aktiviert, so stellen sie Wortformen bereit und bilden gesprochene oder geschriebene Sätze; werden sie hingegen von außen durch Gesprochenes oder Geschriebenes stimuliert, führen sie die ersten Verarbeitungsschritte dieser auditiven oder visuellen Sprachsignale durch.

Eine dritte Gruppe von Strukturen, die ebenfalls größtenteils in der linken Hemisphäre lokalisiert sind, vermittelt zwischen den ersten beiden. Diese Instanzen können einen Begriff aufnehmen und das Hervorbringen von Wortformen stimulieren, oder sie können Wörter empfangen und die anderen Hirnteile veranlassen, die entsprechenden Begriffe aufzurufen.

Solche Vermittlungs- oder Mediationsstrukturen hat man auch aus rein psycholinguistischen Gründen vermutet. Gemäß Willem J.M. Levelt vom Max-Planck-Institut für Psycholinguistik in Nijmegen (Niederlande) werden Wortformen und Sätze aus Begriffen über eine Zwischenkomponente gebildet, die er „Lemma“ nennt; einen ähnlichen Standpunkt vertritt Merrill F. Garret von der Universität von Arizona in Tucson.

Ein Paradebeispiel für diese dreifache Organisation sind die Begriffe und Wörter für Farben (Bild 2). Selbst Menschen mit angeborener Farbenblindheit wissen, daß bestimmte Farbtönungen zusammengehören und sich – unabhängig von ihrer Helligkeit und Sättigung – von anderen Tönungen unterscheiden. Wie Brent Berlin und Eleanor H. Rosch von der Universität von Kalifornien in Berkeley gezeigt haben, sind diese Farbkonzepte ziemlich universell und entwickeln sich bei allen Menschen unabhängig davon, ob die jeweilige Kultur dafür tatsächlich Namen verwendet oder nicht.

Aufschlußreich sind Ausfälle der zuständigen Hirnregionen. Zwar sind die Netzhaut und der seitliche Kniehöcker (*Corpus geniculatum laterale*) die ersten Verarbeitungsstationen für Farbsignale, aber auch der primäre visuelle Cortex (V1; die primäre Sehrinde) und mindestens zwei andere Regionen der Hirnrinde (mit der Bezeichnung V2 und V4) nehmen an der Verarbeitung teil und rufen schließlich die Farbwahrnehmung

Bild 1: Die Weimarer Klassik verfolgte – nach dem Titel eines Essays von Friedrich Schiller (1759 bis 1808) – das Ziel einer „ästhetischen Erziehung des Menschengeschlechts“ durch Literatur: Indem die Sprache Erfahrungen, Emotionen, abstrakte Begriffe und Zusammenhänge künstlerisch in Worte faßt, bildet sie die Persönlichkeit des Lesers weiter. Hier lauschen der Sprachforscher Wilhelm von Humboldt (1767 bis 1835), sein Bruder Alexander (1769 bis 1859) und der Dichter Johann Wolfgang von Goethe (1749 bis 1832; rechts) vor dessen Gartenhaus in Weimar einem Gedicht von Schiller (links). Der Stich des Spätromantikers Ludwig Richter (1803 bis 1884) verklärt die Situation des Vortragens und Zuhörens zur Idylle. Heute beginnt die Neurophysiologie allmählich zu verstehen, wie das Gehirn mit begrifflichen Konzepten umgeht und dafür die passenden Worte findet.

Komponenten einer Lautsprache

Phoneme: Die kleinsten bedeutungsunterscheidenden Lauteinheiten, aus denen durch Aneinanderfügen in einer bestimmten Reihenfolge Morpheme gebildet werden.

Morpheme: Die kleinsten bedeutungstragenden Einheiten, durch deren Kombination man Wörter bildet.

Syntax: Die zulässigen Kombinationen von Wörtern zu Konstituenten und Sätzen (umgangssprachlich Grammatik genannt).

Lexikon: Die Sammlung aller Wörter einer Sprache. Jeder lexikalische Eintrag enthält alle Informationen über morphologische und syntaktische Besonderheiten, aber nicht das begriffliche Wissen.

Semantik: Die Bedeutungen, die mit allen lexikalischen Einheiten und allen Sätzen verknüpft sind.

Prosodie: Die Betonungsmuster und Tonhöhenverläufe, mit denen sich die wörtliche Bedeutung der Worte und Sätze modifizieren läßt.

Diskurs: Das Verbinden von Sätzen zu einem gesprochenen Text.

hervor; V2 und V4 liegen im Bereich einer Windung, die unterhalb einer tiefen Furche – der *Fissura calcarina* – beginnt und sich unterseits des Hinterhauptlappens nach vorn zum Schläfenlappen erstreckt. Mit unserem Mitarbeiter Matthew Rizzo haben wir entdeckt, daß eine beidseitige Schädigung der Hinterhauptsanteile dieser „Sprachwindung" (des *Gyrus lingualis*) einen Zustand verursacht, den man als Achromatopsie bezeichnet: Patienten mit vorher normalem Sehvermögen werden farbenblind, und außerdem verlieren sie die Fähigkeit, sich Farben auch nur im Geiste vorzustellen.

Menschen mit dieser Funktionsstörung sehen die Welt gewöhnlich in Grautönen. Wenn sie sich ein typisch buntes Bild vorzustellen versuchen, können sie die Formen, die Bewegungen und die Oberflächenbeschaffenheit evozieren, aber nicht die Farbe. Wenn sie an eine Wiese denken, fehlt das Grün, und ihre ansonsten normale Vorstellung von Blut oder Banane enthält kein Rot beziehungsweise Gelb. Keine Verletzung eines anderen Hirnteils vermag einen ähnlichen Ausfall zu verursachen. In gewissem Sinne hängt also die Fähigkeit, Begriffe für Farben zu bilden, von dieser Region ab. Patienten mit Läsionen im hinteren Teil des linken Schläfenlappens sowie dem unteren Teil des linken Scheitellappens verlieren zwar nicht den Zugang zu ihren Begriffen, doch ist die Fähigkeit, Wörter zu bilden, deutlich gestört – und zwar unabhängig von der Wortart. Selbst wenn sie eine gegebene Farbe richtig wahrnehmen und die entsprechende Wortform abzurufen suchen, können sie nur phonematisch entstellte Farbnamen artikulieren; zum Beispiel sagen sie „bau" für „blau".

Andere Patienten, die eine Schädigung im Schläfenanteil der linken Sprachwindung haben, leiden an einer besonderen Störung, die Farbanomie genannt wird. Sie betrifft weder die Farbbegriffe noch die Fähigkeit, Farbwörter auszusprechen. Diese Menschen nehmen Farben weiterhin normal wahr: Sie können verschiedene Tönungen einander zuordnen, verschiedene Sättigungsgrade eines Farbtons hierarchisch ordnen und mühelos das richtige Farbplättchen neben ein Objekt auf einer Schwarzweiß-Photographie legen. Doch ihre Fähigkeit, Farben zu benennen, ist schwer gestört. Wenn man bedenkt, wie wenige Farbwörter diejenigen von uns kennen, die nicht gerade Innenarchitekten oder Maler sind, ist es überraschend, daß solche Patienten einerseits das Wort „blau" oder „rot" verwenden, wenn man ihnen die Farbe Grün oder Gelb zeigt; doch können sie ohne weiteres ein grünes Farbplättchen neben eine Abbildung von Gras oder ein gelbes neben die einer Banane legen. Auch der umgekehrte Weg ist gestört: Nennt man dem Patienten ein Farbwort, zeigt er auf die falsche Farbe.

Dabei sind all die falschen Farbwörter phonologisch korrekt gebildet, und es zeigen sich bei den Patienten auch sonst keinerlei Sprachstörungen. Das System der Farbbegriffe ist intakt, ebenso das System der Wortformen. Das Problem scheint ausschließlich bei dem neuralen System zu liegen, das zwischen den beiden vermittelt.

Das dreigeteilte Organisationsschema, das den Menschen dazu befähigt, über Farben zu sprechen, gilt auch für andere Konzepte. Aber wie sind solche Begriffe im Gehirn physisch repräsentiert?

Wir glauben nicht, daß es dort – wie man früher angenommen hat – eine Art dauerhaftes Abbild von Objekten oder Personen gibt. Vielmehr legt das Gehirn gewissermaßen ein Protokoll der Nerventätigkeit an, die während der Beschäftigung mit einem bestimmten Objekt in den sensorischen und motorischen Hirnrindenbezirken stattfindet. Es verzeichnet quasi Muster synaptischer Verbindungen, in denen die unterschiedlichen neuronalen Aktivitäten, die ein Objekt oder ein Ereignis definieren, erneut ablaufen können; ein derart wiedererzeugtes Erregungsmuster kann auch andere – verwandte – stimulieren.

Die Repräsentation von Begriffen

Wenn beispielsweise jemand eine Kaffeetasse in die Hand nimmt, reagiert seine Sehrinde sowohl auf die Farben der Tasse und des Inhalts als auch auf ihre Form und räumliche Position. Die somatosensorischen Hirnrindenbezirke registrieren die Form der Hand beim Griff nach der Tasse, die Bewegungen, mit denen Hand und Arm die Tasse zu den Lippen führen, die Wärme des Kaffees sowie die körperlichen Veränderungen, die ein leidenschaftlicher Kaffeetrinker als Genuß bezeichnet. Das Gehirn spiegelt also nicht nur Eigenschaften der äußeren Wirklichkeit passiv wider; es registriert auch, wie der Körper die Welt erforscht und auf sie reagiert (siehe Kasten auf Seite 146/147).

Die neuralen Prozesse, welche die Wechselwirkung zwischen Individuum und Objekt beschreiben, bilden eine rasche Abfolge von Mikrowahrnehmungen und Mikroaktionen, die für unser Bewußtsein fast gleichzeitig ablaufen. Sie finden in separaten, selbst wieder untergliederten Funktionsbereichen statt; so teilen sich die Aspekte visueller Wahrnehmung auf kleinere Systeme auf, die auf Farbe, Gestalt und Bewegung spezialisiert sind.

Wo können die Aufzeichnungen, die all diese zersplitterten Aktivitäten in sich vereinigen, aufbewahrt sein? Wir glauben, daß sie durch Ensembles von Neuronen in den zahlreichen Konvergenzregionen des Gehirns verkörpert werden. In diesen Bezirken laufen die Nervenfasern zusammen, die für die sogenannte Feedforward- oder Vorwärts-Projektion von Neuronen aus einem Teil des Gehirns zuständig sind, und vereinigen sich mit den entsprechend auseinanderlaufenden Feedback- oder Rück-Projektionen aus anderen Regionen. Wenn eine Reaktivierung innerhalb der Konvergenzzonen die Feedback-Projektionen stimuliert, feuern viele anatomisch getrennte und weit verteilte Neuronengruppen gleichzeitig, wobei sie frühere Muster geistiger Tätigkeit rekonstruieren.

Doch das Gehirn speichert nicht nur Information über Erfahrungen mit Gegenständen, sondern ordnet die Information auch nach Kategorien, so daß miteinander verwandte Ereignisse und Konzepte – Formen, Farben, Trajektorien in Raum und Zeit sowie zugehörige Körperbewegungen und Reaktionen – sich zusammen reaktivieren lassen. Solche Kategorisierungen werden durch eine eigene Aufzeichnung in einer anderen Konvergenzzone festgehalten. Die wesentlichen Eigenschaften der Objekte und Prozesse jeder Interaktion sind in derartigen Verflechtungen repräsentiert. Das gesammelte und abrufbare Wissen umfaßt Fakten wie die, daß eine Kaffeetasse räumlich ausgedehnt ist und eine Begrenzung hat, daß sie aus irgend etwas hergestellt ist und aus Teilen besteht, daß sie aber – im Gegensatz zu Wasser – keine Tasse mehr ist, wenn man sie zerteilt, daß sie sich auf einer bestimmten Bahn zwischen zwei Raumpunkten bewegt hat und daß ihre Ankunft am Bestimmungsort ein bestimmtes Ergebnis zeitigte.

Diese Eigenschaften der neuralen Repräsentation haben große Ähnlichkeit mit den sogenannten Primitiva der Begriffsstruktur, die Ray Jackendoff von der Brandeis-Universität in Waltham (Massachusetts) postuliert hat, und mit den kognitiv-semantischen Schemata, deren Existenz George P. Lakoff von der Universität von Kalifornien in Berkeley vermutet; beide Wissenschaftler arbeiten rein linguistisch.

Die Aktivität in einem solchen Netzwerk kann also sowohl rezeptiven als auch expressiven Funktionen dienen. Sie vermag einerseits Wissen so zu rekonstruieren, daß eine Person es bewußt erfährt; andererseits kann sie ein System aktivieren, das zwischen Begriff und Sprache vermittelt und dafür sorgt, daß passende Wortformen und syntaktische Strukturen erzeugt werden. Weil das Gehirn auf vielen Ebenen gleichzeitig Wahrnehmungen und Handlungen nach Kategorien ordnet, können aus diesem komplexen Gebilde ohne weiteres symbolische Darstellungen – etwa Metaphern – hervorgehen.

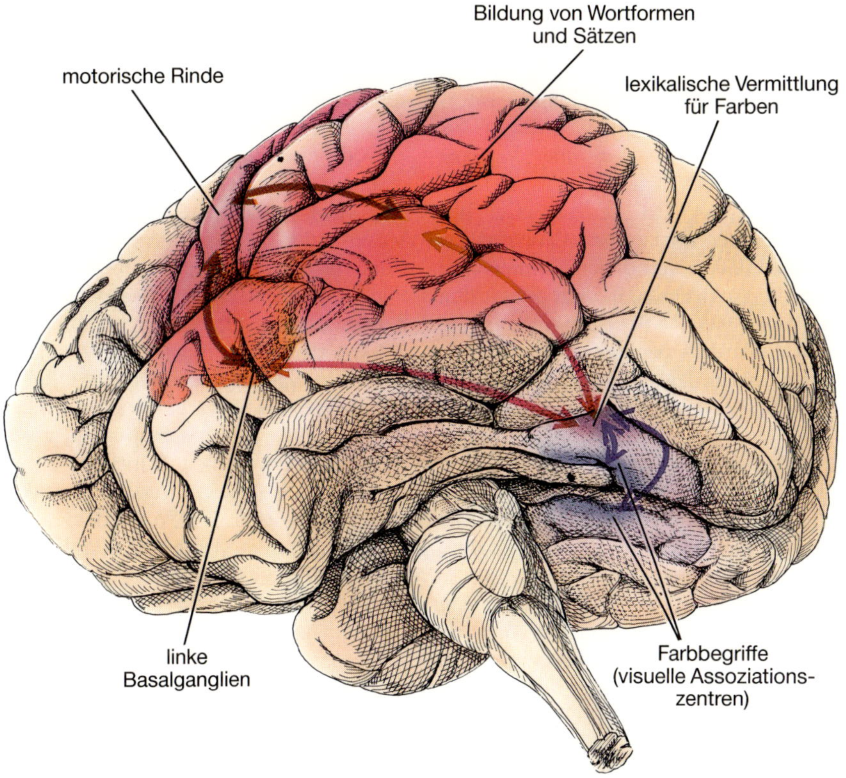

Bild 2: An den neuralen Systemen, die für das Erkennen und Benennen von Farben zuständig sind, läßt sich die Organisation von Sprachstrukturen illustrieren. Untersuchungen an hirngeschädigten Patienten deuten darauf hin, daß das Bilden von Begriffen für Farben vom Funktionieren eines bestimmten neuralen Systems abhängt. Ein anderes System muß intakt sein, damit man Wörter für die Farben abrufen kann. Die richtige Verbindung zwischen Wörtern und Begriffen hängt offenbar von einem dritten System ab. Das Kleinhirn ist in dieser Zeichnung nicht dargestellt.

Der Patient Boswell

Eine Schädigung der an diesen neuralen Mustern beteiligten Hirnareale müßte ganz bestimmte kognitive Störungen verursachen; daraus sollten sich deutlich die Kategorien erkennen lassen, nach denen Begriffe gespeichert und abgerufen werden (die Schädigung, die Achromatopsie verursacht, ist nur eines von vielen Beispielen). Elizabeth K. Warrington vom staatlichen Krankenhaus für Nervenkrankheiten in London hat gezielt solche Patienten gesucht, deren Fähigkeit zur Kenntnisnahme bestimmter Klassen von Objekten verlorengegangen ist, und das Phänomen eingehend studiert. Ebenso haben wir gemeinsam mit unserem Mitarbeiter Daniel Tranel gezeigt, daß der Zugang zu Begriffen in mehreren Bereichen von besonderen neuralen Systemen abhängt.

Zum Beispiel kann einer unserer Patienten, den wir Boswell nennen, keinerlei Begriffe für Einzelobjekte (bestimmte Personen, Orte oder Ereignisse) mehr abrufen, mit denen er vorher vertraut war. Er hat auch die Begriffe für nicht-einmalige Objekte aus bestimmten Klassen verloren. Viele Tierarten etwa sind ihm völlig fremd – obwohl er noch über die Begriffsebene verfügt, die ihn wissen läßt, daß es sich um lebendige Wesen handelt. Wenn man ihm das Bild eines Waschbären zeigt, sagt er „Das ist ein Tier", aber er hat keine Vorstellung von dessen Größe, Lebensraum oder typischem Verhalten.

Merkwürdigerweise sind Boswells kognitive Fähigkeiten offenbar ungestört, wenn es sich um andere Klassen nicht-einmaliger Objekte handelt. Er kann Gegenstände erkennen und benennen, die man zur Hand nehmen und für eine bestimmte Verrichtung gebrauchen kann – etwa einen Schraubenschlüssel. Er kann Begriffe für Attribute abrufen: Er weiß, was es bedeutet, wenn ein Objekt schön oder häßlich ist. Er begreift Zustände oder Handlungen wie Verliebtsein, Springen oder Schwimmen. Und er kann abstrakte Beziehungen zwischen Objekten oder Ereignissen verstehen – ausgedrückt durch solche Wörter wie über, unter, in, von . . . her, bevor, nachdem oder während. Kurz, bei Boswell ist die Begriffsbildung für viele Objekte gestört, die alle durch Nomen (Substantive oder Eigennamen) bezeichnet werden. Er hat hingegen überhaupt kein Problem mit Begriffen für Attribute,

Zustände, Handlungen und Beziehungen, die man sprachlich durch Adjektive, Verben und Funktionswörter (Präpositionen, Konjunktionen und andere Wörter mit verbindender Funktion) sowie durch syntaktische Strukturen ausdrückt. Seine Sätze sind grammatisch tadellos.

Aphasien

Schädigungen der vorderen und mittleren Regionen beider Schläfenlappen wie bei Boswell stören das begriffsbildende System des Gehirns (Bild 4). Hingegen stören Verletzungen der linken Hirnhälfte in der Umgebung der großen seitlichen Hirnfurche, der Sylvischen Furche (*Fissura Sylvii* oder *Sulcus cerebri lateralis*), die richtige Wort- und Satzbildung. Von den an der Sprache beteiligten Hirnsystemen ist dieses am gründlichsten erforscht.

Vor mehr als 150 Jahren bestimmten der französische Chirurg Paul Broca (1824 bis 1880) und der deutsche Neuropsychiater Carl Wernicke (1848 bis 1905) die grobe Lokalisation dieses grundlegenden Sprachzentrums und entdeckten das Phänomen, das als Hemisphärendominanz bekannt ist: Bei den meisten Menschen liegen die Sprachstrukturen in der linken und nicht in der rechten Hemisphäre (Bild 3). Dies gilt für etwa 99 Prozent der Rechtshänder und zwei Drittel der Linkshänder.

Untersuchungen an Aphasikern – Patienten, die ihre Fähigkeit zu sprechen gänzlich oder teilweise verloren haben – mit unterschiedlicher Muttersprache verdeutlichen, wie konstant diese Strukturen sind. Edward Klima von der Universität von Kalifornien in San Diego und Ursula Bellugi vom Salk-Institut für biologische Forschung in San Diego haben sogar entdeckt, daß eine Schädigung der neuralen Wortbildungssysteme auch Aphasie bei Gebärdensprachen bewirkt: Gehörlose mit einer umschriebenen Läsion in der linken Hemisphäre können die Fähigkeit einbüßen, Gebärden zu verwenden oder zu verstehen. Da die Hirnschädigung nicht in der Sehrinde liegt, ist nicht die Fähigkeit betroffen, die Handzeichen zu sehen, sondern ausschließlich die, sie zu interpretieren.

Umgekehrt kommt es vor, daß Gehörlose mit Läsionen in der rechten Hemisphäre, welche weit entfernt von den für Wort- und Satzbildung zuständigen Regionen liegen, Gegenstände in ihrem linken Gesichtsfeld nicht mehr bewußt wahrnehmen oder die räumlichen Beziehungen zwischen Objekten nicht mehr richtig erkennen; doch dabei verlieren sie nicht die Fähigkeit, Gebärden zu verwenden und eine Gebärdensprache zu verstehen. Demnach ist die linke Hemisphäre – unabhängig davon, durch welchen Sinneskanal die sprachliche Information geleitet wird – die Basis für sprachliche Funktionen und Vermittlungssysteme.

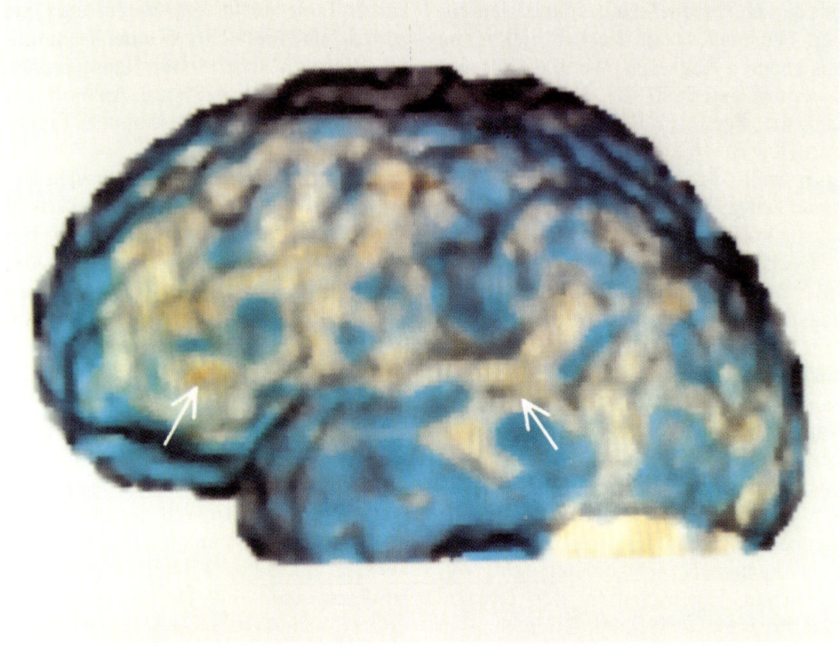

Bild 3: Wird die Gehirnaktivität einer normalsprechenden Person mittels Positronen-Emissions-Tomographie (PET) während einer Benennungsaufgabe erfaßt, lassen sich die dabei involvierten Hirnregionen erkennen. Die PET-Aufnahme wurde auf eine dreidimensionale kernspintomographische Darstellung desselben Gehirns projiziert. Viele Regionen der linken Hemisphäre zeigen verstärkte Aktivität – unter anderem der motorische Cortex sowie die vorderen und hinteren Sprachregionen (Pfeile). Das kombinierte Bild ist an der PET-Anlage und der Bildanalyse-Einrichtung des Instituts für Neurologie an der Universität von Iowa hergestellt worden.

Indem man den genauen Ort der Läsionen bei aphasischen Patienten ermittelte, ließen sich diejenigen neuralen Systeme lokalisieren, die am direktesten für Wort- und Satzbildung zuständig sind. Außerdem haben George A. Ojemann von der Universität von Washington in Seattle sowie Ronald P. Lesser und Barry Gordon von der Johns-Hopkins-Universität in Baltimore (Maryland) bei Hirnoperationen an epileptischen Patienten deren Hirnrinde stimuliert und die Reaktionen elektrophysiologisch aufgezeichnet.

Beispielsweise stören Schädigungen im Bereich um den hinteren Teil der Sylvischen Furche die Kombination von Phonemen zu Wörtern und die Auswahl ganzer Wortformen. Solche Patienten können oft bestimmte Wörter nicht aussprechen oder bilden die Wörter falsch („Lelifant" statt „Elefant"). Außerdem ersetzen sie manchmal ein fehlendes Wort durch ein Pronomen oder einen Oberbegriff („Leute" statt „Frau"), oder sie verwenden ein semantisch ähnliches Wort für den gesuchten Begriff („Vorsteher" statt „Präsident"). Victoria A. Fromkin von der Universität von Kalifornien in Los Angeles hat zahlreiche sprachliche Mechanismen aufgedeckt, die solchen Fehlern zugrunde liegen.

Doch eine Schädigung in dieser Region behindert weder Sprechrhythmus noch -geschwindigkeit. Die syntaktische Struktur der Sätze ist auch dann ungestört, wenn Fehler im Gebrauch von Funktionswörtern wie Pronomen und Konjunktionen auftreten.

Gestört ist aber zugleich die Verarbeitung von Sprachlauten. Darum fällt es den Patienten schwer, gesprochene Wörter und Sätze zu verstehen – und zwar nicht etwa (wie man früher annahm) deshalb, weil die betroffene Region der zentrale Speicher für Wortbedeutungen wäre, sondern weil die normale akustische Analyse der Wortformen, die der Patient hört, in einem frühen Stadium abgebrochen wird.

Die Systeme in dieser Region der Hirnrinde, des Cortex, speichern Aufzeichnungen der Phoneme und Phonemfolgen, aus denen sich Wörter zusammensetzen – und zwar sowohl so, wie das Gehör sie aufnimmt, als auch so, wie die Sprechorgane sie wiedergeben. Wechselseitige Projektionen von Neuronen zwischen den Bezirken, die diese Aufzeichnungen speichern, sorgen dafür, daß die Aktivierung eines Bezirks eine entsprechende Aktivität in einem anderen auslösen kann.

Diese Rindenregionen sind mit den motorischen und prämotorischen Hirnrindenbezirken verbunden, und zwar sowohl direkt als auch über eine tiefliegende – subcorticale – Bahn, welche die linken Basalganglien und Kerne im vorderen Teil des linken Thalamus einbezieht. Diese doppelte motorische Bahn ist besonders wichtig: Die eigentliche Produktion von Sprachlauten kann unter der Kontrolle der corticalen Bahn, der subcorticalen oder auch beider Bahnen stattfinden. Der subcorticalen Bahn entspricht ein Lernen durch Gewöhnung (habituelles Lernen), der corticalen Bahn ein Lernen auf einer höheren, bewußteren Ebene (sogenanntes assoziatives Lernen).

Habituelles und assoziatives Lernen

Wenn ein Kind zum Beispiel die Wortform „gelb" lernt, gehen sowohl über die corticale als auch über die subcorticale Bahn Signale an die Kontrollsysteme für Wortbildung und Motorik; damit korreliert aktiv wären auch die für Farbbegriffe und für die Vermittlung zwischen Begriffen und Sprache zuständigen Hirnregionen. Wie wir annehmen, entwickelt das Begriffsvermittlungssystem mit der Zeit jedoch eine direkte Bahn zu den Basalganglien, und deshalb muß die hintere Region im Bereich der Sylvischen Furche nicht mehr stark aktiviert werden, um das Wort „gelb" zu produzieren. Müßte dieselbe Person später die Wortform für „gelb" in einer anderen Sprache lernen, so wäre erneut die Teilnahme der perisylvischen Region erforderlich, um auditive, kinästhetische (das heißt hier die Bewegungen der Sprechorgane betreffende) und motorische Entsprechungen für die Phoneme zu etablieren.

Wahrscheinlich arbeiten bei der Sprachproduktion corticale (assoziative) und subcorticale (habituelle) Systeme parallel. Welches System dabei dominiert, hängt vom Stadium des Spracherwerbs und vom jeweiligen Gegenstand ab. Steven Pinker vom Massachusetts Institute of Technology in Cambridge nimmt zum Beispiel an, daß die meisten Menschen die Vergangenheitsformen unregelmäßiger Verben (nehmen, nahm, genommen) durch assoziatives Lernen erwerben und die der regelmäßigen Verben (glauben, glaubte, geglaubt) durch habituelles.

Die vor der Zentralfurche (*Sulcus centralis*) liegende vordere perisylvische Region (Bild 4) scheint Strukturen zu enthalten, die für Sprechrhythmus und Grammatik verantwortlich sind. Die linken Basalganglien sind – wie bei der hinteren perisylvischen Region – wesentlicher Bestandteil dieses Abschnitts. Die gesamte Region ist anscheinend eng mit dem Kleinhirn verbunden; sowohl die Basalganglien als auch das Kleinhirn empfangen Projektionen aus vielen verschiedenen sensorischen Regionen der Hirnrinde und senden Projektionen zu den motorischen Regionen zurück. Die Rolle, die das Kleinhirn für Sprache und Kognition spielt, muß freilich noch erforscht werden.

Patienten mit Schädigungen in der vorderen perisylvischen Region sprechen mit nivellierter Intonation, machen zwischen den Wörtern lange Pausen, und ihre Grammatik ist gestört. Insbesondere neigen sie dazu, Konjunktionen und Pronomen auszulassen, und oft ist die Wortstellung fehlerhaft. Auch finden sie Nomen häufig leichter als Verben; daraus läßt sich schließen, daß für die Produktion von Nomen andere Hirnregionen zuständig sind.

Die Betroffenen können auch die Bedeutung syntaktischer Strukturen oft nicht begreifen. Edgar B. Zurif von der Brandeis-Universität, Eleanor M. Saffran von der Temple-Universität in Philadelphia (Pennsylvania) und Myrna F. Schwartz vom Moss-Rehabilitationskrankenhaus (ebenfalls in Philadelphia) haben gezeigt, daß die Patienten bei reversiblen Passiv-Sätzen wie „Der Junge wurde von dem Mädchen geküßt" manchmal nicht begreifen, wer der Handelnde ist. Hingegen bereiten ihnen nicht-reversible Passiv-Sätze wie zum Beispiel „Der Apfel wurde von dem Jungen gegessen", bei denen Rollentausch unsinnig wäre, oder Aktiv-Sätze wie „Der Junge küßte das Mädchen" keine Schwierigkeiten.

Da eine Schädigung dieser Hirnregion die grammatische Verarbeitung sowohl beim Sprechen als auch beim Verstehen beeinträchtigt, dienen die neuralen Systeme in diesem Abschnitt offenbar dem Ordnen und Aneinanderreihen von Satz-Komponenten. Die Basalganglien integrieren die Komponenten komplexer Bewegungen zu einem harmonischen Ganzen, und somit scheint es plausibel, daß sie beim Zusammensetzen von Wortformen zu Sätzen eine analoge Funktion erfüllen.

Wir glauben überdies (aufgrund experimenteller Hinweise auf ähnliche, allerdings weniger ausgeprägte Strukturen bei Affen), daß diese neuralen Strukturen eng mit syntaktischen Vermitt-

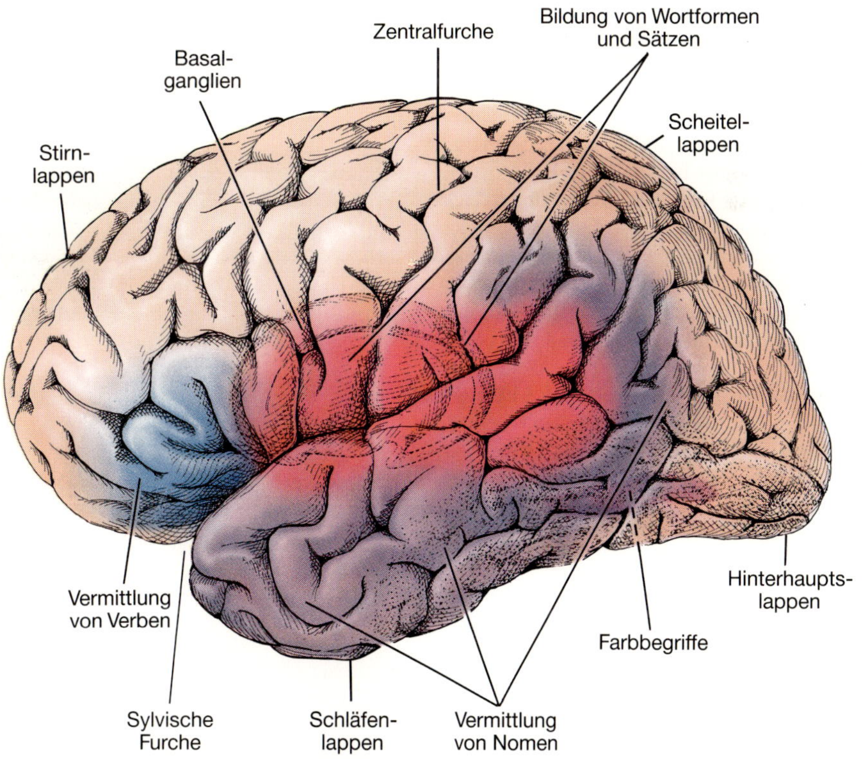

Bild 4: Die für Sprache zuständigen neuralen Systeme in der linken Hirnhälfte umfassen Strukturen für die Wort- und Satzbildung sowie Vermittlungsstrukturen für verschiedene Arten lexikalischer Einträge und für Grammatik. Die verschiedenen neuralen Strukturen, welche die Begriffe selbst repräsentieren, verteilen sich über viele sensorische und motorische Regionen in beiden Hemisphären des Gehirns.

lungseinheiten in den Rindenbezirken zwischen Stirn- und Scheitellappen beider Hemisphären verbunden sind (Bild 4). Die Abgrenzung dieser Einheiten ist eine Aufgabe für künftige Forschungen.

Vermittlungssysteme

Zwischen den begriffsverarbeitenden Systemen des Gehirns und denjenigen, die Wörter und Sätze generieren, liegen nach unserer Hypothese Vermittlungs- oder Mediationssysteme. Bei der Untersuchung neurologischer Patienten beginnen sich Indizien für eine solche Vermittlung abzuzeichnen. Die Mediationssysteme wählen nicht nur die passenden Wörter für einen bestimmten Begriff aus, sondern steuern auch die Erzeugung von Satzstrukturen, die Beziehungen zwischen Begriffen ausdrücken.

Beim Sprechen kontrollieren sie die für Wort- und Satzbildung zuständigen Systeme; beim Verstehen gesprochener Sprache steuern umgekehrt die Wortbildungs- die Mediationssysteme. Wir haben bereits begonnen, die Systeme zu identifizieren, die Eigennamen sowie Substantive für Objekte einer bestimmten Klasse vermitteln (zum Beispiel visuell mehrdeutige Objekte, die sich nicht als Gebrauchsgegenstände verwenden lassen, etwa die meisten Tiere).

Beispielsweise können unsere Patienten A. N. und L. R., bei denen die vorderen und mittleren Rindenbezirke des Schläfenlappens geschädigt sind, Begriffe normal abrufen: Wenn man ihnen eine Abbildung von Objekten oder Substanzen irgendeiner begrifflichen Kategorie – menschliche Gesichter, Körperteile, Tiere, Pflanzen, Fahrzeuge, Gebäude, Werkzeuge, Gebrauchsgegenstände oder Flüssigkeiten – zeigt, wissen beide Patienten eindeutig, was sie sehen. Sie können die Funktionen, die Herkunft und den Wert eines Gegenstands definieren. Wenn man die dazu passenden Geräusche erzeugt (sofern es solch ein Geräusch gibt), können die Patienten A. N. und L. R. den fraglichen Gegenstand erkennen; dies gelingt ihnen sogar dann, wenn man ihnen die Augen verbindet und sie das Objekt betasten läßt.

Doch trotz ihrer offensichtlichen Kenntnisse fällt es ihnen schwer, für viele ihnen wohlbekannte Objekte den Namen zu nennen. Zeigt man A. N. das Bild eines Waschbären, so sagt er: „Ah! Ich weiß, was das ist – ein abscheuliches Tier. Es durchwühlt den Garten und den Abfall. Man erkennt es an den Augen und den Ringen am Schwanz. Ich kenne es, aber ich kann den Namen nicht sagen." Im Durchschnitt finden die beiden Patienten weniger als die Hälfte der gesuchten Bezeichnungen. Ihr Begriffssystem funktioniert, aber sie können die Wortformen für Objekte, die sie durchaus kennen, nicht zuverlässig abrufen.

Diese Behinderung hängt von der Begriffskategorie des Gegenstands ab, den der Patient gerade benennen will. A. N. und L. R. machen weniger Fehler bei Werkzeugen oder Gebrauchsgegenständen als bei Tieren, Obst oder Gemüsen. (Von diesem Phänomen haben in ähnlicher Form Elizabeth Warrington und ihre Mitarbeiterin Rosaleen A. McCarthy sowie Alfonso Caramazza und seine Mitarbeiter an der Johns-Hopkins-Universität in Baltimore berichtet.) Doch lassen sich die Objekte, die diese Patienten gut oder schlecht benennen können, nicht säuberlich in künstlich hergestellte und natürliche aufteilen. A. N. und L. R. können die Wörter für solche natürlichen Objekte wie Körperteile durchaus perfekt produzieren, während sie bei Musikinstrumenten versagen – obwohl diese genauso erfunden, fabriziert und manuell benutzbar sind wie Gartenwerkzeuge.

Kurzum, A. N. und L. R. haben Probleme mit dem Abruf von Substantiven, die bestimmte Gegenstände bezeichnen, und zwar unabhängig davon, welcher Begriffskategorie diese zugehören. Es gibt viele Gründe, warum manche Objekte durch eine Läsion mehr oder weniger betroffen sein könnten als andere. Das Gehirn benutzt notwendigerweise unterschiedliche neuronale Systeme, um Gegenstände zu repräsentieren, die sich in Struktur oder Verhalten unterscheiden, oder für Objekte, die zur betreffenden Person in unterschiedlichen Beziehungen stehen.

Beide Patienten haben auch Schwierigkeiten mit Eigennamen. Mit wenigen Ausnahmen können sie die von Freunden, Verwandten, berühmten Persönlichkeiten oder Orten nicht nennen. Als man

Komponenten eines Begriffs

Das Gehirn speichert begriffliche Konzepte in Form von quasi schlummernden Aufzeichnungen. Werden diese reaktiviert, können sie die unterschiedlichen Empfindungen und Handlungen wachrufen, die mit einem bestimmten Objekt oder einer Kategorie von Objekten zusammenhängen. Zum Beispiel kann eine Kaffeetasse nicht nur visuelle und taktile Darstellungen ihrer Form, Farbe, Oberflächenbeschaffenheit und Wärme hervorrufen, sondern auch den Geruch und Geschmack von Kaffee sowie den Weg, den Hand und Arm zurücklegen müssen, um die Tasse vom Tisch an die Lippen zu führen. Obwohl all diese Repräsentationen in unterschiedlichen Hirnregionen reaktiviert werden, geschieht ihre Rekonstruktion nahezu gleichzeitig.

A.N. ein Bild von Marilyn Monroe zeigte, sagte er: „Ihren Namen kenne ich nicht, aber ich weiß, wer sie ist; ich habe ihre Filme gesehen. Sie hatte eine Affäre mit dem Präsidenten. Sie hat Selbstmord begangen; oder hat vielleicht jemand sie getötet, die Polizei vielleicht?" Diese Patienten leiden nicht an sogenannter Gesichtsagnosie oder Prosopagnosie, denn sie können ohne Zögern ein Gesicht erkennen – aber der Name, der zu der erkannten Person gehört, fällt ihnen einfach nicht ein.

Erstaunlicherweise vermögen diese Patienten ohne weiteres Verben zu produzieren. In Experimenten, die wir zusammen mit Tranel durchgeführt haben, schnitten sie beim Benennen von mehr als 200 dargebotenen Darstellungen verschiedener Zustände und Handlungen genauso gut ab wie eine Kontrollgruppe von Gesunden. Auch Präpositionen, Konjunktionen und Pronomen bringen sie korrekt hervor, und ihre Sätze sind wohlgeformt und grammatisch richtig. Beim Sprechen oder Schreiben ersetzen sie zwar häufig Nomen durch Wörter wie „Ding" oder „Zeug" oder durch Pronomen wie „es" oder „der" oder „sie"; aber die Verben dieser Sätze sind richtig ausgewählt, konjugiert und artikuliert. Auch die Prosodie (das Betonungsmuster der einzelnen Worte und des ganzen Satzes) ist einwandfrei.

Die Lokalisation der Mediationssysteme

Überzeugende Indizien sprechen dafür, daß die lexikalischen Mediationssysteme in spezifischen Hirnregionen sitzen, und zwar hierarchisch geordnet entlang einer Achse von hinten nach vorn: Die Vermittlung vieler allgemeiner Begriffe scheint in den hinteren Regionen des linken Schläfenlappens stattzufinden, die der konkretesten Begriffe hingegen dicht an dessen vorderstem Teil. Wir kennen inzwischen viele Patienten, die den Zugriff auf Eigennamen verloren haben, jedoch alle oder fast alle anderen Nomen behalten. Ihre Läsionen beschränken sich auf den vorderen Pol und die innere, der anderen Hemisphäre zugewandte Oberfläche des linken Schläfenlappens. Dessen seitliche (äußere) und untere Bereiche sind hingegen immer geschädigt, wenn Patienten generelle Schwierigkeiten beim Abruf von Nomen haben.

Patienten wie A.N. und L.R., deren Schädigung bis zu den vorderen und mittleren Teilen des Schläfenlappens reicht, versagen bei vielen Nomen, können aber Farben schnell und richtig benennen. Dies weist darauf hin, daß der Schläfenlappenabschnitt der linken Sprachwindung für die Vermittlung zwischen Farbbegriffen und Farbnamen zuständig ist, während für die Mediation zwischen Begriffen für Einzelpersonen und ihren Eigennamen die neuralen Strukturen am anderen Ende des Netzwerks – im vorderen Teil des linken Schläfenlappens – erforderlich sind.

Schließlich hat einer unserer neueren Patienten namens G.J. eine ausgedehnte Schädigung, die linksseitig all diese Regionen hinten bis vorne umfaßt. Er hat den Zugriff auf ein ganzes Universum substantivischer Wortformen verloren und ist gleichermaßen unfähig, Farben oder Personen zu benennen. Dennoch sind seine Konzepte unversehrt geblieben. Diese Resultate stützen Ojemanns Befund, wonach die Sprachverarbeitung beeinträchtigt ist, wenn man zuvor Rindenbezirke außerhalb der klassischen Sprachregionen elektrisch stimuliert.

Anscheinend beginnen wir also bereits recht gut zu verstehen, wo Nomen vermittelt werden – aber was ist mit den Verben? Wenn Patienten wie A.N. und L.R. Verben und Funktionswörter normal abzurufen vermögen, können die für diese Wortarten zuständigen Regionen offensichtlich nicht im linken Schläfenlappen liegen. Vorläufige Indizien sprechen für eine Lokalisation in Stirn- und Scheitellappen. Wie unsere Gruppe, Caramazza und Gabriele Miceli von der Katholischen Universität in Mailand sowie Rita Berndt von der Universität von Maryland in Baltimore zeigen konnten, haben aphasische Patienten mit Schädigungen des linken Stirnlappens viel mehr Probleme mit dem Abruf von Verben als mit dem von Nomen.

Zusätzliche indirekte Hinweise haben Steven E. Petersen, Michael I. Posner und Marcus E. Raichle von der Washington-Universität in Saint Louis (Missouri) mit Hilfe der Positronen-Emissions-

Tomographie (PET) gefunden (siehe „Tomographie mit radioaktiv markierten Substanzen“ von Michel M. Ter-Pogossian, Marcus E. Raichle und Burton E. Sobel, Spektrum der Wissenschaft, Dezember 1980, Seite 120). Ihre Probanden sollten ein Verb bilden, das zur Abbildung eines Objekts paßt; zum Beispiel könnte das Bild eines Apfels „essen“ stimulieren. Bei dieser Aufgabe wurde ein Bereich im Gehirn aktiviert, der sich über den seitlichen und den direkt darüberliegenden Teil des Stirnlappens erstreckt – ein Gebiet, das grob den in unseren Untersuchungen abgesteckten Arealen entspricht.

Eine Schädigung dieser Regionen stört aber nicht nur den Zugriff auf Verben und Funktionswörter, sondern auch die grammatische Struktur der formulierten Sätze. Dieses Phänomen mag zunächst überraschen; doch bilden Verben und Funktionswörter den Kern der syntaktischen Struktur. Darum scheint es plausibel, daß die Mediationssyteme für Syntax sich mit den für Verben und Funktionswörter zuständigen Vermittlungsinstanzen überlappen.

Künftige Forschungen mit aphasischen Patienten oder mit sprachgesunden Probanden, deren Hirnaktivität man durch PET-Aufzeichnungen lokalisiert, werden vermutlich die genaue Anordnung dieser Systeme klären. Daraus könnten sich ähnliche Hirnkarten ergeben wie jene, die wir für die verschiedenen Lokalisationen von Substantiven und Eigennamen erstellt haben.

Offene Fragen

In den letzten zwanzig Jahren haben wir im Verständnis der Hirnstrukturen, die für Sprache verantwortlich sind, große Fortschritte gemacht. Mit Verfahren wie der Kernspintomographie vermag man die Hirnläsionen aphasischer Patienten genau zu lokalisieren und so spezifische sprachliche Defizite mit bestimmten Hirnregionen in Verbindung zu bringen. Zudem läßt sich mit PET-Untersuchungen die Hirnaktivität gesunder Versuchspersonen studieren, während sie sprachliche Aufgaben bewältigen.

Angesichts der enormen Komplexität sprachlicher Phänomene mag sich mancher fragen, ob wir die neuralen Mechanismen, die dies alles leisten, überhaupt je verstehen werden. Viele Fragen zur Speicherung von Konzepten im Gehirn bleiben noch offen. Mediationssysteme für andere Wortarten als Nomen, Verben und Funktionswörter sind erst ansatzweise untersucht worden. Sogar unser Wissen über die Strukturen, die Wörter und Sätze bilden, ist nach wie vor lückenhaft – obwohl man sie schon seit Mitte des 19. Jahrhunderts untersucht.

Dennoch erwarten wir, daß man bei weiteren Erkenntnisfortschritten wie in letzter Zeit diese Strukturen eines Tages entdecken und verstehen wird. Die Frage ist für uns nicht, ob man sie findet, sondern wann.

Ist der Mensch zum Sprechen geboren?

Die Sprache ist die größte menschliche Erfindung – wenn sie überhaupt eine ist. Der Linguist Noam Chomsky vom Massachusetts Institute of Technology in Cambridge (Massachusetts) vertritt die gegenteilige Meinung: Sprache sei ebenso im Säugling angelegt wie das Fliegen im Adlerküken, und Kinder würden eine Sprache weniger erlernen als vielmehr spontan als Reaktion auf äußere Reize entwickeln. „Sehr wenige Menschen beschäftigen sich mit dem Ursprung der Sprache, weil sie die Lösung dieses Problems für hoffnungslos halten", behauptet Chomsky.

In der Tat hatte diese Frage so viel substanzloses Gerede provoziert, daß die Pariser Linguistische Gesellschaft 1866 die Diskussion darüber untersagte. Lange vor Chomsky aber wurde das Verbot mißachtet, und viele Theorien wurden seither aufgestellt:

– die Wau-wau- oder Nachahmungstheorie, derzufolge frühe Wörter durch Lautnachahmung geformt worden sein können wie *Wau-wau* für „Hund" oder *Kuckuck* für „Kuckuck";

– die Pfui-pfui- oder Interjektionstheorie, daß auch aus emotionalen Ausrufen wie *Ah*! oder *Oh*! Wörter entstanden sein können;

– die Hau-ruck- oder synergistische Theorie, nach der Menschen, wenn sie ihre Aktionen zu koordinieren hatten, um beispielsweise einen Stein zu wälzen, sich ritualisierter Sprechchöre bedient haben könnten, die schließlich eine Bedeutung annahmen;

– die La-la-Theorie, daß einige Wörter aus spielerischen Lautäußerungen wie dem Singsang eines Kindes oder dem zärtlichen Stammeln Verliebter entstanden sein könnten;

– Gebärden des Mundes. Wenn früheste Sprecher mit ihren Lippen auf etwas hingewiesen hätten, könnten sich durch unterschiedliche Mundstellungen verschiedene Vokale für Wörter eingestellt haben, die etwa „nah" und „fern" bezeichnen: *hier – da, this – that, voici – voilà*.

Damit stellt sich jedoch die Frage, warum Sprache überhaupt entstanden ist. Derek Bickerton von der Universität von Hawaii stellt in seinem jüngsten Buch „*Language and Species*" die Vermutung auf, daß die Sprache ein Nebenprodukt der Entwicklung des Gehirns sei. Die neurologischen Strukturen, welche die frühen Hominiden befähigten, aus ihren Wahrnehmungen eine interne („sekundäre") Darstellung der Welt aufzubauen, erhöhten deren Fähigkeiten zur Anpassung an die Umwelt. Die gleichen Strukturen könnten ihnen ermöglicht haben, gewissen Gebärden und Lauten eine Bedeutung zuzuordnen und so eine primitive Sprache zu entwickeln – bestehend im wesentlichen aus bedeutungstragenden Wörtern ohne die Andeutung einer Grammatik, das heißt irgendwelcher Regeln für die Verknüpfung von Wörtern miteinander. Spuren einer solchen grammatiklosen Sprache wären vielleicht in den Gesten von Affen zu finden, denen man die Grundlagen der Taubstummensprache beigebracht hat.

Bickerton spekuliert, daß uns unkultiviert aufwachsende Kinder eine Ahnung von dieser Primitivsprache vermitteln könnten, weil sie in den Jahren, in denen sich das syntaktische Sprechen normalerweise herausbildet, isoliert waren. Angebliche „Wolfskinder", wie sie zu Beginn dieses Jahrhunderts aus der Wildnis Indiens gerettet wurden, lernten vieles, aber ihre verbalen Fähigkeiten gingen niemals erheblich über die eines normal entwickelten Zweijährigen hinaus.

Der Sprung von einer primitiven zu einer syntaktischen Sprache ist am schwierigsten zu erklären. Bickerton kommt mit einem vorläufigen Gedankengang zu dem Schluß, „ein einziges genetisches Ereignis hätte wohl ausgereicht, um die Ursprache in eine syntaktische Sprache zu verwandeln". Er schließt mit der Bemerkung, daß die Entwicklung aller Voraussetzungen für die Herausbildung der Sprache – ein größeres Gehirn, neue Nervenverbindungen und ein verbesserter Stimmapparat – Veränderungen in der Anatomie des Kopfes erfordern.

Auch Chomsky ist der Auffassung, daß dieses Ereignis – im Maßstab der Evolution – sehr plötzlich eingetreten sein müsse, weil die Existenz einer Syntax auf eine angeborene Struktur von großer Komplexität schließen lasse. Nur so ist nach seiner Meinung zu erklären, daß jedes Kind jede Sprache lernen kann, ohne die grammatischen Fehler zu begehen, die man ohne eine vorprogrammierte Struktur erwarten müßte.

Die menschliche Sprachfähigkeit könnte ganz plötzlich entstanden sein, indem irgendein genetisches Ereignis eine ganze Reihe von Merkmalen, die sich ursprünglich zu anderen Zwecken entwickelt hatten, miteinander verknüpfte, so meinen Chomsky und andere. Eines dieser Merkmale sei die bewußte Kontrolle über die Formung von Lauten gewesen. Hunde bellen, wenn ihnen danach zumute ist; Schimpansen bemühen sich bereits, unzweckmäßige Laute zu unterdrücken, wenngleich mit mittelmäßigem Erfolg – Menschen hingegen vermögen zu lügen.

Eine andere Anpassung bestand wohl in der Fähigkeit, Lautungen zu dekodieren. Die besten Telegraphisten konnten niemals einen gemorsten Text mit der Geschwindigkeit und Direktheit verstehen, mit der bereits ein mäßig aufmerksames Kind die Bedeutung eines Dialoges zu erfassen vermag. Unser Gehirn scheint besonders befähigt, lautliche Modulationen zu verarbeiten.

Diese Modulationen sind ihrerseits von bemerkenswerter Vielfalt, zum Teil infolge der besonderen Form unseres Stimmapparates. Philip Lieberman von der Brown-Universität in Providence (Rhode Island) bemerkt, daß deswegen der Mensch das einzige Säugetier ist, das nicht gleichzeitig trinken und atmen, vielmehr sich verschlucken und daran ersticken kann.

Anscheinend wird dieser Nachteil aufgewogen durch die verbesserte Artikulationsfähigkeit, die unser Stimmapparat ermöglicht. Der Stimmapparat der Neandertaler ähnelte dagegen – jedenfalls nach Liebermans Rekonstruktion aufgrund des fossilen Materials – dem der Affen. Der *Homo sapiens neanderthalensis* wäre demnach sprachlos geblieben, was erklären könnte, weshalb er ausstarb und der *Homo sapiens sapiens* überlebte.

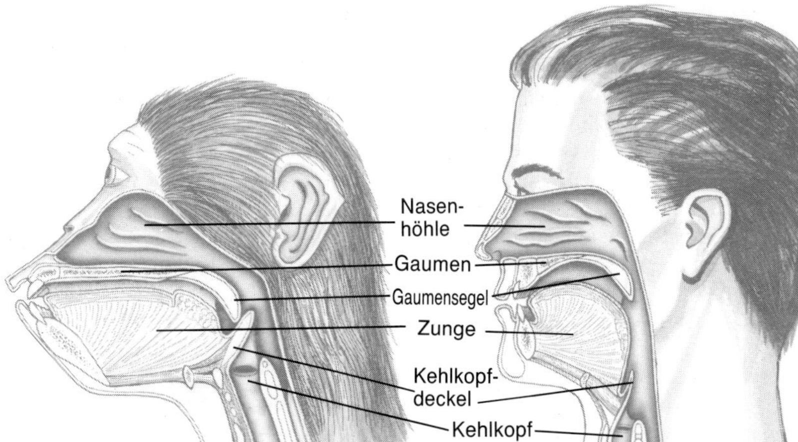

Primaten wie der Schimpanse (links) können gleichzeitig atmen und schlukken, da Kehlkopfdeckel und Gaumensegel einen dichten Verschluß bilden. Beim Menschen (rechts) ist dies durch die Position des Kehlkopfes unmöglich.

Die Entstehung der Schrift

Die Auswertung von mehr als 4000 Tontafeln mit den ältesten bekannten Schriftzeugnissen aus der Stadt Uruk in Mesopotamien hat interessante neue Aufschlüsse über eine der größten Leistungen der Menschheit gebracht: die Entwicklung der Schrift. Sie ist demzufolge das fast zwangsläufige Ergebnis einer immer komplizierteren Wirtschaftsorganisation, die ohne schriftliches Festhalten der Transaktionen nicht mehr zu kontrollieren gewesen wäre.

Von Peter Damerow, Robert K. Englund und Hans J. Nissen

Neben der Sprache zählt die Schrift zu den elementarsten und wichtigsten kulturellen Errungenschaften der Menschheit. So wie das Entstehen der Sprache in das Dunkel einer unzugänglichen Vorzeit gehüllt ist, erschien auch die Entwicklung der Schrift lange als ein nie mehr ganz zu enträtselndes Geheimnis. Dennoch ist die Situation hier ungleich günstiger, da die Archäologie Zeugnisse von den Anfängen der Schrift in Gestalt von Tontafeln wieder beigebracht hat. Dennoch bleibt die extrem schwierige Aufgabe, sie zu entziffern und zu deuten.

Diese Arbeit ist in den letzten Jahren im Rahmen eines Forschungsprojektes der Deutschen Forschungsgemeinschaft am Institut für Vorderasiatische Altertumskunde der Freien Universität Berlin ein gutes Stück vorangebracht worden. So gelang es, knapp drei Viertel der bekannten 706 Schriftzeichen auf den fast 4500 erhaltenen ältesten Schrifttafeln aus Mesopotamien mit Zeichenformen der späteren keilschriftlichen Tradition zu verbinden und dabei ihre Bedeutung zu ermitteln.

Die Ergebnisse zeigen, daß die Triebkraft der Schriftentwicklung stetig komplexer werdende Wirtschaftsformen waren, die sich als Folge einer beginnenden Verstädterung herausbildeten. Insgesamt läßt sich damit genauestens nachzeichnen, wie mit den Anforderungen sich immer mehr verfeinernde Methoden zur Dokumentation und Kontrolle wirtschaftlicher Vorgänge schließlich in ein universell anwendbares Schriftsystem mündeten.

In einem parallelen Projekt des Forschungsbereiches Entwicklung und Sozialisation des Max-Planck-Institutes für Bildungsforschung in Berlin werden die kognitiven Strukturen analysiert, über welche die ältesten Schriftzeugnisse Aufschluß geben. Dies ist ausführlich und mit überraschenden Ergebnissen bisher für die Verwendung von Zahlen geschehen. Dabei ließ sich detailliert nachvollziehen, wie sich aus aneinandergereihten Objekten in einem stufenweisen Abstraktionsprozeß ein allgemeiner Zahlbegriff herauskristallisiert hat. Über die Ergebnisse dieser Arbeiten soll in einem Folgeartikel in der nächsten Ausgabe berichtet werden.

Der archäologische Kontext

Die ältesten Schriftdokumente des vorderasiatischen Raumes sind Tontafeln, in deren noch feuchte Oberfläche Zeichen mit Griffeln eingeritzt beziehungsweise eingedrückt wurden. Fast alle diese Tafeln und Fragmente – nämlich mehr als 4000 von insgesamt knapp 4500 – wurden bei Grabungen in Uruk gefunden, einer einstmals großen, blühenden Stadt im heute wüstenartigen Gebiet des Südirak (Bild 2). Seit 1912, unterbrochen durch die beiden Weltkriege, arbeiten deutsche Archäologen an der Erforschung dieser Stadt, die mehr als 5000 Jahre lang – bis in die ersten nachchristlichen Jahrhunderte – kontinuierlich bewohnt war, wenn sie auch während dieser Zeit wechselvolle Geschicke zu ertragen hatte.

Wegen dieser Wechselfälle ihrer Geschichte schwankte der Umfang der Siedlung erheblich, so daß Teile, die zu einer Zeit dicht mit Gebäuden bestanden waren, danach manchmal jahrhundertelang freiblieben. Dadurch wurden die alten Ruinen dort weder gestört noch überbaut. Der Zufall wollte es, daß weite Bereiche, die in der Frühzeit zum Zentralgebiet gehört hatten, auf diese Weise kaum überlagert wurden, so daß die Ausgräber fast direkt unter der heutigen Oberfläche Schichten mit mehr als 5000 Jahre alten Resten vorfanden (Bild 4).

Es waren Zeugnisse für die Epoche, die sich, gerade auch aufgrund der Forschungen in Uruk, als eine der wichtigsten Perioden in der zivilisatorischen Geschichte der Menschheit herausgestellt hat: die Phase der ersten Stadtbildung und der Entstehung jener „Frühen Hochkultur", die in Babylonien die Jahrhunderte um 3000 vor Christus umfaßt (Bild 3). Reste dieser Zeit mit riesigen Gebäuden und großen Plätzen wurden auf einer Fläche von 350×200 Meter freigelegt, so daß man einen guten Eindruck vom Aufbau des Zentralbereichs der Siedlung erhielt.

Da so gut wie alle Kräfte auf die Erforschung des Zentrums verwandt wurden, blieben die Kenntnisse über andere Bereiche – wie zum Beispiel Wohnquartiere – allerdings leider spärlich. Auch Reste anderer Epochen sind weniger gründlich untersucht worden, so daß Uruk vor allem wegen der Überreste der frühen städtischen Phase Berühmtheit erlangte. Der ältere Teil dieser Phase wurde denn auch nach dem Grabungsort Uruk-Periode genannt; sie umfaßt die letzten beiden Jahrhunderte vor 3000 vor Christus.

Von den noch älteren Perioden wissen wir wenig, da ihre Reste von den meterhohen Schuttablagerungen der Zeit der Frühen Hochkultur bedeckt sind. Das wenige reicht gerade zu der Erkenntnis, daß die Dinge, die wir als charakteristisch für die Frühe Hochkultur ansehen, allesamt in der kurzen Zeitspanne zum ersten Mal auftauchen, die in Uruk in so umfassender Weise erforscht werden konnte. Zu diesen Neuerungen gehören monumentale Architektur, monumentale Kunst, die für das ganze spätere Mesopotamien charakteristische Gattung der sogenannten Rollsiegel und schließlich vor allem die Schrift.

Selbstverständlich tauchen diese Errungenschaften nicht einfach aus dem Nichts auf, aber es fällt schwer, die Vorformen in Babylonien selbst zu identifi-

Bild 1: Diese Tontafel gehört zu jenen ältesten erhaltenen Schriftdokumenten, die nach ihrem hauptsächlichen Fundort (siehe Bild 2) als die Archaischen Texte aus Uruk bezeichnet werden. Insgesamt sind knapp 4500 solcher Tafeln (einschließlich Fragmenten) ans Licht gebracht worden. Nach der Form der darin eingedrückten Schriftzeichen lassen sich zwei Schriftstufen unterscheiden: eine ältere mit noch ziemlich bildhaftem Charakter und eine jüngere, schon stärker abstrahierte. Gemäß diesem Kriterium ist die hier abgebildete Tafel der jüngeren Schriftstufe zuzuordnen (rund 3000 vor Christus). Dank umfangreicher Forschungsarbeiten der Autoren konnten inzwischen knapp drei Viertel der insgesamt 706 in den Archaischen Texten aus Uruk auftretenden Schriftzeichen gedeutet werden. Auf der gezeigten Tafel ist eine Anzahl von Behältern verzeichnet, die bestimmte Mengen von Milchprodukten enthielten. Daneben sind vermutlich die an der Transaktion beteiligten Personen genannt. Grundsätzlich sind in den ältesten Schriftzeugnissen nur Dinge im Zusammenhang mit wirtschaftlichen Vorgängen festgehalten.

zieren. Dieses Gebiet war nach unseren archäologischen Erkenntnissen vorher nur spärlich besiedelt und wies erst zu jener Zeit ein dichtes Netz von Siedlungen auf, an deren Ende alle die erwähnten Neuerungen sichtbar werden.

Die großflächige Besiedlung Babyloniens

Die plausibelste Erklärung ist, daß das durch Euphrat und Tigris gebildete Schwemmland zunächst lange Zeit nur an wenigen Stellen trockenen Siedlungsraum bot. Erst als durch eine leichte Klimaverschiebung ein Austrocknungsprozeß einsetzte, wurde die weite babylonische Tiefebene in kurzer Zeit zur Besiedlung frei. Den archäologischen Oberflächenuntersuchungen zufolge stieg die Zahl der Siedlungen innerhalb kurzer Zeit auf mehr als das Zehnfache.

Die organisatorischen und wirtschaftlichen Schwierigkeiten einer solchen Veränderung sind enorm. Insbesondere konnten sie wohl kaum mit den Erfahrungen gemeistert werden, die in den kleinen Einzelsiedlungen der vorhergehenden Zeit gesammelt worden waren. Allerdings existierten Erfahrungen aus Gebieten, in denen sich bereits zuvor kompliziertere Formen menschlichen Zusammenlebens entwickelt hatten – so im direkt östlich angrenzenden Gebiet des heutigen Khuzestan. Denkbar wäre, daß von hier einiges übernommen wurde.

Dennoch gingen die Anforderungen, welche die großflächige Besiedlung Babyloniens an die organisatorischen Fähigkeiten der Betroffenen stellte, über das frühere Maß weit hinaus. Der überaus fruchtbare Boden gestattete, die zur Ernährung eines Menschen nötige landwirtschaftlich genutzte Fläche zu verkleinern, so daß Bewohner und Siedlungen enger zusammenrücken konnten.

In den großen Siedlungen wuchs die Zahl derer, die nicht in der primären Nahrungsproduktion tätig waren, so daß neue Strukturen der Versorgung geschaffen werden mußten. Produkte spezialisierter Handwerker wurden auch außerhalb der engsten Umgebung benötigt. Begriffe wie Verteilung oder Vermarktung können eine ungefähre Vorstellung von einigen der sich stellenden Probleme vermitteln, obwohl sie die Situation – weil im modernen Sinn – natürlich nur unvollkommen beschreiben. Es wird jedoch deutlich, auf wie verschiedenen Ebenen neue Lösungen gefunden werden mußten – und gefunden wurden.

Leider gibt es systematische Gründe, warum die verschiedenartigen Neuansätze sich nur beschränkt in dem Material widergespiegelt finden, das die Archäologie beischaffen kann; denn nur wenige davon haben sich sichtbar auf Art oder Gestaltung der heute noch greifbaren Reste ausgewirkt. Eine Ausnahme machen allein die wirtschaftlichen Veränderungen, da es dabei um konkrete Dinge geht.

Eine Zusammenschau aller archäologischen Einzelbeobachtungen läßt erkennen, wie vielschichtig und komplex die Verhältnisse zur Zeit der Schriftentstehung waren. Auf den verschiedensten Gebieten hatte sich der Anfall von Informationen vervielfacht. Das gilt insbesondere für die Wirtschaftsverwaltung, bei der zum einen die Anzahl der Einzelinformationen anwuchs; zum anderen aber mußte sich jede derartige Verwaltung in Einheiten und Mengen ausdrücken, deren Größenordnung und Verarbeitung die Leistungsfähigkeit solcher Verwaltungstechniken überforderte, bei denen die Datenverarbeitung sich allein auf das menschliche Gedächtnis stützte.

Es galt daher Techniken zu finden, um insbesondere diesen numerischen Teil der Informationen festzuhalten. Diese Suche nach Kontrolltechniken – zu denen schließlich auch die Schrift gehört – paßt in eine Zeit, in der große Herausforderungen auf allen Gebieten umfassende neuartige organisatorische Strukturen und Verfahrensweisen zeitigten.

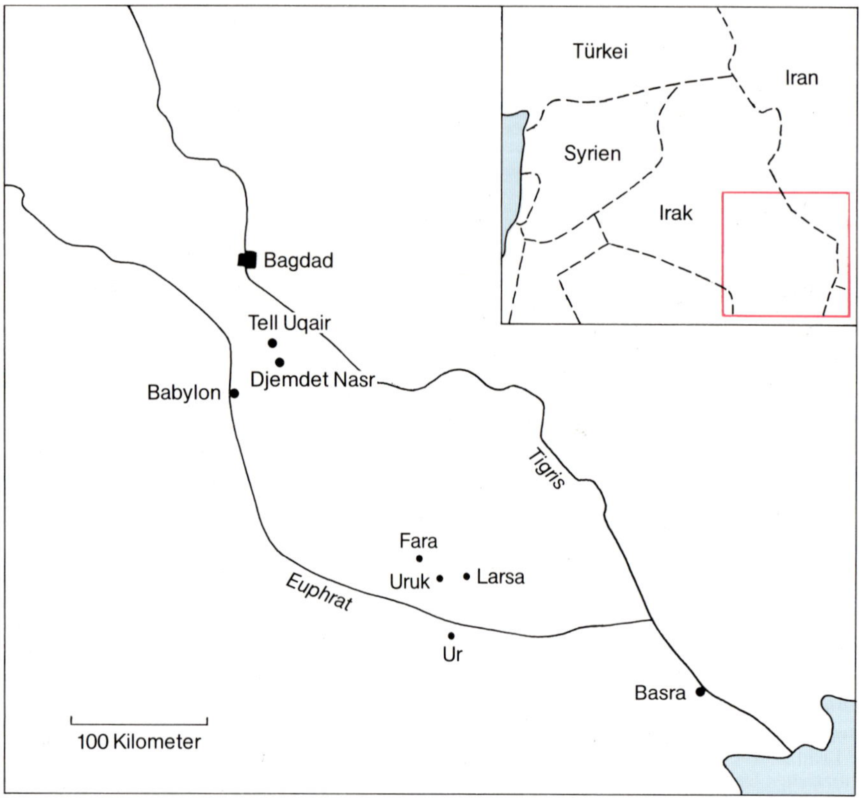

Bild 2: Skizze des südlichen Mesopotamien mit Fundorten der im Text erwähnten Tafelgruppen. Die ältesten bekannten Schriftzeugnisse wurden in Uruk und Djemdet Nasr entdeckt.

Die Fundsituation der Tafeln

Fast überall, wo man im Stadtgebiet von Uruk auf Schichten aus der Zeit der Frühen Hochkultur stieß, wurden auch Fragmente von Tontafeln der frühen Schriftentwicklung gefunden (Bild 5). Da sich die Grabungen fast ausschließlich auf das Zentralgebiet der Stadt konzentrierten, sind die meisten der über 4000 Tafeln und Fragmente in diesem Zentrum ans Licht gekommen. Daraus jedoch den Schluß ziehen zu wollen, daß die Schrift ausschließlich dort verwandt worden sei, ist nach dem Gesagten nicht zulässig.

Leider lassen sich Verwendungsort und genaue Verwendungszeit der Tafeln aus verschiedenen Gründen nicht beurteilen. So sind nur sieben davon in einem archäologischen Kontext gefunden worden, durch den sie vielleicht zu einem bestimmten Benutzungsniveau in Verbindung gebracht werden können. Alle anderen stammen aus Schuttschichten, die allen möglichen Abfall enthielten: Scherben zerbrochener Gefäße, Tierknochen, Aschen und Holzreste sowie Fragmente von aus Ton gefertigten, gesiegelten Verschlüssen, die

Gesamt-Mesopotamien			Süd-Mesopotamien	
kulturelle Entwicklungsstufen	Perioden	Zeit vor Christus	Perioden	kulturelle Entwicklungsstufen
Domestizierung von Tieren und Pflanzen Dauersiedlungen in Bergtälern	A-keramisches Neolithikum			
		7000		
	Keramisches Neolithikum	6500		
Siedlungen in Regenfeldbaugebieten der Randebenen des Zagros; weitreichender Handel; spezialisierte Siedlungen	Hassuna	6000		Jäger, Fischer, Sammler
	Samarra			
		5500		
		5000		
				Besiedlung von den Nachbargebieten her
		4500	Eridu	
Bildung lokaler Zentren	Hálaf			Isolierte Siedlungen
			Hajji Mohammed	
		4000		
	Nördliches Obed		Standard-Obed Spät-Obed	
		3500		
	Gawra		Früh-Uruk	
Kurzzeitige Expansion von Süd-Mesopotamien aus			Spät-Uruk	Bildung regionaler Zentren
		3000	Djemdet Nasr	
			Frühdynastisch I	Stadtstaaten
	Frühdynastisch II		Frühdynastisch II	
Bildung regionaler Zentren		2500		
	Frühdynastisch III Akkad Ur III	2000	Frühdynastisch III Akkad Ur III	Bildung von Territorialstaaten Territorialstaat
Bildung früher Staaten	Alt-Assyrisch		Alt-Babylonisch	

Bild 3: Übersicht über die frühen kulturellen Entwicklungsstufen in Mesopotamien und Nachbargebieten. Die Zeittabelle macht deutlich, daß sich bereits über vier Jahrtausende immer höhere Organisationsformen des Zusammenlebens entwickelt hatten, bis schließlich – als geradezu zwangsläufige Folge dieses steigenden Organisationsgrades – am Ende des vierten vorchristlichen Jahrtausends die Schrift entstand.

ehemals Gefäße verschlossen hatten oder um die Knoten einer Verschnürung geknetet waren.

Auch die in dem Schutt gefundenen Schriftträger sind als Abfall zu betrachten. Sogar die erwähnten sieben Tafeln lagen keineswegs an ihrem ursprünglichen Aufbewahrungsort, sondern wurden auf dem Boden eines Türdurchgangs in einem der großen öffentlichen Gebäude gefunden. Keine einzige Tafel befand sich also dort, wo sie verfertigt, benutzt oder archiviert worden war.

Dies wird noch dadurch unterstrichen, daß in einigen Fällen Bruchstücke ein und derselben Tafel an weit auseinanderliegenden Stellen im Schutt auftauchten. Soweit sich dies rekonstruieren läßt, scheint der Schutt mithin nicht einmal an den Stellen angefallen zu sein, an denen er gefunden wurde; vielmehr ist er offenbar gezielt von einer Schutthalde an die späteren Fundstellen gebracht worden – meist wohl, um Unebenheiten des Geländes auszugleichen, bevor man dort ein neues Gebäude errichtete.

Selbst der Zeitpunkt, zu dem der Schutt an seinem Fundort abgelagert wurde, läßt sich nur in den seltensten Fällen bestimmen. Liegt die Schuttschicht unter einem datierten Gebäude, kann man immerhin davon ausgehen, daß sie vor Errichtung des Gebäudes an diese Stelle gelangt sein muß. Ist diese Zeitangabe schon ziemlich vage, so gilt das noch viel mehr für das Alter der im Schutt enthaltenen Gegenstände selbst, da diese um eine unbekannte Zeitspanne älter als die Zeit der Ablagerung sein müssen. Soweit die Fundumstände es überhaupt erlauben, können wir daher als Genauestes für eine Reihe von Tafeln den Zeitpunkt angeben, vor dem sie entstanden sein müssen, und sie nur mit allem Vorbehalt bestimmten Unterstufen der Zeit der Frühen Hochkultur zuweisen.

Allerdings hilft ein anderer Umstand bei der Datierung. Tafeln von unterschiedlichen Fundorten unterscheiden sich nämlich in ihrem Aussehen und insbesondere im Aussehen der Schrift. Die Unterschiede können folglich als zeitliche Unterschiede gedeutet und daher als Kriterien für die Zuweisung von Tafeln zu verschiedenen Altersstufen benutzt werden, wenn die Fundumstände keine direkte Datierung erlauben. Die meisten Tafeln sind lediglich aufgrund dieses „paläographischen" Vorgehens bestimmten Zeitstufen zuzuordnen.

Beobachtungen über die Veränderung der Schrift und Schlüsse aus den Fundumständen stützen einander jedoch so stark, daß wir ohne Einschränkung von einer älteren – oder der ältesten – Schriftstufe sprechen können, die in die späteste Phase der sogenannten Spät-Uruk-Zeit zu datieren ist, sowie von einer jüngeren Stufe, die mit der sogenannten Djemdet-Nasr-Zeit zusammenfällt. Texte dieser beiden Schriftstufen aus Uruk bezeichnen wir zusammen als die Archaischen Texte aus Uruk.

Schon den ersten Entdeckern solcher Tafeln war augenblicklich klar, daß es sich um Schriftzeugnisse handelte; zu unverkennbar gleichen die Funde den bekannten Keilschrifttafeln späterer Pe-

Bild 4: Blick über das Ausgrabungsgebiet von Eanna in Uruk (Blickrichtung von West nach Ost). Die Blütezeit von Uruk fiel gerade mit jener Periode zusammen, an deren Ende die Schrift auftaucht. Später zählte die Stadt weit weniger Einwohner, so daß die Areale mit den Ruinen aus der Blütezeit nicht erneut überbaut wurden und so relativ gut erhalten und für die moderne Archäologie leicht zugänglich blieben. Im Vordergrund sind die Mauern des sogenannten Riemchengebäudes zu sehen, das der kultischen Beisetzung nicht mehr benötigten Inventars von Kultstätten diente. Dahinter erhebt sich das Massiv des Tempelturmes („Ziqqurat"), der freilich erst in der Zeit kurz vor 2000 vor Christus errichtet worden ist.

rioden. So bestehen sie aus dem gleichen Material, nämlich Ton. Außerdem sind in beiden Fällen die Zeichen mit einem Griffel in die Oberfläche der noch feuchten Tafeln eingedrückt worden. Und obwohl die Zeichen der neugefundenen Tafeln mitunter recht bildhaft wirken, konnte man sich bei einigen einfachen Zeichen doch vorstellen, daß die eine Form sich aus der anderen entwickelt hatte. Wie bei den späteren Tafeln war die Oberfläche der Tontafeln vor der Beschriftung durch Ritzlinien in Kolumnen und einzelne „Fächer" unterteilt worden.

Der Inhalt der Tontafeln

Schließlich legte ein weiterer Vergleich sogar eine Deutung der frühen Schriftfunde nahe: Wie bei späteren Texten mit Aufzeichnungen wirtschaftlicher Vorgänge beginnen fast alle Einträge mit einer wechselnden Anzahl von Eindrücken, die unschwer als Zahlzeichen identifiziert werden konnten. Damit schien klar, daß die frühen Tafeln überwiegend wirtschaftliche Aufzeichnungen tragen (Bilder 1 und 6).

Einige Texte weichen freilich insofern von diesem Schema ab, als jeder Eintrag mit einem Merkzeichen beginnt. Doch auch dafür fanden sich Gegenstücke unter den späteren Texten: sogenannte lexikalische Listen. In ihnen sind hintereinander durch inhaltliche oder formale Zusammengehörigkeit verbundene Begriffe aufgeführt, die jeweils durch das Zeichen D, das heißt durch das Zeichen für „1", eingeleitet werden.

Eine genauere Untersuchung ergab sogar, daß es sich zum Teil um Abschriften derselben Listen handelt. Darin sind zumeist entweder Gegenstände wie solche aus Holz (Baumnamen) oder Metall zusammengestellt oder verschiedene Tiere und Tierprodukte einer Gattung – wie Rinder, Fische oder Vögel – gemeinsam aufgeführt (Bild 7). Andere Listen enthalten Namen von Städten oder aber Begriffe, die wir einstweilen weder nach Bedeutung noch nach Zusammengehörigkeit klassifizieren können.

Auf einer der für unser Gesamtverständnis wichtigsten Listen stehen Titel und Funktionärsbezeichnungen, die offenbar in einer hierarchischen Folge angeordnet sind (Bild 8). Über die Listen wird noch ausführlicher zu sprechen sein, da sie eine wichtige Rolle bei der Identifizierung der Zeichen spielten.

Ohne Zahlzeichen waren fast nur einige wenige, sehr kleine Täfelchen, die nicht eigentlich als Schriftdokumente, sondern aufgrund ihrer Durchbohrung als Anhängeetiketten zu bezeichnen sind. Daneben fand sich eine kleine Zahl unklarer Tafeln, die gleichfalls keine Zahlzeichen tragen und insofern Texten aus späterer Zeit gleichen, die im weitesten Sinne als literarisch zu werten sind. Dennoch hat auch die intensive Beschäftigung mit den Archaischen Texten aus Uruk in den letzten Jahren keinen Text erkennen lassen, der eindeutig einen religiösen, historischen oder literarischen Inhalt hätte.

Gang der Bearbeitung

Nachdem im Jahre 1928 Stephen Langdon vom Jesus College der Universität Oxford 194 Kopien von Tafeln aus dem Palast von Djemdet Nasr veröffentlicht hatte, publizierte 1936 Adam Falkenstein vom Vorderasiatischen Museum in Berlin 620 Texte aus den ersten drei Grabungsjahren in Uruk. Zusätzlich enthielt der Band eine Liste aller Schriftzeichen sowie Beobachtungen zur Fundsituation und zur Schriftentwicklung.

Außerdem vermochte Falkenstein, auf den Vorarbeiten von Langdon fußend, für eine ganze Reihe der Schriftzeichen Identifizierungen mit späteren Zeichen vorzuschlagen und damit versuchsweise mit der inhaltlichen Deutung der Texte zu beginnen. Dabei ging er davon aus, daß frühe und späte Zeichen der Wiedergabe der sumerischen Sprache dienten. Als Beleg betrachtete er eine Gruppe von drei Zeichen auf einer Tafel, die nur, wenn sie in Sumerisch geschrieben und gelesen wurde, einen auch später in sumerischen Texten vorkommenden Personennamen ergab.

Falkensteins Bemühungen um die Erschließung der Archaischen Texte aus Uruk schienen so sehr das Äußerste erreicht zu haben, was über die Texte zu sagen war, daß sich lange Jahre niemand mehr diesem Thema zuwandte. Es kam nicht einmal zu einer Bestandsaufnahme all der Texte, die seit der Veröffentlichung Falkensteins in Uruk gefunden worden waren. Erst 1969 wurde einer von uns (Nissen) mit dieser Sammlung beauftragt und zugleich mit dem Versuch, dem Inhalt der Texte näherzukommen. Die Materialsammlung ergab, daß seit der Erstveröffentlichung rund 3400 Tafeln und Fragmente dazugekommen waren, so daß die Gesamtzahl nun bei über 4000 lag.

Von 1976 an stellten die Deutsche Forschungsgemeinschaft und die Stiftung Volkswagenwerk Mittel zur Verfügung – unter anderem auch für wissenschaftliche Mitarbeiter (gegenwärtig Englund) –, um die Bearbeitung der Texte voranzutreiben. Mit einer Klassifizierung der Texte und vor allem mit der Zusammenstellung einer Zeichenliste wurden zugleich die Voraussetzungen für die Eingabe aller Texte in eine Datenbank geschaffen. Einen entscheidenden Impuls erhielten die Arbeiten durch das Hinzutreten eines Mathematikers (Damerow), der sowohl die Probleme der Speicherung und Programmgestaltung löste als auch sich insbesondere mit der Deutung der Zahlnotierungen befaßte.

Die Arbeiten werden auf einem Siemens-Großrechner der Zentraleinrichtung für Datenverarbeitung der Freien Universität Berlin durchgeführt, der über Standleitungen mit dem Max-Planck-Institut für Bildungsforschung verbunden ist. Dabei setzen wir vor allem Methoden ein, die in der Forschung zur Künstlichen Intelligenz entwickelt wurden. Die Firma Siemens stellte zu diesem Zweck eine eigens für unsere Bedürfnisse erweiterte Version der Programmierumgebung INTERLISP zur Verfügung.

Die Schriftzeichen

Bereits die Vermehrung des Textmaterials ließ darauf hoffen, daß der neuerliche Versuch einer Bearbeitung weitere Ergebnisse bringen würde. Mehr noch aber stützte sich diese Hoffnung auf eine inhaltliche Verschiebung in der Zusammensetzung der Texte. Während unter den Falkensteinschen Texten die Tafeln der älteren Schriftstufe bei weitem überwogen, hatte sich durch die neuen Texte das Verhältnis zugunsten der jüngeren Schriftdokumente umgekehrt.

Dies ist insofern von Belang, als die Zeichen der jüngeren Gruppe im Vergleich zu den älteren mit ihren stark bildhaften Formen bereits abstrahiert sind und damit den Zeichen der späteren, lesbaren Texte viel näher stehen. Von einem Zeichenvergleich ließ sich also eine beträchtliche Vermehrung der identifizierten Zeichen erwarten.

Wichtiger noch als die Verschiebung in der Altersverteilung der Texte war, daß der Anteil der Tafeln mit lexikalischen Listen von drei auf fast 600 anstieg. Bereits Falkenstein hatte erkannt, daß diese Texte allem Anschein nach inhaltlich exakt mit späteren Texten übereinstimmen, das heißt die genau gleiche Abfolge der Schriftzeichen aufweisen. Dies bestätigte sich vollauf bei der Durcharbeitung der neuen Listentexte, obwohl auch einige hinzugekommen sind, für die keine spätere Entsprechung bekannt ist.

Daraus ergab sich die wichtigste Handhabe zur Zeichenidentifizierung; denn in unklaren Fällen konnte man zumindest versuchsweise davon ausgehen, daß an der gleichen Stelle stehende Zeichen einander entsprechen (Bild 9). Die Zahl der mit späteren Zeichen graphisch identifizierten Zeichen ließ sich auf diese Weise auf fast 75 Prozent aller bekannten Zeichen steigern.

Damit ist es gelungen, den Hauptteil der – nach dem gegenwärtigen Stand der Identifizierung – insgesamt 706 Schriftzeichen der lexikalischen Listen mit Zeichenformen der späteren keilschriftlichen Tradition zu verbinden und semantisch abgesichert zu deuten, das heißt ihre inhaltliche Bedeutung zu ermitteln (Bild 10). Solche Einzelinformationen erlauben zwar keine Bestimmung der Sprache, die zur Zeit der Schriftentstehung vorherrschte; doch tragen sie wesentlich dazu bei, das Mosaik der Bedeutungsinhalte des Gesamtkorpus zu entschlüsseln, und liefern immer wieder neue Arbeitshypothesen zur weiteren Entzifferung der wichtigen Verwaltungsurkunden.

Die von uns benutzten Lesungen der Zeichen sind einstweilen nichts als Konventionen, die wir allein aus Gründen der Anschaulichkeit beibehalten:

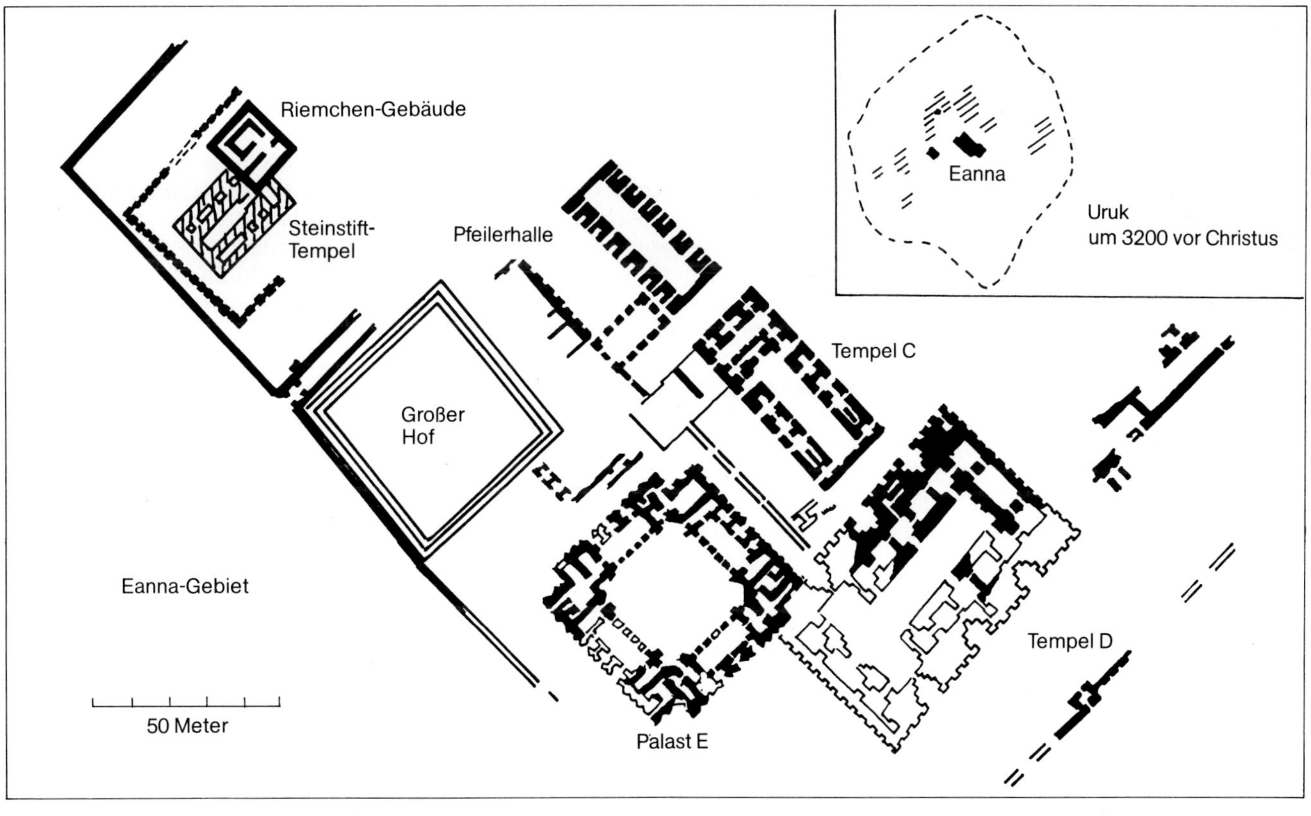

Bild 5: Lage des zentralen Kultbereichs von Eanna innerhalb von Uruk und Plan des Eanna-Gebietes mit den Gebäuden der letzten Phase der Spät-Uruk-Zeit (Schicht „Archaisch IVa"), in der die ältesten Schriftdokumente gefunden wurden. Bis auf das Riemchengebäude waren alle diese Gebäude vollständig leer. Die Tontafeln fanden sich oben im Schutt in oder über den Gebäuden. Weder Funde noch die Architekturformen lassen auf bestimmte Funktionen für die Gebäude schließen, so daß Bezeichnungen wie „Tempel" oder „Palast" einstweilen nichts als Konventionen sind. Klar ist lediglich, daß es sich um öffentliche Bauten handelt, die durch eine Mauer vom übrigen Stadtgebiet abgesetzt waren.

Bild 6: Die Tafel mit der Bezeichnung W 20274,96 stammt aus einem Schuttloch, das 154 weitere Verwaltungstexte enthielt. Alle sind aufgrund der Schriftform der jüngeren Schriftstufe zuzuordnen. Die Tafel ist beidseitig beschrieben: Auf der Vorderseite stehen Mengenangaben über Behälter mit Milchprodukten, während auf der Rückseite, die praktisch nur Zahlzeichen enthält, die Mengen offenbar addiert worden sind.

Sie machen sich die Gleichsetzungen mit den Zeichen aus Texten der späteren Frühdynastischen Zeit zunutze, deren Sprache zweifelsfrei sumerisch war. Über die tatsächliche Lesung der frühen Zeichen oder über die Sprache hinter den frühen Texten ist damit nichts ausgesagt.

Die Sprache der Archaischen Texte

Tatsächlich erscheint eine sumerische Lesung keineswegs als gesichert, auch wenn man sie aus Gründen der kulturellen Kontinuität in Mesopotamien vielfach vermutet hat. Zumindest konnten die bisherigen Versuche, die archaischen Schriftdokumente mit dem Sumerischen in Verbindung zu setzen, das erstmals für die 500 Jahre jüngeren Keilschrifturkunden aus Fara nachgewiesen ist, nicht überzeugen.

Den ersten solchen Versuch unternahmen bereits Langdon und Falkenstein. Sie deuteten die besonders in den Djemdet-Nasr-Tafeln öfters belegte Zeichenfolge als Personennamen und übersetzten sie sinngemäß mit „(Der Gott) Enlil (möge) Leben (schenken)". Damit interpretierten sie die ersten beiden Zeichen als Namen der bekannten sumerischen Gottheit Enlil und schrieben dem dritten Zeichen, einem Pfeil, die Bedeutung „Leben" zu. Diese Deutung ist jedoch nur bei sumerischer Lesung möglich, da nur im Sumerischen die Wörter für „Pfeil" und „Leben" die gleiche Lautform /ti/ haben. Eine solche Verwendung des Zeichens wäre dementsprechend als Rebusschreibung und damit als Beispiel für eine Phonetisierung der Schrift (ihre Ausrichtung an Lauten statt an Bedeutungen) zu werten.

Der sowjetische Sumerologe Aisik Vaiman hat in neuerer Zeit aufgrund einer anderen Lesung auch der eingeführten Zeichen die Stichhaltigkeit dieser Argumentation stark angezweifelt, ohne deshalb allerdings in Frage zu stellen, daß die Sprache das Sumerische ist. Als Hinweis auf eine phonetische Verwendung von Schriftzeichen wertete er das häufig in Verwaltungstexten vorkommende Zeichen, das einen Schilfstengel darstellt und sumerisch /gi/ hieß. Seiner Meinung nach steht es für den gleichlautenden sumerischen Verwaltungsterminus /gi/, der „zurück-, abgegeben" heißt.

Diese beiden vereinzelten Vermutungen reichen unseres Erachtens jedoch nicht aus, eine sumerische Lesung der archaischen Schriftzeichen zu belegen. Allerdings kann kaum ausgeschlossen werden, daß in den Verwaltungstexten tatsächlich das Prinzip der Rebusschreibung (auch Paronomasia oder Multivalenz genannt) angewandt worden ist.

Eine gewisse Schriftphonetisierung scheint zumindest auch in den Texten aus Ur vorzukommen, die etwa 200 Jahre nach Ende der Uruk-III-Periode entstanden sein dürften. Sie enthalten offenbar mehrfach phonetische Komplemente sumerischer Wörter, also Zeichen, die zur Klarstellung des An- oder Auslauts eines sumerischen Wortes dienten.

Eine umfassende Phonetisierung der Schrift dürfte dagegen erst stattgefunden haben, als diese zur Wiedergabe einer anders strukturierten Sprache diente, beispielsweise einer im Gegensatz zum agglutinierenden Sumerisch flektierenden semitischen Sprache. Während bei agglutinierenden Sprachen die grammatischen Bezüge durch Anfügen von Affixen an den unveränderten Wortstamm hergestellt werden, wird bei flektierenden Sprachen der Wortstamm selbst abgewandelt; ihre Wiedergabe erfordert daher sowohl die Darstellung einzelner Silben (statt ganzer Wörter) als auch eine feste Reihenfolge der einzelnen Zeichen.

Erste Anzeichen für eine vollständige Phonetisierung finden sich denn auch in der Schreibung semitischer Personennamen – insbesondere Namen von Schreibern selbst – in Texten der Fara-Zeit; zur selben Zeit werden außer den schon erwähnten phonetischen Komplementen auch Zeichen in Präfixketten, die den nicht-flektierenden sumerischen Verben vorangestellt wurden und in literarischen Texten belegt sind, auf eine Art verwendet, die eindeutig eine sumerische Lesung voraussetzt.

Wir operieren daher vorläufig mit der Arbeitshypothese, daß außer dem Sumerischen andere Sprachen, von denen sprachliche Elemente in einer „archaischen" Sprache enthalten sein könnten, in Frage kommen: neben dem semitischen Akkadisch auch Hurritisch und Elamisch sowie eine Reihe weiterer unbestimmter Sprachgruppen, für die der Assyriologe Benno Landsberger (damals an der Universität Ankara) die Bezeichnungen proto-euphratisch oder proto-tigridisch geprägt hat.

Die Isolierung und Bestimmung von sprachlichen Elementen einer solchen Schrift läßt sich, sofern ausreichende Hinweise auf mögliche Sprachstrukturen zur Verfügung stehen, systematisch angehen. Dies soll für die archaischen Texte aus Mesopotamien gemeinsam mit einer Untersuchung der etwa gleichzeitigen proto-elamischen Tafeln aus Susa computergestützt unternommen werden. Dabei müssen wir jedoch zusätzlich zu den normalen Problemen der Entzifferung einer Wortschrift mit folgenden Schwierigkeiten rechnen:

Zum einen scheint die Wortstellung der archaischen Texte keinen erkennbaren Regeln zu folgen. Von der strikten Trennung der Zahl- von den Schriftzeichen abgesehen, sind die Schriftzeichen – nicht allerdings die Zahlzeichen – offenbar weitgehend beziehungslos über eine Tafel oder ein Fach verstreut worden; einzig das gezählte Objekt scheint sich im allgemeinen eher zu den es qualifizierenden Zahlzeichen zu gesellen. Auch wo man am stärksten sprachliche Elemente vermuten würde, nämlich bei den mutmaßlichen Bezeichnungen von Personen, die in einer Beziehung zu den gezählten Objekten stehen sollten, ist bis jetzt keine feste Zeichenfolge erkennbar.

Zum zweiten ist wie bei späteren Wirtschaftstexten nicht nur jegliche Redundanz unterlassen, sondern es wurde auch sorgsam vermieden, Dinge aufzuschreiben, die allgemein bekannt waren. Bei der Erschließung können wir daher nicht davon ausgehen, daß eine Tafel einen vollständigen Kontext wiedergibt.

Schultexte

Man bezeichnet die bereits mehrfach genannten lexikalischen Listen auch als Schultexte, da man fast für jeden Text jeweils über mehrere identische Abschriften aus derselben Zeit verfügt sowie über inhaltlich (aber nicht von den Zeichenformen her) gleiche aus anderen Perioden. Auf die besondere Stellung dieser Texte weist der Umstand hin, daß sie in den Zeiten späterer Abschriften gar nicht mehr ganz verständlich gewesen sein können, da eine Reihe der darin verwendeten Schriftzeichen nicht mehr in Gebrauch war.

Es ist für die systematische Art der Bewohner des frühen Babylonien bezeichnend, daß diese bereits in der ältesten Periode der Schrift – gleichzeitig mit den frühesten Aufzeichnungen von Verwaltungsvorgängen – den Zeichenbestand geordnet haben. Die lexikalischen Listen gruppieren schriftliche Symbole für reale Gegenstände, aber auch offensichtlich für Personen- und Ortsbezeichnungen nach Bedeutungen in zusammenhängende Kategorien, die zumeist aus 50 bis 100 Eintragungen bestehen. Diese Listen sind immer wieder kopiert worden.

Insgesamt existieren 14 archaische Wortlisten, die auf rund 520 Tafeln und Fragmenten erscheinen. Hinzu kommen etwa 130 Tafeln, die zwar der Anlage nach zu Listen gehören, sich aber nicht einer der bekannten Listen zuordnen ließen. Wahrscheinlich haben diese Listen eine zentrale Rolle bei der Vermittlung der Schreibkunst gespielt, indem sie immer wieder von Generation zu Generation abgeschrieben wurden. Nahezu deckungsgleiche Abschriften finden sich weit verstreut über den Nahen Osten bis in die Zeit um 2000 vor Christus. Wenige Beispiele datieren sogar noch aus dem ersten Drittel des zweiten Jahrtausends.

Die Schrift als Kontrollmittel der Wirtschaft

Bereits zuvor haben wir die enge Verbindung zwischen Schrift und Wirtschaftsorganisation angesprochen. Durch eine Charakterisierung des Inhalts der Texte soll diese Feststellung im folgenden untermauert werden. Gleichzeitig möchten wir der Frage nachgehen, ob die hier behandelten Texte wirklich die früheste Schrift re-

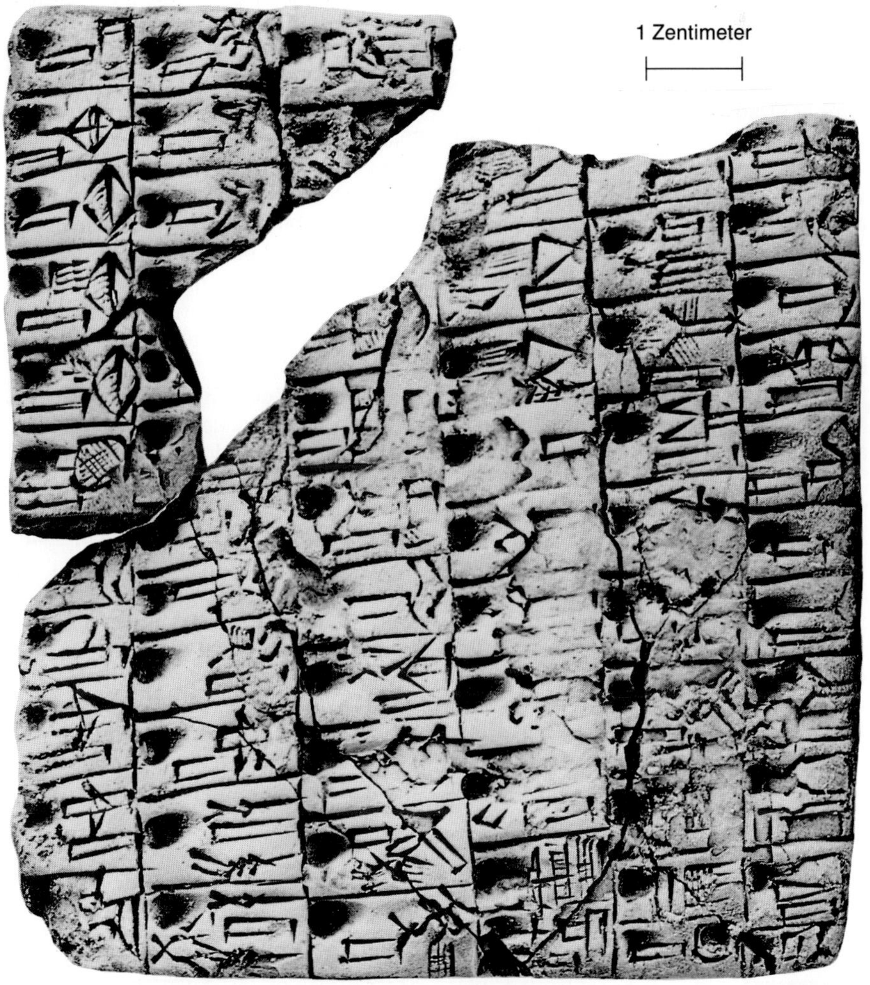

Bild 7: Der Text dieser Tafel gehört zur Kategorie der sogenannten lexikalischen Listen, in denen wie in einer Art Wörterbuch die Zeichen für bestimmte Arten von Objekten zusammengestellt sind. Die Tafel ist durch Ritzlinien in Felder unterteilt, und die ersten 39 Felder enthalten Namen von Bäumen; in den übrigen Feldern sind Gegenstände aus Holz aufgezählt. Das langgestreckte Rechteck in jedem Kästchen weist den jeweiligen Eintrag der Kategorie Holz zu. Jeder Eintrag beginnt außerdem mit dem Zahlzeichen für „1" (siehe Bild 9).

Bild 8: Zwei verschieden alte Versionen der Liste von Beamten- und Berufsnamen, die über eine lange Zeit immer wieder als Schultext, das heißt als Übungstext für angehende Schreiber, abgeschrieben worden war. Bei der älteren Abschrift (links) handelt es sich um das größte erhaltene Fragment der jüngeren Textgruppe der Archaischen Texte aus Uruk. Die Keilschrift-Version aus Fara (rechts) ist vollständig erhalten.

präsentieren. Schließlich soll die Entstehung der Schrift, so wie wir sie uns nach den geschilderten Befunden vorstellen, im einzelnen nachgezeichnet werden.

Zunächst sei noch einmal betont, daß die Angaben auf den ältesten Schrifttafeln die Kategorien von Informationen betreffen, die im täglichen Betrieb zur Überwachung wirtschaftlicher Vorgänge nötig sind. So werden Waren oder Leistungen und ihre Mengen bezeichnet; ferner ist angegeben, wer an einer Transaktion in wessen Namen beteiligt war und wo und wann sie stattfand oder stattfinden sollte. Finite Verben (Verben, die an den grammatikalischen Zusammenhang angepaßt sind, so daß klar ist, auf welches Substantiv sie sich beziehen, welche Zeitform gemeint ist und so weiter) fehlen ebenso wie Präpositionen oder jegliche Elemente, die zur Darstellung syntaktischer Ketten nötig wären.

In dieser verknappten Form ist die Schrift zwar völlig ausreichend zur Darstellung wirtschaftlicher Zusammenhänge, kann jedoch schwerlich komplexere Sachverhalte ausdrücken. Gerade das, was wir von geistesgeschichtlicher Sicht her als den wichtigsten intellektuellen Schritt der Schriftentstehung sehen möchten – die Fixierung geistiger Zusammenhänge und die Entwicklung zu einem gleichwertigen intellektuellen Medium neben der gesprochenen Sprache –, wird von der frühen Schrift somit nicht geleistet. Statt dessen finden wir eine jede Redundanz vermeidende Beschränkung auf die Mitteilung verbindungslos nebeneinandergestellter Fakten. Dabei wird in hohem Maße das übliche Wissen des Lesers einbezogen, da Dinge, die als allgemein bekannt vorausgesetzt werden konnten, nicht mit aufgeschrieben wurden.

Sowohl aus dem Inhalt der Texte als auch vor allem aus der Verwendung der Schrift ergibt sich daher, daß diese mit größter Wahrscheinlichkeit geschaffen wurde, um Probleme der Wirtschaftsüberwachung zu meistern. Man kann die Schrift in ihrer frühesten Form somit als Kontrollinstrument für die Wirtschaft bezeichnen, das universell einsetzbar war.

Vom ersten Bekanntwerden der Uruk-Texte an ist die Frage gestellt worden, ob es vielleicht Vorläufer dieser Schrift gegeben habe. Den Anlaß bot die Beobachtung, daß zwar viele Zeichen der ältesten Texte noch stark bildhaft sind, sich daneben jedoch auch bereits abstrahierte Zeichen befinden. Was schien also natürlicher, als die sichtbare Entwicklung zu größerer Abstraktion nach rückwärts zu verlängern und eine Stufe der Schrift zu postulieren, die vor den ältesten gefundenen Schriftzeugnissen lag? Daß ältere Schriftzeugnisse nicht vorhanden waren, konnte man dabei leicht mit dem in der Tat sehr lückenhaften Stand der Feldforschung erklären, oder damit, daß für die ältere Schrift vielleicht Schriftträger benutzt worden waren, die sich im aggressiven Klima Babyloniens nicht erhalten hatten.

Eingedenk der obigen Feststellungen sollten wir aber vermutlich nicht nach Vorläufern der Schrift suchen, sondern nach Vorläufern bei den Methoden zur Bewältigung wirtschaftlicher Probleme. Offenkundig bestand das Bedürfnis, Informationen über wirtschaftliche Vorgänge zu speichern, um damit komplexe Vorgänge unter Kontrolle halten zu können. Wenn die Schrift eine universelle Lösung bot, könnten „Vorläufer“ sich darin zu erkennen geben, daß sie jeweils nur Antworten auf Teilaspekte gaben. Vor diesem Hintergrund fallen einem Dinge ein, die man als solche nicht unbedingt mit der Schrift in Verbindung bringen würde (Bild 11).

Vorformen der Schrift

Schon seit der Steinzeit kennt man aus Grabungen kleine Steinchen oder Stückchen aus Ton, die möglicherweise als Zählhilfen dienten. Die Größe einer Herde konnte so durch eine Sammlung von Zählsteinen repräsentiert werden – ebenso wie vieles andere, was in Einheiten auftrat.

Lange danach, aber noch vor der Ausbildung der Schrift selbst wurden die Ausdrucksmöglichkeiten dieses Hilfsmittels vermutlich dadurch erweitert, daß man gewissen Formen solcher Zählsteine bestimmte Zahlwerte beiordnete, die in einem System zueinander standen. Da solche Zählsteine bisher immer nur einzeln und ohne Kontext gefunden wurden, ist es allerdings nicht möglich, diese Systeme zu bestimmen und damit den Zahlenwert der Steine festzulegen.

Zählsteine finden sich auch in der Zeit direkt vor und gleichzeitig mit dem Aufkommen der Schrift. Interessant dabei ist, daß sie in Form oder Innenzeichnung teils späteren Schriftzeichen ähneln. Auch hier fehlt allerdings der Kontext, der ein möglicherweise dahinterstehendes System erkennen ließe. Zweifellos handelt es sich jedoch gleichfalls um frühe Kontrollhilfen der Wirtschaft. Freilich vermochten sie nur begrenzte Aspekte festzuhalten: die Menge und vielleicht auch die Art der Objekte.

Kurz vor der Schrift taucht dann zum ersten Mal die Gattung der Rollsiegel auf. Dabei handelt es sich um kleine Steinzylinder, in deren Mantelfläche Darstellungen oder geometrische Muster eingegraben sind, so daß beim Abrollen auf feuchtem Ton ein Reliefband entsteht. Von Anfang an zeigen die Darstellungen auf den Siegeln eine große Vielfalt. Dies sowie ihre Verwendung auf Verschlüssen aller Art macht eine Deutung einfach: Mit dem Anbringen eines Siegelabdrucks auf einem Verschluß wurde dieser vor Manipulationen durch Dritte geschützt und zugleich eine Garantie über den Inhalt des Behälters abgegeben.

Da es sich um keinen mechanischen Schutz handelt, diente die Variationsbreite der Darstellungen auf den Siegeln offenbar dazu, jedem zum Anbringen von Siegeln Berechtigen ein unverwechselbares Zeichen zuzuordnen. Schutz und Garantie wurden damit personalisiert.

Ein wesentlicher Aspekt der Kontrolle wirtschaftlicher Vorgänge war dadurch gelöst, aber eben nur einer: Ein Siegel konnte weder Art noch Menge des Behälterinhalts übermitteln; ebenso blieben Ort oder Zeit der Signierung sowie andere Aspekte nicht mitteilbar. Eine einzige Erweiterung bestand darin, daß auf einem Verschluß mehrere Siegel angebracht, das heißt mehrere Individuen namhaft gemacht werden konnten, die vielleicht verschiedene Funktionen bei dem entsprechenden Vorgang ausgeübt hatten; aber auch diese Funktionen wären durch die Siegel nicht eindeutig zu benennen gewesen.

Dennoch sind Siegel ebenfalls zweifelsfrei als ein Kontrollmittel der Wirt-

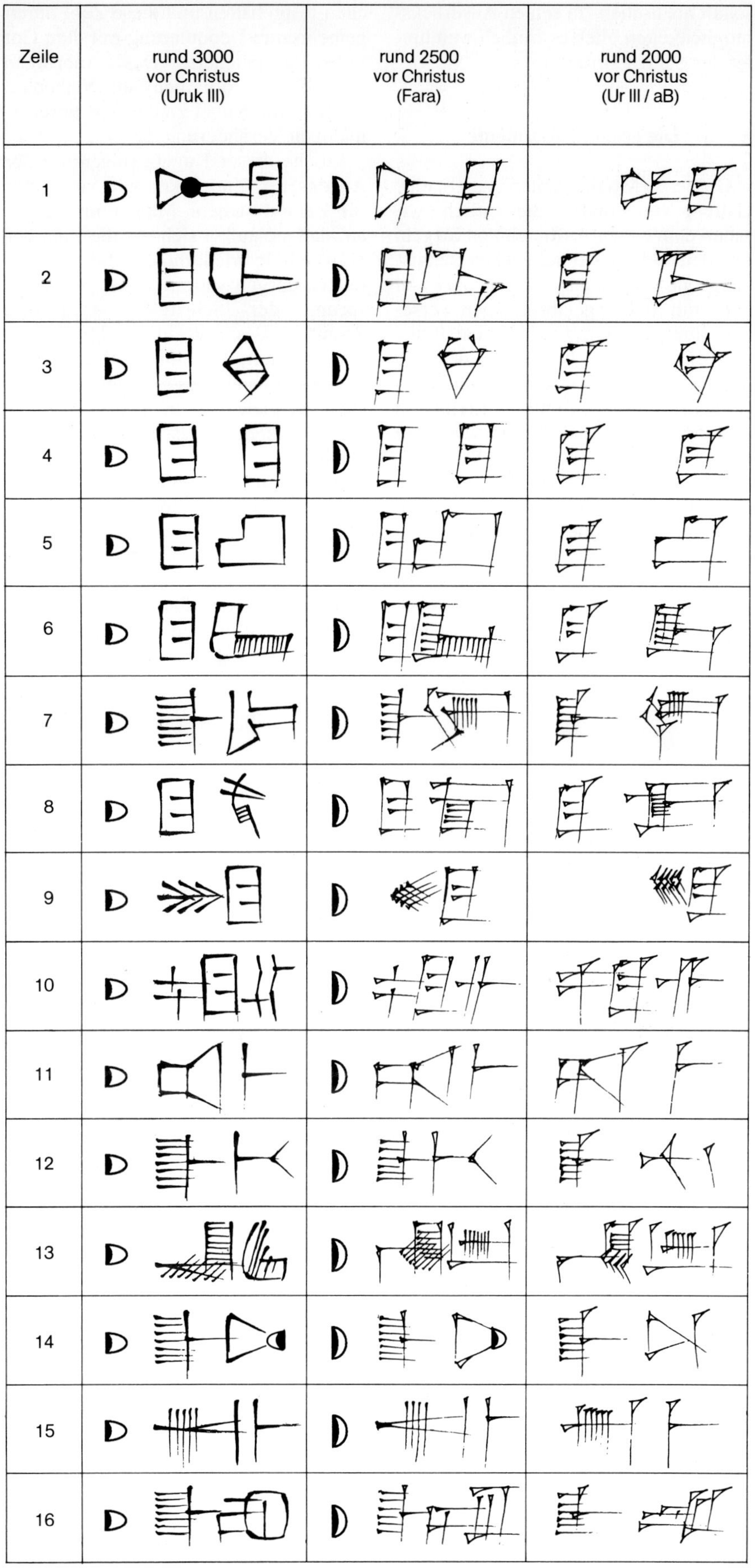

Bild 9: Beginn der Liste der Beamten- und Berufsnamen in drei Abschriften aus unterschiedlichen Zeiten. Während die Zeichen stets in der gleichen Reihenfolge angeordnet sind, ändert sich ihr Aussehen: Sie erscheinen immer stärker abstrahiert. Anhand solcher Listen läßt sich daher auf einfache Weise die Entwicklung der Zeichenformen nachvollziehen. Zugleich sind sie das wichtigste Hilfsmittel bei der Zuordnung und Deutung der frühen Zeichen.

schaft anzusehen. In seinen Ausdrucksmöglichkeiten blieb es freilich weit hinter der Schrift zurück.

Die ersten Dokumente

Größere Möglichkeiten zeigt eine Gattung von Funden, die zeitlich zwischen dem ersten Auftreten von Siegeln und dem der Schrift auftauchen: tennisballgroße Kugeln aus Ton, die über und über mit Rollsiegelabrollungen versehen sind und ursprünglich eine Reihe von Zählsteinchen bargen. Leider sind die meisten beschädigt und die Zählsteinchen darin sämtlich oder teilweise verloren, so daß sich ihre genaue Zahl nicht mehr feststellen läßt. Versuche, den Inhalt noch unbeschädigter Kugeln durch Röntgen-Untersuchungen herauszubekommen, hatten andererseits widersprüchliche Ergebnisse.

Am Zweck dieser Kugeln gibt es gleichwohl keinen Zweifel. Die Menge eines bestimmten wirtschaftlichen Gutes wurde durch Zusammenfügen der entsprechenden Menge von Tonstückchen festgehalten und diese Zahl durch gemeinsame Deponierung mit dem Gut selbst gespeichert. Das Anbringen von Siegelabrollungen am Verschluß schützte die Kugel zudem vor unrechtmäßigen Veränderungen.

Etliche dieser Kugeln tragen auf der Außenseite Eindrücke, wie sie später für Zahlen stehen. Man nimmt daher an, daß sie außen sichtbar die Zahl der Tonsymbole wiederholen, die im Inneren verborgen waren (siehe „Vom Ursprung der Schrift“ von Denise Schmandt-Besserat in Spektrum der Wissenschaft, Dezember 1978). In jedem Falle handelt es sich um die frühesten Beispiele von in eine Oberfläche eingedrückten, „geschriebenen Zahlzeichen“.

In der Tat finden wir kurze Zeit später, nämlich unmittelbar vor dem Auftreten der Schrift, zwei weitere Informationsträger, die direkt auf das Erscheinen der Schrift hinweisen. In die Oberfläche von flachen, annähernd rechteckig geformten Tonplatten finden sich Markierungen eingedrückt, die unschwer als Zahlzeichen zu erkennen sind. Diese etwas roh die Form der Schrifttafeln vorwegnehmenden Platten werden bald ersetzt durch Tafeln, die bereits die spätere Form haben und auf denen auch die Zahleindrücke schon in der späteren Schreibkonvention erscheinen. Andere als Zahlzeichen fehlen jedoch noch.

Entscheidend erweitert wurde diese Zahldarstellung schließlich dadurch, daß man die Oberfläche einer solchen Tafel durch Ritzlinien in verschiedene Kästchen teilte und dadurch zum ersten Mal die Möglichkeit erhielt, auf ein und demselben Informationsträger ohne Gefahr von Mißverständnissen Daten aus mehr als einem Vorgang zu speichern.

Die Abschnitte über die Schrift haben deutlich werden lassen, daß dieses Instrument ebenfalls der Kontrolle von wirtschaftlichen Vorgängen diente und damit in einer Linie mit den eben genannten Hilfsmitteln liegt. Andererseits aber stellt die Schrift eine neue Qualität dar, da bei ihr die Anzahl der Informationen, die festgehalten werden können, grundsätzlich nicht beschränkt ist.

Diese lange Abfolge von Versuchen, die Möglichkeiten der Speicherung von Informationen nach deren Art und Umfang zu erhöhen, läßt darauf schließen, daß die Wirtschaftsverwaltung offenbar so umfangreich und kompliziert geworden war, daß es unpersönlicher Kontrollmittel bedurfte, um Mißbrauch auszuschließen. Obwohl der Schritt zur Entwicklung der eigentlichen Schrift eine der größten intellektuellen Leistungen bleibt, zeigt der Blick auf die Hintergründe ihrer langen Vorgeschichte doch, daß die Ausformung der Schrift als eines universellen Kontrollinstruments fast unausweichlich war. Daß sie so plötzlich als fertiges System auftrat, braucht uns nun nicht mehr zu wundern; denn durch die verschiedenen Vorversuche war ein so hochgradiges Problembewußtsein entstanden, daß die dadurch gereifte Idee von Schrift schlechthin keine lange Zeit zur Umsetzung mehr brauchte.

Die Ausbreitung der Idee der Schrift

Zwar stehen die frühesten Schriftfunde aus Uruk einstweilen für sich allein, doch liegt das sicherlich nur daran, daß bisher lediglich an sehr wenigen Stellen und wenn überhaupt, dann nur in geringem Umfang archäologische Schichten dieser Zeit erreicht worden sind. Bereits für die zweite Phase der Schriftentwicklung kennen wir dagegen Schriftfunde auch aus anderen Orten Babyloniens – vor allem aus dem kleinen Ort Djemdet Nasr in der Nähe des

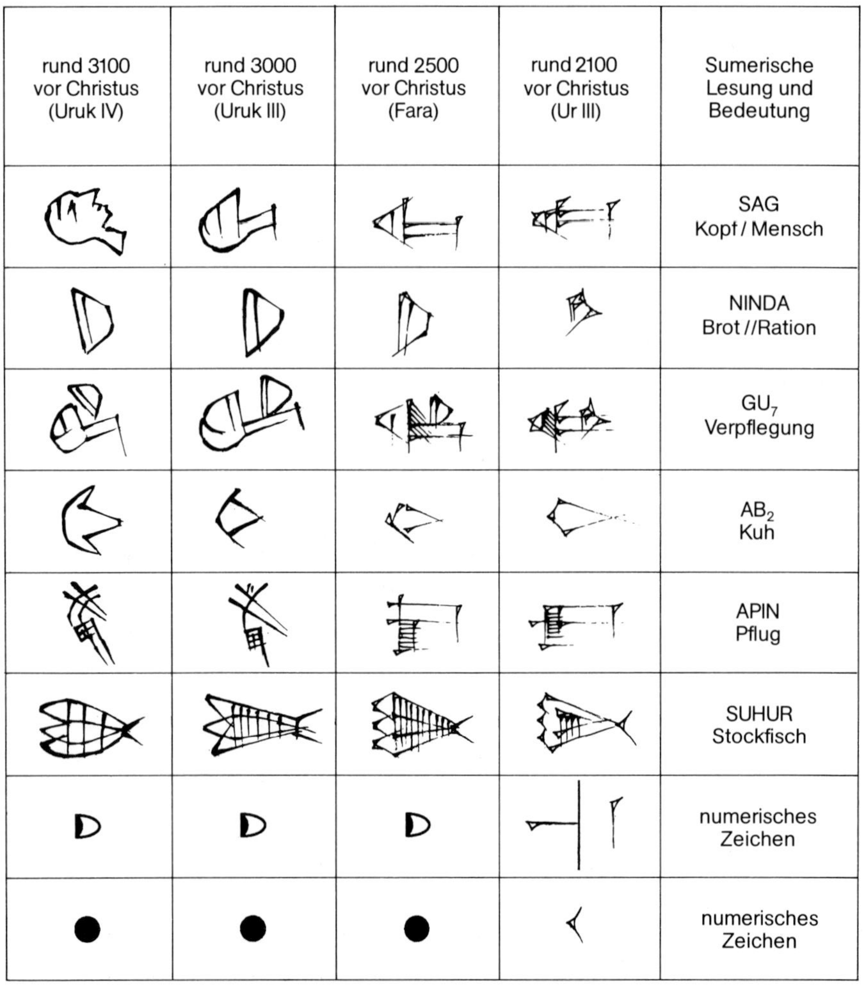

Bild 10: Die schrittweise Entwicklung einiger ausgewählter Schriftzeichen von ihrer noch stark bildlichen Urform bis hin zu den abstrakten Zeichen der voll ausgebildeten Keilschrift.

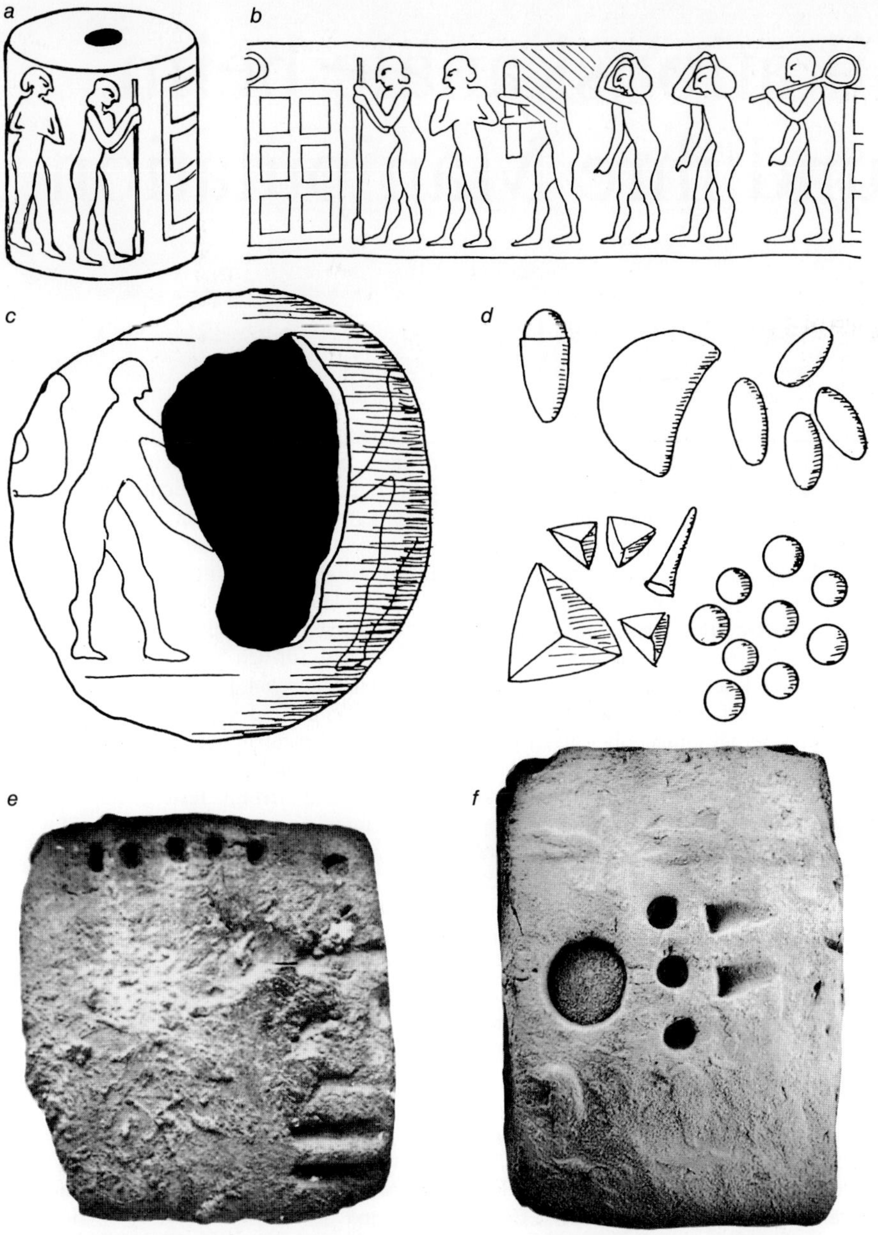

Bild 11: Ihren Ausgang nahm die Schrift von sich immer mehr verfeinernden Kontrollhilfen für eine stetig komplexer werdende Wirtschaft. Zunächst tauchen sogenannte Rollsiegel auf (*a*): kleine Steinzylinder, in deren Mantelfläche Darstellungen oder geometrische Muster eingegraben sind, so daß beim Abrollen auf feuchtem Ton ein Reliefband entsteht (*b*). Mit dem Anbringen eines Siegelabdrucks auf einem Verschluß wurde dieser offenbar vor Manipulationen durch Dritte geschützt. Wenig später finden sich mit Siegelabrollungen versehene hohle Tonkugeln (*c*), die Tonsymbole für bestimmte Zahleinheiten enthalten (*d*). Damit ließ sich jede beliebige Zahl darstellen und im Innern der Kugel geschützt speichern. Als unmittelbare Vorläufer der Schrift erschienen schließlich Tafeln mit Zahleindrücken, aber ohne andere Zeichen. In der Frühform (*e*) folgt die Anordnung der Zahlzeichen noch nicht einer festgefügten Konvention. Bei etwas späteren Tafeln (*f*) weist die Oberfläche außer den Zahlzeichen Spuren der Abrollung eines Rollsiegels auf. Die Anordnung der Zahlzeichen entspricht hier bereits dem in den späteren Schrifttafeln üblichen System.

späteren Babylon, aber auch aus Tell Uqair sowie Orten des Diyala-Gebietes östlich des heutigen Bagdad und – mit noch fraglichen Belegen – auch aus Larsa in der Nähe von Uruk (Bild 2).

Damit sind aus fast allen Orten, an denen Archäologen Schichten dieser Zeit erreicht haben, Schriftfunde bekannt. Wir können also sicher sein, daß mindestens zur Zeit der jüngeren Stufe der Archaischen Texte aus Uruk Kenntnis und Gebrauch von Schrift in ganz Babylonien verbreitet waren.

Es ist jedoch gewiß kein Zufall, daß aus derselben Epoche auch Schriftfunde aus Gebieten außerhalb Babyloniens existieren: aus dem östlich angrenzenden Khuzestan und aus Ägypten. So haben Grabungen in Susa, dem alten politischen Zentrum Khuzestans, Tontafeln ans Licht gebracht, deren Oberfläche mit Schriftzeichen bedeckt ist.

Dies kann nicht sonderlich erstaunen. In früheren Epochen waren die kulturellen Entwicklungen in Khuzestan und Babylonien zwar verschieden verlaufen; aber in der Uruk-Zeit, an deren Ende die Schrift in Babylonien auftaucht, gehörten die beiden Gebiete kulturell und sicher auch wirtschaftlich eng zusammen. Aus ähnlichen wirtschaftlichen Entwicklungen sollten sich ähnliche Notwendigkeiten der Kontrolle ergeben haben, was das Auftauchen der Schrift auch in dieser östlichen Region plausibel macht.

Was verwundert und sich einstweilen auch nicht erklären läßt ist dagegen die Beobachtung, daß die Schrift nicht zur gleichen Zeit wie in Babylonien auftritt, sondern erst in der zweiten Entwicklungsphase. Außerdem wurden zwar das gleiche Schreibmaterial und die gleiche Technik verwendet, die Schriftzeichen sehen jedoch ganz anders aus. Vermutlich ist hier ein anderes System zur Wiedergabe einer anderen Sprache entwickelt worden, allerdings in engstem Kontakt mit Babylonien und aufbauend auf den dortigen Erfahrungen.

Weniger deutlich ist der Zusammenhang mit Ägypten. Unbestritten taucht die Schrift in Ägypten und Babylonien im gleichen Zeithorizont auf. Obwohl Keilschrift und Hieroglyphen völlig verschieden aussehen, stellt sich damit die Frage nach einem Zusammenhang. Auch wissen wir, daß die beiden Regionen nach unseren archäologischen Quellen in regem Austausch miteinander gestanden haben.

Die Frage nach einer Priorität läßt sich derzeit jedoch nicht beantworten; dazu müßten die Entwicklungen sehr genau zeitlich korreliert werden – genauer, als dies bislang möglich ist. Immerhin sieht es so aus, als ob die Phase des ersten Auftretens der Schrift in Ägypten auf keinen Fall früher angesetzt werden könnte als die Zeit der zweiten Entwicklungsphase der Schrift in Babylonien. Gegenseitige Kommunikation vorausgesetzt, könnte dies also bedeuten, daß der Anstoß zur Bildung einer eigenen Schrift den Weg von Babylonien nach Ägypten nahm.

Andere frühe Schriften wie die Indusschrift (siehe „Die Schrift der Indus-Kultur" Von Walter A. Fairservis jr. in Spektrum der Wissenschaft, Mai 1983) oder die chinesische Schrift sind geraume Zeit später ohne nachweisbaren Zusammenhang mit den frühen Schriften des Vorderen Orients entstanden. Aus diesen hat sich dagegen die phönizische Schrift entwickelt, die als erste Buchstabenschrift Ahnherrin unserer eigenen Schrift ist.

Kommunikationskanäle beim Menschen und ihre Manipulation

Von John Dittami und Karl Grammer

Bei jeder Kommunikation schöpfen wir gewöhnlich – bewußt oder unbewußt – mehrere Arten von Informationsquellen aus. Um diese unterschiedlichen Signal- und Wahrnehmungskanäle und ihre Merkmale geht es in diesem Exkurs. Dabei kommen auch zwei wichtige, zum Teil umstrittene Aspekte der menschlichen Kommunikation zur Sprache: zum einen die Frage, welchem Signalkanal bei mehrfach kanalisierten (eventuell widersprüchlichen) Angaben am ehesten geglaubt wird, und zum anderen die von Sendern angewandten Methoden der Empfängermanipulation, beispielhaft dargestellt an Untersuchungen zur Signalfärbung und -wahrnehmung im Bereich der Politik.

Bei unserer Wahrnehmung kann man – je nach Art der beteiligten Reize beziehungsweise Rezeptoren – vier Kanaltypen unterscheiden: den taktilen und den auditiven, die beide mit Druckrezeptoren arbeiten, den olfaktorischen, der mit Hilfe chemischer Stoffe funktioniert, und schließlich den visuellen, der auf Lichtreize anspricht. Die relative Bedeutung dieser Kanäle für die Kommunikation läßt sich anhand ihrer Rezeptoranzahl und -leistung schätzen. Geordnet nach der Anzahl der Rezeptoren ergibt sich die Reihenfolge visuell – olfaktorisch – taktil – auditiv, wobei sich der erste und der letzte Kanal um vier Zehnerpotenzen voneinander unterscheiden. Die Geschwindigkeit der Informationsverarbeitung haben Psychologen und Wahrnehmungsphysiologen folgendermaßen eingestuft: Der visuelle Kanal liefert zehnmal mehr Information (in Bit pro Sekunde) als der auditive, ein Hundertfaches des taktilen und ein Millionenfaches des olfaktorischen Kanals. Dennoch werden alle vier Kanäle für Kommunikationszwecke eingesetzt.

Taktile und olfaktorische Signale haben den Vorteil, daß sie gewöhnlich zuverlässige Informationen über den Zustand und die Absichten des Senders vermitteln – ein Empfängervorteil – und andererseits leicht eine Reaktion im Empfänger hervorrufen – ein Sendervorteil. Ihr Nachteil ist, daß sie nur im Nahbereich einsetzbar sind. Jeder kennt Beispiele für die Anwendung solcher Signale, etwa das Händeschütteln, Berührungen vom Streicheln bis zum Verprügeln oder auch den persönlichen Körpergeruch (beziehungsweise dessen künstliche Überdeckung), doch den meisten Menschen ist nicht bewußt, wie weitreichend der Einfluß dieser Signale ist. Mit körperlicher Berührung läßt sich Bindung viel wirkungsvoller ausdrücken als mit Worten. Die psychologischen und auch physiologischen Auswirkungen von Körperkontakten sind unmittelbar einleuchtend, auch wenn die dabei aktivierten Regelkreise im einzelnen noch nicht gut beschrieben sind. Möglicherweise spielt das Hormon Oxytocin hier eine Schlüsselrolle: Dieses in der Hypophyse gespeicherte Peptid, zu dessen bekannteren Aufgaben die Auslösung von Gebärmutterkontraktionen sowie des Milcheinschusses beim Stillen gehören, kann bei Frauen wie bei Männern unmittelbar nach einer Stimulation der Hautoberfläche ausgeschüttet werden und bei dem Betroffenen dann ein friedliches, gesättigtes Gefühl herbeiführen. Es ist offensichtlich, daß ein Sender, der solche Signale auf geschickte Weise parallel einsetzt, viel mehr beim Empfänger erreichen kann.

Olfaktorische Signale werden, wie Untersuchungen der letzten zehn Jahre gezeigt haben, außer zum Zweck des individuellen Erkennens auch zur Stimulation von Sender und Empfänger verwendet. Daß Menschen gerade bei letzterem diesen Kanal im eigenen Interesse auch mißbrauchen, ist wohl offensichtlich. Allerdings läßt sich darüber streiten, ob künstliche olfaktorische Signale für den Empfänger einen überoptimalen Reiz darstellen oder lediglich eine Sendertarnung bezwecken. Einer von uns (K. G.) hält es für möglich, daß durch den Einsatz solcher Signale vom Träger eine Art „Neuheitseffekt" angestrebt wird. Sobald jedoch viele Menschen derartige Signale anwenden (was oft geschieht), so werden diese uninteressant.

Im Gegensatz zu taktilen und olfaktorischen Signalen ermöglichen visuelle und auditive Signale nicht nur eine Wahrnehmung über weite Distanzen, sondern auch eine deutlich schnellere Informationsübertragung; das heißt, solche Signale können wesentlich mehr Information pro Zeiteinheit liefern. Sie sind deshalb für den Sender in physiologisch-energetischer Hinsicht vergleichsweise „billig" und somit vorteilhaft. Er kann viele Einzelsignale rasch hintereinander senden und dabei in einer Art von Versuch und Irrtum testen, ob beim Empfänger der gewünschte Erfolg eintritt. Andererseits haben diese Signale meist keinen direkten Zugang zu den physiologischen Reaktionen im Empfänger, und so entsteht leicht eine Empfangsresistenz. Wie in der Einführung erwähnt, führt dies zu einem regelrechten Wettrüsten zwischen Sender und Empfänger.

Kommunikationsforscher, die dieses Wettrüsten erforschen, unterscheiden bei der Analyse von Gebrauch und Mißbrauch des visuellen Kanals zwischen der Mimik einerseits und der Körperhaltung und der Gestik andererseits. Beim auditiven Kanal werden üblicherweise der verbale Teil der Botschaft – also die Bedeutung der Wörter – und der vokale Teil – die Intonation, das heißt Klang und Qualität der Stimme – getrennt betrachtet. Untersuchungen zur relativen Dominanz und Glaubwürdigkeit dieser beiden Kommunikationskanäle, die in den vergangenen zwanzig Jahren durchgeführt wurden, haben unter anderem gezeigt, daß Sender die visuellen und auditiven Kategorien sehr unterschiedlich einsetzen und daß sie von Empfängern auch ganz verschieden interpretiert werden. Um Einblick in die Relevanz von Signalkanälen zu erhalten, hat man immer wieder raffinierte experimentelle Ansätze erdacht. Manchmal versuchte der Sender lediglich, dem Empfänger über zwei verschiedene Kanalkategorien unterschiedliche Informationen – Wahrheit und Lüge – zu verkaufen. In anderen Experimenten setzte man Schauspieler oder Videos ein, verbale Mitteilungen wurden überblendet oder gleichzeitige Botschaften aus anderen Kanälen verdeckt, Untertitel eingeschoben oder Bildausschnitte durch „Zoomen“ hervorgehoben. Trotz aller Unterschiede zwischen den einzelnen Forschungsansätzen scheinen die Untersuchungen den allgemeinen Schluß zuzulassen, daß bei der Kommunikation zwischen Menschen der visuelle Kanal und insbesondere die übermittelten mimischen Botschaften eine dominierende Rolle spielen. Tatsächlich ist die Anfang der siebziger Jahre von A. Mehrabian aufgestellte Hypothese, wonach die Wirkung einer mündlichen Mitteilung etwa zu sieben Prozent auf dem verbalen Inhalt, zu 38 Prozent auf der vokalen und zu 55 Prozent auf der visuell übertragenen Information beruht, inzwischen in zahllosen Versuchen bestätigt worden. Offensichtlich messen Menschen also dem nonverbalen Ausdruck im allgemeinen eine deutlich größere Bedeutung bei als dem verbal vermittelten Inhalt der Botschaft. Man fragt sich natürlich, warum Empfänger so viel mehr Wert auf die visuellen und vokalen Merkmale einer Mitteilung legen als auf den Wortinhalt. Eine mögliche Antwort legen Forschungsergebnisse von Paul Ekman nahe: Danach sind nämlich die stärker beachteten Signale für den Sender besonders schwierig vorzutäuschen – und daher für den Empfänger glaubwürdiger. Verbale Inhalte können relativ leicht von jedermann erlernt und gezielt vorgebracht werden, aber der mimische und stimmliche Ausdruck von Gefühlen, der den Wortinhalt oft ergänzen soll, läßt sich nicht so einfach nach Wunsch erzeugen. Selbst Schauspieler müssen viele Tricks anwenden, um den vorgeschriebenen Text mit einem überzeugenden Gesichtsausdruck glaubwürdig vorzubringen. Meistens versuchen sie einfach, sich in die passende gefühlsmäßige Lage zu bringen, indem sie eigene Erfahrungen aufrufen und sich in diese zurückversetzen. Wenn ein Empfänger nach zuverlässigen Hinweisen sucht, um Wahrheit von Täuschung zu unterscheiden, dann sollte er sich zunächst einmal auf die nonverbalen Signale konzentrieren. Andererseits sind verbale Botschaften, wie jeder Schauspieler weiß, dann am effektivsten, wenn sie mit Emotionen gekoppelt auftreten, und diese lassen sich am besten über die Mimik und die Intonation vermitteln. Paul Ekman zufolge kann derjenige am erfolgreichsten lügen, der fähig ist, jeweils den passenden emotionalen Ausdruck mitzuliefern. Infolgedessen legen Sender, die ein bestimmtes Ziel verfolgen, gewöhnlich sehr viel Wert darauf, diese nonverbalen Kanäle zu beherrschen. Glücklicherweise gelingt es ihnen aber durchaus nicht immer, Menschen damit wirksam zu manipulieren.

Für den Empfänger gibt es einige Möglichkeiten, einer Manipulation seitens des Senders entgegenzuwirken. Wenn Sender und Empfänger einander kennen, wird sich zum Beispiel die vorangegangene Erfahrung auf die emotionalen Aspekte der Kommunikation auswirken. Robert Masters und John Lanzetta haben anhand von Untersuchungen amerikanischer Politiker gezeigt, wie Empfängerdispositionen die Interpretation eines Signals beinflussen. Die Anhänger eines Kandidaten empfanden beispielsweise seinen nonverbalen Ausdruck von Freude als positiver als die Kritiker, während der Ausdruck von Zorn, der bei den Kritikern Abneigung hervorrief, den Anhängern ein Gefühl von Macht und Stärke vermittelte.

Wie Masters weiter ausgeführt hat, sind im Wahlkampf Momentaufnahmen von Gesichtern ein häufig verwendetes Mittel, um die Popularität von Kandidaten zu steigern. Politikern bieten sich jedoch auch Gelegenheiten zu längeren Selbstdarstellungen, etwa in Fernsehsendungen; im Rahmen solcher „Signalsequenzen“ nehmen sie dann oft „durchgehende“ Strategien an, um Wähler von sich zu überzeugen. Wie gut dies funktionieren kann, zeigte eine Analyse der Fernsehdebatte zwischen Jimmy Carter und Ronald Reagan kurz vor der Präsidentschaftswahl im Jahre 1980. Hier setzte sich Reagan mit Hilfe nonverbaler Beschwichtigungsgesten, signalisiertem Entgegenkommen und Gelassenheit erfolgreich gegen den resoluter agierenden, angriffslustigeren Carter durch.

Obwohl die bewußte Kontrolle nonverbalen Verhaltens meist dem Zweck dient, den Empfänger zu manipulieren, hat sie nicht immer etwas mit Lügen zu tun. Häufiger dient sie zur Selbstdarstellung in dem Sinn, daß der Sender ein klareres Bild über seine eigenen Gefühle oder eine bestimmte Haltung vermitteln will, von der er annimmt, daß sie für den Empfänger wichtig ist. In solchen Fällen sind die Verhaltensweisen des Senders also nicht unehrlich, sondern vielleicht nur ein wenig überbetont.

Nonverbales Verhalten ist aus mehreren Gründen von großer kommunikativer Bedeutung. Erstens hat es immer eine Wirkung auf den Empfänger. Da es vom Sender nicht völlig unterdrückt oder manipuliert werden kann, besitzt es zudem für den Empfänger eine hohe Glaubwürdigkeit. Es ist darüber hinaus für den Empfänger zugänglicher als für den Sender, der insofern weniger gut Bescheid weiß, wie er sich selbst darstellt. Schließlich – und das ist besonders bedeutsam – sind diese Signale äußerst schnell. Man kann mit ihnen oft in Sekundenbruchteilen Dinge sagen, die man mit Worten minutenlang erklären müßte, und sie sind auch wirksamer als verbale Signale.

Diese Art von Signalgebrauch ist ein alltägliches Phänomen. Ob man sich um eine Stelle bewirbt, mit dem Nachbarn plaudert oder mit einem Unbekannten Kontakt aufnimmt – stets versuchen Sender, die über verschiedene Signalkanäle ausgehenden Informationen zu steuern, während sich Empfänger sehr für den Inhalt solcher Botschaften interessieren und höchst sensibel darauf reagieren.

Probleme gegenseitiger Einschätzung zwischen Ost und West

Der Ost-West-Konflikt ist in erster Linie ein Konflikt gegensätzlicher Weltanschauungen. Diese prägen auch die gegenseitigen Einschätzungen. Prüft man Selbstbild, Feindbild und Metabild jeder Seite inhaltsanalytisch auf Kongruenz oder Inkongruenz mit entsprechenden Bildern der Gegenseite, werden psychodynamische Verzerrungsmuster erkennbar.

Von Daniel Frei

Wenn die Regierungen der Vereinigten Staaten und der Sowjetunion über die Begrenzung oder Abschaffung bestimmter Waffen verhandeln, dreht sich ihre Diskussion scheinbar um handfeste Dinge und technisch präzise definierte Kriterien, vor allem um die Zahl und die Leistungsfähigkeit einzelner Waffentypen. Auch im übrigen weiten Feld der Ost-West-Beziehungen gilt das Interesse vorwiegend konkreten Umständen und ihrer Veränderung: Erleichterungen für den Handel, Kreditgewährung, Verbesserung der Transportwege, Visa-Fragen, Familienzusammenführung, Zulassung von Journalisten, Vorankündigung militärischer Manöver, Austausch von Wissenschaftler-Delegationen, Zusammenarbeit bei ausgewählten Forschungsprojekten und dergleichen mehr. Doch muß man sich fragen, ob denn all das tatsächlich die Wirklichkeit der Ost-West-Beziehungen ausmacht oder nicht vielmehr bloß eine sichtbare Folge von etwas ganz anderem ist – nämlich eine Folge bestimmter Sehweisen und insbesondere der gegenseitigen Einschätzung.

In der Tat ergibt sich das Auf und Ab von Spannung und Entspannung in den Ost-West-Beziehungen nicht einfach als Summe der je nachdem schwierigen oder problemlosen Regelungen solcher Angelegenheiten; vielmehr stehen hinter jeder Entscheidung, die eine Regierung auf diesem Gebiet trifft, bestimmte Annahmen über das künftige Verhalten der Gegenseite. Diese Annahmen fußen ihrerseits auf Erwartungen bezüglich der gegnerischen Ziele und Motive hinter diesen Zielen. Was immer eine Regierung also tut oder unterläßt, hängt folglich ab von der Art und Weise, wie sie die Lage wahrnimmt.

Überhaupt wird politisches Verhalten offenbar weitgehend durch Art und Weise sowie Inhalte der Wahrnehmung bestimmt; wie man den Gegner wahrnimmt, so handelt man ihm gegenüber. Hinter den Panzern, Kanonen, Raketen und Gefechtsköpfen stehen ja Menschen mit ganz bestimmten Erwartungen, mit ihrem Mißtrauen, ihren Illusionen, mit ihren Bildern oder Zerrbildern vom Gegner (Bild 1). Wichtiger als die Gefechtsköpfe sind die Köpfe der Politiker.

Allerdings darf diese Erkenntnis nicht zu der vorschnellen Folgerung verführen, es gelte, um der Entspannung und des Friedens willen einfach alle die Fehlwahrnehmungen, Feindbilder und Vorurteile zu überwinden, die den Blick der Entscheidungsträger angeblich trüben. Solche gutgemeinten Ratschläge sind zwar häufig zu vernehmen, nicht zuletzt auch aus Kreisen der deutschen Friedenspädagogik – als ob die Ost-West-Spannung weiter nichts wäre als das Ergebnis eines wechselseitigen Mißverständnisses. Allein, wer von Fehlwahrnehmung spricht unterstellt gewissermaßen, im Besitze eines Schlüssels zu sein, mit dem sich „richtige" von „falscher" Wahrnehmung unterscheiden lasse. Damit machte man sich die Sache freilich allzu leicht. Vielmehr müssen verschiedene Typen der Gegnerwahrnehmung auseinandergehalten werden, und deren „Richtigkeit" oder „Unrichtigkeit" läßt sich nie absolut, sondern nur im komplexen Wechselspiel der gegenseitigen Einschätzung beurteilen.

Drei Elemente der gegenseitigen Einschätzung

Die gegenseitige Einschätzung zwischen zwei Parteien schlägt sich in Bildern nieder, die jede Seite von der anderen und von sich selber hegt. Solche Bilder pflegen sich so weit zu verfestigen, daß sie über längere Zeit hin stabil bleiben und sich – wenn überhaupt – nur sehr langsam wandeln.

Bei näherem Zusehen sind mindestens drei Typen von Bildern zu unterscheiden (Bild 2):

– An erster Stelle steht das *Bild vom Partner* oder Gegner (oft auch „Feindbild" genannt); dazu gehören auch Annahmen über die handlungsleitenden Eigenschaften des Gegners, über seine langfristigen Absichten und seine Fähigkeiten. So handelt die amerikanische Regierung aufgrund einer ganz bestimmten Einschätzung der sowjetischen Gegenseite, also aufgrund eines amerikanischen Sowjet-Bildes, und entsprechend gibt es im Kreml ein sowjetisches Amerika-Bild.

– Zweitens hegt jede Seite von sich ein *Selbstbild.*

– Drittens gibt es das sogenannte *Metabild* oder das Bild vom gegnerischen Gegnerbild; das sind die eigenen Mutmaßungen über des anderen Bild vom Gegner oder gewissermaßen die Spiegelung seiner selbst in den Augen des Gegners.

Untersucht man offizielle und repräsentative Äußerungen der amerikanischen und der sowjetischen Regierungsspitzen, so läßt sich ohne weiteres für jede Seite eine Fülle von Hinweisen auf solche Gegner-, Selbst- und Metabilder finden. Auf amerikanischer Seite bilden sie jenseits von allem Meinungspluralismus einen langfristig kontinuierlichen Grundstock des außenpolitischen Konsensus. Auf sowjetischer Seite haben sie sich sogar zu Bestandteilen einer verbindlichen Staatsdoktrin verfestigt, als „Generallinie“ dauerhaft begründet und im Parteiprogramm der Kommunistischen Partei der Sowjetunion im Jahre 1986 unter Generalsekretär Michail Gorbatschow erneut ausdrücklich bestätigt.

Es erstaunt nicht, feststellen zu müssen, daß die beiden Einschätzungen miteinander nicht übereinstimmen. Dabei handelt es sich freilich weniger um eine Frage der „richtigen“ oder „falschen“ Einschätzung als um den Grad an Kongruenz zwischen entsprechenden Bildern.

Der Grad an Kongruenz zwischen der Wahrnehmung auf der einen und der auf der anderen Seite läßt sich ermitteln, indem man einander die jeweiligen Bilder dreierlei Typs gegenüberstellt und diese dann auf ihre Übereinstimmung beziehungsweise Nichtübereinstimmung prüft. Hierfür eignet sich das Verfahren der quantitativen Inhaltsanalyse.

Die Gegner-, Selbst- und Metabilder der amerikanischen und der sowjetischen Regierung habe ich im Rahmen eines Forschungsprojekts der Universität Zürich mittels dieser Erhebungstechnik aufgrund eines Themenrasters von 21 Teilthemen strukturiert; anschließend wurde ausgezählt, wieviele der Teilthemen von je zwei miteinander verglichenen Bildern einander entsprechen. Diese Inhaltsanalyse fußt auf jeweils mehreren hundert repräsentativen offiziellen Dokumenten; was von den 21 Teilthemen gemäß Themenraster anhand veröffentlichter Dokumente nicht erfaßbar war, habe ich in mehreren Konsultationsrunden in Moskau und Washington mit Hilfe halbstrukturierter Interviews ermittelt.

Für jede Seite wurden je drei solche vergleichenden Analysen vorgenommen (Bild 3). Einander gegenübergestellt wurden

– das Gegnerbild mit dem ihm entsprechenden Selbstbild des Gegners,
– das Selbstbild mit dem eigenen Metabild und
– das Metabild mit des Gegners tatsächlichem Gegnerbild.

Die Ergebnisse werden in den folgenden Abschnitten kurz dargestellt.

Selbstbild und gegnerisches Gegnerbild

Der Vergleich zwischen dem sowjetischen USA-Bild und dem amerikanischen Selbstbild beziehungsweise zwischen dem amerikanischen Sowjet-Bild und dem sowjetischen Selbstbild zeigt je 15 Inkongruenzen bei den insgesamt 21 untersuchten Themen. Auf beiden Seiten sieht man einander also nicht ganz so, wie man selber gerne gesehen werden möchte. Beispielsweise erkennt das amerikanische Selbstbild als Rechtfertigung der eigenen Ziele die Menschennatur und -würde, wo das sowjetische Amerika-Bild weiter nichts als die Erhaltung kapitalistischer Klasseninteressen sieht. Und umgekehrt erblickt das sowjetische Selbstbild als Legitimation des eigenen Handelns das objektive Gesetz der Geschichte, wo das amerikanische Sowjet-Bild nur unersättlichen Machthunger einer ideologischen Orthodoxie vermutet.

Oder es erscheint die innenpolitische Struktur im amerikanischen Selbstbild durch eine Pluralität verschiedener legi-

Bild 1: Handschlag zwischen dem amerikanischen Präsidenten Ronald Reagan und dem Generalsekretär der Kommunistischen Partei der Sowjetunion, Michail Gorbatschow, beim Gipfeltreffen 1986 in der isländischen Hauptstadt Reykjavik. Die beiden Staatsmänner begegnen einander vor allem als Rollenträger; ihre gegenseitige Wahrnehmung wird im wesentlichen durch Vorstellungen bestimmt, die in nationalen und ideologischen Traditionen wurzeln.

timer Anliegen, im sowjetischen Amerika-Bild aber durch den Gegensatz zwischen Reaktionären und Realisten geprägt – wie umgekehrt das sowjetische Selbstbild die eigene Gesellschaft als klassenlos deutet, während das amerikanische Sowjet-Bild sie als ein durch eine Parteidiktatur unterdrücktes Volk wahrnimmt.

Selbstbild und Metabild

Wieweit gibt man sich Rechenschaft über solche offenkundigen Inkongruenzen? Die Gegenüberstellung des sowjetischen Selbstbildes mit dem sowjetischen Metabild des amerikanischen Sowjet-Bildes (also mit der Art und Weise, wie sich die Sowjetunion durch die USA verstanden glaubt) zeigt, daß man sich durch die Amerikaner weniger verstanden fühlt, als dies tatsächlich der Fall ist: Die sowjetische Führung rechnet mit äußerst wenig, ja fast keiner Empathie seitens der Vereinigten Staaten. Dagegen belegt der Vergleich des amerikanischen Selbstbildes mit dem amerikanischen Metabild des sowjetischen Amerika-Bildes eine auf amerikanischer Seite vorherrschende Auffassung, wonach die Sowjetunion einigermaßen verstehe – wenn auch durchaus nicht billige –, was Amerika sei und wolle; das heißt, man glaubt sich auf amerikanischer Seite durch den Gegner wenigstens halbwegs verstanden – sogar besser verstanden, als dies tatsächlich zutrifft.

Zum Beispiel meint man auf amerikanischer Seite, die Sowjetunion erkenne richtig die ansteckende Freiheit, die von den amerikanischen Zielsetzungen einer Erhaltung einer freien Welt freier Nationen mit freien Bürgern ausgehe. Dagegen empfindet die sowjetische Seite ihre Ideale der sozialistischen Weltrevolution durch die amerikanische Sicht und Darstellung zu Unrecht als Weltherrschaftsanspruch gedeutet.

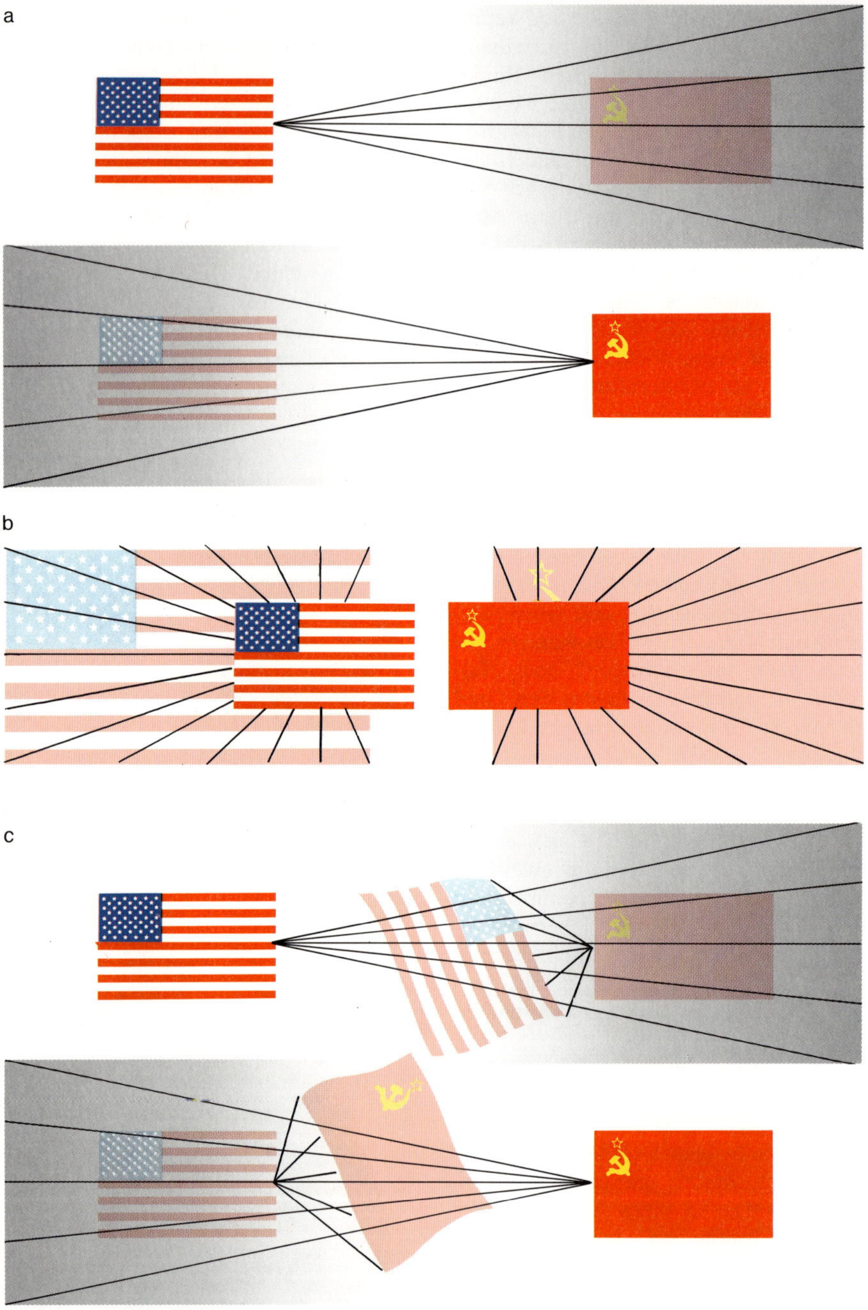

Bild 2: Bei der gegenseitigen Einschätzung sind in der Regel drei Bilder zu unterscheiden: (*a*) das Bild vom Partner oder Gegner und dessen Eigenschaften, langfristige Absichten und Fähigkeiten (oben das amerikanische Sowjet-Bild, unten das sowjetische Amerika-Bild), (*b*) das Selbstbild jeder Seite sowie (*c*) das Metabild, das Bild vom gegnerischen Gegnerbild (oben das Bild, das sich nach amerikanischer Meinung die Sowjetunion von Amerika macht; unten das Bild, das sich nach sowjetischer Meinung Amerika von der Sowjetunion macht).

Metabild und gegnerisches Gegnerbild

Immerhin vermögen die beiden Seiten die Metabilder wenigstens halbwegs richtig zu erfassen. Dies zeigt sich bei einer Gegenüberstellung des sowjetischen Amerika-Bildes mit dessen Spiegelung im Rahmen des amerikanischen Metabildes und entsprechend des amerikanischen Sowjet-Bildes mit dessen Spiegelung im Rahmen des sowjetischen Metabildes. Diese Metabilder stimmen nur je zehnmal mit dem auf sie bezogenen tatsächlichen Gegnerbild nicht überein. Das bedeutet, daß die beiden Großmächte einander recht scharf beobachten und wissen, welche Bedrohung sie in den Augen des anderen darstellen.

So erscheinen im sowjetischen Metabild präzise dem amerikanischen Sowjet-Bild entsprechend (wenn auch natürlich durch die sowjetische Regierung heftig als amerikanische Verleumdung kritisiert) das Weltherrschaftsstreben und der „Export der Revolution“ als oberste Ziele sowjetischer Politik, ebenso die Wahrnehmung des sowjetischen politischen Systems als einer in Partei und Volk gespaltenen Gesellschaft. Auch wähnt man auf sowjetischer Seite, die Amerikaner setzten auf einen Kräfteverschleiß der sowjetischen Wirtschaft zufolge des Wettrüstens, während man auf amerikanischer Seite derartige Schwächen der Sowjetunion nicht anerkennt.

Auf amerikanischer Seite glaubt man, die Sowjetführung habe durchaus begriffen, daß die USA durch eine Politik der Abschreckung die sowjetische Expansion eindämmen und die Weltlage stabilisieren wollten; die Sowjetführung aber befürchtet seitens der USA vor allem einen Willen zur Liquidierung des Sozialismus. Andererseits weiß man in amerikanischer Sicht, daß der westliche Pluralismus in sowjetischen Augen als unverständliches Durcheinander erscheint; tatsächlich deutet das sowjetische Amerika-Bild inneramerikanische Diskussionen aber stets als folgerichtigen Ausdruck innerer Klassenwidersprüche. Und während das amerikanische Metabild über das sowjetische Amerika-Bild auch um den wichtigen Stellenwert der sowjetischen Bedrohung im sowjetischen Amerika-Bild zu wissen glaubt, tut das tatsächliche sowjetische Amerika-Bild dergleichen als reine „Bedrohungslüge" ab.

Weltanschauliche Wurzeln der gegenseitigen Einschätzung

Im Hinblick auf ein ersprießlicheres Verhältnis zwischen Ost und West wäre ein höherer Grad an Kongruenz zwischen den gegenseitigen Einschätzungen gewiß wünschenswert. Um Möglichkeiten und Grenzen eines allfälligen Einschätzungswandels zu beurteilen, benötigt man Aufschluß über die Hintergründe und Ursachen der Selbst-, Gegner- und Metabilder auf amerikanischer und sowjetischer Seite. Da fällt denn als erstes auf, daß derlei Bilder ihrerseits Bestandteile umfassender Weltbilder sind.

Nach sowjetischer Auffassung ist die Welt in zwei Lager gespalten: Auf der einen Seite stehen die sozialistischen Länder, verbündet mit der „Arbeiterklasse" in den kapitalistischen Ländern und mit den jungen Nationen in revolutionärem Umbruch; auf der anderen Seite stehen „die Imperialisten".

Dieser „Grundwiderspruch" der internationalen Beziehungen, so stellt es sich in dieser Sicht der globalen Grundeinheiten dar, werde durch nichts gemildert – insbesondere nicht durch das, was in westlicher Sehweise hin und wieder als „Nord-Süd-Gegensatz" bezeichnet wird. Internationale Politik ist nach sowjetischer Doktrin internationaler Klassenkampf und als solcher nicht identisch mit dem angeblich wichtigen „Nord-Süd-Gegensatz".

Zudem sehen sowjetische Betrachter diese gespaltene Welt alles andere als statisch. Nach ihrer Auffassung verschiebt sich das „internationale Kräfteverhältnis" laufend zugunsten des Sozialismus und auf Kosten des „Imperialismus", und zwar aufgrund eines ehernen Gesetzes der Geschichte, das letztlich den „Endsieg des Sozialismus" bewirke. Der aktive „Kampf um die Verschiebung des internationalen Kräfteverhältnisses" müsse von den sozialistischen Ländern auch in Friedenszeiten energisch weitergeführt werden, wenn auch heute vorübergehend ohne militärische Mittel.

Damit identisch ist der Begriff der „friedlichen Koexistenz". Darunter versteht man in sowjetischer Terminologie einfach eine „Weiterführung des internationalen Klassenkampfes unter den gegenwärtigen Bedingungen", das heißt unter den Bedingungen des Risikos eines nuklearen Krieges. Keineswegs aber bedeute „friedliche Koexistenz" Stillstand oder Anerkennung des Status quo im internationalen Klassenkampf.

Im Gegensatz zur sowjetischen Weltschau sieht aus amerikanischer Sicht die Welt nicht zweigeteilt aus. Vielmehr gilt als Idealzustand „eine freie Gemeinschaft freier Nationen", das heißt ein friedliches, entspanntes Nebeneinander einer Vielzahl von Staaten. Ebenfalls im Gegensatz zur sowjetischen Weltschau ist das amerikanische Weltbild im wesentlichen statisch; es wird keinerlei dramatische oder weltrevolutionäre Veränderung des Status quo mit dem Endsieg einer der beiden Seiten propagiert.

Wenn Präsident Ronald Reagan die Sowjetunion als „Reich des Bösen" bezeichnet hat, so kommt darin ansatzweise allerdings doch eine zweigliedrige Weltschau zum Ausdruck – hier die Guten, dort die Bösen. Im Grunde hat der amerikanische Präsident damit einfach die ideologische Schau der Welt, wie die Sowjetunion sie pflegt, aufgegriffen und gewissermaßen der Sowjetunion mit gleicher Münze heimgezahlt. Es ist aber bezeichnend für die amerikanische Auffassung, daß man aus solchen Ansätzen keine weiteren programmatischen Folgerungen ableitet, sondern sich zunächst einmal mit dieser Feststellung begnügt.

Im übrigen gilt es in amerikanischen Augen nicht etwa, die Sowjetunion zu bestrafen oder gar den Sieg der eigenen Sache „im Weltmaßstab" herbeizuführen (wie dies die Sowjetunion ihrem „imperialistischen Klassenfeind" gegenüber ausdrücklich durchzusetzen beansprucht). Vielmehr möchte man die sowjetische Führung und die Sowjetunion durch eine Politik der Stärke und Entschlossenheit wieder in den Kreis der „zivilisierten Nationen" hereinführen und zur Beachtung des internationalen Rechts veranlassen.

In diesem weiteren Rahmen der sowjetischen und amerikanischen Weltbilder gesehen, erscheinen die gegnerischen Wahrnehmungsweisen keineswegs als Mißverständnisse, sondern als Ausdruck eines echten, tiefen Gegensatzes, letztlich als Ausdruck einer gegensätzlichen Identität der beiden Ge-

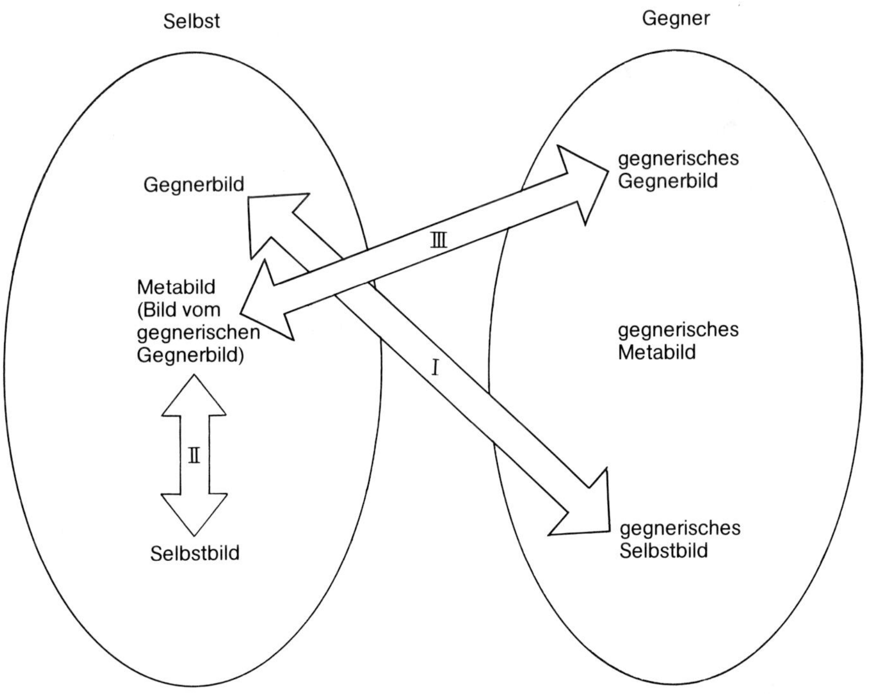

Bild 3: Der Grad an Kongruenz zwischen der eigenen und der gegnerischen Wahrnehmung läßt sich ermitteln, indem die jeweils drei Bilder einander gegenübergestellt und auf ihre Übereinstimmung beziehungsweise Nichtübereinstimmung in allen Strukturen hin überprüft werden, nämlich (I) das Gegnerbild mit dem ihm entsprechenden Selbstbild des Gegners, (II) das Selbstbild mit dem Metabild (das heißt mit dem Bild vom gegnerischen Gegnerbild) und (III) das Metabild mit dem Bild, das sich der Gegner von seiner Gegenseite tatsächlich macht. Diese drei Gegenüberstellungen sind analog auch für die andere Seite vorzunehmen.

sellschaften. Von Einzelaspekten abgesehen, kann keine amerikanische Regierung auf die grundsätzliche Ablehnung der marxistisch-leninistischen Zumutung verzichten, ohne die zentralen Werte preiszugeben, auf welche die USA als Gesellschaft pluralistisch-demokratischen Zuschnitts gebaut sind. Und ebensowenig kann die sowjetische Parteiführung auf ihre besondere Schau der Welt als eines internationalen Klassenkampfes und Amerikas als eines angesichts seines geschichtsnotwendigen Untergangs gefährlich sich aufbäumenden Gegners verzichten, ohne die eigene Grundlage politischer Herrschaft, ihre Legitimation durch Berufung auf ihre geschichtsnotwendige Führerrolle, preiszugeben.

Damit ist aber gleich auch der Spielraum abgesteckt, der dem Wunsch auf

27 Wahrnehmungsmuster: die „Psycho-Logik" der sowjetisch-amerikanischen Einschätzungen

1. Inferenz: Jede neue Information wird sofort in einen bereits vorhandenen Wissensrahmen eingebaut. So erklärt sich aus sowjetischer Sicht das Ende der Präsidentschaft Richard M. Nixons als Ergebnis einer durch den militärisch-industriellen Komplex der USA angezettelten Verschwörung gegen einen allzu entspannungsfreundlichen Präsidenten. Die Amerikaner sind geneigt, eine große Zahl von sowjetischen Verhaltensweisen jeweils ohne Umschweife als Ausdruck sowjetischen Weltherrschaftsstrebens zu begreifen.

2. Mangelnde Neugierde: Man glaubt, um alle Zusammenhänge schon von vornherein und abschließend zu wissen. Beide Mächte werfen einander vor, an den nach ihrer Ansicht wahren Gründen ihrer Gegnerschaft nicht interessiert zu sein.

3. Überschätzung der eigenen Wahrnehmungsfähigkeit: Das sowjetische Bild vom Gegner stützt sich auf einen Anspruch der Wissenschaftlichkeit, begründet in der marxistisch-leninistischen Lehre. Auch amerikanische Quellen betonen immer wieder Zuversicht in bezug auf die Richtigkeit ihrer Folgerungen, wenn sie aus sowjetischen Rüstungsanstrengungen auf aggressive Absichten schließen.

4. Selektive Wahrnehmung: Sowjetische Quellen beklagen sich über den „Mißbrauch" sowjetischer Militärliteratur zu Fragen der Kampftaktik, mit der die Amerikaner einen Mythos der angeblichen sowjetischen Gefahr erdichteten. Die Amerikaner kritisieren die sowjetische Art und Weise der Beschreibung des „ungefähren militärischen Gleichgewichts" in Europa, das seit 1976 jährlich wieder als „voll gewährleistet" bezeichnet werde, obwohl doch laufend neue sowjetische Waffen aufgestellt worden seien.

5. Selektives geschichtliches Gedächtnis: In sowjetischen Augen belegt die alliierte Intervention im russischen Bürgerkrieg von 1919, daß die Amerikaner schon immer eine feindselige und antisowjetische Politik betrieben hätten – ohne die intensive sowjetisch-amerikanische Zusammenarbeit während des Zweiten Weltkriegs auch nur mit einem Wort zu erwähnen. Die amerikanische Betrachtungsweise benutzt gerne Vergleiche zwischen dem nationalsozialistischen und dem kommunistischen Totalitarismus und leitet aus den historischen Erfahrungen mit dem ersten Folgerungen für den Umgang mit dem zweiten ab.

6. Betonung des Dauernden – Vernachlässigung des Wandels: Gemäß marxistisch-leninistischer Auffassung kann ein imperialistisches System gar nicht anders, als unablässig weiterzurüsten, auch wenn „realistische Kreise" sich allenfalls um Abrüstung bemühen. Nach amerikanischer Vorstellung sinnt die Kommunistische Partei unersättlich bis zum Endsieg des Sozialismus auf Expansion.

7. Glaube an eine Wandlung zum Besseren: Nach sowjetischer Einschätzung werden Abrüstungsverhandlungen erfolgreich sein, weil doch der Sozialismus gesetzmäßig den „Imperialismus" überwinden und durch die Verschiebung des „internationalen Kräfteverhältnisses" zur Abrüstung zwingen werde. Ähnlich verhält es sich mit dem amerikanischen Optimismus bezüglich der schöpferischen Kraft und wirtschaftlichen Stärke des Westens, der deshalb langfristig obsiegen und die Sowjetunion in den Abrüstungsverhandlungen zum Einlenken bewegen werde.

8. Worst-case-Denken: Die Annahme des jeweilig schlimmsten Falls läßt jede Seite argwöhnen, die andere meine es mit ihren Entspannungs- und Abrüstungsschritten nicht ernst, erstrebe lediglich einseitige Vorteile und habe von vornherein nicht die Absicht, unterzeichnete Verträge zu befolgen.

9. Unmöglichkeit des Unschuldsbeweises: Wenn die Amerikaner bisher und vor allem während der Zeit des amerikanischen Nuklearwaffen-Monopols darauf verzichtet haben, einen Überraschungsschlag gegen die Sowjetunion zu führen, so wird dies in sowjetischer Sicht nicht dem Fehlen eines amerikanischen Angriffswillens zugeschrieben, sondern der Wirksamkeit eigener sowjetischer Stärke. Nach amerikanischer Auslegung nutzt die Sowjetunion unermüdlich jede Schwäche des Gegners aus – wo sie darauf verzichtet, tut sie es ebenfalls nicht aus freien Stücken, sondern beeindruckt durch die amerikanische Politik der Abschreckung und Eindämmung. Auf diese Weise werden Unterstellungen im Feindbild gegen jeden Versuch zur Widerlegung wirkungsvoll abgeschirmt.

10. Annahme zentraler Lenkung: Die sowjetische Sicht bewältigt die verwirrende Vielfalt der amerikanischen Demokratie mit der Annahme, hinter allem stehe letztlich der militärisch-industrielle Komplex, der den Präsidenten, den Kongreß, die öffentliche Meinung und andere Personen und Gruppen als Marionetten an seinen Fäden zappeln lasse. In amerikanischen Quellen drückt sich die Befürchtung aus, die Sowjetregierung entscheide stets aufgrund eines geheimen „großen Plans".

11. Zweigliedriges Gegnerbild: Sowjetische Quellen unterscheiden „kriegshetzerische herrschende Kreise", die den im amerikanischen Volk vorhandenen „realistischen Kreisen" gegenüberstehen. Amerikanische Betrachter unterscheiden eine zynische Parteidiktatur vom grundsätzlich friedlich eingestellten russischen Volk.

12. Glaube an gegnerisches Verständnis: Sowjetische Sprecher fühlen sich überrascht und empört über die für sie unverständlichen amerikanischen „imperialistischen Lügen" und „Mythen" betreffend die angebliche „sowjetische Aggressivität". Amerikanische Stimmen überschätzen das sowjetische Amerika-Verständnis, wenn sie vor westlichen Selbstzweifeln an der Glaubwürdigkeit der eigenen Abschreckung warnen – als ob das sowjetische Ame-

Abbau der Gegnerbilder zur Verfügung steht. Der Spielraum ist kaum sehr groß – gleichgültig, welche Equipe im Reigen der Personalrotation im Weißen Haus und auf den Chefposten der amerikanischen Administration ihren Einzug hält, und gleichgültig, ob und wieweit (wenn überhaupt je) Generalsekretär Gorbatschow seine Einladung zu „Glasnost" als auch für außenpolitische Sachfragen gültig erklärt. Sein Reformwille gilt der Verbesserung des Systems (zu dem das Gegnerbild gehört), nicht einem Systemwechsel.

„Psycho-Logik" der Wahrnehmungsverzerrung

Außer durch die tieferliegenden, weltanschaulichen und darum kaum überwindbaren Bestimmungsgründe werden die gegenseitigen Einschätzun-

rika-Bild sich automatisch mit dem amerikanischen Selbstbild decke.

13. Projektion des Selbstbildes: In sowjetischen Augen bedeutet der amerikanische Wunsch nach gründlicher Verifikation von Abrüstungsabkommen einen Versuch zur Einmischung in die inneren Angelegenheiten der Sowjetunion. Eine ähnliche Projektion der eigenen Auffassung auf den Gegner dürfte in der amerikanischen Unterscheidung zwischen „strategischen" und „taktischen" Atomwaffen vorliegen.

14. Spiegelbild-Denken: Was auf der eigenen Seite als „weiß" gilt, erscheint auf der anderen als „schwarz" – und umgekehrt. Jede Seite versteht ihre Rüstung als rein defensiven Zwecken dienend, während jene des Gegners als offensiv bezeichnet wird.

15. Denken mit doppeltem Standard: Dieselbe Handlung wird hüben positiv und drüben negativ beurteilt – und umgekehrt. In sowjetischer Sicht gilt die Entsendung eines eigenen Marineverbandes als gerechter Beitrag zum Schutz nationaler Befreiungsbewegungen gegen reaktionäre Kräfte, aber wenn die Amerikaner dasselbe tun, als Versuch zur Unterjochung befreiter Länder. In amerikanischer Sicht verraten sowjetische Flottenaktivitäten finstere Weltherrschaftspläne, eigene dienen dem Schutz der Freiheit von Verbündeten.

16. Zurückweisung „falscher Symmetrien": Die Sowjetunion tadelt häufig die westlichen Friedensbewegungen, weil diese nicht genügend berücksichtigten, daß Waffen doch je nachdem einer gerechten oder ungerechten Sache dienen. Ähnlich beklagen amerikanische Äußerungen häufig die Wertneutralität Dritter, die angesichts der amerikanisch-sowjetischen Gegnerschaft eine Haltung der „Pest über beide Häuser" einnähmen.

17. Unterschätzung gegnerischen Entgegenkommens: Oft weigert sich die sowjetische Seite, amerikanische Äußerungen ernst zu nehmen, da diese ja ohnehin nur innenpolitischer Demagogie dienten. Amerikaner beschuldigen ihre Gegner, zu Hause und gegenüber außen eine je andere Sprachregelung einzusetzen und auf diese Weise den Gegner einlullen zu wollen.

18. Polarisierung: Die Sowjetunion geht mit ihrer Konzeption des „internationalen Klassenkampfes" von einem polarisierten Weltbild aus. Zeitweise scheint ähnlich auch der amtierende amerikanische Präsident zu denken, wenn er die Gegenseite als „Reich des Bösen" verdammt.

19. Nullsummen-Denken: Die sowjetische Deutung der „Verschiebung des internationalen Kräfteverhältnisses" betrachtet jeden Nachteil, den der „Imperialismus" erleidet, als Vorteil für den Sozialismus. Auf amerikanischer Seite wird manchmal gesagt, was immer die Sowjetunion stärke, schwäche die Sache der Freiheit in der Welt.

20. Wahrnehmung unterschiedlich großer Handlungsspielräume: Von Moskau aus gesehen, werden die Länge der sowjetischen Grenze und die „Einkreisung" durch feindliche Länder als Verunsicherung empfunden, weil der Gegner das Mutterland des Sozialismus jederzeit aus jeder beliebigen Richtung angreifen könne. In amerikanischen Augen gilt dieselbe sowjetische Grenze wegen ihrer großen geographischen Ausdehnung als bedenklich schwer überwachbar, und man fürchtet, die Sowjetunion könnte jederzeit nach jeder Seite hin „ausbrechen", falls man sie nicht mit großem Aufwand von allen Seiten her eindämme.

21. Ausnahmecharakter eigener negativer Handlungen: Die eigene Rüstung sieht die Sowjetführung als widerwillig zögernde Reaktion auf amerikanische Maßnahmen. Dem entspricht die amerikanische Meinung, man sehe sich durch die sowjetische Machtbesessenheit gezwungen, eine Politik der Stärke zu betreiben.

22. Ausnahmecharakter gegnerischer positiver Handlungen: Nach sowjetischem Dafürhalten haben die Vereinigten Staaten bisher Abkommen nur unterzeichnet, weil sie durch die Verschiebung des „internationalen Kräfteverhältnisses" dazu genötigt waren. Auf amerikanischer Seite gilt die Zusammenarbeit mit der Sowjetunion als unmittelbare Folge einer angemessenen „Hebelwirkung" auf die Sowjetunion.

23. Festhalten am Bisherigen: Beide Seiten klammern sich in ihren Auffassungen über die richtige Gestaltung ihrer Politik je an eine einzige klar umrissene Theorie, dies unter Vernachlässigung allfällig möglicher alternativer Wege.

24. Bevorzugung des Gegenteils des Bisherigen: Für die Sowjetunion bilden die mangelhaften oder fehlenden Vorkehrungen gegen die Einfälle der Mongolen, Schweden, Franzosen und Deutschen in den vergangenen Jahrhunderten schicksalhafte Fehler; folglich gelte es, künftig stark zu sein. Auf amerikanischer Seite zieht man entsprechende „Lehren" aus dem sowjetischen Verhalten, unter anderem die Folgerung, sowjetischen Versprechungen sei nicht zu trauen.

25. Zweifel an Reziprozität: Beide Seiten beklagen immer wieder das Unverständnis und die Böswilligkeit des Gegners, der großzügiges Entgegenkommen hartnäckig übersehe und nie darauf eingehe.

26. Bild weltweiter Interessengefährdung: Sowjetische Stimmen unterstreichen immer wieder die „Unumkehrbarkeit des sozialen Fortschrittes" der „neubefreiten" Länder in Afrika, Lateinamerika und Asien. Die Amerikaner neigen dazu, in Kategorien von „Einfluß- und Interessensphären" zu denken, insbesondere in der amerikanischen Hemisphäre.

27. Politik der Stärke: Als je gefährlicher man den Gegner ansieht, desto unabdingbarer erscheint eine entschlossene Haltung. Sowjetische Verlautbarungen verweisen immer wieder stolz auf die Masse, Größe und Kampfbereitschaft der sowjetischen Streitkräfte. In den Vereinigten Staaten bemüht sich die Administration dauernd, den Kongreß für höhere Verteidigungsausgaben zu gewinnen mit dem Argument, Amerika müsse stark sein.

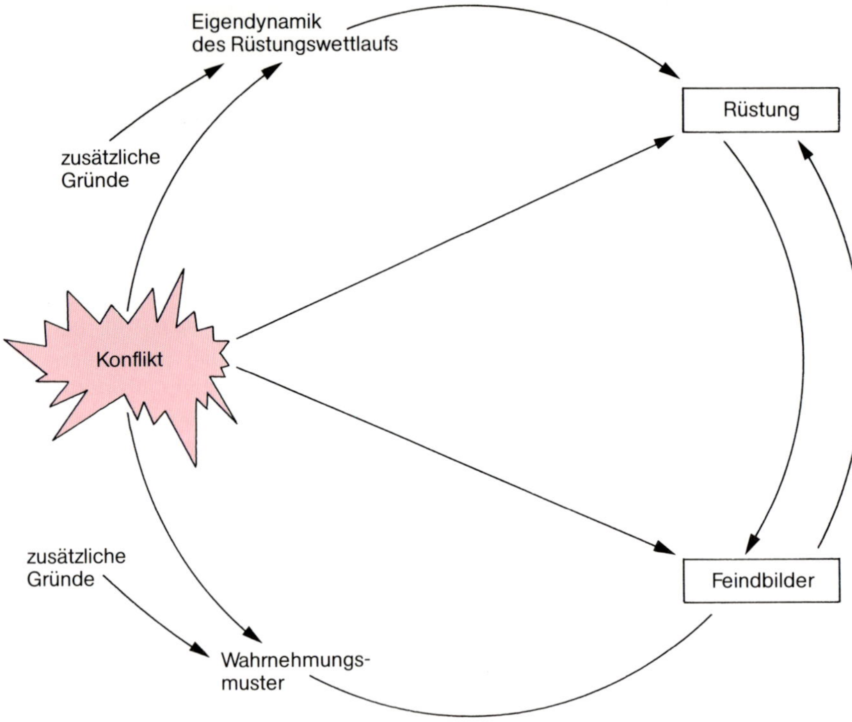

Bild 4: Der weltanschauliche Grundkonflikt erzeugt sowohl Rüstung wie eine feindselige gegenseitige Einschätzung. Sekundäre Faktoren verstärken beides und vermitteln der Rüstung wie der gegenseitigen Einschätzung eine Eigendynamik. Es ist wichtig, zunächst diese primären Ursache-Wirkung-Beziehungen von den sekundären Faktoren und Folgewirkungen zu unterscheiden, auch wenn sich nachher alles in zwei verschlungenen Teufelskreisen verbindet.

gen der Sowjetunion und der Vereinigten Staaten auch durch eine Art Eigendynamik der Wahrnehmung geprägt. Die Wahrnehmungspsychologie hat diese „Psycho-Logik" der Gegnerwahrnehmung schon seit längerer Zeit erforscht und eine Reihe von nicht weniger als 27 Wahrnehmungsmustern identifizieren können, die ihrerseits die Gegner-, Selbst- und Metabilder zu verzerren und damit den Grad an Kongruenz zwischen den Bildern hüben und drüben zu vermindern pflegen.

Diese Muster lassen sich sämtlich auch in den sowjetisch-amerikanischen Beziehungen eindeutig nachweisen (Kasten Seite 168/169). Sie erschweren als Sekundärursachen jede Annäherung zwischen den beiden Seiten.

Fälschlicherweise werden diese sekundären oft für die Hauptursachen des Ost-West-Konflikts gehalten; und deren Überwindung, so meinen viele Menschen spontan, müßte den Weg zu dauerhafter Entspannung und beständigem Frieden freilegen. Es ist indessen wichtig, ihren wahren Stellenwert zu würdigen (Bild 4).

Die Wahrnehmungsmuster bilden nämlich nicht die Ursache, sondern sind eine Folge des ost-westlichen Grundkonflikts, und als solche sind sie in ihrer Eigendynamik durchaus vergleichbar mit dem ost-westlichen Rüstungswettlauf: Genauso wie das beiderseitige Hochrüsten sich zusätzlich durch die ihm innewohnende Dynamik und durch weitere sekundäre Faktoren wie innenpolitische Interessen, Trägheit der Rüstungsplanung, technologische Innovation und anderes mehr unablässig steigert, so werden auch die feindseligen Vorstellungen vom jeweiligen Gegner immer weiter vertieft und verzerrt. Die Gegnerwahrnehmung wird auf diese Weise dauernd verstärkt und erneuert, und die so vertieften Feindbilder nähren ihrerseits den Konflikt.

Zudem beeinflussen diese hüben und drüben ablaufenden Prozesse einander auch noch gegenseitig: Ein durch Wahrnehmungsverzerrungen in seiner Feindseligkeit bestärktes Gegnerbild veranlaßt dessen Träger, noch mehr Sicherheit in mehr Waffen zu suchen. Ein „überzogenes" Gegnerbild verlangt aber auch zusätzlich nach einer in Rüstung materialisierten „Sicherheitsmarge" gegenüber der anderen Seite. Ein solches Verhalten wiederum erschreckt seinerseits den Gegner, und es bestätigt und verstärkt dessen Bedrohungswahrnehmung. Kurz: Die beiden Gegner geraten in einen Teufelskreis von wechselseitigen Wahrnehmungen erwarteter Aggressivität, Verdächtigungen und Aufrüstungsschritten. Dieser Kreis vertieft und verschärft ihren Konflikt, verzerrt aber auch ihre gegenseitige Wahrnehmung.

Folgerungen für die Politik

Das Wissen um die „psycho-logischen" Sekundärfolgen von Konflikten im Bereich der gegenseitigen Einschätzung hilft, die an sich unnötige Eigendynamik der Gegnerwahrnehmung zu vermeiden. Deren Erforschung trägt zur Bewußtseinsbildung auch jener bei, die Opfer solcher Eigendynamik werden könnten. In diesem relativen Sinne ist der Ruf nach „Abbau der Feindbilder" gerechtfertigt. Allerdings wäre es verfehlt, davon gleichzeitig auch eine Überwindung des Ost-West-Konflikts schlechthin zu erwarten.

Denn dieser Konflikt hat ja viel tiefer liegende Ursachen, die ihrerseits in der weltanschaulichen Identität der beiden Systeme wurzeln. Soweit die beiden Sehweisen aus solchen grundsätzlichen Gründen unvereinbar bleiben, bedarf es jedoch um so mehr des Bemühens um besseres gegenseitiges Verständnis.

Verständigung setzt bekanntlich Verständnis voraus. Was die Sowjetunion und die Vereinigten Staaten folglich benötigen, ist ein Mehr an Empathie – an Bereitschaft, sich in die Einstellung des anderen einzufühlen. Empathie schließt nicht unbedingt Sympathie für den Gegner ein, noch bedeutet sie Billigung oder auch nur Hinnahme der Werte und des Verhaltens des anderen; vielmehr gehört zur Empathie gerade auch die Fähigkeit, im Gegner das wesentlich Andersartige als solches zu erkennen.

Wahrscheinlich erklärt sich der Niedergang der ost-westlichen Entspannungspolitik in den späten siebziger und frühen achtziger Jahren aus einer teilweisen Unfähigkeit jeder Seite, den Wahrnehmungsbezugsrahmen der jeweils anderen Seite angemessen zu begreifen. Der gegenwärtige Neuansatz zu einem ost-westlichen Ausgleich steht dagegen unter einem besseren Stern. Es gibt nämlich von sowjetischer wie von amerikanischer Seite zahlreiche Bekundungen des Willens, „die Welt als Ganzes und sich selbst mit den Augen des anderen zu sehen" (so der sowjetische Kommentator Aleksander Bowin) und „die Angst und den Argwohn der Sowjets gegenüber dem Rest der Welt" zu entkräften (so Präsident Reagan).

Die gegenseitige Empathiefähigkeit läßt sich fördern durch vermehrte offizielle Kontakte. Dazu gehören insbesondere eine intensivierte Verhandlungstätigkeit und eventuell auch eine Vermehrung der Verhandlungsforen sowie die Erleichterung und Förderung des gegenseitigen Informationsaustausches. In diesem Sinne haben auch Abrüstungs- und Rüstungskontrollverhandlungen ohne direkt greifbares Resultat einen Nutzen.

Vernetzung und Arbeitsorganisation

Ein Informationsaustausch per Elektronik unterscheidet sich ganz wesentlich vom direkten, persönlichen Gespräch. Die globale Vernetzung von Computern wird deswegen Organisationsstrukturen und Arbeitsabläufe stark verändern.

Von Lee Sproull und Sara Kiesler

Auch wenn die Welt sich vielleicht zu einem globalen Dorf entwickeln mag, bleibt das Arbeitsleben der meisten Menschen doch räumlich beschränkt. Sie verbringen ihre Zeit größtenteils an einem Ort und sprechen überwiegend mit ihren direkten Kollegen und Kunden. Am Arbeitsplatz gehören sie unmittelbar nur wenigen Gruppen an: ihrem Team, vielleicht einem Ausschuß oder einer Projektgruppe und möglicherweise einer informellen Gemeinschaft.

Doch manche Menschen leben schon heute in einer geradezu kosmopolitischen Zukunft: Sie arbeiten in großen Organisationen mit weltumspannenden Computer-Netzen. Diese Menschen können mit Gesprächspartnern in aller Welt ebenso leicht in Kontakt treten wie mit Kollegen im Nebenzimmer (Bild 1). Sie können engagierte Gruppendiskussionen über Unternehmenspolitik, Gestaltung neuer Produkte, Einstellungspläne oder über das Fußballspiel vom Vortag führen, ohne die anderen Gruppenmitglieder jemals persönlich zu treffen.

Eine vernetzte Organisation unterscheidet sich zeitlich wie räumlich von der herkömmlichen Arbeitsstätte. Die Kommunikation per Computer ist im Vergleich zu Telephon oder Brief – von den Nutzern der elektronischen Post als „Schneckenpost" belächelt – enorm schnell. In Minuten kann man eine Botschaft, die sich an einen oder gleichzeitig an viele Adressaten richtet, um den Erdball senden. Und im Prinzip vermögen Computer auch die Zeit anzuhalten: Elektronische Botschaften lassen sich – wie handgeschriebene oder gedruckte auf Papier – im Computerspeicher unbegrenzt lange aufheben; man kann Mitteilungen jederzeit und immer wieder lesen, kopieren, ändern oder weitersenden.

Den Manager reizt an solchen Netzwerken oft die Aussicht auf raschere Kommunikation und größere Leistungsfähigkeit. Doch aus unserer Sicht besteht der eigentliche Vorteil der Vernetzung vielmehr darin, daß sich damit das gesamte Arbeitsumfeld und die Fähigkeiten der Beschäftigten beeinflussen lassen. Die Manager können neue Formen von Aufgabenverteilung und Erfolgskontrolle aufbauen; und sie können damit traditionelle Muster (Wer redet mit wem? Wer weiß worüber Bescheid?) aufbrechen und neu ordnen.

Soziologische Feldstudien

Solche Möglichkeiten werfen für Manager und Arbeitssoziologen wichtige Fragen auf: Können Menschen wirklich eng zusammenarbeiten, wenn sie ihren einzigen Kontakt über das Medium Computer haben? Was hält die Organisation zusammen, wenn die Beschäftigten miteinander nur noch über Fernschaltungen, Tele-Konferenzen und elektronisch vermittelte Gruppendiskussionen in Verbindung treten? Und: Vernetzung ermöglicht fast unbegrenzten Zugang zu Daten, auch zu persönlichen – wo wird das Management hier die Grenze ziehen?

Wir und andere Sozialforscher suchen zu verstehen, wie Computer-Netzwerke die Arbeitswelt und die Beziehungen zwischen Managern und Beschäftigten verändern. Unsere Ergebnisse sollen helfen, einerseits die Vorteile solcher Netze besser zu nutzen und andererseits mögliche Konflikte zu vermeiden oder wenigstens zu entschärfen.

Unsere Forschung stützt sich auf zwei Methoden. Einige Fragen lassen sich in Laborsituationen experimentell untersuchen – zum Beispiel: Wie reagieren kleine Gruppen emotionell auf verschiedene Kommunikationsformen? Andere Fragen, insbesondere zu organisatorischen Veränderungen, erfordern Feldstudien in echten Großorganisationen, die Computer-Netze schon routinemäßig benutzen. Wenn man einmal weiß, wie Hunderttausende gegenwärtig über Netze kommunizieren, laßt sich besser vorhersagen, wie andere Menschen in einer Zukunft arbeiten werden, die noch viel stärker durch computergestützte Kommunikation geprägt sein wird.

Aufgrund solcher Feldstudien und Experimente tragen die Forscher allmählich Indizien für die Art des Wandels von Arbeits- und Organisationsformen bei wachsender Vernetzung zusammen. Dieser scheinbar geradlinige Prozeß schlägt in Wirklichkeit verblüffende Haken. Die Menschen gebrauchen die Technik in überraschender Weise; oft treten Effekte auf, die sowohl den theoretischen Voraussagen widersprechen als auch den Erwartungen des Managements.

Eine große Überraschung erlebte man bereits in den späten sechziger Jahren, als in den USA das erste großräumige Computer-Netz, das sogenannte ARPANET, entstand; es wurde für die Advanced Research Projects Agency (ARPA), eine Forschungsbehörde des US-Verteidigungsministeriums, entwickelt. ARPANET sollte an Universitäten und anderen Forschungsinstituten ansässige Computerwissenschaftler mit weit entfernten

Bild 1: Für isoliert Arbeitende wie diesen Nachtwächter ist die Anbindung an ein Computer-Netz besonders vorteilhaft. Solche Systeme erzeugen ein dichtes Gewebe sozialer Beziehungen, bei denen es nicht darauf ankommt, zur selben Zeit am selben Ort zu sein; sie verringern auch hierarchische Hürden. Da die elektronische Kommunikation keine Anhaltspunkte für die soziale Stellung der Gesprächspartner gibt, äußern die Teilnehmer sich freier als im direkten Gespräch. Im Prinzip ermöglichen Netze freieren Zugang zu Informationen und demokratischere Strukturen als in den meisten heutigen Organisationen. Falls das Management diese Chance nutzen will, muß es allerdings ganz neuartige betriebliche Probleme von Verantwortlichkeit und Kontrolle bewältigen.

Das Arbeiten mit elektronischer Post

Wie ein weltweiter Informationsaustausch über Computer-Netzwerke mittels elektronischer Post abläuft, führt „Sue Jones" vor. Sie ist eine Kunstfigur, die die Autorinnen aus ihren Beobachtungen an mehreren Angestellten zusammengesetzt haben. An einem typischen Arbeitstag sendet und empfängt Sue Jones zwischen 25 und 100 elektronische Briefe zu geschäftlichen und sozialen Themen. Die Landkarten zeigen die im Laufe des Tages hergestellten Verbindungen; dabei sind diejenigen innerhalb einer Arbeitsgruppe von Sue Jones hervorgehoben. Auf den Bildschirmen erscheinen die Botschaften, die Sue Jones an Mitglieder dieser Gruppe sendet oder von ihnen empfangen hat. In diesem Beispiel läßt sich mittels elektronischer Kommunikation ein Problem bei der Preisgestaltung eines neuen Produkts rasch lösen. Durch Netzwerke können Mitarbeiter, die über den ganzen Globus verstreut sind, eng und kontinuierlich zusammenwirken.

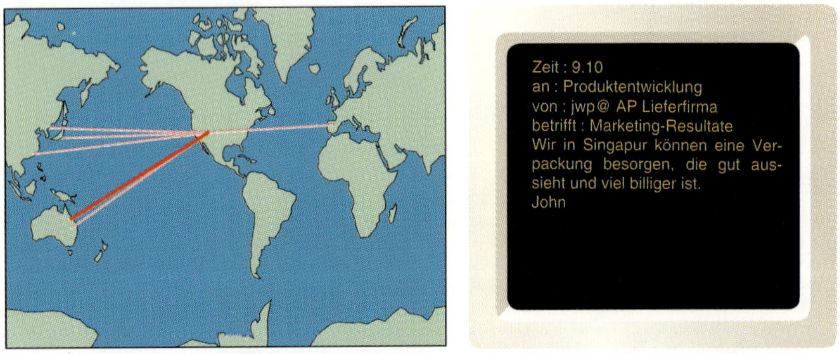

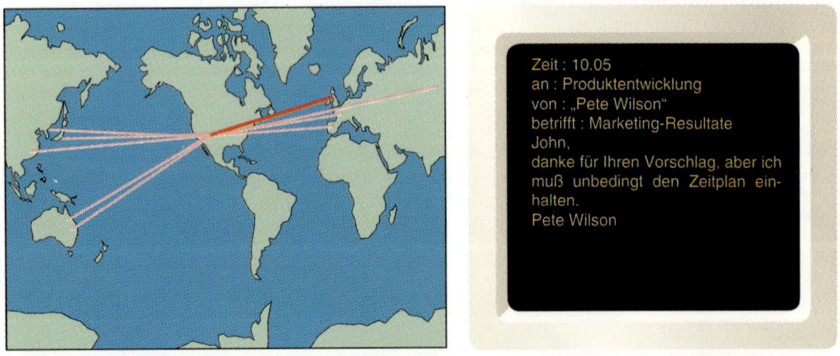

Computern verbinden und ihnen dadurch wirksamen Zugang zu Maschinen ermöglichen, die in den eigenen Instituten nicht zur Verfügung standen. Eine Einrichtung namens elektronische Post (*electronic mail*), mit der die Forscher untereinander kommunizieren konnten, galt zunächst als nebensächliches Beiwerk.

Doch rasch wurde die elektronische Post eines der beliebtesten Elemente des ARPANET. Überall in den USA benutzten die Computerwissenschaftler das Netz zum spontanen und informellen Ideenaustausch. Unabhängig vom Arbeitsort diskutierten Jungakademiker Forschungsprobleme und tauschten ihre Kenntnisse mit Professoren und anderen Studenten aus. Über die elektronische Post koordinierten die Leiter von Forschungsvorhaben ihre Aktivitäten mit den Projektteilnehmern, pflegten den Kontakt zu anderen Forschungsgruppen und informierten ihre Geldgeber. Bald bildete sich eine Netzwerk-Gemeinde aus Freunden und Mitarbeitern, die selten – wenn überhaupt – persönlich zusammenkamen. Obwohl die Chefs einiger Rechenzentren gegen die elektronische Post opponierten, weil sie darin eine illegitime Nutzung von Computerzeit sahen, nahm die Nachfrage nach besseren Verbindungen kräftig zu.

Seither haben viele Organisationen interne Netze eingerichtet, die ihre Angestellten – von einigen wenigen bis zu einigen tausend – miteinander verbinden. Manche dieser Binnennetzwerke sind auch an Internet angeschlossen, den Nachfolger von ARPANET. Die elektronische Post ist nach wie vor eines der beliebtesten Elemente dieser Systeme.

Jeder, der eine Benutzer-Zulassung für ein vernetztes System bekommen hat, kann die Software der elektronischen Post zur Kommunikation mit anderen Teilnehmern verwenden. Die elektronische Post übermittelt Botschaften an den elektronischen Briefkasten (*mailbox*) eines Empfängers. Der Absender kann eine Botschaft gleichzeitig an mehrere Briefkästen schicken, indem er sie an einen Gruppennamen oder an eine Verteilerliste adressiert.

Elektronische Schwarze Bretter und elektronische Konferenzen sind übliche Varianten der Gruppenpost; auch sie tragen Namen zur Identifizierung ihres Themas oder ihrer Teilnehmer. Die Schwarzen Bretter machen Botschaften in der Reihenfolge ihres Eingangs bekannt. Die Computer-Konferenzen ordnen die Botschaften thematisch und bündeln zusammengehörige Botschaften.

Zwar ist die Kommunikationstechnik in den meisten vernetzten Organisationen heute ziemlich ähnlich, doch gibt es aufgrund der jeweiligen Management-Politik große Unterschiede beim tatsächlichen Kommunikationsverhalten.

In manchen Organisationen besteht ein offener und leichter Zugang zur elektronischen Post. Die meisten Beschäftigten haben vernetzte Terminals oder Computer auf ihrem Schreibtisch, und jeder kann jedem Post schicken. Die dabei anfallenden Kosten gelten als Teil der allgemeinen Spesen und werden dem Angestellten oder seiner Abteilung nicht in Rechnung gestellt. In den von uns untersuchten Organisationen mit offen zugänglichem Netz senden und empfangen die Teilnehmer normalerweise zwischen 25 und 100 Botschaften pro Tag und gehören zu 10 bis 50 elektronischen Gruppen. Diese Zahlen gelten unabhängig vom Berufstyp, der Stellung in der Hierarchie, vom Alter und sogar vom Ausmaß der Computer-Erfahrung (siehe Kasten auf Seite 174).

In anderen vernetzten Organisationen haben die Manager sich dafür entschieden, den Zugang zu begrenzen oder die Kosten direkt dem Benutzer zuzuschreiben; dies senkt die Nutzungsraten beträchtlich. Paul Schreiber, ein Kolumnist der amerikanischen Zeitung „Newsday", berichtet, wie sein Verlag den zunächst offenen Zugang zum Netzwerk einschränkte. Das Management fand anscheinend, die Reporter verbrächten zu viel Zeit mit dem Versenden elektronischer Post; darum ließ es die Software des Netzwerks so verändern, daß die Reporter zwar Nachrichten empfangen, aber nicht versenden konnten. Hingegen konnten die Redakteure weiterhin elektronische Post an jedermann schicken.

Offensichtlich lenkt die neue Technologie für sich allein den Wandel nicht in eine bestimmte Richtung. Mindestens ebenso bedeutsam sind die Entscheidungen und Strategien des Managements.

Experimente mit Computer-Netzen

Doch selbst bei Organisationen mit offenem Zugang hat es sich als ziemlich schwierig erwiesen, die Auswirkung der Vernetzung auf die Kommunikationsstruktur vorherzusagen. Einige der ersten Forscher, die sich damit befaßten, waren der Ansicht, mit der neuen Technik würden Gruppen leichter Entscheidungen fällen als in direkten Diskussionen, weil Computer-Botschaften reiner Text seien. Sie meinten, elektronisch vermittelte Diskussionen würden eher rational geführt, und darum sei der Entscheidungsprozeß weniger durch Überredungskünste und persönliche Vorlieben oder Abneigungen beeinträchtigt.

Die Forschung enthüllt freilich ein komplizierteres Bild. Beim elektronisch geführten Gedankenaustausch fehlen mehr oder weniger die sozialen und situationsabhängigen Anhaltspunkte, die normalerweise die Gruppendynamik regulieren und prägen. Elektronische Botschaften geben keinen Aufschluß über Berufsbezeichnung, Sozialstatus, Stellung in der Hierarchie, Rasse, Alter und Aussehen. Auch der Kontext ist schlecht definiert, da förmliche und zwanglose Kontakte im Prinzip gleich aussehen. Vielleicht hat man externe Informationen über Sender, Empfänger und Situationen; doch in der Computer-Wechselwirkung selbst ergeben sie sich kaum.

Wir haben in einer Reihe von Experimenten an der Carnegie-Mellon-Universität in Pittsburgh (Pennsylvania) verglichen, wie kleine Gruppen mittels Computer-Konferenzen, elektronischer Post und direkter Diskussion Entscheidungen fällen (Bild 2). Die Verwendung eines Netzes veranlaßte die Teilnehmer zu größerer Offenheit und gleichmäßige-

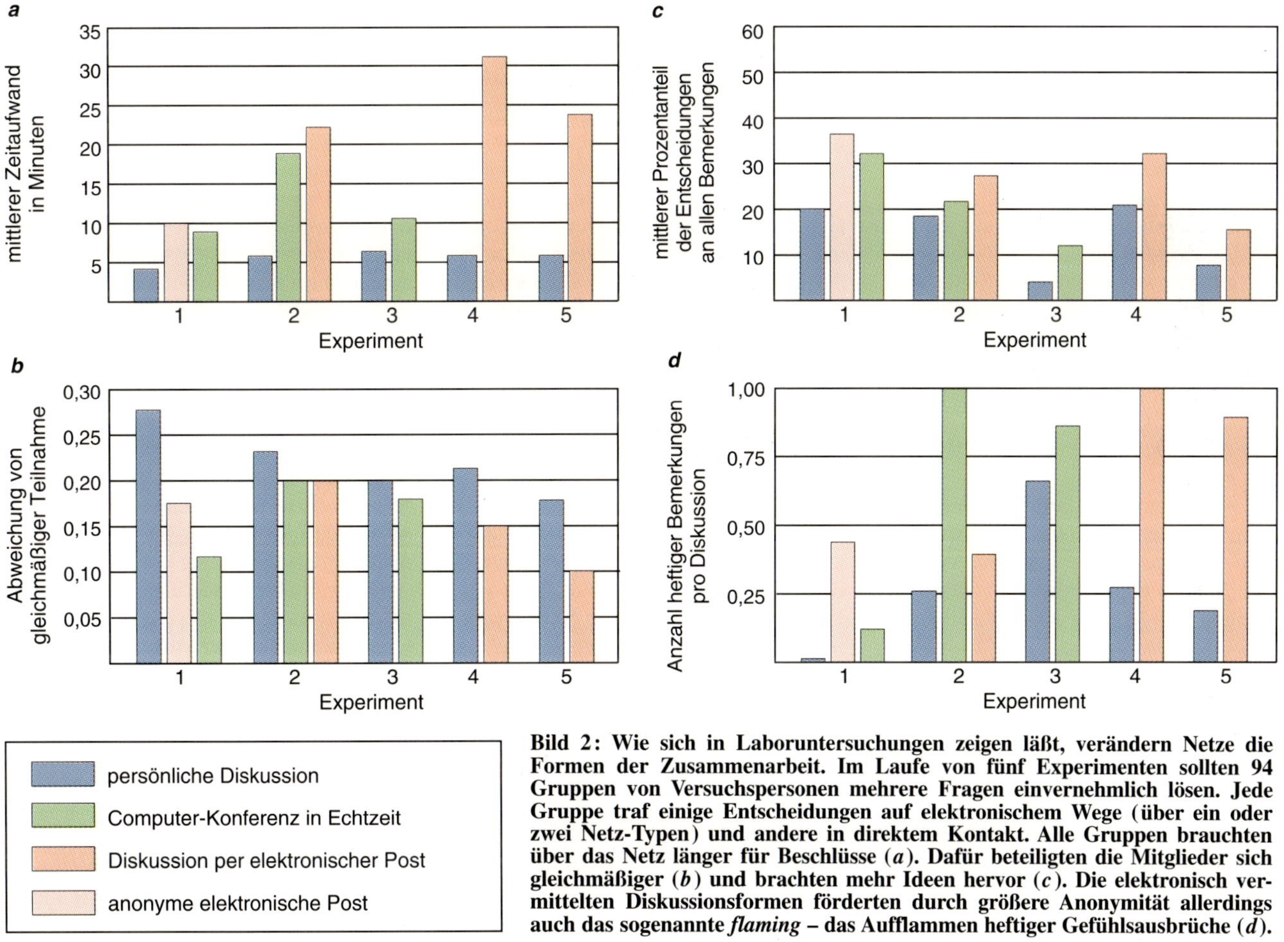

Bild 2: Wie sich in Laboruntersuchungen zeigen läßt, verändern Netze die Formen der Zusammenarbeit. Im Laufe von fünf Experimenten sollten 94 Gruppen von Versuchspersonen mehrere Fragen einvernehmlich lösen. Jede Gruppe traf einige Entscheidungen auf elektronischem Wege (über ein oder zwei Netz-Typen) und andere in direktem Kontakt. Alle Gruppen brauchten über das Netz länger für Beschlüsse (*a*). Dafür beteiligten die Mitglieder sich gleichmäßiger (*b*) und brachten mehr Ideen hervor (*c*). Die elektronisch vermittelten Diskussionsformen förderten durch größere Anonymität allerdings auch das sogenannte *flaming* – das Aufflammen heftiger Gefühlsausbrüche (*d*).

rer Beteiligung: Während im direkten Gruppengespräch oft ein oder zwei Leute am meisten reden, kam hier fast jeder zu Wort. Ferner produzierten die vernetzten Gruppen mehr praktische Vorschläge als die traditionellen Gesprächsrunden.

Der offene, ungehemmte Diskurs hat aber auch seine Schattenseite. In unseren Experimenten erschwerten beim elektronisch geführten Gedankenaustausch die demokratischeren Bedingungen zugleich die Entscheidungsfindung. Wir beobachteten, daß Gruppen von drei Personen für eine Entscheidung per Elektronik ungefähr viermal so lange brauchten wie bei direktem Kontakt. In einem Falle einigte sich die Gruppe überhaupt nie, und wir mußten dieses Experiment schließlich abbrechen.

Ein dabei wesentlicher Umstand ist, daß man einander nicht ins Wort fallen kann. Das verlangsamte den Entscheidungsprozeß und sorgte für Konfliktstoff, als einige Teilnehmer versuchten, die per Netzwerk geführte Diskussion zu beherrschen. Auch stellten wir fest, daß die Versuchspersonen hinter der elektronischen Maske dazu neigten, extreme Meinungen zu vertreten und ihrem Ärger freieren Lauf zu lassen als im persönlichen Zusammensein. Dieses unbeherrschte Aufbrausen ist Computer-Wissenschaftlern mit ARPANET-Erfahrung als *flaming* (Aufflammen) wohlvertraut.

Wie wir entdeckten, vermag die elektronische Kommunikation die Wirkung des Sozialstatus einzelner Teilnehmer zu beeinflussen. Normalerweise ist die gesellschaftliche oder berufliche Stellung ein machtvolles Regulativ von Gruppenprozessen. Man ordnet sich üblicherweise Teilnehmern mit höherem Status unter und befolgt deren Anweisungen. Sprechweise und Betragen werden in Gegenwart von Menschen mit hohem Status förmlicher. Diese wiederum melden sich häufiger zu Wort und beeinflussen die Diskussion mehr als Teilnehmer mit niedrigerem Status.

Da elektronisch geführte Gespräche arm an kontextuellen Anhaltspunkten sind, erwarteten wir, auch die Wirkung von Statusunterschieden innerhalb einer Gruppe würde schwächer ausfallen. In einem zusammen mit Vitaly Dubrovsky von der Clarkson-Universität in Potsdam (New York) sowie Beheruz Sethna von der Lamar-Universität in Beaumont (Texas) ausgeführten Experiment baten wir Versuchspersonen von hohem und niedrigem Status, Gruppenentscheidungen einerseits mittels elektronischer Post zu treffen, andererseits im direkten Gespräch. Die Ergebnisse bestätigten, daß Redeanteil und Einfluß höhergestellter Teilnehmer zurückgingen, wenn die Gruppe per elektronischer Post kommunizierte.

Aber ist das von Vor- oder Nachteil? Wenn die Mitglieder mit höherem Status geringere Sachkenntnis haben, könnte mehr Demokratie günstig für den Entscheidungsprozeß sein; sind sie jedoch wirklich besser für die Entscheidung qualifiziert, so kann ein Zwang zum Konsens ein schlechteres Resultat bedeuten.

Shoshanah Zuboff von der Harvard Business School in Cambridge (Massachusetts) hat die reduzierte Wirkung von Statusmerkmalen beim Computer-Konferenzsystem einer Firma nachgewiesen. Angestellte, die sich selbst körperlich unattraktiv fanden, gaben an, sie fühlten sich lebhafter und selbstsicherer, wenn sie über das Netz kommunizierten. Beschäftigte mit schwacher Stimme oder geringer Körpergröße erklärten, sie müßten nicht mehr darum kämpfen, in Versammlungen ernstgenommen zu werden.

Computer als Gesprächspartner

Manche Forscher suchen den offenen, demokratischen Charakter des elektronischen Gesprächs anders zu erklären. Eine Hypothese besagt, Menschen mit einer Vorliebe für Computer gäben gern ihrem Spieltrieb nach und seien tendenziell eher verspielt und aufsässig. Doch dies vermag nicht zu erklären, warum im Experiment dieselben Testpersonen sich per Computer offener aussprechen als von Angesicht zu Angesicht. Eine andere Hypothese unterstellt, in Textbotschaften müßte man eine besonders deutliche Sprache sprechen, damit das Gemeinte auch klar wird. Dies mag zwar das *flaming* – das Aufbrausen am Bildschirm – plausibel machen, nicht jedoch die Dämpfung von Statusunterschieden.

Am besten läßt sich das Verhalten von vernetzten Individuen wohl so verstehen: Wenn es kaum Anhaltspunkte für den gesellschaftlichen Kontext gibt, beachtet man die eigene soziale Situation nicht mehr und hört auf, sich über die Einschätzung durch andere Sorgen zu machen. Daher verwendet man weniger Zeit und Mühe auf Verstellung und unverbindliche Freundlichkeiten – und ist vielleicht ehrlicher.

Ein geringerer Grad an gesellschaftlicher Verstellung geht tatsächlich aus Untersuchungen hervor, bei denen die Befragten ihr eigenes Verhalten beschreiben. In einem unserer Versuche sollten die Teilnehmer einen Fragebogen zur Selbsteinschätzung ausfüllen – und zwar entweder mit Papier und Bleistift oder mittels elektronischer Post. Die nach dem Zufallsprinzip für eine elektronische Beantwortung ausgewählten Personen gaben bedeutend mehr gesellschaftlich geächtetes Verhalten an, zum Beispiel illegalen Drogenkonsum oder Kleinkriminalität. Den gleichen Zusammenhang fanden John Greist und seine Mitarbeiter an der Universität von Wisconsin, als sie die Krankengeschichten von Klinik-Patienten aufnahmen: Die Personen, die eine computergestützte Erhebung der medizinischen Daten beantworteten, offenbarten mehr sozial und gesundheitlich schädliche Verhaltensweisen als diejenigen, denen ein Arzt dieselben Fragen stellte.

Wie diese Untersuchungen zeigen, sind Menschen vor einem Computer eher bereit, Symptome und Verhaltensweisen einzugestehen, über die man nicht gerne spricht – aber sind solche Angaben auch ehrlicher? Eine Studie über Alkoholkonsum, die Jennifer J. Waterton und John C. Duffy von der Universität Edinburgh (Schottland) durchgeführt haben, legt dies in der Tat nahe. In herkömmlichen Umfragen geben die Testpersonen nur ungefähr halb so viel Alkoholkonsum zu, wie nach den Verkaufsziffern eigentlich zu erwarten wäre. Waterton und Duffy verglichen nun Computer-Interviews und persönliche Befragungen zu diesem Problem. Personen, die nach dem Zufallsprinzip für die Computer-Umfrage ausgewählt worden waren, gaben einen höheren Alkoholkonsum an als diejenigen, die mit einem Interviewer sprachen; und aus den per Computer ermittelten Trinkgewohnheiten ließ sich ein Alkoholkonsum errechnen, der näher an den tatsächlichen Umsatz herankam als nach Angaben im persönlichen Gespräch.

Aus solchen kontrollierten Studien über das elektronisch vermittelte Gespräch läßt sich schließen, daß diese Kommunikationsform zwar relativ unpersönlich ist, doch paradoxerweise die Unterhaltung angenehmer machen kann. In elektronischen Diskussionen ist man unbeschwerter und weniger schüchtern; man äußert Meinungen und Ideen freier und zeigt mehr Gefühle.

Die Verhaltensänderungen in elektronisch vernetzten Gruppen eröffnen den Organisationen ganz ungeahnte Möglichkeiten. Computer können bei Beratungen und Befragungen über heikle Themen hilfreich sein; sie entschärfen Situationen, in denen die meisten Menschen ihre wahren Gefühle und Meinungen ängstlich verbergen. Schon jetzt dienen Netze den verschiedensten Gruppen – von elektronisch verbundenen Unterstützern der Anonymen Alkoholiker bis zu elitären Zirkeln.

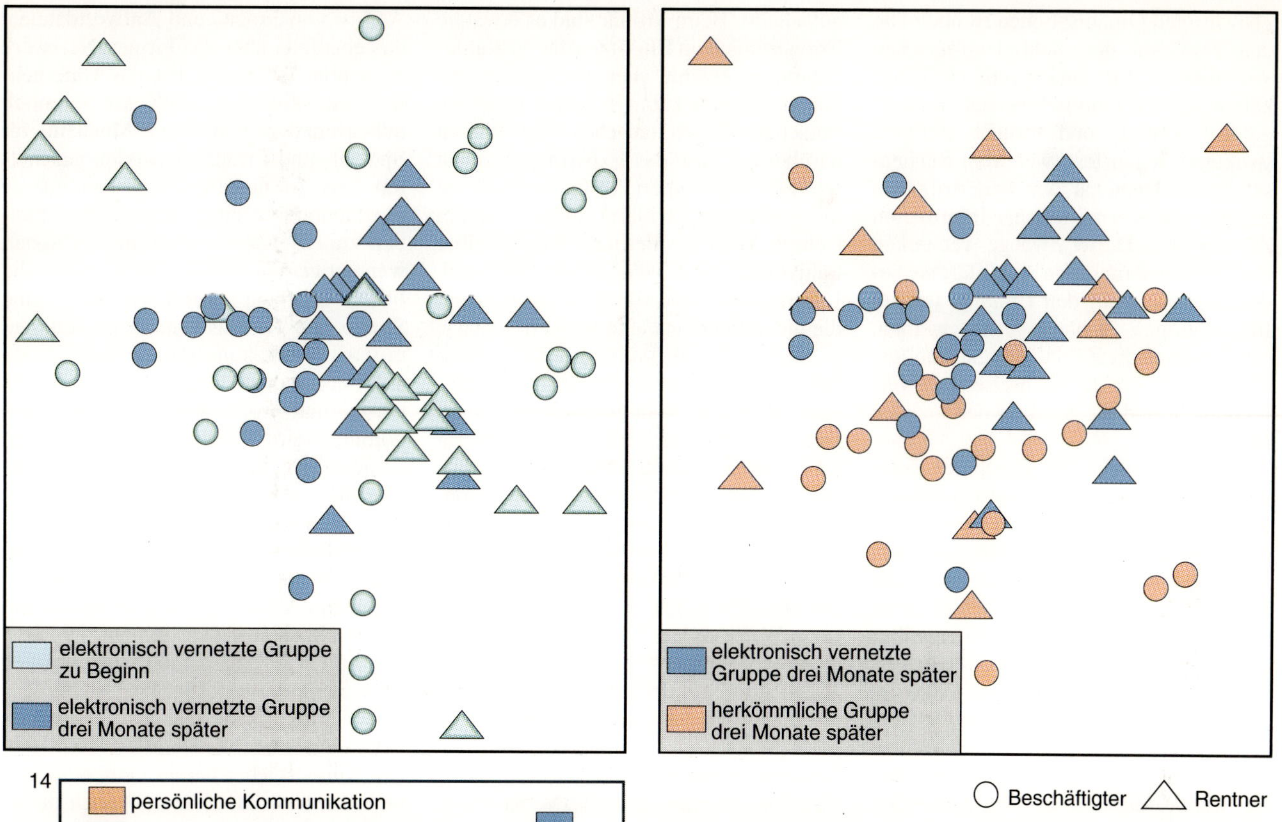

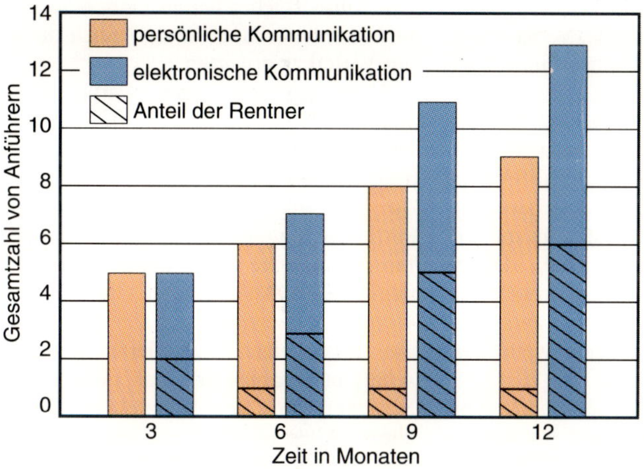

Bild 3: Beim elektronisch vermittelten Diskurs bilden sich dynamischere Gruppenstrukturen heraus als in herkömmlichen Gesprächsrunden. Diese Diagramme stellen das Verhalten von zwei gemischten Versuchsgruppen dar, die jeweils aus Angestellten und Rentnern zusammengesetzt waren. Die eine Gruppe kommunizierte direkt, die andere über ein Computer-Netz. Mitglieder mit hohem Informationsstand und zahlreichen Sozialkontakten erscheinen im Zentrum der oberen Graphiken. Die elektronisch kommunizierende Gruppe verstärkte mit der Zeit ihren sozialen Zusammenhalt (oben links); drei Monate nach Beginn des Projekts waren insbesondere die Rentner dieser Gruppe sozial besser integriert als in der Vergleichsgruppe, die ihre Diskussionen in persönlichem Kontakt austrug (oben rechts). Überdies ermutigten die Netze insgesamt mehr Gruppenmitglieder – und zwar vor allem die Rentner –, Führungsrollen zu übernehmen (links).

Indem die Dynamik der elektronischen Kommunikation sich von verbalem oder brieflichem Verkehr unterscheidet, sind über das neuartige Netz gebildete Gruppen nicht bloß herkömmliche Gemeinschaften, deren Mitglieder Computer benutzen. In aller Regel gehören die Teilnehmer einer vernetzten Organisation mehreren Gruppierungen an, die ganze Zeitzonen wie auch vielerlei Berufssparten umspannen. Einige dienen der Erweiterung schon bestehender Arbeitsgruppen; sie ermöglichen den Mitgliedern, zwischen persönlichen Treffen bequem miteinander in Verbindung zu treten. Andere vereinen Menschen, die einander nicht persönlich kennen und die sich vielleicht noch nie am selben Ort getroffen haben.

So beschäftigt das amerikanische Elektronikunternehmen Hewlett-Packard Ergonomen – Spezialisten für die Anpassung der Arbeit an den Menschen – an weit über die ganze Welt verstreuten Standorten. Diese Ingenieure treffen sich vielleicht nur einmal pro Jahr persönlich; doch dafür sind sie über regelmäßige elektronische Konferenzen verbunden, in denen sie Fachthemen und Firmenfragen diskutieren.

Neuartige Gruppenstrukturen

In mancher Hinsicht ähneln elektronisch vernetzte Gruppen durchaus herkömmlichen sozialen Zirkeln: Sie unterhalten wechselseitige Beziehungen, entwickeln ihre eigenen Verhaltensnormen und erzeugen Gruppendruck. Andererseits haben sie oft mehr als hundert Mitglieder und umfassen Beziehungen zwischen Menschen, die zwar Interessen teilen, aber einander nicht unmittelbar kennen.

Bei Firmen, die an Internet oder ein kommerzielles Netz angeschlossen sind, gehören die Angestellten mitunter elektronisch gekoppelten Gruppen an, deren Mitglieder aus vielen verschiedenen Organisationen stammen. Wie Brian K. Reid von der Firma Digital Equipment berichtet, sind rund 37 000 Organisationen mit USENET verbunden, einem lose organisierten Netz, über das mehr als 1500 Diskussionsrunden – sogenannte Nachrichtengruppen – kommunizieren. Reid schätzt, daß weltweit 1,4 Millionen Menschen zumindest die Mitteilungen einer Nachrichtengruppe lesen.

Die Kommunikationsvernetzung beginnt freilich erst, die Arbeitswelt zu verändern. Die Struktur der meisten gegenwärtigen Organisationen ist noch von den Zwängen der nicht-elektronischen Welt diktiert: Ineinandergreifende Tätigkeiten müssen räumlich benachbart ausgeführt werden, und formale Befehlsstrukturen legen fest, wer wem Rechenschaft abzulegen hat, wer wem Aufgaben zuweist und wer zu welcher Information Zugang hat. Diese Zwänge verstärken die Zentralisierung von Autorität; sie bestimmen nicht nur den Umfang, in dem Informationen weitergegeben werden, sondern auch die Zahl der Organisationsebenen, die Dichte wechselseitiger Verbindungen und die Struktur der sozialen Beziehungen.

Organisationen, die Computer-Netze installieren, können flexiblere und weniger hierarchische Strukturen entwickeln. Dafür spricht eine Feldstudie, die Tora K. Bikson von der Rand Corporation und John D. Eveland von der Hochschule in Claremont (Kalifornien) durchgeführt haben. Sie bildeten in einer großen Gebrauchsgüterfirma zwei Arbeitsgruppen, die unabhängig voneinander Pensionierungsprobleme analysieren sollten. Beide Gruppen umfaßten 40 Mitglieder; 20 waren kürzlich in den Ruhestand getreten, die anderen arbeiteten noch, kamen aber schon für den Ruhestand in Frage. Der einzige Unterschied zwischen beiden Gruppen war, daß die eine mit vernetzten Computern arbeitete, die andere nicht (Bild 3).

Beide Arbeitsgruppen setzten Unterausschüsse ein; doch die vernetzte Gruppe schuf mehr solche Gremien und ordnete die Teilnehmer jeweils mehr als einem Ausschuß zu. Die vernetzte Gruppe organisierte ihre Unterausschüsse außerdem in einer komplexen, übergreifenden Matrix-Struktur. Sie fügte im Laufe ihrer Arbeit neue Ausschüsse hinzu und beschloß sogar, den Kontakt aufrechtzuerhalten, als ihre Aufgabe nach einem Jahr offiziell beendet war. Überdies ermöglichte die vernetzte Gruppe den Rentnern, die sonst mit der Firma nichts mehr zu tun hatten, mehr Mitarbeit. Zwar wird nicht jede elektronisch vernetzte Gruppe so flexibel sein, aber offensichtlich regt der fehlende Zwang zur persönlichen Zusammenkunft dazu an, verschiedene Formen der Gruppenorganisation zu erproben.

Des weiteren kann die Vernetzung die Form der Informationsbeteiligung in großen Organisationen verändern. In herkömmlichen Organisationen regeln formale Systeme die Dokumentation und die Verantwortlichkeit für die Informationsverteilung. Ein Großteil der intern vorhandenen Information besteht aus individueller Erfahrung, die im formal autorisierten Verteilersystem niemals aufscheint. Beim Militär sind es etwa die Erinnerungen an Einsätze (die im Kameradenkreis erzählt, aber in zeitgeschichtlichen Werken kaum referiert werden). Forscherkollegen tauschen viel Wissen darüber aus, wie das Experimentiergerät wirklich funktioniert (in Fachartikeln ist nur das Prinzip erklärt). Oder in einem Betrieb kursiert allerhand Klatsch über Fähigkeiten und Mängel von Kollegen, Untergebenen und Chefs (Bewertungen, die nie die Personalabteilung erreichen).

Noch ist die Verbreitung solch persönlicher Informationen stark durch räumliche Nähe und Bekanntschaft bestimmt. Ein elektronisches Forum würde entfernt arbeitenden Angestellten auch das örtliche Erfahrungswissen vermitteln können und helfen, bisher schlecht integrierte Gruppenmitglieder stärker einzubeziehen; von Spezialkenntnissen, die eine Gruppe allmählich erwirbt, könnten auf diese Weise andere Teams profitieren.

Eine wichtige Art von Informationsfluß beginnt mit der häufig in Computer-Netzen auftauchenden Frage „Weiß irgend jemand . . . ?". Vielleicht sendet ein Teilnehmer sie an eine gesamte Organisation, an eine spezielle Verteilerliste oder an ein elektronisches Schwarzes Brett; jeder, der sie sieht, kann antworten. Wir haben solche Bitten um Information im Netz der Firma Tandem Computers in Cupertino (Kalifornien) untersucht, die 10 500 Mitarbeiter in aller Welt beschäftigt. Gemeinsam mit David Constant stellten wir fest, daß im Mittel pro Tag rund sechsmal eine Botschaft vom Typ „Weiß irgend jemand . . . ?" über eine firmenweite Verteilerliste verbreitet wurde.

Informationsersuchen kommen typischerweise von Ingenieuren im Außendienst oder von Vertretern; sie fragen nach persönlicher Erfahrung oder nach technischem Wissen, das in formalen Dokumenten oder an ihrem eigenen Arbeitsplatz nicht zu finden ist. Bei Tandem antworten im Schnitt acht Angestellte elektronisch auf eine durchschnittlich schwierige Frage. Weniger als 15 Prozent der Antwortenden sind mit dem Fragesteller persönlich bekannt oder wohnen auch nur in derselben Stadt.

Die Fragesteller können die empfangenen Antworten ihrerseits elektronisch weiter verteilen, indem sie sie in eine öffentliche Computer-Datei auf dem Netz eingeben. Bei Tandem macht im Schnitt jeder zweite Fragesteller seine Antwort-Dateien über das firmeneigene Netz den anderen Angestellten allgemein zugänglich.

Die Firma treibt diese Streuung von Information sogar noch einen Schritt weiter: Sie unterhält ein elektronisches Archiv von Frage- und Antwortdateien, das ebenfalls über das Firmen-Netzwerk erreichbar ist. Damit hat das Unternehmen ein sowohl zeitlich wie räumlich unbegrenzt zugängliches Magazin für Spezial- und Erfahrungswissen geschaffen (die so niedergelegten besonderen Fachkenntnisse eines Angestellten bleiben zum Beispiel auch dann verfügbar, wenn er gerade nicht im Büro ist oder die Firma überhaupt verlassen hat). Eine Studie von Thomas Finholt im Rahmen unseres Forschungsprogramms ergab, daß bei Tandem dieses Archiv mehr als tausendmal pro Monat in Anspruch genommen wird – und zwar vor allem von Angestellten, die in weit von der Firmenzentrale entfernten Außenstellen tätig sind (Bild 4).

Der beliebige Zugang zu Informationen, den wir bei Tandem und anderen vernetzten Unternehmen und Einrichtungen beobachtet haben, scheint dem herkömmlichen Verhalten in Organisationen zu widersprechen. Die Fragesteller gestehen Hunderten oder gar Tausenden Menschen offen ihre Unwissenheit ein. Die Antwortgeber helfen Leuten, die sie nicht kennen, ohne für sich einen direkten Vorteil zu erwarten.

Man mag sich fragen, warum Menschen so bereitwillig auf Informationsansuchen von Fremden reagieren. Zum Teil liegt die Erklärung darin, daß Netze die Zeit und Mühe für eine Antwort enorm verringern. Überdies fördern offen zugängliche Netze den freien Informationsfluß. Anscheinend sind die Antwortgeber überzeugt, daß ihr Hilfsdienst die elektronisch fusionierte Gemeinschaft insgesamt stärkt und mehr Informationen die Arbeitsumgebung bereichern. Alles in allem entsteht ein nach Bedarf spontan praktizierter Altruismus – ganz im Gegensatz zu den Befürchtungen, Netze würden das soziale Gewebe großer Organisationen schwächen.

Wandel der Firmenhierarchie

Die neuen Kommunikationsformen könnten die Beziehung zwischen dem einzelnen Angestellten und dem Unternehmen als Ganzem, die Struktur von Organisationen sowie die Form des Managements grundlegend ändern. Geschäftsführer und Fachleute in Spitzenpositionen pflegen gewöhnlich rege soziale Kontakte und Informationsverbindungen innerhalb ihrer Organisation und mit ihrem gesamten Berufsstand. Hingegen haben Angestellte, die wegen beruflicher Erfordernisse oder persönlicher Eigenschaften an der Peripherie der Organisation angesiedelt sind, relativ selten

Gelegenheit, Kontakte mit Kollegen zu knüpfen.

Das Verringern räumlicher und sozialer Kommunikationshindernisse wird sich vermutlich auf randständige Beschäftigte stärker auswirken als auf solche mit zentraler Stellung. Wir haben dies zusammen mit Charles Huff vom Saint-Olaf-College in Northfield (Minnesota) bei städtischen Angestellten in Fort Collins (Colorado) untersucht. Wer ausgiebig die elektronische Post benutzte, ließ in der Regel auch mehr Engagement für seinen Beruf und die Kollegen erkennen. Daß dieses Engagement wiederum durch die neuen Möglichkeiten zur Kommunikation verstärkt wird, zeigte sich besonders im Schichtdienst. So berichtete uns ein Polizist: „Wenn ich früher im Nachteinsatz war, erfuhr ich von Beförderungen immer erst im nachhinein – obwohl es mein Recht ist, an der Diskussion darüber teilzunehmen. Jetzt habe ich bei solchen Entscheidungen auch etwas mitzureden."

Organisationen beruhen traditionell auf zwei Grundprinzipien: auf der hierarchischen Aufgliederung von Zielen und Aufgaben sowie auf zeitlich stabilen Beziehungen unter den Angestellten. Falls in Zukunft die vollständig vernetzte Organisation immer mehr zur Regel wird, könnten die Aufgaben flexibler und dynamischer strukturiert sein. Die Hierarchie würde zwar nicht verschwinden, wohl aber durch mehrschichtige Gitter von Querverbindungen ergänzt werden.

In den heutigen Organisationen wissen die leitenden Angestellten im allgemeinen, für wen sie zuständig sind, und gehen mit Menschen um, die sie kennen. Doch in Zukunft werden die Manager einiger elektronisch zusammengeschlossener Projektgruppen wohl oder übel mit Unbekannten zusammenarbeiten müssen. Es wird komplizierter werden, den Projekten Ressourcen zuzuweisen und Einzelleistungen zu bewerten. Oft werden die Projektteilnehmer vielen verschiedenen Gruppen angehören und imstande sein, quer über das Netzwerk hinweg Informationen zu beschaffen – ohne Mitwirkung oder vielleicht sogar ohne Wissen des Managements.

Ein aktueller Fall aus der Grundlagenforschung gibt vielleicht eine Vorahnung der Zukunft. Bei Bellcore (abgekürzt für „Bell Communications Research") und der Computerfirma Digital Equipment versuchten Mathematiker, die neunte Fermatsche Zahl – eine sehr große, theoretisch interessante Zahl – in Faktoren zu zerlegen. Per Internet streuten sie eine Botschaft, in der sie andere Wissenschaftler an Universitäten, staatlichen Laboratorien und Firmen um Unterstützung baten. Die mehreren hundert Forscher, die sich spontan meldeten, erhielten – über die elektronische Post – Software und einen Ausschnitt des zu lösenden Problems; sie sandten ihre Lösungen wieder per elektronische Post ein (siehe „Neue Rekord-Faktorisierung" von François Fricker, Monatsspektrum, Spektrum der Wissenschaft, November 1990).

Nachdem alle Resultate zusammengefaßt worden waren, bekamen die freiwilligen Mitarbeiter eine Nachricht über das Endergebnis des Projekts – mit einem anrührenden Eingeständnis, weil es erkennen läßt, wieviel Uneigennützigkeit zum Erfolg beigetragen hatte:

„Wir möchten gern jedem danken, der zu diesem Projekt Rechenzeit beigesteuert hat, aber ich kann nicht: Wir haben

Bild 4: Die elektronischen Verbindungen kommen besonders Mitarbeitern zugute, die an entlegenen Standorten tätig sind. Bei der Firma Tandem Computers mit Hauptsitz in Cupertino (Kalifornien) haben die Außenbüros über ein Netz Zugang zu den Firmendateien. Die roten Kreise geben an, wie oft jedes Büro innerhalb eines Jahrs eine Datei (mit Fragen und Antworten von Angestellten zu Produkten und Dienstleistungen der Firma) angezapft hat; je häufiger die Nutzung, desto größer der Kreis. In isolierten Büros mit recht beschränktem Zugang zu Fachwissen machten die Mitarbeiter am intensivsten Gebrauch vom Netz.

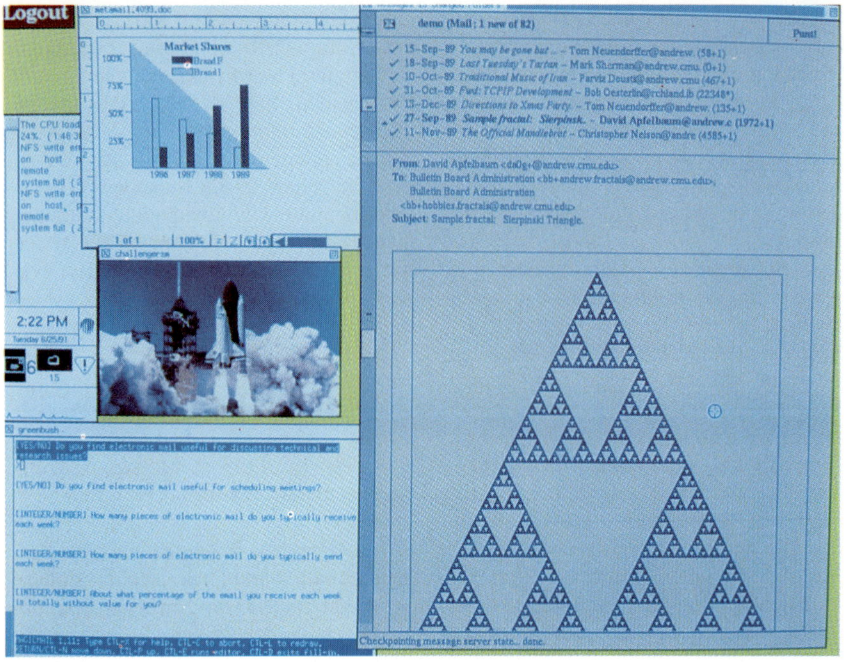

Bild 5: Diese Bildschirm-Anzeige eines Versuchsgeräts bei Bell Communications Research nimmt künftige Fortschritte der elektronischen Post vorweg: Sie wird Graphiken, Trickfilme, Musikaufnahmen, Videos und komplette Computerprogramme übertragen können und dadurch ihren Anwendungsbereich enorm erweitern. Außerdem lassen sich damit gewisse Anhaltspunkte für den Sozialstatus der Teilnehmer wieder einführen, die gegenwärtig beim elektronischen Postverkehr fehlen.

von jedem Standort nur die Daten der Person, die den Code eingerichtet und verwaltet hat. Wenn Sie uns geholfen haben, würden wir uns sehr freuen, von Ihnen zu hören; bitte senden Sie uns Ihren Namen, so wie er in der endgültigen Veröffentlichung erscheinen soll." (Elektronischer Rundbrief von Mark S. Manasse vom 15. Juni 1990).

Die Rolle des Managements

In den meisten Organisationen beschränkt sich der Einsatz von Netzen heute noch auf den Datenaustausch, oft für technische oder wirtschaftliche Anwendungen oder finanzielle Transaktionen. Nur wenige Organisationen haben begonnen, sich den Chancen und Problemen zu stellen, die durch das Vernetzen ihrer Beschäftigten entstehen.

Wo dies jedoch der Fall ist, reagieren die Manager höchst unterschiedlich auf den Wandel ihrer Autorität und Kontrollgewalt. Einige haben nur der größeren Effizienz halber Netze eingeführt, ohne deren viel weitergehende Möglichkeiten zu begreifen. Einige haben den Personenkreis eingeschränkt, der Post senden kann, oder elektronisch verbundene Diskussionsrunden wieder aufgelöst. Andere ermuntern zum Gebrauch des Netzes, um mehr Betriebsangehörige zu aktivieren und an Entscheidungsprozessen zu beteiligen. In diesem Falle verlagert sich die Verantwortung weiter nach unten und verteilt sich über die gesamte Organisation; dies ruft wiederum ganz eigene Managementprobleme hervor.

Eine demokratische Organisation braucht fachkundige, engagierte und verantwortungsbewußte Mitarbeiter – und sie braucht neue Methoden zum Erkennen individueller Leistung. Zugleich nimmt die Ungewißheit über die Entwicklung von Projekten zu, weil sowohl kreative Ideen von unerwarteter Seite einfließen als auch einzelne Beteiligte oder ganze Gruppen sich in dem neuen Kooperationsgefüge unangemessen verhalten können. Um diese Veränderungen zu bewältigen, werden die Manager andere Arbeitsanreize und bisher nicht erprobte Organisationsstrukturen einführen müssen.

Hinzu kommen Schwierigkeiten des Übergangs: Die Technik der Netze wandelt sich rapide. Am Ende dürfte zwar eine allgemein zugängliche elektronische Post stehen, die in den digitalen Informationsstrom Graphik, Bilder, Ton und Video einbezieht (Bild 5). Doch erst im Laufe dieser Entwicklung werden sich gewisse Hilfen für einen persönlicheren Umgang der Nutzer untereinander einbringen lassen, die gegenwärtige Systeme gar nicht zulassen. Freilich wird auch die perfekteste multimediale Kommunikation niemals ganz dem unmittelbaren Kontakt von Angesicht zu Angesicht gleichkommen.

Wenn immer mehr Menschen einfachen Zugang zu Netzen bekommen, werden unterschiedlichste Nutzergruppen sich drastisch vermehren und vergrößern. In der Arbeitswelt liegt es beim Management, die Verbindungen zwischen ihnen herzustellen und zu formen. Künftige Organisationsformen werden nicht nur entscheidend von der Entwicklung der Netzwerk-Technik geprägt sein, sondern auch davon, wie man die Chance nutzt, die Struktur der Arbeit neu zu gestalten.

Autoren

Spencer C. H. Barrett lehrt als Associate-Professor Botanik an der Universität Toronto in Kanada. Für seine Spezialgebiete – die Evolution von Bestäubungssystemen und die Genetik von Unkräutern – erwachte sein Interesse auf einer schon während seines Studiums der Landwirtschaftsbotanik durchgeführten Expedition nach Swaziland. Nach dem 1971 erworbenen Vordiplom sammelte er ein Jahr lang Samen und Saatgut in Brasilien – im Rahmen des Programms zur Erhaltung genetischer Ressourcen der Royal Society in London. Anschließend erwarb er an der Universität von Kalifornien in Berkeley seinen Doktortitel; seitdem ist er an der Universität Toronto.

Dorothy L. Cheney ist Professorin für Biologie an der Universität von Pennsylvanien in Philadelphia und erforscht gemeinsam mit Robert M. Seyfarth das soziale Verhalten, die Verständigung und die kognitiven Fähigkeiten von Affen. Sie studierte am Wellesley-College (Massachusetts) und promovierte 1977 an der Universität Cambridge. Wie Seyfarth lehrte sie dann an der Universität von Kalifornien in Los Angeles. Zur Zeit untersuchen beide in einem Forschungsprojekt Paviane in Botswana.

Luc Ciompi, seit 1978 Direktor der neugeschaffenen Sozialpsychiatrischen Universitätsklinik Bern, spezialisierte sich nach seinem Studium der Medizin in Genf, Paris und Bern, wo er 1961 promovierte, auf Psychiatrie und Psychotherapie. In den sechziger und frühen siebziger Jahren leitete er eine Forschungsgruppe zum Studium der Langzeitentwicklung psychischer Störungen, insbesondere der Schizophrenie, an der Psychiatrischen Universitätsklinik Lausanne. Dort baute er auch einen sozialpsychiatrischen Dienst auf, ehe er nach Bern ging. Seine Forschungs- und Interessenschwerpunkte sind die Schizophrenie sowie die Rehabilitation und Verlaufsdynamik psychischer Störungen unter system- und chaostheoretischen Gesichtspunkten und die Entwicklung integrativer psycho-sozio-biologischer Modellvorstellungen samt entsprechender therapeutischer Ansätze speziell auf dem Gebiet der Schizophrenie. Er ist Gewinner mehrerer internationaler wissenschaftlicher Preise, darunter des Stanley-R.-Dean-Award des American College of Psychiatrists.

Antonio R. Damasio und **Hanna Damasio** erforschen seit zwei Jahrzehnten die neurale Grundlage von Sprache und Gedächtnis. Antonio Damasio ist Professor und Direktor des Instituts für Neurologie an der Medizinischen Fakultät der Universität von Iowa in Iowa City sowie außerordentlicher Professor am Salk-Institut für biologische Forschung in San Diego (Kalifornien). Er promovierte in Medizin an der Universität Lissabon (Portugal). Auch Hanna Damasio hat an dieser Universität Medizin studiert und promoviert. Sie ist Professorin für Neurologie sowie Direktorin des Laboratoriums für Neuro-Imaging (bildgebende Verfahren für neurale Strukturen und Aktivitäten) und Neuroanatomie des Menschen an der Universität von Iowa.

Peter Damerow ist seit 1975 wissenschaftlicher Mitarbeiter am Max-Planck-Institut für Bildungsforschung in Berlin und arbeitet gemeinsam mit Robert K. Englund und Hans J. Nissen an der Entzifferung und Herausgabe der protokeilschriftlichen Texte aus dem archaischen Uruk. Er hat Mathematik, Physik und Philosophie studiert und 1977 in Bielefeld promoviert. Nach Arbeiten über das Lernen von Mathematik und die Organisation des Mathematikunterrichts verlagerte er seinen Forschungsschwerpunkt auf die Zusammenhänge zwischen der Kulturentwicklung und der Entstehung kognitiver Strukturen.

John Dittami ist Professor für Zoologie und Ethologie an der Universität Wien. Der gebürtige Amerikaner kam nach seiner Ausbildung zum Bio-Ingenieur an der Tufts Medical School in Boston (Massachusetts) 1976 nach Deutschland beziehungsweise Österreich, wo er zunächst als Forschungsassistent bei Konrad Lorenz arbeitete und 1981 dann am Max-Planck-Institut für Verhaltensphysiologie in Seewiesen promovierte. Nach Untersuchungen über Hormone und Verhalten bei Gänsen wandte er sich der Steuerung biologischer Rhythmen bei Singvögeln zu. Seiner Habilitation an der Universität Tübingen folgte dann 1988 der Ruf auf den Lehrstuhl für Ethologie an der Universität Wien. Seit 1990 ist Dittami Generalsekretär des International Ornithological Committee.

Robert K. Englund ist wissenschaftlicher Mitarbeiter an der Freien Universität Berlin und arbeitet gemeinsam mit Peter Damerow und Hans J. Nissen an der Entzifferung und Herausgabe der protokeilschriftlichen Texte aus dem archaischen Uruk. Er hat an der Universität von Kalifornien in Berkeley sowie an der Universität Chicago Religionswissenschaften und Assyriologie und an der Universität München Sumerologie studiert.

Walter J. Freeman ist Professor für Neurobiologie an der Universität von Kalifornien in Berkeley. Er hat 1954 an der Yale-Universität in New Haven (Connecticut) in Medizin promoviert und anschließend an der Universität von Kalifornien in Los Angeles auf dem Gebiet der Neurophysiologie geforscht. In Berkeley lehrt er seit 1959.

Daniel Frei ist Professor für Politische Wissenschaft an der Universität Zürich und Leiter des Schweizerischen Instituts für Auslandsforschung, Konsulent des Instituts für Abrüstungsforschung der Vereinten Nationen (UNIDIR), Senior Special Fellow des Institus für Ausbildung und Forschung der Vereinten Nationen (UNITAR) sowie Mitglied des Club of Rome. Er hat an der Universität Zürich, der London School of Economics and Political Science, an der Universität von Michigan und am Institut des Hautes Études Internationales in Genf studiert. Er schreibt: „Ich beschäftige mich mit verschiedenen Ansätzen internationaler Konfliktlösung. Dabei stehen für mich Wahrnehmungs- und Einstellungsprobleme im Vordergrund, jedoch auch Fragen der internationalen Vermittlung der Rolle neutraler Kleinstaaten. Einen Praxisbezug zu meinem Forschungsgegenstand finde ich unter anderem in meiner Eigenschaft als Mitglied des Internationalen Komitees vom Roten Kreuz (IKRK).“ Außer Werken über Ost-West-Beziehungen, außenpolitische Einstellungen und Gewaltfreiheit hat Frei auch Bücher zu Problemen der Sicherheit sowie über Theorien und Methoden der internationalen Beziehungen verfaßt.

Alfred G. Gilman ist seit 1981 Professor und Vorsitzender der Pharmakologischen Abteilung des Southwestern Medical Center der Universität von Texas in Dallas, an der auch Maurine E. Linder tätig ist. Er wurde 1987 auf einen Lehrstuhl für Molekulare Neuropharmakologie berufen und erhielt zwei Jahre später den Albert-Lasker-Preis für Medizinische Grundlagenforschung. Bevor er nach Dallas kam, war Gilman zehn Jahre an der Universität von Virginia in Charlottesville.

Karl Grammer ist wissenschaftlicher Leiter des Ludwig-Boltzmann-Instituts für Stadtethologie in Wien. Er promovierte 1982 im Fachbereich Biologie an der Universität München und kam 1985 als wissenschaftlicher Assistent an die Forschungsstelle für Humanethologie in der Max-Planck-Gesellschaft in Andechs. 1991 habilierte er sich an der Universität Wien. Seine Arbeitsgebiete sind die soziale Problemlösung unter Kindern und Heranwachsenden, die Entwicklung von Beziehungen und Gruppenstrukturen in Kindergruppen, Mimik im Kulturenvergleich sowie die Zusammenhänge zwischen Umwelt und Verhalten. Grammer wurde 1992 zum Sekretär der International Society for Human Ethology gewählt. 1993 erschien bei Hoffmann & Campe sein Buch *Die Evolution der Liebe.*

Franz Huber war bis zu seiner Emeritierung Direktor am Max-Planck-Institut für Verhaltensforschung in Seewiesen. Er promovierte 1953 an der Universität München mit einer Arbeit über das Nervensystem der Grillen. Von 1954 bis 1960 arbeitete er als Assistent an der Universität Tübingen. Drei Jahre später wurde er an der Universität Köln zum Professor für Zoologie und Tierphysiologie ernannt. Bevor er nach Seewiesen ging, war er als Forschungsdirektor beim Internationalen Institut für Insektenphysiologie und -ökologie in Nairobi tätig.

Sara Kiesler ist Professorin für Gesellschaftswissenschaft und Sozialpsychologie an der Carnegie-Mellon-Universität sowie ein Mitglied des universitätseigenen Roboter-Forschungsinstituts. Wie Lee Sproull untersucht sie schon seit mehr als zehn Jahren, wie die Einführung von Netzen für elektronische Post die Kommunikationsmuster in großen Organisationen verändert. Sie promovierte 1965 an der Ohio-Staatsuniversität in Columbus in Sozialpsychologie und wechselte im Jahre 1979 zur Carnegie-Mellon-Universität.

Marc W. Kirschner ist seit 1978 Professor für Biochemie und Biophysik an der Universität von Kalifornien in San Francisco. Er promovierte 1971 an der Universität von Kalifornien in Berkeley und arbeitete anschließend an der Universität Princeton (New Jersey).

W. Joe Lewis ist Insektenkundler und arbeitet beim Landwirtschaftlichen Forschungsdienst des Landwirtschaftsministeriums der Vereinigten Staaten. Seit mehr als einem Jahrzehnt untersucht er in enger Kooperation mit James H. Tumlinson und Louise E. M. Vet, wie nützliche parasitische Insekten ihre Opfer aufspüren. Er ist Laborleiter für Entomologie in der Außenstelle in Tifton (Georgia) und hat an der Universität von Mississippi in Lafayette promoviert.

Maurine E. Linder ist Dozentin an der Pharmakologischen Abteilung des Southwestern Medical Center der Universität von Texas in Dallas, an der auch Alfred G. Gilman tätig ist. Sie hat 1987 an dieser Universität in Molekular- und Zellbiologie promoviert.

Halina Lis ist seit mehr als 30 Jahren in der Abteilung Biophysik am Weizmann-Institut in Rehovot (Israel) tätig. Die meiste Zeit über hat sie in enger Zusammenarbeit mit Nathan Sharon komplexe Zuckerverbindungen sowie Lektine – jene Proteine, die selektiv Kohlenhydrate binden – untersucht. Lis und Sharon sind gemeinsame Autoren einer großen Anzahl wissenschaftlicher Veröffentlichungen, etlicher vielzitierter Übersichtsartikel zu diesem Thema und des Buches *Lectines*, das bei Chapman & Hall in London erschienen ist.

James E. Lloyd ist Professor für die Fachgebiete Insekten und Fadenwürmer an der Universität von Florida. Er studierte an der Staatsuniversität von New York in Fredonia sowie an der Universität von Michigan Biologie und promovierte 1966 an der Cornell-Universität. Seine Feldstudien hat Lloyd größtenteils in den tropischen Wäldern Südostasiens, Neuguineas und Mittelamerikas durchgeführt.

Andrew W. Murray ist Assistenzprofessor für Physiologie an der Universität von Kalifornien in San Francisco. Er promovierte 1984 an der Harvard-Universität in Cambridge (Massachusetts). Vor seiner Berufung in den Lehrkörper nach San Francisco arbeitete er in Marc W. Kirschners Labor.

Hans J. Nissen ist seit 1971 Professor für Vorderasiatische Altertumskunde an der Freien Universität Berlin und arbeitet gemeinsam mit Peter Damerow und Robert K. Englund an der Entzifferung und Herausgabe der protokeilschriftlichen Texte aus dem archaischen Uruk. Er hat 1964 an der Universität Heidelberg mit einer archäologisch-historischen Arbeit über die Königsgräber von Ur promoviert. Anschließend war er zunächst Referent am Deutschen Archäologischen Institut, Abteilung Bagdad, und dann Assistenzprofessor am Oriental Institute der Universität Chicago. Schwerpunkt seiner Arbeit ist neben archäologischen Feldforschungen im Nahen Osten die frühe Entwicklung politischer Strukturen sowie der Wirtschafts- und Sozialgeschichte.

Philip E. Ross ist Redakteur bei *Scientific American.*

Edward Rubenstein ist stellvertretender Leiter der klinischen Ausbildung von Medizinstudenten und Professor für klinische Medizin an der Stanford University School of Medicine. Außerdem ist er Herausgeber von *Scientific American Medicine*, einem Nachschlagewerk für praktizierende Ärzte, das regelmäßig aktualisiert wird. Er promovierte 1947 in Medizin am College of Medicine der Universität Cincinnati. Seitdem hat er sich hauptsächlich mit thromboembolischen Erkrankungen beschäftigt. Außerdem bemüht er sich um die Verbesserung der medizinischen Ausbildung und um die Vermittlung von medizinischem Wissen. Sein Interesse für Teilchenphysik hat ihn zur Mitarbeit an einem Forschungsprojekt geführt, in dem untersucht wird, inwieweit sich die Synchrotronstrahlung zur Darstellung von Gefäßen eignet.

Lee C. Ryker arbeitet als Wissenschaftler auf dem Gebiet der Forst-Entomologie an der Simon-Fraser-Universität in British Columbia. Er studierte Biologie an der Universität von Michigan und zog dann nach Oregon um, wo er einige Jahre als Lehrer an einer High School unterrichtete. Im Jahre 1979 promovierte er an der Universität von Oregon in Entomologie und ging anschließend zu Julius A. Rudinsky ans Laboratorium für Forstinsekten der Oregon State University; nach Rudinskys Tod im Jahre 1980 führte er die von der National Science Foundation geförderte Arbeit noch zwei Jahre weiter.

Robert M. Seyfarth ist Professor für Psychologie an der Universität von Pennsylvanien in Philadelphia und erforscht gemeinsam mit Dorothy L. Cheney das soziale Verhalten, die Verständigung und die kognitiven Fähigkeiten von Affen. Er studierte an der Harvard-Universität in Cambridge (Massachusetts) und promovierte 1977 an der Universität Cambridge (Großbritannien). Wie Cheney lehrte er dann an der Universität von Kalifornien in Los Angeles. Zur Zeit untersuchen beide in einem Forschungsprojekt Paviane in Botswana.

Nathan Sharon ist seit mehr als 30 Jahren in der Abteilung Biophysik am Weizmann-Institut in Rehovot (Israel) tätig. Die meiste Zeit über hat er in enger Zusammenarbeit mit Halina Lis komplexe Zuckerverbindungen sowie Lektine – jene Proteine, die selektiv Kohlenhydrate binden – untersucht. Sharon und Lis sind gemeinsame Autoren einer großen Anzahl wissenschaftlicher Veröffentlichungen, etlicher vielzitierter Übersichtsartikel zu diesem Thema und des Buches *Lectines*, das bei Chapman & Hall in London erschienen ist. In *Spektrum der Wissenschaft* (Januar 1981, Seite 70) hat Sharon den Beitrag „Kohlenhydrate“ publiziert.

Solomon H. Snyder ist Direktor der Abteilung Neurowissenschaften an der Johns-Hopkins-Universität in Baltimore (Maryland) und dort als Professor für Neurowissenschaften, Pharmakologie und Psychiatrie tätig. An dieser Universität erhielt er auch seine psychiatrische Ausbildung, nachdem er an der Universität Georgetown Medizin studiert hatte. Zu den zahlreichen Auszeichnungen Snyders gehören der Albert Lasker Award for Basic Biomedical Research (1978), der Wolf Foundation Prize for Medicine (1982) und der Dickson Prize der Universität von Pittsburgh (1983). Snyder ist Mitglied der nationalen Akademie der Wissenschaften der USA. Er hat mehrere Bücher im Bereich der Psychopharmakologie und Psychiatrie veröffentlicht.

Lee Sproull ist Professorin für Management an der Management-Hochschule der Universität Boston (Massachusetts) und untersucht gemeinsam mit Sara Kiesler schon seit mehr als zehn Jahren, wie die Einführung von Netzen für elektronische Post die Kommunikationsmuster in großen Organisationen verändert. Sie promovierte 1977 an der Universität Stanford (Kalifornien) in Gesellschaftswissenschaft und war bis 1991 Professorin für Gesellschaftswissenschaft und Soziologie an der Carnegie-Mellon-Universität in Pittsburgh (Pennsylvania).

John Thorson ist beratender Gastforscher am Max-Planck-Institut für Verhaltensforschung in Seewiesen. Er studierte am Rensselaer Polytechnic Institute Physik und übernahm dann eine Stelle bei General Electric, wo er unter anderem an einem biophysikalischen Projekt beteiligt war. Dies veranlaßte ihn, Biologie an der Universität von Kalifornien in Los Angeles zu studieren. Er promovierte dann 1965 in Zoologie. Von 1967 bis 1969 war er an der Universität von Kalifornien in San Diego in Lehre und Forschung tätig. Seither hat er Gastprofessuren und Beraterverträge an den Universitäten Oxford und Frankfurt sowie an Max-Planck-Instituten. Er beteiligte sich an Forschungsarbeiten über das Sehen von Insekten und Menschen, über Muskelkontraktion, Reizumwandlung und Verhalten von Insekten.

James H. Tumlinson ist Chemiker und arbeitet beim Landwirtschaftlichen Forschungsdienst des Landwirtschaftsministeriums der Vereinigten Staaten. Seit mehr als einem Jahrzehnt untersucht er in enger Kooperation mit W. Joe Lewis und Louise E. M. Vet, wie nützliche parasitische Insekten ihre Opfer aufspüren. Tumlinson ist Forschungsleiter im Bereich chemische Insektenbekämpfung in der Außenstelle in Gainesville (Florida) und hat an der Universität von Mississippi in Lafayette promoviert.

Louise E. M. Vet ist Professorin an der Landwirtschaftlichen Universität in Wageningen (Niederlande) und hat an der Universität von Leiden in Tierökologie promoviert. Seit mehr als einem Jahrzehnt untersucht sie in enger Kooperation mit James H. Tumlinson und W. Joe Lewis, wie nützliche parasitische Insekten ihre Opfer aufspüren.

Literatur

Einführung

Die folgenden fünf Bücher ermöglichen eine Vertiefung der in diesem Sammelband angesprochenen zellulären, physiologischen und verhaltensbiologischen Aspekte von Kommunikation und erschließen dem Interessierten einen Teil der fast unüberschaubaren Originalliteratur zu diesem Thema.

Argyle, M. *Bodily Communication*. London (Routledge) 1990.

Bright, M. *Animal Language*. Ithaca (Cornell University Press) 1984.

Darnell, J.; Lodish, H.; Baltimore, D. *Molecular Cell Biology*. Scientific American Books. New York (Freeman) 1990.

Hadley, M. *Endocrinology*. Englewood Cliffs, NJ (Prentice Hall) 1992.

Ristay, C. (Hrsg.) *Cognitive Ethology*. Hove (Lawrence Erlbaum) 1991.

Signalübertragung zwischen Zellen

Dunant, Y.; Israël, M. *Die synaptische Freisetzung von Acetylcholin*. In: *Spektrum der Wissenschaft* 6 (1985) S. 78–87.

Iversen, L. L. *Die Chemie der Signalübertragung im Gehirn*. In: *Gehirn und Nervensystem*. Heidelberg (Spektrum der Wissenschaft) 1985. S. 20–31.

Krieger, D. T. *Brain Peptides: What, Where, and Why?* In: *Science* 222/4627 (1983) S. 975–985.

Sherman, M. R.; Stevens, J. *Structure of Mammalian Steroid Receptors: Evolving Concepts and Methodological Development*. In: *Annual Review of Physiology* 46 (1984) S. 83–105.

Snyder, S. H. *Drug and Neurotransmitter Receptors in the Brain*. In: *Science* 224/4644 (1984) S. 22–31.

Czech, M. P. *The Nature and Regulation of the Insulin Receptor: Structure and Function*. In: *Annual Review of Physiology* 47 (1985) S. 357–381.

Gestörte Kommunikation zwischen Zellen

Lehninger, A. *Biochemie*. Weinheim/New York (Verlag Chemie) 1977. [Letzter Nachdruck 1987].

Höfer, M. *Transport durch biologische Membranen*. Weinheim/New York (Verlag Chemie) 1977.

Goldstein, A.; Aronow, L.; Kalman, S. M. *Principles of Drug Action*. New York (Wiley & Sons) 1974.

Brown, M. S.; Goldstein, J. L. *Familial Hypercholesterolemia: A Genetic Defect in the Low-Density Lipoprotein Receptor*. In: *The New England Journal of Medicine* 294/25 (1976) S. 1386–1390.

Bar, R. S.; Roth, J. *Insulin Receptor Status in Disease States of Man*. In: *Archives of Internal Medicine* 137/4 (1977) S. 474–481.

Kohlenhydrate und Zellerkennung

Sharon, N.; Lis, H. *Lectins as Cell Recognition Molecules*. In: *Science* 246 (13. Oktober 1989) S. 227–234.

Karlsson, K.-A. *Glycobiolgy: A Growing Field for Drug Design*. In: *Trends in Pharmacological Sciences* 12/7 (Juli 1991) S. 265–272.

Drickamer, K.; Carver, J. *Carbohydrates and Glycoconjugates: Upwardly Mobile Sugars Gain Status as Information-Bearing Molecules*. In: *Current Opinion in Structural Biology* 2/5 (Oktober 1992) S. 653f.

G-Proteine

Simon, M. I.; Strathmann, M. P.; Gautam, N. *Diversity of G Proteins in Signal Transduction*. In: *Science* 252 (10. Mai 1991) S. 802–808.

Gilman, A. G. *G Proteins: Transducers of Receptor-Generated Signals*. In: *Annual Review of Biochemistry* 56 (1987) S. 615–649.

Bourne, H. R.; Sanders, D. A.; McCormick, F. *The GTPase Superfamily: A Conserved Switch for Diverse Cell Functions*. In: *Nature* 348/6297 (8. November 1990) S. 125–132.

Bourne, H. R.; Sanders, D. A.; McCormick, F. *The GTPase Superfamily: Conserved Structure and Molecular Mechanism*. In: *Nature* 349/6305 (10. Januar 1991) S. 117–127.

Kaziro, Y.; Itoh, H.; Kozasa, T.; Nakafuku, M.; Satoh, T. *Structure and Function of Signal-Transducing GTP-Binding Proteins*. In: *Annual Review of Biochemistry* 60 (1991) S. 349–400.

Karin, M. *Signal Transduction from Cell Surface to Nucleus in Development and Disease*. In: *FASEB Journal* 6 (1992) S. 2581–2590.

Wie Proteine den Zellzyklus steuern

Edgar, B. A.; O'Farrell, P. H. *Genetic Control of Cell Division Patterns in the* Drosophila *Embryo*. In: *Cell* 57/1 (April 1989) S. 177–187).

Murray, A. W.; Kirschner, M. W. *Cyclin Synthesis Drives the Early Embryonic Cell Cycle*. In: *Nature* 339/6222 (25. Mai 1989) S. 275–280.

Hartwell, L. H.; Weinert, T. A. *Checkpoints: Controls That Ensure the Order of Cell Cycle Events*. In: *Science* 246/4930 (3. November 1989) S. 629–634.

Murray, A. W.; Kirschner, M. W. *Dominoes and Clocks: The Union of Two Views of the Cell Cycle*. In: *Science* 246/4930 (3. November 1989) S. 614–621.

Nurse, P. *Universal Control Mechanisms Regulating Onset of M-Phase*. In: *Nature* 344/6266 (5. April 1990) S. 503–508.

Mimikry bei Pflanzen

Wickler, W. *Mimicry in Plants and Animals*. McGraw-Hill Book Company, 1974.

Wiens, D. *Mimicry in Plants*. In: *Evolutionary Biology* 11 (1978) S. 365–403.

Barrett, S. C. H. *Crop Mimicry in Weeds*. In: *Economic Botany* 37/3 (Juli–September 1983) S. 255–282.

Dafni, A. *Mimicry and Deception in Pollination*. In: *Annual Review of Ecology and Systematics* 15 (1984) S. 259–278.

Osche, G. *Vom „Erscheinungsbild" der Blütenpflanzen*. In: *mannheimer forum*. Boehringer Mannheim GmbH, 1986/87.

Wie Schlupfwespen Wirte für ihre Larven finden

Lewis, W. J.; Vet, L. E. M.; Tumlinson, J. H.; Lenteren, W. J. van; Papaj, D. R. *Variations in Parasitoid Foraging Behavior: Essential Element of a Sound Biological Control Theory*. In: *Environmental Entomology* 19/5 (Oktober 1990) S. 1183–1193.

Vet, L. E. M.; Groenewold, A. W. *Semiochemicals and Learning in Parasitoids*. In: *Journal of Chemical*

Ecology 16/11 (November 1990) S. 3119–3135.

Price, P. W. *Evolutionary Theory of Host and Parasitoid Interactions.* In: *Biological Control* 1/2 (August 1991) S. 83–93.

Turlings, T. C. J.; Wäckers, F. L.; Vet, L. E. M.; Lewis, W. J.; Tumlinson, J. H. *Learning of Host-Finding Cues by Hymenopterous Parasitoids.* In: Papaj, D. R.; Lewis, A. C. (Hrsg.) *Insect Learning: Ecological and Evolutionary Perspectives.* London (Chapman & Hall) 1992.

Krieg, A.; Franz, J. M. *Lehrbuch der biologischen Schädlingsbekämpfung.* Berlin (Parey) 1989.

Kommunikation beim Douglasien-Borkenkäfer

Libbey, L. M.; Oehlschlager, A. C.; Ryker, L. C. *1-Methylcyclohex-2-en-1-ol as an Aggregation Pheromone of* Dendroctonus pseudotsugae. In: *Journal of Chemical Ecology* 9 (1983) S. 1533–1541.

Rudinsky, J. A.; Ryker, L. C. *Multifunctionality of Douglas-Fir Beetle Pheromone 3,2-MCH Confirmed with Solvent Dibutyl Phthalate.* In: *Journal of Chemical Ecology* 6 (1980) S. 193–201.

Die gefälschten Signale der Glühwürmchen

(Ursprünglicher Titel: *Gefälschte Signale – die Verstellungskunst der Glühwürmchen*)

Gundermann, K.-D. *Chemieluminiszenz.* In: *Chemie unserer Zeit* 1970.

Kössler, F. *Bioluminiszenz* in vivo *und* in vitro. In: *Biologische Rundschau* 13/2 (1975) S. 73–94.

Lloyd, J. E. *Bioluminiscence and Communication.* In: Sebeok, T. A. (Hrsg.) *How Animals Communicate.* Bloomington (Indiana University Press) 1977.

Lloyd, J. *Sexual Selection in Luminescent Beetles.* In: Blum, M. S.; Blum, N. A. *Sexual Selection and Reproductive Competition in Insects.* New York (Academic Press) 1979.

Schaller, F. *Warum leuchten Glühwürmchen?* In: *Umschau* 1961. S. 4–6.

Schwalb, H. H. *Beiträge zur Biologie der einheimischen Lampyriden* Lampyris noctiluca *Geoffr. und* Phausis splendidula *Lec. und experimentelle Analyse ihres Beutefang- und Sexualverhaltens.* In: *Zoologisches Jahrbuch (Systematik)* 88/4 (1961) S. 399–550.

Wie Affen sich verstehen

Byrne, R.; Whiten, A. (Hrsg.) *Machiavellian Intelligence: Social Expertise and the Evolution of Intellect in Monkeys, Apes and Humans.* Oxford University Press, 1988.

Cheney, D. L.; Seyfarth, R. M. *How Monkeys See the World: Inside the Mind of Another Species.* University of Chicago Press, 1990.

Cheney, D. L.; Seyfarth, R. M. *Truth and Deception in Animal Communication.* In: Ristau, C. A. (Hrsg.) *Cognitive Ethology: The Minds of Other Animals.* Lawrence Erlbaum Associates, 1991.

Marler, P. *Symbolik in Primatenlauten.* In: Scherer, K. R.; Stahnke, A.; Winkler, P. (Hrsg.) *Psychobiologie. Wegweisende Texte der Verhaltensforschung von Darwin bis zur Gegenwart.* München (dtv Wissenschaft) 1987.

Akustische Verständigung bei Grillen

Huber, F. et al. *Auditory Behavior of the Cricket. 3: Tracking of Male Calling Song by Surgically and Developmentally One-eared Females, and the Curious Role of the Anterior Tympanum.* In: *Journal of Comparative Physiology* 155 (1984) S. 725–738.

Kleindienst, H.-U.; Wohlers, D. W.; Larsen, O. N. *Tympanal Membrane Motion Is Necessary for Hearing in Crickets.* In: *Journal of Comparative Physiology* 151 (1983) S. 397–400.

Schildberger, K. *Temporal Selectivity of Identified Auditory Neurons in the Cricket Brain.* In: *Journal of Comparative Physiology* 155 (1984) S. 171–185.

Physiologie und Simulation der Geruchswahrnehmung

Freeman, W. J. *Mass Action in the Nervous System: Examination of the Neurophysiological Basis of Adaptive Behavior Through the EEG.* London (Academic Press) 1975.

Skarda, C. A.; Freeman, W. J. *How Brains Make Chaos in Order to Make Sense of the World.* In: *Behavioral and Brain Sciences* 10/2 (Juni 1987) S. 161–195.

Walden, J. *Neurophysiologisch-Neurochemische Grundlagen des Lernens.* Bad Honnef (Bock + Herchen Verlag) 1983.

Braitenberg, V.; Schütz, A. *Cortex: hohe Ordnung oder größtmögliches Durcheinander.* In: *Spektrum der Wissenschaft* 5 (1989) S. 74–86.

Shepherd, G. M. *The Synaptic Organization of the Brain.* 3. Aufl. Oxford University Press, 1990.

Haken, H.; Stadler, M. (Hrsg.) *Synergetics of Cognition: Proceedings of the International Symposium at Schloss Elmau, Bavaria, June 4–8, 1989.* Heidelberg (Springer) 1990.

Die Hypothese der Affektlogik

Ciompi, L. *Affektlogik. Über die Struktur der Psyche und ihre Entwicklung. Ein Beitrag zur Schizophrenieforschung.* Stuttgart (Klett-Cotta) 1982.

Ciompi, L. *Affects as Central Organizing and Integrating Factors. A New Psychosocial/Biological Model of the Psyche.* In: *British Journal of Psychiatry* 159 (1991) S. 97–105.

Machleidt, W.; Gutjahr, L.; Mügge, A. *Grundgefühle. Phänomenologie, Psychodynamik, EEG-Spektralanalytik.* Berlin (Springer) 1989.

Piaget, J. *Intelligence and Affectivity. Their Relationship During Child Development.* In: Brown, T. A.; Kaegi, C. E. (Hrsg.) *Annual Review Monograph.* Palo Alto (University of California Press) 1981.

Sprache und Gehirn

Poeck, K. (Hrsg.) *Klinische Neuropsychologie.* Stuttgart (Thieme) 1989.

Gehirn und Kognition. Heidelberg (Spektrum der Wissenschaft) 1990.

Klima, E. S.; Bellugi, U. *The Signs of Language.* Harvard University Press, 1986.

Chomsky, N. *Knowledge of Language: Its Nature, Origin, and Use.* London (Greenwood Press) 1986.

Damasio, H.; Damasio, A. R. *Lesion Analysis in Neuropsychology.* Oxford University Press, 1989.

Damasio, A. R.; Damasio, H.; Tranel, D.; Brandt, J. P. *Neural Regionalization of Knowledge Access: Preliminary Evidence.* In: *Cold Spring Harbor Symposia on Quantitative Biology.* Bd. 55: *The Brain.* Cold Spring Harbor Laboratory Press, 1990.

Damasio, A. R. *Aphasia.* In: *New England Journal of Medicine* 326/8 (20. Februar 1992) S. 531–539.

Fromkin, V.; Rodman, R. *An Introduction to Language.* Harcourt Brace Jovanovich College Publications, 1992.

Ist der Mensch zum Sprechen geboren?
(Entnommen aus dem Artikel *Streit um Wörter*)

Liebermann, P. *Uniquely Human: The Evolution of Speech, Thought and Selfless Behavior.* Cambridge, Mass. (Harvard University Press) 1991.

Die Entstehung der Schrift

Falkenstein, A. *Archaische Texte aus Uruk.* Leipzig (Kommissionsverlag Otto Harrassowitz) 1936.

Green, M.; Nissen, H. *Zeichenliste der Archaischen Texte aus Uruk.* Berlin (Mann) 1987.

Nissen, H. *Grundzüge einer Geschichte der Frühzeit des Vorderen Orients.* Darmstadt (Wissenschaftliche Buchgesellschaft) 1983.

Nissen, H. *The Archaic Texts from Uruk.* In: *World Archaeology* 17/3 (Februar 1986) S. 317–334.

Friberg, J. *Zahlen und Maße in den ersten Schriftzeugnissen.* In: *Spektrum der Wissenschaft* 4 (1984) S. 116–124.

Kommunikationskanäle beim Menschen und ihre Manipulation

Chance, M. R. A. (Hrsg.) *Social Fabrics of the Mind.* Hove/London/Hillsdale (Erlbaum) 1988

Ekman, P. *Weshalb Lügen kurze Beine haben.* Berlin (de Gruyter) 1989.

Grammer, K. *Die Evolution der Liebe.* Hamburg (Hoffman & Campe) 1993.

Wallbott, H. G. *Mimik im Kontext.* Göttingen/Toronto/Zürich (Hogrefe) 1990.

Probleme gegenseitiger Einschätzung zwischen Ost und West

Falkowski, S. (Hrsg.) *Psychological Models in International Relations.* Boulder, Colo. 1979.

Forgas, J. P. (Hrsg.) *Social Cognition.* London 1981.

Frei, D. *Perceived Images.* New York 1986. [Deutsche Kurzfassung: *Feindbilder und Abrüstung.* München (Beck) 1985.]

Jervis, R. *Perception and Misperception in International Relations.* Princeton 1976.

Jönsson, C. *Cognitive Dynamics and International Politics.* London 1982.

Vernetzung und Arbeitsorganisation

Rule, J.; Attewell, P. *What Do Computers Do?* In: *Social Problemsy* 36/3 (Juni 1989) S. 225–241.

Galegher, J.; Kraut, R. E.; Egido, C. (Hrsg.) *Intellectual Teamwork: The Social and Technological Foundations of Cooperative Work.* Lawrence Erlbaum Associates, 1990.

Sproull, L.; Kiesler, S. *Connections: New Ways of Working in the Networked Organization.* Cambridge, Mass. (MIT Press) 1991.

Dunlop. C.; Kling, R. (Hrsg.) *Social Relationships in Electronic Communities.* In: Dunlop, C.; Kling, R. (Hrsg.) *Computerization and Controversy: Value Conflicts and Social Choices.* London (Academic Press) 1991.

Bildnachweise

Titelbild*: Chris Schmant, © MIT Media Laboratory. Abdruck mit freundlicher Genehmigung des MIT Media Laboratory – **Signalübertragung zwischen Zellen:** Bilder 1, 7 (oben) und 8 (links): Tripos Associates; Bilder 2–6, 7 (unten) und 8 (rechts): Alan D. Iselin – **Gestörte Kommunikation zwischen Zellen:** Bild 1: Richard G. W. Anderson, University of Texas, Health Science Center, Dallas; Bilder 2–4 und 6–10: Ilil Arbel; Bild 5: I. D. Goldfine, University of California, San Francisco – **Kohlenhydrate und Zellerkennung:** Bild 1: Tomo Narashima; Kasten S. 34: Jared Schneidman/JSD; Bilder 2 und 4: Mit freundlicher Genehmigung von Kazuhiko Fujita, Jutendo University School of Medicine, Tokyo; Bilder 3 und 6: Kathleen Katims/JSD; Bild 5: Mit freundlicher Genehmigung von Steven Rosen, University of California, San Francisco; Bild 7: Photo Researchers, Inc. – **G-Proteine:** Bilder 1–4 und 6: Ian Worpole; Bild 5: Gabor Kiss; Bild 7: Johnny Johnson – **Wie Proteine den Zellzyklus steuern:** Bilder 1, 2 und 4–6 (links): George V. Kelvin; Bild 3: Koki Hare, Hubrecht Laboratory, Utrecht (Niederlande), Marc W. Kirschner; Bild 6 (rechts): Andrew W. Murray – **Mimikry bei Pflanzen:** Bild 1: David Thompson, Oxford Scientific Films; Bilder 2–4: Tom Prentiss; Bild 5: G. I. Bernard, Oxford Scientific Films; Bild 6: Breck P. Kent, Earth Scenes; Bild 7: Spencer C. H. Barrett – **Wie Schlupfwespen Wirte für ihre Larven finden:** Bild 1: Waina Cheng/Bruce Coleman, Inc.; Bilder 2 und 4: Patricia J. Wynne; Bild 3 und Kasten S. 76f: Guilbert Gates/JSD – **Kommunikation beim Douglasien-Borkenkäfer:** Bild 1: Malcolm M. Furniss, University of Idaho; Bilder 2–8: Tom Prentiss – **Die gefälschten Signale der Glühwürmchen:** Bilder 1 und 2: James E. Lloyd, University of Florida; Bilder 3–10: Albert E. Miller – **Wie Affen sich verstehen:** Bilder 1 und 5 (links): Dean Lee/The Wildlife Collection; Bilder 2–4: Patricia J. Wynne; Bild 5 (rechts): Robert M. Seyfarth und Dorothy L. Cheney – **Akustische Verständigung bei Grillen:** Bild 1: Theo Weber, Max-Planck-Institut für Verhaltensphysiologie, Seewiesen; Bilder 2–8: Patricia J. Wynne – **Physiologie und Simulation der Geruchswahrnehmung:** Bild 1: Walter J. Freeman, Peter Broadwell; Bild 2: Carol Donner; Bilder 3, 4 und 6: Dana Burns-Pizer; Bilder 5, 7 und 8: Walter J. Freeman – **Die Hypothese der Affektlogik:** Bild 1: Carol Donner; Bild 2: Physiologie des Menschen, herausgegeben von R. Schmidt und G. Thews, Springer-Verlag (Heidelberg)/Spektrum der Wissenschaft; Kasten S. 133: Spektrum der Wissenschaft; Bild 3: Uwe Jürgens/Spektrum der Wissenschaft; Bild 4: Wielant Machleidt/Spektrum der Wissenschaft; Bild 5: Martha Koukkou und Dieter Lehmann/Spektrum der Wissenschaft; Bilder 6 und 7 (links): Luc Ciompi/Spektrum der Wissenschaft; Bild 7 (rechts): Günter Schiepek und Wolfgang Schoppek/Spektrum der Wissenschaft; Bild 8: Luc Ciompi – **Sprache und Gehirn:** Bild 1: FPG International; Bilder 2 und 4: Carol Donner; Bild 3: Department of Neurology, PET Facility and Image Analysis Facility, University of Iowa; Kasten S. 148f: Marc Skinner (links), Patricia J. Wynne (rechts) – **Exkurs: Ist der Mensch zum Sprechen geboren?:** Hans Iken, nach Philip Lieberman – **Die Entstehung der Schrift:** Bilder 1, 6–8 (links) und 11 (unten): Deutsches Archäologisches Institut, Arbeitsstelle Bagdad; Bilder 2–4 und 11 (oben): Hans J. Nissen; Bilder 9 und 10: J.-P. Grégoire; Bild 8 (rechts): © Staatliche Museen der DDR, Berlin – **Probleme gegenseitiger Einschätzung zwischen Ost und West:** Bild 1: dpa; Bilder 2–4: Daniel Frei/Spektrum der Wissenschaft – **Vernetzung und Arbeitsorganisation:** Bild 1: Jason Goltz; Bilder 2–4 und Kasten S. 176: Laurie Grace; Bild 5: Marc Skinner (Photo von Nathaniel Borenstein, Bellcore, Inc.).

* Die auf dem Titelbild gezeigten neun Lippendarstellungen gehören zu einer Gruppe von insgesamt 16 simulierten Lippenpositionen, die genügen, um auf einem Bildschirm englische Sprache lippensynchron optisch wiederzugeben. Damit die Lippen „sprechen“, wählt man die jeweils passenden Einzelpositionen aus, ordnet sie in der richtigen Reihenfolge und präsentiert sie dem Betrachter mit einer Geschwindigkeit von 30 Bildern pro Sekunde.

Index

Kopfüber in anregende Fachliteratur...

...aus der Reihe Spektrum Psychologie

John R. Anderson
Kognitive Psychologie
1988, 432 Seiten, Broschur
DM 66,- / öS 515,- / sFr 67,70
ISBN 3-89330-703-6

In diesem klassischen Lehrbuch berichtet einer der Väter der kognitiven Psychologie von den wichtigsten experimentellen und theoretischen Forschungsergebnissen zur Analyse geistiger Prozesse und kognitiver Handlungen wie etwa Lesen, Schreiben und Problemlösen allgemein.

Uta Frith
Autismus
1992, 220 Seiten, Broschur
DM 48,- / öS 375,- / sFr 49,40
ISBN 3-86025-058-2

Autismus scheint nach neuesten Forschungen die Folge einer kognitiven Störung zu sein – einer Unfähigkeit, die vielfältigen Informationen über unsere Umwelt und unser eigenes Verhalten zu einem Gesamtbild zu integrieren. Warum Menschen sich von der Welt abkapseln, macht Uta Frith in ihrem Einführungsbuch klar verständlich.

Harald Lachnit
Assoziatives Lernen und Kognition
Ein experimenteller Brückenschlag zwischen Hirnforschung und Kognitionswissenschaften
1993, 172 Seiten, gebunden
DM 68,- / öS 531,- / sFr 69,80
ISBN 3-86025-062-0

Mit seinem interdisziplinären Brückenschlag versucht der Autor den beiden divergierenden Wissenschaften Hirnforschung und Kognitionswissenschaften durch eigene Experimente gemeinsame operationale Definitionen zu verschaffen.

Robert Kail /
James W. Pellegrino
Menschliche Intelligenz
1988, 192 Seiten, Broschur
DM 38,- / öS 297,- / sFr 39,20
ISBN 3-89330-702-8

In diesem Einführungsbuch beschreiben R. Kail und J. W. Pellegrino die verschiedenen psychologischen Definitions- und Erläuterungsansätze zur menschlichen Intelligenz wie Intelligenz-Messung, Informationsverarbeitung und Entwicklungspsychologie.

Robert W. Weisberg
Kreativität und Begabung
1989, 208 Seiten, Broschur
DM 38,- / öS 297,- / sFr 39,20
ISBN 3-89330-698-6

Kreativität und Begabung sind psychologisch schwer zu spezifizieren. R. W. Weisberg diskutiert die verschiedenen psychologischen Theorien von der Genie-Hypothese bis zu Brainstorming und Kreativitätstraining.

Robert Kail
Gedächtnisentwicklung bei Kindern
1992, 160 Seiten, Broschur
DM 48,- / öS 375,- / sFr 49,40
ISBN 3-86025-043-4

Intelligenz und praktische Fertigkeiten hängen entscheidend vom Gedächtnis eines Menschen ab. Wie sich die Mechanismen des Gedächtnisses entwickeln, ist Thema dieses Einführungsbuches in einen faszinierenden Bereich der Entwicklungspsychologie.

Spektrum
AKADEMISCHER VERLAG
Vangerowstraße 20 · 69115 Heidelberg

Die Deutsche Bibliothek – CIP-Einheitsaufnahme

Signale und Kommunikation :
Mechanismen des Informationsaustauschs in lebenden Systemen / Mit einer Einf.
von John Dittami. – Heidelberg ; Berlin ; Oxford : Spektrum, Akad. Verl., 1993
(Verständliche Forschung)
ISBN 3-86025-214-3
NE: Dittami, John [Vorw.]

Lektorat: Frank Wigger
Produktion: Karin Kern
Gesamtherstellung: Klambt-Druck GmbH, Speyer

Spektrum Akademischer Verlag Heidelberg · Berlin · Oxford

EIN VERLAG DER SPEKTRUM FACHVERLAGE GMBH